Schönwetter
Grundlagen des Logistikmanagements

Grundlagen des Logistikmanagements

Die Logistik als Kernfunktion der Realwirtschaft

von

Prof. Dr. Gerald Schönwetter

Verlag Franz Vahlen München

Prof. Dr. Gerald Schönwetter studierte an der Technischen Universität Graz Elektrotechnik, wo er in Folge zum Doktor der technischen Wissenschaften promovierte. Parallel dazu absolvierte er das Aufbaustudium Betriebs-, Rechts- und Wirtschaftswissenschaften, bevor er in die Industrie wechselte und viele Jahre in leitenden Funktionen im Bereich Einkauf und Supply Chain Management tätig war. 2010 bekam er eine Professur an der Fachhochschule Oberösterreich für Logistik- und Supply Chain Management.

ISBN Print: 978 3 8006 5753 7
ISBN ePDF: 978 3 8006 5754 4

Wilhelmstr. 9, 80801 München
Satz: Fotosatz Buck,
Zweikirchener Str. 7, 84036 Kumhausen
Druck und Bindung: Beltz Grafische Betriebe GmbH
Am Fliegerhorst 8, 99947 Bad Langensalza
Umschlaggestaltung: Ralph Zimmermann – Bureau Parapluie
Bildnachweis: © Hilch – istockphoto.com

CO_2 neutral
vahlen.de/nachhaltig

Gedruckt auf säurefreiem, alterungsbeständigem Papier
(hergestellt aus chlorfrei gebleichtem Zellstoff)

Vorwort

Logistikmanagement ist ein elementarer und unverzichtbarer Bestandteil der globalen Wirtschaft, der häufig nur dann gesehen wird, wenn die Lieferung der Waren nicht zur Zufriedenheit der Kunden erfolgt. Gerade jüngste Ereignisse, wie die globale Covid-19-Pandemie haben allerdings Logistik ins Bewusstsein der Bevölkerung gebracht, weil plötzlich klar war, wie wichtig eine reibungslose Logistik für unsere Wirtschaft und unsere tägliche Versorgung ist. Diese Bedeutung der Logistik und eines guten Logistikmanagements soll dieses Buch demonstrieren.

Schon zu Beginn der langen Arbeit des Schreibens war klar, dass dieses Buch eines von vielen im Gebiet der Logistik sein würde. Was ich aber in meiner vorangegangenen beruflichen Tätigkeit, im Rahmen von Forschungsprojekten oder auch in der Lehre vor Studierenden immer wieder festgestellt habe, ist dass viele bestehende Bücher zu mathematisch ausgerichtet sind, zu abstrakt formuliert sind oder Logistikmanagement – so wie wir es am Logistikum der Fachhochschule Oberösterreich verstehen – überhaupt nur am Rande behandelt wird. Dieses Buch wählt einen anderen Weg: Es ist bewusst so konzipiert, dass es leicht zu lesen ist – sowohl für Praktiker in Unternehmen, die einfach mal nachschlagen möchten als auch für Studierende, die dieses Buch als Begleitung für Lehrveranstaltungen verwenden wollen.

Logistikmanagement ist in diesem Buch als die Kombination der Material-, Informations- und Finanzflüsse von den Lieferanten durch ein Unternehmen zu seinen Kunden dargestellt, weil Logistikmanagement ein verbindendes Element quer über alle unternehmerischen Funktionen der Unternehmen sein muss. Unternehmen sind nur dann erfolgreich, wenn die verschiedenen Funktionen „an einem Strang ziehen" um Kundenwünsche zu erfüllen. Logistikmanagement ist der integrative, verbindende und überbrückende Aspekt zwischen Kunden und Lieferanten zum gemeinsamen Erfolg. Es ist eine Kernfunktion der Realwirtschaft. Ohne Logistik funktioniert diese nicht, wobei gerade in der unternehmerischen Praxis Logistikmanagement nicht immer diese Bedeutung erfährt, die es eigentlich verdienen würde. Recht häufig wird Logistik als „das Warenlager", „die Kommissionierung" oder „der LKW" verstanden. Dies alles ist für eine gut funktionierende Logistik unumgänglich, doch Logistikmanagement ist wesentlich mehr. Es ist die Erfüllung der spezifischen Kundenwünsche in Hinblick auf Liefertermin, Flexibilität oder Zuverlässigkeit.

Trotz der Praxisorientierung dieses Buchs bleibt es nicht oberflächlich, sondern zeigt auch wesentliche Methoden und grundlegende mathematische Vorgehensweisen auf, die im Rahmen der Logistik wichtig sind. An jenen Stellen, wo es geboten erscheint, geht das Buch auch tiefer in die Materie, um Logistikmanagement im Sinne des Autors zu vermitteln und verständlich zu machen. Auch sind die Rechenbeispiele durchwegs so gestaltet und aufgebaut, dass von Ihnen, liebe Leserin und lieber Leser, klar nachvollzogen werden kann, wie man von einer Fragestellung zu einer Lösung gelangt. Wo es passt und sinnvoll ist, wurden Beispiele aus der Praxis zur besseren Verständlichkeit der theoretischen Aspekte herangezogen. Wie schon weiter vorne festgestellt: dieses Buch stellt auch eine Basislektüre für Lehrveranstaltungen des Logistikmanagements dar und es erscheint an dieser Stelle wichtig zu betonen, dass gerade Studierende eine wesentliche Unterstützung ihres Studiums durch die Lektüre dieses Buchs erfahren sollen. Es ist aber klar, dass dieses Buch schon durch seinen begrenzten Umfang nicht auf alle Aspekte des modernen Logistikmanagements eingehen kann! Deswegen finden sich am Ende der Kapitel auch Vorschläge für vertiefende Literatur.

Und zu guter Letzt werden in einem Glossar die wichtigsten Begriffe des Logistikmanagements zusammengefasst, damit diese auf einen Blick in ihrem Sinn erfasst und verstanden werden können. Zusätzlich finden sich dazu noch die englischen Entsprechungen, denn kein Logistiker und schon gar nicht Studierende des Logistikmanagements können heute darauf verzichten. Und im internationalen Wirtschaftsleben ist es natürlich auch wichtig, die richtigen Begriffe zu verwenden.

In diesem Sinne wünsche ich Ihnen, liebe Leserin und lieber Leser, eine interessante Lektüre und hoffentlich viele neue Erkenntnisse im Bereich des Logistikmanagements.

Dieses Buch wäre nicht ohne die tatkräftige Unterstützung und Mitwirkung von einigen meiner Kollegen am Logistikum zustande gekommen. Besonders hervorheben möchte ich in diesem Zusammenhang Prof. Mag. Dr. Efrem Lengauer, der mir stets mit seinem umfangreichen Fachwissen mit Rat und Tat zur Seite stand und besonders bei der Strukturierung und Konzeptionierung des Buchs wertvolle Hinweise gegeben hat. In gleicher Weise gilt mein Dank meinem Kollegen Dipl.-Ing. Wolfgang Ortner, der mir durch seine langjährige Erfahrung im Bereich des Prozess- und Projektmanagements für den Abschnitt über Prozessmanagement im Logistikmanagement sehr fundierte Unterstützung geboten hat. Dipl.-Ing. Kurt Zaiser wiederum hat mit seiner jahrzehntelangen Praxiserfahrung speziell im Bereich des Einkaufs in vielen Gesprächen und Diskussionen die Ausarbeitung verfeinert. Herrn Prof. Dipl.-Ing. Franz

Staberhofer, Leiter des Logistikums, möchte ich für seine Begleitung und Unterstützung über all die Jahre von den ersten Ideen zu diesem Buch bis zu seiner Fertigstellung ganz herzlich danken. Und mein letzter Dank gilt an dieser Stelle ganz besonders Herrn Thomas Ammon vom Verlag Vahlen für seine (beinahe unendliche) Geduld bis zur Fertigstellung des Manuskripts und für die hervorragende Betreuung während des gesamten Projektes.

Bücher müssen sich weiterentwickeln, so wie das auch unsere Wirtschaft und unsere Gesellschaft tun. Deswegen freue ich mich über Anregungen und Hinweise von Ihnen zu diesem Buch, die zur kontinuierlichen Verbesserung an die angegebene Mail-Adresse gesendet werden können. Ich bedanke mich schon im Voraus sehr herzlich für Ihre konstruktiven Rückmeldungen!

Logistikum, Fachhochschule Oberösterreich Gerald Schönwetter
gerald.schoenwetter@fh-steyr.at

Hinweis: Der besseren Lesbarkeit wegen wurden personenbezogene Begriffe entweder nur in ihrer männlichen oder weiblichen Form verwendet. Selbstverständlich gelten sie aber für alle Personen gleichermaßen.

Inhaltsverzeichnis

Abbildungsverzeichnis

Tabellenverzeichnis

1 Entwicklung und Bedeutung der Disziplin Logistik

Logistik, Logistikmanagement und auch der weiter gefasste Begriff von Supply Chain Management haben in Gesellschaft und Wirtschaft noch nicht die Bedeutung erlangt, die ihnen eigentlich zustünden. Sie haben manches Mal etwas Antiquiertes, Überholtes, auch etwas wenig Spannendes an sich, was so gar nicht der Realität entspricht. Seit Mitte der Neunziger Jahre des 20. Jahrhunderts breitet sich das Internet und die damit verbundenen Möglichkeiten der Nutzung digitaler Kommunikation und digitaler Geschäftsmodelle rasend schnell über die Welt und die Gesellschaft aus. Für die meisten von uns ist es heute vollkommen selbstverständlich, dass wir uns über Social Media Plattformen global miteinander vernetzen und vor allem auch über das Internet einkaufen. Nicht nur wir als Konsumenten tun das, sondern auch Unternehmen nutzen diese neuen Möglichkeiten wie niemals zuvor, um neue Absatz- und Einkaufsmöglichkeiten zu finden, die ohne diese weltumspannende Vernetzung völlig unmöglich wären.

Das Internet und die damit verbundenen Möglichkeiten der Digitalisierung eröffnen dem globalen Handel völlig neue Wege und bedrohen gleichzeitig den uns bekannten stationären Einzelhandel, sofern er nicht ebenfalls neue Wege der Kundenansprache findet. Unternehmen finden durch die Digitalisierung und das Internet Wege, um in bestehende Nischen vorzustoßen, die noch kein etabliertes Unternehmen erschlossen hat. Durch die Konnektivität des Internets ist es belanglos, wo sich diese Unternehmen befinden, denn sie können Kunden auf der ganzen Welt ansprechen. 3D-Visualisierungen der Produkte, Augmented Reality oder gar Virtual Reality Anwendungen erlauben es uns, in vielen Branchen auf das haptische Erleben von Produkten verzichten zu können, sodass der klassische stationäre Einzelhandel in vielen Branchen bedroht ist: es ist für Kunden nicht mehr notwendig, eine Anreise in Kauf zu nehmen, um in einem Geschäft vor Ort die Ware zu begutachten, auszuwählen und zu kaufen. Das alles kann online geschehen mit dem Vorteil, dass die Auswahl in den meisten Fällen eine wesentlich größere ist. Die ganze Welt mit all ihren Produkten liegt uns über unsere Desktop Computer oder Mobile Devices zu Füßen!

Die Verlockungen und Verheißungen des Internets und der Digitalisierung sind enorm – trotzdem ist es erforderlich, den Kreis zur Realwirtschaft zu schließen. Wir alle wollen doch diese Dinge, die wir irgendwo in einem Online-Laden gefunden und gekauft haben, in den Händen halten. Und das schafft nur Logistik und das dahinter befindliche Logistikmanagement! Gutes Logistikmanagement sorgt dafür, dass wir mit unseren Online-Händlern zufrieden sind und die Industrie die Chancen der Globalisierung nutzen kann.

Kurz gefasst: ohne Logistik kommt unsere gesamte Wirtschaft zum Stillstand und wir als Konsumenten und Kunden bekommen keine Waren: egal ob von Online-Plattformen oder aus dem stationären Einzelhandel.

In diesem ersten Kapitel wollen wir die Entwicklung der Logistik in der Vergangenheit beginnend über die aktuelle Zeit in die nähere Zukunft skizzieren und wir wollen dabei demonstrieren, wie wichtig gutes Logistikmanagement für unser aller Leben und das Gedeihen der Wirtschaft und Gesellschaft ist.

1.1 Von TUL über LOM zu SCM

Logistik und Logistikmanagement sind keine neuen Disziplinen. Bereits im Altertum hat man sich mit der Logistik beschäftigt, vornehmlich im militärischen Bereich. Das römische Reich hätte niemals eine so große Ausdehnung erlangen können, wenn es nicht effiziente Möglichkeiten zur Bewegung von Truppen und der Versorgung mit Nachschub gegeben hätte. Die Erweiterung der historischen Reichsgebiete war nur möglich, weil auch die erforderlichen Güter transportiert werden konnten: entsprechende

- Infrastruktur
- Transportmittel und
- Lagermöglichkeiten

waren erforderlich, um diese Bestrebungen umzusetzen.

Wir wissen, dass die Römer es verstanden haben, Straßenverbindungen bis in die hintersten Winkel ihres riesigen Reichs zu bauen, die auch heute noch zum Teil erhalten sind und genutzt werden können. Neben den Römern waren es auch Ägypter und Phönizier bereits in den Jahrhunderten davor, die sich auf Schiffsbau spezialisiert hatten und mit ihren Schiffen nicht nur Kriege führten, sondern auch Waren transportierten. Die Erfindung des Rades durch die

Sumerer im 4. Jahrtausend vor Christus war wesentlich, um Transporte überhaupt zu ermöglichen. Wagen, die von Tieren gezogen wurden, konnten auf den Straßen mit den Handelswaren bis in die entlegensten Winkel der Reiche fahren.

Was zu Beginn dieser Entwicklung stand, ist das, was wir heute als die TUL Logistik bezeichnen: Transportieren – Umschlagen – Lagern (TUL). Die TUL Logistik ist auch aktuell noch der Kern des physischen Materialflusses, den wir ausführlich im Kapitel 2 behandeln werden. Ohne diesen Kern der Logistik ist unsere Wirtschaft und unsere vernetzte Gesellschaft undenkbar, wie dies bereits in der Einleitung ausgeführt wurde. Digitalisierung und Vernetzung von Smart Devices führt gerade in den letzten Jahren dazu, dass auch im Bereich der TUL-Logistik wieder viele Innovationen stattfinden. Plötzlich ist es möglich, Lagerräume über das Internet anzubieten, sodass sich Kunden kurzfristig einmieten können, wenn sie Bedarf daran haben, Produkte für eine bestimmte Zeit zu lagern. Ähnlich wie das auf anderen Plattformen unseres Lebens geschieht (z.B. Uber für Personentransport oder Airbnb für die Vermietung von Wohnungen und Häusern) machen Vernetzung und Digitalisierung die Logistik schnell und einfach für alle zugänglich. Mittlerweile ist es im Transport auch möglich, Waren kontinuierlich während ihrer gesamten Transportstrecke zu verfolgen: man weiß, wie die Ware auf dem Transport behandelt wird, man kann verfolgen, ob Temperaturvorgaben für den Transport eingehalten werden, und man erfährt in Echtzeit, wo sie sich gerade befindet. Viele neue Anwendungsfälle entstehen aus der Kombination von Digitalisierung und TUL-Logistik und wir durfen uns schon auf eine große Zahl neuer, spannender Anwendungen in der nächsten Zukunft freuen!

Man kann für die Logistik und das Logistikmanagement grundsätzlich drei Entwicklungsstufen festmachen, die – anders als in Abbildung 1 dargestellt – nicht nur aufeinander aufbauen, sondern ihre Berechtigung auch nebeneinander haben.

Die TUL-Logistik ist gewissermaßen das Fundament einer guten, funktionsfähigen Logistik, ohne die es keine weitere Stufe geben würde. Sie ist auch jener Teil der Logistik, mit der sich die Menschen bereits am längsten beschäftigen, wie bereits auf den Seiten zuvor beschrieben wurde. Von der TUL-Logistik beginnend führt die Weiterentwicklung zum Logistikmanagement (LOM).

Logistikmanagement ist jene Disziplin im Management, die dafür sorgt, dass Informationen und Material im Unternehmen reibungsfrei fließen können. Abschnitt 1.2 wird noch näher auf diesen Aspekt eingehen. Logistikmanagement als Begriff beinhaltet das Wort *Management*. Es zeigt uns, dass aktives Management erforderlich ist, um Logistik ins Wirken zu bringen. Genau diesem Aspekt hat sich

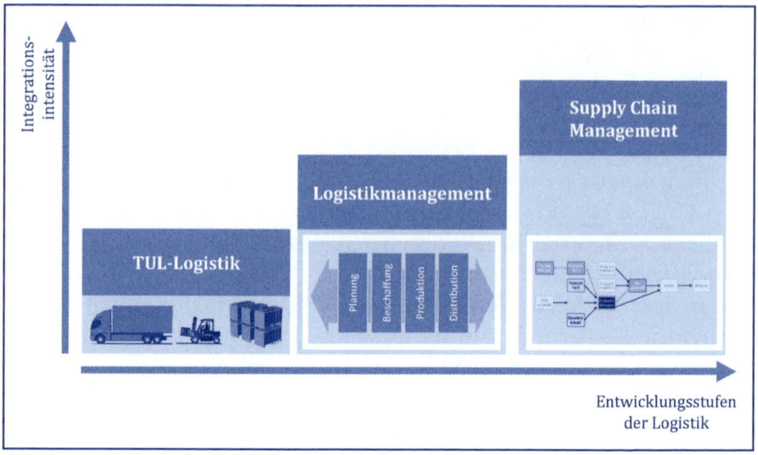

Abbildung 1: Entwicklungsstufen der Logistik

auch dieses Buch verschrieben. Es soll zeigen, wie wichtig das Managen von meist einander entgegenstehenden Anforderungen ist, um kostenoptimal (aus Unternehmenssicht) die Anforderungen der Kunden bestmöglich zu erfüllen. Aus logistischer Sicht fordern Kunden unter anderem kurze Lieferzeiten, hohe logistische Zuverlässigkeit und Pünktlichkeit der Lieferungen, Flexibilität der Lieferanten sowie einfache und komfortable Zustellkonzepte. Diese Anforderungen stehen jenen des Unternehmens meistens entgegen, das möglichst konstante und planbare Auftragseingänge (sowohl zeitlich als auch von der Art der verlangten Produkte) und idealerweise ein schmales Produktportfolio wünscht. Wenn wir davon ausgehen, dass Kunden den Kauf eines Produktes bei einem Unternehmen ohnehin nur in Erwägung ziehen, wenn das Produkt die erforderliche Funktion aufweist, von Art und Design ihren Wünschen entspricht, die Qualität und der Preis angemessen sind, dann kann eine gute Logistik den entscheidenden Unterschied machen, ob aus einem ersten Kauf bzw. Auftrag ein wiederkehrendes Geschäft wird oder nicht. Logistik ist zunehmend wettbewerbsentscheidend!

Das Imageproblem besteht eher darin, dass gute Logistik nicht gesehen wird – sie ist da, funktioniert und der Kunde akzeptiert oder erwartet sie vielleicht sogar. Wenn über Logistik gesprochen wird, dann meist, wenn sie nicht funktioniert und Versprechen nicht gehalten werden!

Damit Logistik reibungslos funktionieren kann, ist also das erfolgreiche Managen der Abläufe im Unternehmen wesentlich: das Logistikmanagement.

Über Logistikmanagement hinaus reicht Supply Chain Management (SCM). SCM hat zum Ziel, die Lieferkette (die „Supply Chain") vom Rohmaterial bis zur Belieferung des Endkunden inkl. Rücklieferungen kostenoptimal zu gestalten und dabei ein positives logistisches Erlebnis zu bescheren: Erfüllung, vielleicht sogar Übererfüllung der logistischen Kundenwünsche steht im Zentrum der Aufgabenstellung, wobei SCM auch stark in die Entwicklung und Gestaltung neuer Geschäftsmodelle involviert ist. Unternehmen sollten im Supply Chain Management danach trachten, gemeinsam ihre Beziehungen zu formen und ihre Wertbeiträge abzustimmen, um diese hohen Ansprüche zu erfüllen. Nachdem es sich in Lieferketten üblicherweise um rechtlich und wirtschaftlich selbständige Unternehmen handelt, kann diese Idee nur funktionieren, wenn alle Beteiligten auch für sich selbst durch SCM erfolgreich sind und einen Gewinn erwirtschaften können. Für das reibungslose Funktionieren von Lieferketten ist natürlich das Verständnis essentiell, wer welche Aufgaben in den Lieferketten hat und welche Rolle dieser Partner spielt.

Ereignisse wie die 2020 über die Welt hereingebrochene Covid-19 Pandemie oder auch der Krieg in der Ukraine im Jahr 2022 haben die Fragilität der globalen Lieferketten eindrucksvoll unter Beweis gestellt. Plötzlich werden Annahmen, die die globale Wirtschaft über Jahre, wenn nicht gar Jahrzehnte, getroffen hat, in ihren Grundfesten erschüttert: Mitarbeiter fallen über Tage und Wochen aus, die Versorgung aus dem asiatischen Raum und ganz speziell aus China bleibt aus, weil Häfen aufgrund *einzelner* Coronafälle über Wochen geschlossen werden, die Nachfrage der Kunden verlagert sich in völlig überraschender Weise (z.B. von Fahrzeugen zu Elektronikprodukten für das Home-Office) und die globalen Anstrengungen zur Reduktion der CO_2-Emissionen tun ein Übriges um die Lieferketten in Turbulenzen zu versetzen. Plötzlich ist in den Supply Chains nichts mehr so wie es war! Unternehmen drängen deswegen darauf, mehr Transparenz in ihre Supply Chains zu bringen und auch ein besseres Verständnis für die Topographie ihrer Supply Chains zu schaffen, um solche Situationen zukünftig besser managen zu können.

Je globaler die Wirtschaft ist, desto wichtiger ist es für Unternehmen über ihre vielschichtigen Lieferbeziehungen Bescheid zu wissen und diese zu managen. Die Zunahme der Bedeutung von Supply Chain Management hat mit der steten Abnahme der Wertschöpfungstiefe in Unternehmen zu tun: die Spezialisierung wird vorangetrieben, Unternehmen konzentrieren sich auf ihre Kernkompetenzen und das führt dazu, dass Lieferketten immer länger werden.

Diese drei zuvor genannten Entwicklungsstufen der Logistik findet man in unterschiedlichen Ausprägungen und Reifegraden natürlich auch in der Praxis:

Die TUL Logistik wird mehr oder weniger professionell von allen Unternehmen betrieben, die angreifbare, physische Güter erzeugen – weil sie einfach erforderlich ist für das Geschäftsmodell der Unternehmen.

Logistikmanagement wird von vielen Unternehmen eingesetzt, wobei hier der Grad der Professionalität durchaus variiert. Es ist eine Tendenz festzustellen, dass eher größere, konzernmäßig geführte Unternehmen im Grad ihrer Entwicklung die Nase vorne haben – das ist aber klarerweise keine Regel und auch bei einzelnen kleinen Unternehmen findet man sehr professionelle Umsetzung des Managements ihrer Logistik.

Supply Chain Management ist eine Form der Ausprägung, die viel Aufwand erfordert und geschicktes Koordinieren der Aktivitäten nicht nur im eigenen Unternehmen, sondern vor allem über die Grenzen zu den wichtigen Lieferanten und Kunden hinweg erfordert. Es ist nachvollziehbar, dass Unternehmensgröße eine gewisse Rolle bei der erfolgreichen Umsetzung von Supply Chain Management spielt. Vor allem erscheint es wesentlich, welchen Einfluss das im Zentrum der Betrachtungen stehende Unternehmen (man sagt dazu: das fokale Unternehmen – jenes Unternehmen, das sich im Fokus befindet) auf seine Partner in der Lieferkette nehmen kann. Supply Chain Management betrachtet Kooperation zwischen Unternehmen als zentral für den Erfolg. Es ist keine Einbahnstraße, um mit Druck Verbesserungen von Lieferanten fordern zu können. Supply Chain Management bedeutet Geben und Nehmen im Sinne einer ganzheitlichen Optimierung der Lieferketten – alles andere wäre kontraproduktiv!

Was wir jedenfalls erkennen können ist eine gewisse Diskrepanz zwischen dem, was in der Praxis umgesetzt wird und dem, was die angewandte Forschung im Umfeld von Logistik und Supply Chain Management vorschlägt. Unternehmen sind in jedem Fall gut beraten, sich mit Forschungsinstitutionen in Beziehung zu setzen, um die Chancen für ihr Geschäft zu verbessern. Logistik wird immer mehr zum entscheidenden Wettbewerbsfaktor!

Wir sehen es täglich und Digitalisierung, Social Media und die Möglichkeiten des Internets zeigen es uns permanent: es wird für Unternehmen immer schwieriger sich alleine durch die Gestaltung der Produkte voneinander zu differenzieren. Das Internet ermöglicht den unmittelbaren Vergleich von Produkten aus aller Welt, weswegen sich durch das Produkt selbst immer weniger ein Wettbewerbsvorteil erzielen lässt. Der Wettbewerb zwischen Unternehmen wird aber zusehends durch eine erfolgreiche Gestaltung der Prozesse und Vorgehensweisen entschieden und Logistik realisiert das Letztgenannte, weil sie den Unternehmen die Fähigkeit gibt, Produkte in der geforderten Qualität, in der richtigen Menge und vor allem schnell und zuverlässig zu den Kunden zu bringen. Diese Fähigkeiten werden zunehmend wettbewerbsentscheidend sein und sind eben nicht leicht durch andere kopierbar!

1.2 Die Logistik als Querschnittsfunktion

Unternehmen sind typischerweise in verschiedene Bereiche oder Abteilungen gegliedert, die eigenständige Ziele und definierte Aufgaben haben. Auch wenn die Managementliteratur davon ausgeht, dass die Ziele der einzelnen Abteilungen aufeinander abgestimmt sind und dem übergeordneten Unternehmensziel zu dienen haben, so zeigt ein Blick in die Praxis, dass dies häufig nicht so der Fall ist. Nur allzu oft stehen Einzelinteressen der Abteilungen vor gemeinsamen und Ziele sind auch häufig nicht ausreichend aufeinander abgestimmt, wie nachfolgendes Beispiel demonstriert:

- der *Einkauf* wird an Preiseinsparungen gemessen,
- die *Logistik* an niedrigen Beständen
- die *Produktion* an niedrigen Stückkosten.

Das erste Ziel hat zur Folge, dass im Zentrum der Einkaufsaktivitäten niedrige Preise für gekaufte Produkte und Dienstleistungen stehen ungeachtet möglicher Nachteile. Sehr wahrscheinlich sind die Preise dann besonders niedrig, wenn große Mengen gekauft werden. Den Einkauf kümmert es bei dieser Art von Zielvereinbarung nicht, dass diese Mengen dann entsprechend lange gelagert werden müssen – die Logistik hingegen sehr wohl, weil ihr Ziel darin besteht die Bestände niedrig zu halten. Und der Einkauf hat in diesem Beispiel zwar sein eigenes Ziel erreicht, gleichzeitig aber die Ziele der Logistik unterlaufen. Niedrige Stückkosten für die Produktion hingegen erfordern möglichst wenige unterschiedliche Produkte, die zu erzeugen sind – also wenig Variabilität und gleichzeitig eine sichere und konstante Versorgung mit Material. Wenn in der Logistik der Fokus zu stark auf geringe Bestände gerichtet ist, können auch diese Produktionsziele in Gefahr geraten.

Abteilungen agieren in der Praxis nicht selten als klassische „Silos“. Sie versuchen sich selbst in ihren Abläufen und Arbeitsweisen zu optimieren, ohne dabei auf die anderen Abteilungen und deren Ziele Rücksicht zu nehmen. Optimierung auf Kosten anderer ist in der Theorie nicht vorgesehen, in der Praxis auch nicht erwünscht, aber es ist die gängige Situation in vielen Unternehmen.

Logistik hingegen ist die Koordination der Material-, der Informations- und der Finanzflüsse entlang der Wertschöpfungskette, was auch im folgenden Kapitel 2 umfangreich behandelt wird. So gesehen hat das Management der Logistik im Unternehmen die Aufgabe, diese Flüsse über alle Abteilungen hinweg zu ermöglichen. Ohne perfekte Abstimmung der Informationskette von den Kunden über die Abteilungen des eigenen Unternehmens hinweg bis zu den Lieferanten wird es nicht möglich sein, dass tausende von Materialien in Produktionsunternehmen so termin- und mengengerecht zusammenfinden, dass am Ende der Produktion ein fertiges Produkt an den Kunden zeitgerecht ausgeliefert werden kann. Logistik sorgt für die Koordination der Tätigkeiten der einzelnen Abteilungen und das Aufbrechen der „Silos" in den Unternehmen!

Logistik ist dann gut, wenn sie die bekannten 7 R's erfüllt, die detailliert im Kapitel 2 behandelt werden. Im Wesentlichen geht es darum, dass der Buchstabe „R" für „richtig" steht und damit impliziert ist, dass die Logistik dafür sorgt, dass Kunden wirklich so bedient werden, wie es ihnen versprochen wurde.

1.3 Logistik als Managementaufgabe

Logistik ist eine Disziplin, die sich mit dem Fließen von Materialien, Gütern und der zugehörigen Information auseinandersetzt. Sie ist aber vor allem auch eine Managementaufgabe! Eine Managementaufgabe, bei der es durch Gestaltung und Optimierung der Material- und Informationsströme darum geht, die finanzielle Situation in den Unternehmen positiv zu beeinflussen – und damit auch die Finanzflüsse mitzugestalten!

Auf folgende Art und Weise erlaubt es professionelles Logistikmanagement die Finanzflüsse und damit auch das finanzielle Ergebnis von Unternehmen zu beeinflussen:

1.3.1 Beeinflussung von Kosten

Gutes Logistikmanagement erzeugt durch die erforderliche Infrastruktur und vor allem Personal zusätzliche Kosten – aber viel mehr Kosten werden durch die Aktivitäten im Logistikmanagement eingespart! In Summe rechnet sich eine Investition in Logistik in jedem Fall! Gutes Logistikmanagement sorgt dafür, dass die Bestände an Materialien, Halbfertig- und Fertigprodukten nicht höher sind, als dies für einen effizienten Betrieb erforderlich ist. Bestände verursachen Kosten in vielerlei Hinsicht, wie das in Kapitel 2 ausführlich dargestellt wird. Diese Kosten bzw. deren Vermeidung durch gutes Management sind messbar und können in weiterer Folge den erforderlichen Aufwendungen gegenübergestellt werden.

Logistikmanagement ist dafür verantwortlich, dass die Anlieferung von Material in das eigene Unternehmen kostenoptimal erfolgt und auch dafür, dass die Auslieferung zu den Kunden kostenmäßig optimiert wird. Dazu gehört – und das ist nicht ganz leicht zu bewerten – dass Kunden pünktlich mit den richtigen Waren in der richtigen Qualität beliefert werden. Das ist die Realisierung der 7 R's! Die Wahrscheinlichkeit, dass zufriedene Kunden wiederkommen und nochmals einen Kauf tätigen ist hoch. Dass Qualität, Preis, Design und Funktionalität eines Produktes passen müssen, ist klar. Sonst kaufen die Kunden erst gar nicht! Logistik kann aber den entscheidenden Unterschied machen, ob die Kunden mit ihrem Händler oder Produzenten wirklich zufrieden sind und erneut kaufen.

1.3.2 Beeinflussung des Umlaufvermögens

Unternehmen ab einer bestimmten Größe haben das gesetzliche Erfordernis eine Bilanz zu legen, die Auskunft darüber gibt, woher ihre Finanzmittel für den Betrieb stammen und wofür sie verwendet werden. Ein Teil der Bilanz, auf der Seite der Mittelverwendung (das sind die Aktiva), ist das sogenannten Umlaufvermögen. In der Position Umlaufvermögen sind unter anderem Vorräte zu finden, die in der Logistik Bestände genannt werden. Vorräte müssen finanziert werden und eine Reduktion davon wirkt sich positiv auf die Finanzsituation des Unternehmens aus. Gutes Logistikmanagement kann also über die Reduktion der Bestände auch zu einer Verringerung des Umlaufvermögens beitragen. Abbildung 2 zeigt die Struktur einer Bilanz. Die beiden Seiten der Mittelverwendung und der Mittel-

Aktiva	Passiva
Anlagevermögen • Immaterielle Vermögensgegenstände (z.B. Patente) • Sachanlagen (z.B. Maschinen) • Finanzanlagen • etc.	**Eigenkapital** • Gewinnrücklagen • Jahresüberschuss bzw. -fehlbetrag • Gezeichnetes Kapital
	Rückstellungen
Umlaufvermögen • **Vorräte** • Kassenbestände • Forderungen aus Lieferungen und Leistungen • etc.	**Verbindlichkeiten** • Kredite • Verbindlichkeiten aus Lieferungen und Leistungen • Anleihen

Abbildung 2: Das Schema einer Bilanz

herkunft (das sind die Passiva) müssen finanztechnisch gleich lang sein. Mit anderen Worten: wenn das Umlaufvermögen und damit die Mittelverwendung verringert werden kann, ist auch auf der Seite der Mittelherkunft nur weniger Eigen- oder Fremdkapital (in Form von Verbindlichkeiten) erforderlich.

Logistikmanagement beeinflusst neben der Höhe der Bestände und damit des gebundenen Kapitals auch über Zahlungsziele das Umlaufvermögen des Unternehmens. Die Beeinflussung der Kosten durch Verlängerung der Zahlungsziele auf Lieferantenseite und der Verkürzung der Zahlungsziele auf der Kundenseite sehen wir uns in Abschnitt 1.3.4 genauer an.

1.3.3 Beeinflussung des Umsatzes

Ein gutes Management der Logistik kann auch den Umsatz steigern! Dieser Zusammenhang ist zwar nicht eindeutig nachzuweisen, es zeigt sich aber bei erfolgreichen Unternehmen, dass diese einen großen Wert auf eine ausgezeichnete Logistik legen. Wie schon mehrfach erwähnt: die Logistik und deren Performance machen häufig den Unterschied, ob der Kunde kauft oder nicht. Wenn Funktion der Produkte, Preis und Design immer ähnlicher sind, kaufen Kunden dann bei den Unternehmen, die schneller liefern können und zuverlässiger sind.

1.3.4 Beeinflussung der Liquidität

Unter Liquidität ist zu verstehen, dass Unternehmen jederzeit der Bezahlung ihrer Schulden oder Verpflichtungen nachkommen können. Üblicherweise müssen gekaufte Waren bei den Lieferanten kurzfristig bezahlt werden, was einen unmittelbaren Abfluss von Finanzmittel aus dem Unternehmen bedeutet. Umgekehrt dauert es eine Weile, bis Kunden nach Auftragserteilung bezahlen, weil erst einmal die eigene Produktion erfolgen muss, bevor die fertige Ware nach Lagerung an den Kunden geht. Um die Liquidität zu verbessern, gibt es nun mehrere Möglichkeiten:

Der Verkauf kann versuchen bei seinen Kunden kürzere Zahlungsziele durchzusetzen. Unter Zahlungsziel ist jener Zeitraum zu verstehen, der zwischen dem Eigentumsübergang der Ware und der tatsächlichen Bezahlung der Rechnung vergeht. Eine sofortige Zahlung ist im zwischenbetrieblichen Geschäft unüblich. Häufig werden Fristen von einigen Tagen vereinbart, in manchen Fällen betragen die Zahlungsziele auch mehrere Monate (z.B. 120 Tage). So lange haben die Kunden Zeit offene Rechnungen zu begleichen. Gelingt es nun dem Vertrieb oder Verkauf des eigenen Unternehmens diese vereinbarten Fristen zu verkürzen, so kommt das Geld schneller in das

Unternehmen zurück – ein Vorhaben, das in vielen Fällen allerdings nur schwer durchzusetzen ist.

Vergleichsweise leichter lassen sich auf der Lieferantenseite die Zahlungsziele verlängern. Der Vorgang ist umgekehrt als zuvor beschrieben und dient dazu, dass das eigene Unternehmen seine Rechnungen bzw. Schulden für die erhaltenen Materialien und Dienstleistungen erst später bezahlen muss. Das Geld steht dem eigenen Unternehmen zeitlich länger zur Verfügung bevor es ausgegeben wird. Diese Vereinbarungen werden vom Einkauf mit Lieferanten getroffen.

Aber auch die Logistik kann zur Verbesserung der Liquidität beitragen, indem sie dafür sorgt, dass die benötigten Materialien von den Lieferanten pünktlich und in genau jener Menge angeliefert werden, wie sie benötigt werden. Das erspart Wartezeiten und Liegezeiten der Materialien im Lager (Beispiel: Wenn *alle* Materialien zum Start der Produktion verfügbar sind, müssen nicht 99 % der erforderlichen Materialien auf das eine Prozent an Materialien warten, die noch nicht eingetroffen sind). Das ist eine Möglichkeit. Eine andere Möglichkeit besteht darin, die Planung (das ist also der Informationsfluss) so weit zu verbessern, dass die Durchlaufzeiten durch die Produktion geringer werden. Materialien bzw. Halbfertigprodukte (man nennt diese auch WIP – Work-in-Process) befinden sich weniger lang in der Produktion.

Wenn es um die Verbesserung der Liquidität geht, sind alle Maßnahmen gefragt, die dazu beitragen, damit das Geld schneller vom Kunden kommt, weniger lange in der Produktionskette oder im Lager gebunden ist und erst später an die Lieferanten bezahlt wird. Diese Maßnahmen verbessern die Liquidität!

Man spricht in diesem Zusammenhang auch vom *Cash-to-Cash* (C2C) *Cycle*, der eine Aussage darüber liefert, wie lange es – vereinfacht ausgedrückt – dauert, bis ein Euro, der das Unternehmen verlässt (weil ein Lieferant bezahlt wird), wieder in das Unternehmen zurückkommt (weil ein Kunde sein Produkt bezahlt) – siehe dazu auch Abbildung 3. Die besten Unternehmen schaffen sogar einen negativen C2C-Cycle! Sie werden schneller von ihren Kunden bezahlt als das Unternehmen die eigenen Lieferanten bezahlt. Mit anderen Worten: das Unternehmen braucht kein eigenes Geld, um Lieferanten zu bezahlen, weil es das Geld in ausreichender Menge von seinen Kunden bekommt.

Wir haben nun einen Überblick darüber gegeben, welche entscheidende Rolle gutes Logistikmanagement für den Erfolg des Unternehmens ausmacht. Es geht dabei genauso um das Managen der „Verbindungen“ zu externen Kunden und Lieferanten wie auch um jene innerhalb des eigenen Unternehmens. Neben der Sicherstellung der Kundenzufriedenheit (und hoffentlich auch der weiteren Verbesserung von dieser!) durch pünktliche und zuverlässige Zustellung der Waren und Produkte beeinflusst Logistikmanagement auch ganz entscheidend die finanzielle Situation des eigenen Unternehmens. Wir wollen nun tiefer in die Logistik einsteigen und im nächsten Kapitel grundlegende Zusammenhänge und Methoden in der Logistik betrachten.

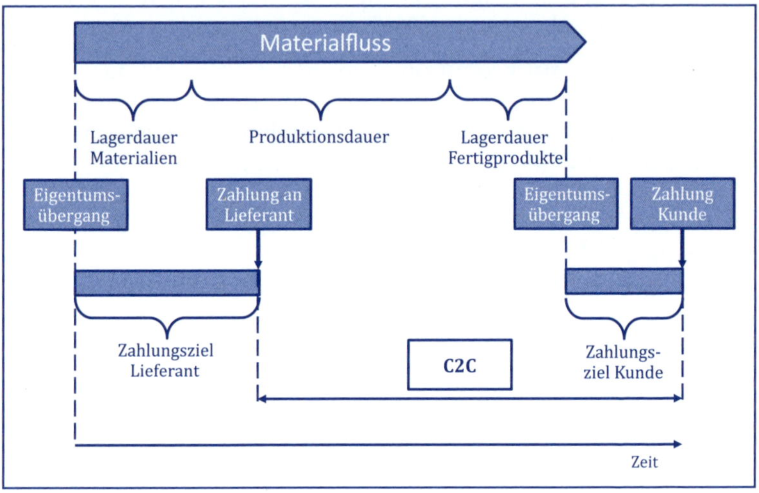

Abbildung 3: C2C-Cycle in Unternehmen

2 Grundlegende Zusammenhänge und Methoden im Logistikmanagement

Nachdem im ersten Kapitel die Bedeutung von Logistikmanagement für Unternehmen hervorgehoben wurde, führt dieses Kapitel in jene Methoden und Vorgehensweisen ein, die grundlegend für erfolgreiches Logistikmanagement sind.

Die erste Fragestellung, die wir mit diesem Kapitel beantworten wollen, ist jene, was Materialfluss bedeutet und wie dieser konzeptionell umgesetzt und koordiniert werden kann. Mit Materialfluss in enger Beziehung stehen Bestände, die in der Logistik an unterschiedlichen Stellen entstehen. Es ist wichtig im Sinne eines guten Logistikmanagements zu verstehen, welche Rolle Bestände spielen und wie diese beeinflusst werden können. Diese Beeinflussung kann durch die Wahl des entsprechenden Versorgungskonzeptes geschehen; ein Thema, dem wir uns ebenfalls in diesem Kapitel widmen wollen.

Logistikmanagement erfordert konzeptionelle Vorbereitungen in der Weise, dass Produkte bereits unter dem Aspekt der logistischen Anforderungen entwickelt werden und sämtliche Prozesse, speziell die Informationsflüsse, auch logistikgerecht gestaltet sind. Nimmt die Produktentwicklung nicht ausreichend Rücksicht auf die Anforderungen der Logistik, so können durch Logistikmanagement höchstens noch Defizite repariert werden, aber es wird nicht gelingen, Wettbewerbsvorteile zu erhalten oder gar zu schaffen.

Gutes Logistikmanagement wird bestimmt durch die richtige und zielorientierte Anwendung von Methoden und Vorgehensweisen, hat aber insgesamt sehr viel mit Prozessen zu tun, weil Logistikmanagement die Gestaltung, die Koordination und die Umsetzung von den drei Flüssen aus Material, Information und Finanzen ist. Deswegen werden wir im letzten Abschnitt dieses Kapitels wesentliche Elemente des Prozessmanagements vorstellen, deren Kenntnis und die Fähigkeit zu ihrer richtigen Anwendung in der Logistik unumgänglich sind.

In diesem Kapitel werden die Gemeinsamkeiten, aber auch die Unterschiede von Logistikmanagement in den unterschiedlichen Branchen behandelt: der produzierenden Industrie, dem Handel und den Logistikdienstleistern. Das sind jene Branchen, die am meisten mit der Bewegung von physischen Produkten zu tun haben und die im Fokus dieses Buchs stehen sollen. Wir wollen uns ausschließlich auf die Güterlogistik konzentrieren und erlauben uns daher, den weiten Bereich der Personenlogistik (z.B. in Form von PKW-Verkehr und personenbezogenen Flug-, Bahn- oder Schiffsverkehr) nicht zu behandeln.

- **Produzierende Unternehmen** brauchen umfassendes Logistikmanagement, um sicherzustellen, dass Materialien und Halbfertigprodukte so durch ihr Unternehmen fließen können, dass Kunden ihre bestellten Produkte zum gewünschten Zeitpunkt in der richtigen Menge erhalten. Logistikmanagement in Produktionsunternehmen muss auch umfassende Planungsaufgaben realisieren, damit diese Anforderungen erfüllt werden können.
- Neben Marketing ist perfektes Logistikmanagement für **Handelsunternehmen** lebensnotwendig, damit die richtige Ware in ausreichender Menge zum gewünschten Zeitpunkt den Kunden zur Verfügung steht (oder zu ihnen gebracht wird).
- Für so manche **Logistikdienstleistungsunternehmen** wie Spediteure, Frächter oder auch innovative Start-ups ist die Logistik gar Kern ihres Geschäftsmodells.

2.1 Materialfluss und Bestand

Logistik als Disziplin ist eng mit dem Begriff des Fließens verbunden. Materialien fließen von Rohstoffquellen über zahlreiche Be- und Verarbeitungsprozesse bis zu den Endkunden. Informationen über die Bedarfe des Marktes (meistens durch eigene Prognosen und Markteinschätzungen) bzw. der Kunden (durch Anfragen, Kundenbewertungen, Bestellungen, etc.) bewegen sich in die umgekehrte Richtung und steuern damit den Materialfluss. Gleiches gilt für die Finanzmittel, die im Wesentlichen ebenfalls von den Kunden durch das Unternehmen zu den Lieferanten fließen.

Dieser ideale, gleichmäßige Fluss von Material, Information und Geld findet im realen wirtschaftlichen Umfeld so jedoch nicht statt, weil es zahlreiche Störungen gibt. Störungen treten meist in Form von ungewollten, zu hohen physischen Beständen auf – Störungen also, die man sehen kann. Auch Finanz- und Informationsflüsse sind häufig gestört. Diese Störungen erkennen wir in Form von chaotischen Abläufen, der Erfordernis für kurzfristige Umplanungen oder der Notwendigkeit von Eilaufträgen oder Sonderlieferungen einerseits und andererseits in Liquiditätsengpässen, kurzfristigem Kapitalbedarf oder verspäteten Zahlungen an Lieferanten.

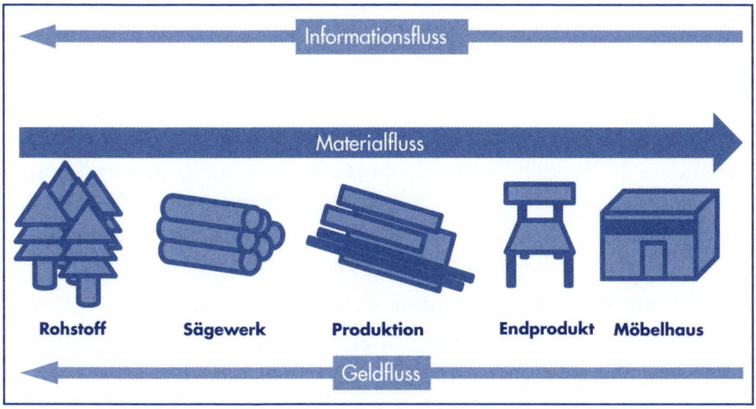

Abbildung 4: Logistik als Klammer über die einzelnen Flüsse

Wir sprechen in der Logistik gerne von Flüssen, weil dieser Begriff aus der Natur genau das ausdrückt, was Logistik sein soll: die stete, kontinuierliche Bewegung von Material und Waren.

2.1.1 Grundbegriffe des Bestandsmanagements

Bestände sind ein Kernthema des Logistikmanagements. Einerseits ermöglicht hoher Bestand eine gute Verfügbarkeit von Produkten (sofern die richtigen Produkte gelagert werden), andererseits benötigt Bestand viel Platz zur Lagerung und verursacht Kosten. Das Ziel jedes Unternehmens besteht daher darin, den „richtigen" Bestand vorrätig zu haben. Aber was bedeutet „richtig"?

Beispiel:
Wir als Konsumenten kaufen unsere Zahnpasta in Supermärkten oder Drogeriefachmärkten und erwarten, dass dort eine Auswahl an verschiedenen Marken, Geschmacksrichtungen und Verpackungsgrößen erhältlich ist.

Eine wesentliche Aufgabe des Händlers besteht nun darin, die gelagerte Menge von Zahnpasta sowie die Wiederbefüllung der Regale mit Zahnpasta aus seiner Sicht zu optimieren und gleichzeitig die Kundenerwartungen zu erfüllen. So wird sich der Händler unter anderem die folgenden Fragen stellen müssen:

- Was ist die maximale Menge an Zahnpasta, die sich auf Lager befinden sollte? Die Beantwortung dieser Frage ist wichtig, denn einerseits kostet das Lagern Geld und benötigt Platz und andererseits hat auch Zahnpasta ein Mindesthaltbarkeitsdatum (MHD) und somit nur zeitlich beschränkte Lagermöglichkeit.
- Was ist die minimale Menge an Zahnpasta, die sich auf Lager befinden sollte? Je weniger Zahnpasta auf Lager liegt, desto höher ist die Wahrscheinlichkeit, dass der Kunde ein leeres Regal vorfindet (*Out-of-Stock*).

Die Frage nach dem „richtigen" Bestandsniveau lässt sich kaum exakt beantworten. Bestände zeigen zur gleichen Zeit oft viele – oftmals gegenläufige – Wirkungen: so kann hoher Bestand zwar dazu beitragen, dass Waren eine gute Verfügbarkeit aufweisen, gleichzeitig steigt aber das durchschnittliche Alter der Waren, die auf Lager sind. Besonders im Bereich der Mode, bei technischen Geräten und natürlich bei Lebensmitteln mit Mindesthaltbarkeitsdatum (MHD) ist das problematisch. Dennoch gibt es auch sehr viele Argumente, die für ausreichend hohe Lagerbestände sprechen:

- **Sicherungsfunktion:** Bestände sichern die Aufrechterhaltung der Versorgung mit den notwendigen Materialien. Somit kann beispielsweise verhindert werden, dass beim Ausfall oder der Verzögerung einer Lieferung die Produktion zum Stillstand kommt.
- **Ausgleichsfunktion:** Wenn die Anlieferung und die Nachfrage unterschiedliche Rhythmen aufweisen, gleicht dies der Lagerbestand aus. Beispielsweise werden viele Produkte in großen Verpackungseinheiten eingekauft, aber in kleinen Mengen aus dem Lager entnommen.
- **Spekulationsfunktion:** Wenn Materialien hohen Preisschwankungen unterliegen, können Bestände auch dazu dienen, wirtschaftliche Vorteile für das Unternehmen zu erzielen. In Zeiten niedriger Preise wird das Material günstig eingekauft, um für späteren Bedarf verfügbar zu sein.
- **Lieferzeitverkürzungsfunktion:** Bestände dienen dazu, Kunden kurzfristig beliefern zu können. Unter Umständen erhält ein Unternehmen gerade deswegen einen Kundenauftrag, weil es im Gegensatz zur Konkurrenz in der Lage ist, besonders schnell zu liefern.
- **Kostensenkungsfunktion:** Bestände verursachen Kosten, können aber auch dazu beitragen, Kosten zu reduzieren. Gewöhnlich gewähren Lieferanten für größere Abnahmemengen bessere Preise, sodass es wirtschaftlich sinnvoll sein kann, aktuell mehr als unmittelbar erforderlich zu kaufen und Teile der Lieferung zu lagern, bis sie zu einem späteren Zeitpunkt benötigt werden. Ein weiterer Aspekt, der für die Bündelung der Bestellmengen spricht, sind reduzierte Transportkosten bei der Anlieferung.
- **Akquisitionsfunktion:** Besonders bei Konsumgütern ist der Bestand von Waren (und oftmals auch deren Präsentation im Regal) Voraussetzung für den Kauf durch den Konsumenten. Leere Regale im stationären Handel oder „derzeit nicht verfügbar" beim Onlinehandel führen dazu, dass das Geschäft bzw. der Onlineshop gewechselt wird.
- **Veredelungsfunktion:** Lagern kann in manchen Branchen Teil des Wertschöpfungsprozesses sein. So müssen etwa Wein oder Käse lagern, um zu reifen.

Dass zu hohe Bestände für viele Unternehmen ein immer wiederkehrendes Problem sind, ist allgemein gut bekannt. Neben schlecht eingestellten Planungssystemen oder Schwächen in der Planung des Bedarfs, spielt häufig auch eine psychologische Komponente bei einzelnen Mitarbeitern eine Rolle: So manche haben über die Jahre gelernt, dass es für sie persönlich weniger schlimm ist für zu hohe Bestände verantwortlich zu sein als durch fehlendes Material eine Produktion zum Stillstand zu bringen. In der Praxis nennen wir die dadurch entstehenden überhöhten Bestände gerne „Angstbestände" – und diese sind nicht zu unterschätzen! In Summe können diese ungeplanten Bestände für ein Unternehmen durchaus signifikante Ausmaße annehmen.

Neben allen notwendigen und positiven Aspekten haben Bestände aber auch zur Folge, dass mangelhafte und schlecht abgestimmte Prozesse in Unternehmen nicht erkannt werden. Durch Bestände werden diese schlichtweg zugedeckt. Auch an dieser Stelle kennen wir in der Logistik eine Analogie zur natürlichen Umgebung. Ein Fluss (oder auch ein See) deckt bei ausreichendem Wasserstand natürliche

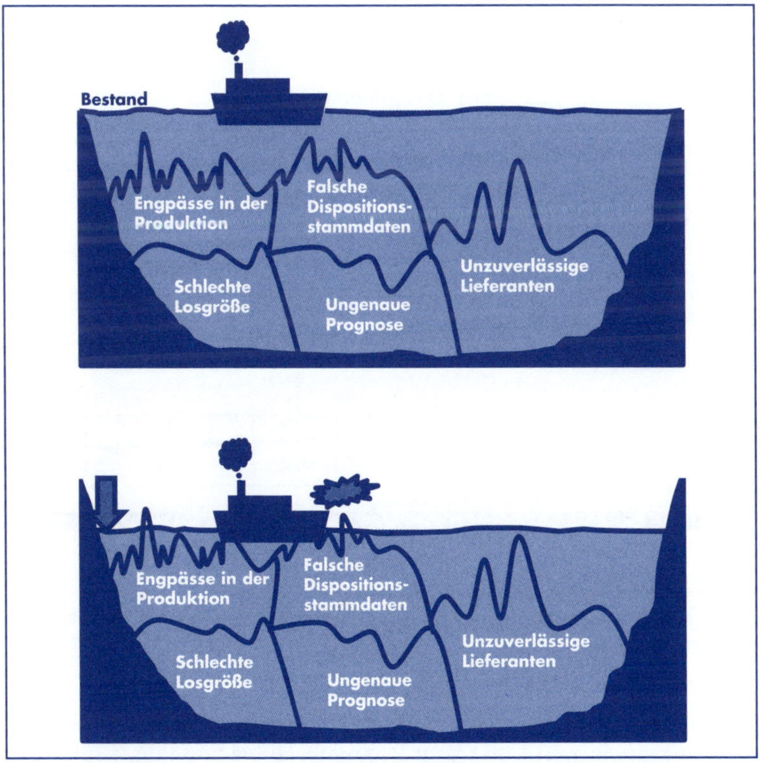

Abbildung 5: Bestände verdecken Prozessprobleme

Unwägbarkeiten zu, sodass die (Binnen-)Schifffahrt ungehindert stattfinden kann. Sinkt der Wasserspiegel, beispielsweise aufgrund geringer Niederschläge, so werden Untiefen, Felsen oder andere Hindernisse unter Wasser plötzlich zu einer Bedrohung für die Schifffahrt. Alternativ bieten sich zwei Möglichkeiten zur Behebung des Problems an: entweder Abwarten bis es wieder genügend Wasser gibt oder die Hindernisse beispielsweise durch Ausbaggern beseitigen.

Ähnliches erleben wir im Unternehmen: Bestände decken Hindernisse zu. Hindernisse sind nicht harmonisierte Prozesse, unzuverlässige Lieferungen von Materialien, mangelnde Informationsweitergabe zwischen den Abteilungen, zu viele Eilaufträge, chaotische Planung der Abläufe etc. Diese Schwächen müssen beseitigt werden, wenn Unternehmen überzählige Bestände reduzieren wollen.

Nachdem eine logistische Kette in aller Regel nicht in der Verantwortung eines einzigen Unternehmens steht, sondern viele verschiedene Unternehmen (Erzeuger von Rohstoffen, Produzenten von einzelnen Komponenten, Konsumgüterhersteller, Anlagenbauer, Handelsunternehmen, Dienstleister) am logistischen Fluss beteiligt sind, muss das Thema Bestand auch aus dieser Perspektive betrachtet werden.

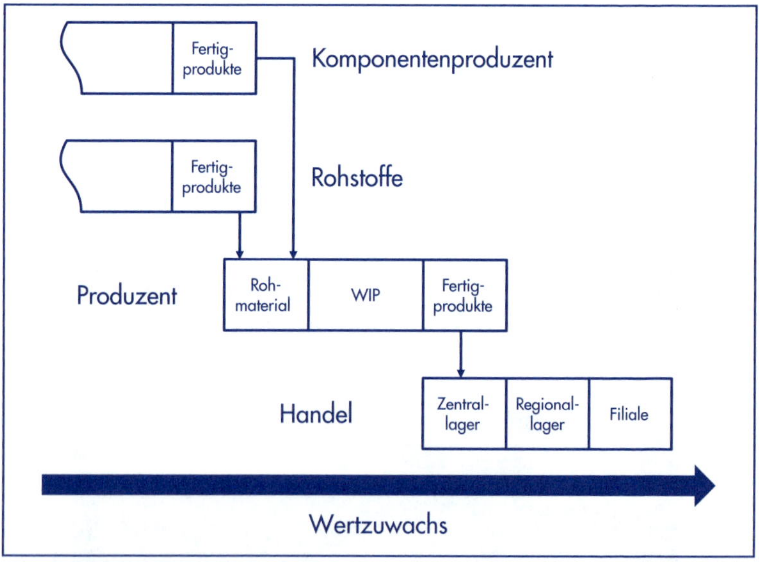

Abbildung 6: Die unterschiedlichen Arten von Beständen in der Logistikkette zwischen Unternehmen

Die Darstellung in Abbildung 6 zeigt einen Ausschnitt aus der gesamten logistischen Kette vom Rohmaterial bis zur Filiale im Handel. Man erkennt bereits aus dieser Abbildung, dass für Bestand unterschiedliche Begriffe verwendet werden, je nachdem wo sich die Produkte in der Logistikkette befinden:

- Rohmaterialbestand
- WIP (*work-in-process*)
- Fertigwarenbestand
- Zentrallagerbestand
- Regionallagerbestand
- Filialbestand
- Transportbestand: Transportbestand kann es geben, wenn bei längeren Transportzeiten – z.B. im internationalen Seeverkehr – die Ware bereits dem Empfänger gehört, diese aber gerade erst den Versandhafen verlassen hat und möglicherweise erst Wochen später beim Empfänger ankommt. Dieser Bestand ist prinzipiell gleich zu sehen, wie ein Rohmaterialbestand – allerdings kann der Empfänger noch nicht darüber verfügen.

Beispiel:
Abbildung 6 könnte etwa die Produktion eines Smartphones zeigen. Komponenten, die zur Herstellung benötigt werden, wie etwa das Glasdisplay oder Prozessoren liegen bei den Herstellern dieser Komponenten als Fertigprodukte auf Lager. Zusätzlich werden zur Produktion eines Mobiltelefons Klebstoffe oder Lötpasten verwendet, die sich ebenfalls bei den jeweiligen Herstellern auf Lager befinden. Wenn der Smartphone-Produzent diese Teile und Rohstoffe erhält, so werden sie als Rohmaterial vor Beginn seiner Produktion gelagert. Während der Produktion kann es durchaus geschehen, dass Baugruppen von Smartphones nach ihrem Zusammenbau auf die weitere Bearbeitung warten müssen, sie liegen während der Produktion auf Lager – das ist WIP. Nach dem finalen Zusammenbau, Test und Verpacken sind die Geräte Fertigwarenbestände. Sie kommen anschließend in die Handelskette und befinden sich in aller Regel in einem Zentrallager, das eine Pufferfunktion für die schwankende Nachfrage in den einzelnen Ländern oder Regionen darstellt. Anschließend werden sie in einem Regionallager deponiert, bevor sie an die einzelnen Filialen ausgeliefert werden.

Bestände werden immer wertvoller – und damit teurer –, je näher sie sich am Ende der Logistikkette, also *downstream*, befinden. Das liegt daran, dass eine Vielzahl an Prozessen und Materialien für die Herstellung erforderlich ist, die allesamt Kosten verursachen. Auf seinem Entstehungsweg durch das produzierende Unternehmen gewinnt das Produkt also immer mehr an Wert, weil Arbeitsprozesse verrichtet werden und verschiedene Materialien zusammengeführt werden – daher spricht man auch von Wertschöpfung oder Wertschöpfungsprozessen. Den höchsten Wert aus Unternehmenssicht stellen Fertigprodukte dar, denn in ihnen sind alle Kosten für Einzelteile und Komponenten, für menschliche Arbeit, für die Nutzung von Maschinen und Anlagen, für Dienstleistungen, etc. enthalten.

Die Begriffe flussabwärts (engl.: *downstream*) und flussaufwärts (engl.: *upstream*) bezeichnen Richtungen in einer Lieferkette, wobei man natürlich die Analogie eines Materialstroms mit einem realen Fluss in der Natur herstellen kann. In der Logistik entspringt der Materialstrom beim Rohmaterial und fließt in Richtung des Kunden (diese Richtung nennt man eben *downstream*).

Wir haben schon mehrfach den Begriff der „guten“ Logistik erwähnt und auch den Umstand, dass Logistik und Logistikmanagement Kosten verursachen. Nachdem wir nun den Begriff und die Bedeutung von Bestand erklärt haben, wenden wir uns nun der Frage zu, ob und wie man „gut“ messen kann.

2.1.2 Logistikleistung und Logistikkosten

Die Auswahl eines bestimmten Lieferanten wird immer öfter durch dessen Logistikleistung bestimmt: wer schneller und zuverlässiger liefert, kann sich von Mitbewerbern abheben und manchmal damit sogar höhere Preise durchsetzen. Eine hervorragende Logistikleistung ist damit ein wesentlicher Wettbewerbsvorteil für Unternehmen.

Logistikleistung zeigt, wie gut es gelingt die Kundenbedürfnisse aus logistischer Sicht zu erfüllen. Der Material- und Warenfluss muss daher so gestaltet sein, dass

- die Produkte *schnell* beim Kunden sind,
- die Produkte *pünktlich* beim Kunden ankommen (nämlich dann, wenn der Kunde sie möchte – weder zu früh noch zu spät),
- die Produkte die *erwartete Qualität* aufweisen,
- die Produkte in genau der Weise (*Menge, Verpackung*) beim Kunden eintreffen, wie dies gewünscht ist,
- der Lieferant jederzeit Auskunft über den Verbleib der Produkte in der Logistikkette geben kann (*Transparenz*),
- *flexibel* auf Wünsche des Kunden reagiert werden kann.

Aus diesen Überlegungen lassen sich die sogenannten „7 R's der Logistik“ ableiten, die die Anforderungen an die Logistik beschreiben:

- das *richtige* Produkt
- in der *richtigen* Menge
- in der *richtigen* Qualität
- am *richtigen* Ort
- zur *richtigen* Zeit
- zu den *richtigen* Kosten
- an den *richtigen* Kunden

Was mit „richtig" gemeint ist, können wir nur dann beantworten, wenn die einzelnen Punkte in konkrete Messgrößen übersetzt werden. Da die Logistikleistung selbst nicht direkt messbar ist, wird sie aus einer Vielzahl an einzelnen Kennzahlen gebildet, die in ihrer Gesamtheit ein Bild über die Logistikleistung ergeben.

Beispiel:
Onlinebestellungen zeigen sehr gut die Anforderungen an ein logistisches System: Käufer im Internet erwarten eine rasche Lieferung der Ware. Zusätzlich müssen Internethändler (bzw. deren Paketdienstleister) auch pünktlich liefern können (was nicht das Gleiche wie schnell ist!), sodass der Besteller seine Lieferung am nächsten Tag um 20:00 Uhr auch tatsächlich erhält, so wie ihm das über die Online-Bestellplattform zuvor versprochen wurde. Dass die Qualität des Produktes der erwarteten entsprechen muss, ist ebenso klar. In vielen Internetshops kann man auch wählen, ob die Ware eine spezielle Verpackung bekommen soll (z.B. Geschenkverpackung) oder ob der Kunde Teillieferungen an unterschiedliche Adressen wünscht. Wenn erst einmal das Paket auf dem Weg ist, so informieren die meisten Internetshops ihre Kunden über den erfolgten Versand und diese können den Weg und den Aufenthalt der Ware über Tracking mitverfolgen (Aspekt der Transparenz). Das alles sind Faktoren, die in ihrer Gesamtheit die Logistikleistung ausmachen!

Wie schnell Produkte geliefert werden können, drückt sich in der **Lieferzeit** aus. Sie beschreibt die Zeitspanne zwischen Auftragserteilung (z.B. Datum der Bestellung) und Übergabe an den Empfänger (z.B. Datum auf dem Lieferschein). Handelt es sich um wiederkehrende Bestellungen, die in der Industrie oder auch im Handel üblich sind, so bezeichnet man diese Zeitspanne als Wiederbeschaffungszeit. Wie zufrieden der Kunde mit der Lieferzeit ist, hängt meistens vom Vergleich mit den direkten Wettbewerbern ab.

Die **Liefertermintreue** (oder Termintreue; abgekürzt: LTT) zeigt, wie gut es einem Lieferanten gelingt die versprochene Lieferzeit auch tatsächlich einzuhalten. Die Berechnung erfolgt, indem die Anzahl der innerhalb einer bestimmten Periode (z.B. Quartal, Jahr) termingerecht ausgelieferten Aufträge zu allen innerhalb dieser Periode ausgelieferten Aufträge ins Verhältnis gesetzt wird. Diese Kennzahl misst damit, wie viel Prozent der Aufträge pünktlich beim Kunden angekommen sind.

$$LTT\,[\%] = \frac{\textit{Anzahl termingerecht ausgelieferter Aufträge}}{\textit{Anzahl aller ausgelieferten Aufträge}} \times 100$$

Die Liefertermintreue ist für Kunden oftmals wichtiger als die Lieferzeit. Unpünktlichkeit führt häufig zu aufwendiger Planänderung; im Extremfall zu Produktionsstillständen oder Lücken in den Regalen des Handels.

Die exakte Festlegung, was Pünktlichkeit bedeutet, ist für diese Kennzahl sehr wichtig: Es macht einen Unterschied, ob stundengenau, taggenau, oder bloß in einer bestimmten Kalenderwoche angeliefert werden muss. Prinzipiell gilt der Termin auf der Auftragsbestätigung als zugesagter Liefertermin und die Lieferung wird als pünktlich gewertet, wenn dieser Termin eingehalten wurde (vielleicht auch mit einer mit dem Kunden vereinbarten Toleranz). Die Anzahl der termingerecht ausgelieferten Aufträge in einer bestimmten Periode ergibt sich daher aus dem Vergleich jedes einzelnen Auftrags zwischen zugesagtem Liefertermin (Auftragsbestätigung) und tatsächlichem Liefertermin (Lieferschein). Es ist wichtig festzuhalten, dass eine Lieferung *vor* dem vereinbarten Liefertermin meist auch als unpünktlich zu sehen ist.

Neben dem zeitlichen Aspekt gibt es noch einige weitere Kriterien der 7 R's, die für die „Güte" der Lieferung sprechen:

- Wurde das vereinbarte Produkt geliefert?
- Stimmt die Menge?
- Sind Teile schadhaft und damit nicht brauchbar?
- Stimmt der Lieferort (z.B. Lieferung an eine falsche Baustelle oder in ein falsches Regionallager)?

All diese Faktoren werden unter der Kenngröße **Lieferqualität** zusammengefasst. Die Berechnung erfolgt vergleichbar mit jener der Termintreue: Es wird die Anzahl der innerhalb einer bestimmten Periode ohne Kundenreklamation ausgelieferten Aufträge zu allen innerhalb dieser Periode ausgelieferten Aufträge ins Verhältnis gesetzt. Im Gegensatz zur Liefertreue ist die Lieferqualität schwieriger zu erfassen, weil Beanstandungen zeitverzögert eintreffen können. Während Unpünktlichkeit sofort festgestellt wird, sind falsche oder fehlerhafte Produkte oft erst später erkennbar.

$$\textit{Lieferqualität}\,[\%] = \frac{\textit{Anzahl unbeanstandeter Aufträge}}{\textit{Anzahl aller ausgelieferten Aufträge}} \times 100$$

Ein weiterer Aspekt der Logistikleistung ist die Fähigkeit Kundenwünsche sofort aus dem Lagerbestand zu erfüllen: man spricht von **Lieferfähigkeit** oder **Lieferbereitschaft**. Diese kann nur bei Produkten berechnet werden, die üblicherweise fertig gelagert und bei Eintreffen eines Kundenauftrags ausgeliefert werden. Bei Unternehmen, deren Produkte erst nach Kundenauftrag produziert oder zusammengestellt werden, ist diese Kenngröße nur bedingt anwendbar.

In der Lagerhaltungstheorie wird statt Lieferfähigkeit auch vom **Servicegrad** (abgekürzt SG) gesprochen. Die Theorie unterscheidet dabei:

- α-SG (%-Anteil der aus dem Lager bedienten Aufträge)
- β-SG (%-Anteil der aus dem Lager bedienten Menge)
- γ-SG (ähnlich dem β-SG, es werden aber auch die Lieferrückstände von Vorperioden mitberücksichtigt)

$$\textit{Lieferfähigkeit}\,[\%] = \frac{\textit{Anzahl der (aus dem Lager) erfüllbaren Aufträge}}{\textit{Anzahl aller eingehenden Aufträge}} \times 100$$

Die multiplikative Verknüpfung von Liefertermintreue, Lieferqualität und Lieferfähigkeit bringt den **Lieferservice** eines Unternehmens zum Ausdruck. Folgendes einfache Beispiel zeigt, wie hoch die einzelnen Faktoren sein müssen, um einen akzeptablen Lieferservice zu erhalten:

Beispiel:
Das Unternehmen A kauft regelmäßig beim Unternehmen L ein. Die aufgrund vergangener Erfahrungen ermittelten Werte für Termintreue und Lieferqualität betragen: 97 % (Termintreue) und 99 % (Lieferqualität).

Wenn Unternehmen A heute Bedarf an einem Material von L hat, so wird dieses Material mit 97 % Sicherheit zum vereinbarten Termin eintreffen und mit 1 %iger Wahrscheinlichkeit werden zu wenig oder falsche Teile dabei sein. Die Wahrscheinlichkeit, dass zum gewünschten Zeitpunkt die richtigen Materialien in der richtigen Qualität bzw. Menge bei A eintreffen, beträgt also **ca. 96 %** (0,97 x 0,99). Statistisch betrachtet taucht somit bei fast jeder fünfundzwanzigsten Lieferung ein Problem auf! Man nennt diese Kennzahl, die dem Produkt von Liefertermintreue und Lieferqualität entspricht, OTIF (*on-time-in-full*).

Wenn man jetzt bedenkt, dass L nur einer von fünf Lieferanten ist, die je ein bestimmtes Material für das Enderzeugnis P liefern und jeder der fünf Lieferanten einen mit L vergleichbaren Lieferservice aufweist, dann wäre die Wahrscheinlichkeit, dass bei Unternehmen A alle für das Produkt P erforderlichen Materialien zu einem bestimmten Zeitpunkt verfügbar sind, nur **81,5 %** ($0{,}96^5 = 0{,}815$).

Beinahe ein Fünftel der Produkte könnte nicht (vollständig) gebaut werden, was inakzeptabel ist! Viele Unternehmen behelfen sich daher mit Beständen, aber diese kosten Geld. Daher ist eine gute und verlässliche Kunden-Lieferanten-Beziehung, die das erwartete, logistische Niveau liefern kann, Voraussetzung für nachhaltigen wirtschaftlichen Erfolg!

Die **Lieferflexibilität** beschreibt die Fähigkeit eines Unternehmens auf besondere Wünsche des Kunden einzugehen. Diese können die Ausführung des Produktes selbst sein (individuelle Entwicklung oder Varianten von Standardprodukten), betreffen aber auch Änderungen beim Termin, der Menge, dem Lieferort, der Art der Verpackung, etc. Eine Möglichkeit, die Lieferflexibilität in einer Kennzahl auszudrücken wäre, den Anteil der erfüllten Kundenwünsche an allen Kundenwünschen zu berechnen. Dies ist oft schwierig, weil schlicht nicht alle Kundenwünsche „sinnvoll" sind.

Der Austausch von Informationen innerhalb der Partner einer Logistikkette ist eine wesentliche Voraussetzung für wirtschaftlichen Erfolg. Die Fähigkeit eines Unternehmens, Anfragen der Kunden hinsichtlich auftragsrelevanter Informationen (z.B. Fertigstellungsgrad, Lagerort, Transportweg) wird als **Informationsfähigkeit** bezeichnet.

Ein Instrument zur Verbesserung der Informationsfähigkeit ist das *Tracking-and-Tracing*, auch als Sendungsverfolgung bekannt. Bei der Zustellung von Paketen ist *Tracking-and-Tracing* heute ein Standardservice von Paketdienstleistern.

Logistikleistungen auf hohem Niveau helfen einem Unternehmen Wettbewerbsvorteile zu erzielen und damit den Umsatz zu steigern, weil man schneller, pünktlicher und zuverlässiger ist. Aktivitäten der Logistik sind natürlich auch Kostenfaktoren, weswegen Logistikmanagement auch diesen Aspekt entsprechend beachten muss. Folgende Kostenarten sind Bestandteil der **Logistikkosten**:

- Transportkosten: Kosten des inner- und zwischenbetrieblichen Transports.
- Umschlagskosten: Kosten für den Warenumschlag, auch als *Handlingskosten* bezeichnet.
- Lagerkosten: Kosten für das Lagern von Material und Waren.
- Kosten für die Planung und Steuerung des logistischen Flusses.

Transport- und Umschlagskosten sowie ein Teil der Lagerkosten (die Lagerbestandskosten) hängen direkt mit dem Materialfluss zusammen. Wird mehr bewegt oder gelagert steigen bzw. fallen diese Kosten sehr kurzfristig. Dagegen sind die Kosten für die Lagerinfrastruktur sowie Planungs- und Steuerungskosten nur mittelfristig veränderbar.

Schlechte Auslastung der Fahrzeuge und schlechte Routenplanung können die Transportkosten für ein Unternehmen stark erhöhen. Aus diesem Grund haben viele Unternehmen den zwischenbetrieblichen Transport auf Spediteure und Frächter ausgelagert und kaufen damit den Transport als Dienstleistung zu. Die Auslagerung des Transports auf Spezialisten ist unter dem Begriff *Outsourcing* (abgeleitet aus den beiden englischsprachigen Begriffen *outside* und *sourcing;* allerdings ist der exakte Ursprung dieses Kunstwortes nicht bekannt) gebräuchlich. Zusätzlich werden durch *Outsourcing* fixe Kosten für Fahrzeuge, erforderliche Infrastruktur und Personal in variable Kosten transformiert, weil die Dienstleister nur für erbrachte Leistungen bezahlt werden.

Der innerbetriebliche Transport wird auch als *Fördern* bezeichnet. Stapler, wohl die bekanntesten Transportmittel im innerbetrieblichen Bereich, werden daher mit den Begriffen *Fördertechnik* oder *Flurförderfahrzeug* gleichgesetzt.

Der Warenumschlag bezieht sich auf Tätigkeiten, die mit dem Wareneingang, der Einlagerung, Auslagerung, Kommissionierung, dem Ver- und Umpacken zu tun haben. Diese Prozesse können zu mehr oder weniger großen Teilen automatisiert sein oder auch weitgehend manuell ablaufen. Umschlagskosten setzen sich daher aus Personalkosten und Kosten für die Errichtung und den Betrieb der eingesetzten Technologien zusammen.

Lagerkosten lassen sich in die beiden Bereiche **Lagerbestandskosten** (häufig auch nur Bestandskosten genannt) und **Lagerhauskosten** einteilen. Diese Unterteilung ist von Bedeutung, denn die Lagerbestandskosten sind eher kurzfristig beeinflussbar und stehen direkt mit dem zu lagernden Material in Verbindung, während die Lagerhauskosten kurzfristig nur schwer veränderbar sind und auch nicht unmittelbar vom konkreten Lagerbestand abhängen.

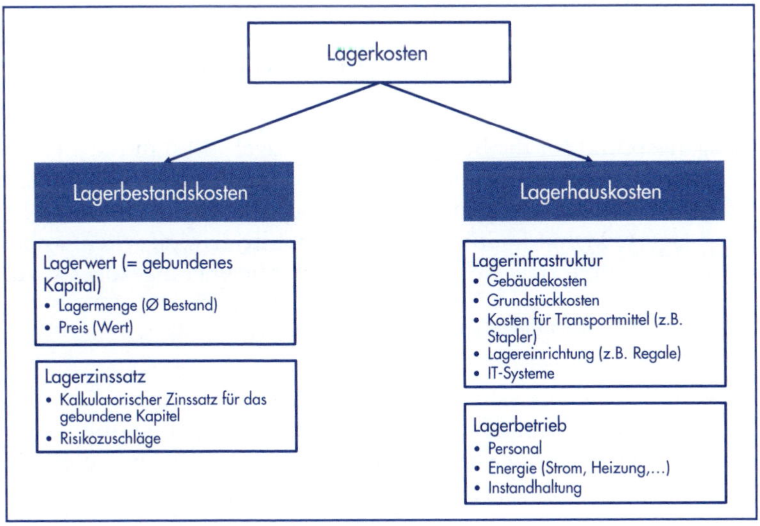

Abbildung 7: Strukturierung der Lagerkosten

Die **Lagerhauskosten** (auch unter dem englischsprachigen Namen *warehousing costs* bekannt) setzen sich aus Kosten für die Bereitstellung der Lagerinfrastruktur und dem Betrieb des Lagers zusammen. Sie können sowohl als Investitionen anfallen als auch Mietkosten sein, falls fremde Lager angemietet werden. Lagerinfrastrukturkosten sind meistens so genannte sprungfixe Kosten. Das heißt, dass diese Kosten sich nicht proportional mit dem Lagerbestand verändern, sondern erst beim Über- oder Unterschreiten gewisser Grenzen eine Veränderung erfahren (z.B. bei einer baulichen Erweiterung des Lagers). Eine Ausnahme ergibt sich dann, wenn die Infrastruktur von einem Dritten erbracht wird und der Kunde nur für die einzelnen benötigten Palettenstellplätze bezahlt.

Die bisher besprochenen Kosten für den Transport, den Umschlag und die Lagerung betreffen entweder physische Prozesse oder Infrastruktur. **Lagerbestandskosten** hingegen sind vom Material und der Menge abhängig. Ein Beispiel soll das erläutern:

Beispiel:
Betrachten wir eine Palette mit Kopierpapier und eine Palette mit hochwertigen Smartphones. Aus der Sicht des Lagers wird in beiden Fällen ein Palettenstellplatz belegt und je eine Palette ein- und ausgelagert. Die Kosten für die Nutzung der Lagerinfrastruktur wären daher gleich. Es ist jedoch leicht zu erkennen, dass der Lagerwert der Artikel auf der Palette in beiden Fällen völlig unterschiedlich ist.

- 50 Stück 10er-Packungen Kopierpapier zu 2 € Einkaufspreis: Lagerwert = 100 €
- 250 Stück Smartphones zu 200 € Einkaufspreis: Lagerwert = 50.000 €

Ausgangspunkt für die Berechnung der (Lager-) Bestandskosten ist der **Lagerwert** (bzw. Bestandswert). Der Lagerwert eines bestimmten Artikels ergibt sich aus seinem *Bestand* und dem *Wert*. Als Bestand ist die gelagerte Menge in Stück, Kilogramm, Liter, etc. zu sehen, wobei der Wert als Preis oder Kosten je Mengeneinheit herangezogen wird.

$$Lagerwert\left[€\right] = Bestand \cdot Wert$$

Gewöhnlich ändert sich die gelagerte Menge in einem Betrachtungszeitraum permanent – mal wird das Lager aufgefüllt, dann wird wieder Material vom Lager entnommen. Um in Folge die Kapitalbindungskosten für eine bestimmten Zeitperiode zu bestimmen, wählt man den *durchschnittlichen Bestand*. Ähnliches gilt auch für den Wert (vor allem wenn er sich auf den Einkaufspreis bezieht). Preise steigen und fallen – mal wird billiger eingekauft, dann wieder teurer, daher setzt man einen *durchschnittlichen Wert* an.

Der Lagerwert an sich verursacht für ein Unternehmen noch keine Kosten. Das Problem mit dem Bestand liegt vielmehr darin, dass dieser einerseits *finanziert* werden muss (da Lieferanten für das Material bezahlt werden müssen) und andererseits *Risiken* des Wertverlustes in sich birgt.

Die *Finanzierung* des Lagerbestandes kann entweder mit Fremdkapital (z.B. Bankkredit) erfolgen oder durch Eigenkapital. Aus den Zinsen für Fremdkapital und aus den entgangenen Zinserträgen für das Eigenkapital lässt sich ein *kalkulatorischer Zinssatz* ableiten, mit dem der Lagerwert bewertet und somit in Kosten übergeführt wird.

Lagerbestand birgt das Risiko in sich, dass die auf Lager befindliche Menge im Laufe der Zeit weniger wert oder vielleicht sogar obsolet wird. Besonders bei technischen oder modischen Artikeln ist die Gefahr der Wertminderung erheblich (solche Artikel sind meist sehr kurzlebig und können nicht einfach ein Jahr später wieder verkauft werden), auch Lebensmittel können durch Überschreitung des MHD (Mindesthaltbarkeitsdatum) wertlos werden. Das Lagerrisiko kann vom Unternehmen selbst getragen werden – dann ist es als Erfahrungswert in den Lagerzinssatz einzurechnen. Es könnte aber auch durch eine Versicherung abgefedert werden. In diesem Fall sind die Kosten für die Versicherung im Lagerzinssatz kalkulatorisch zu berücksichtigen.

Sowohl die Kapitalkosten als auch das Risiko sind in einem Lagerzinssatz (Prozentsatz) zusammenzufassen. Aus dem Lagerwert und diesem Lagerzinssatz lassen sich nun die Lagerbestandskosten (LBK) berechnen.

$$LBK\,[€] = Bestand \cdot Wert \cdot Lagerzinssatz$$

Folgendes Beispiel soll die hohe Bedeutung der Lagerkosten und damit des Bestandsmanagements generell zeigen, denn die Senkung der Bestände (bzw. die Vermeidung, dass Bestände steigen) birgt hohes Einsparungspotenzial für Unternehmen.

Beispiel:
Das Unternehmen X setzte im vergangenen Jahr ca. 300 Mio. € um. Der durchschnittliche Lagerwert beträgt ca. 40 Mio. €. Aufgrund der erfolgreichen Entwicklung des Unternehmens rechnet man mit einem Umsatzwachstum von ca. 15% pro Jahr. Ohne Änderung der Logistikprozesse würde auch der Bestand um 15% wachsen. Die verfügbare Lagerkapazität wäre damit ausgeschöpft. Da man weiterhin mit positiven Entwicklungen rechnet, gibt es bereits Pläne für den Ausbau des Lagers um 15 Mio. Euro. Für Fremdkapital rechnet das Unternehmen 6% Zinsen,

ein Aufschlag für das Lagerrisiko (im letzten Jahr waren Wertberichtigungen von fast 2 Mio. € notwendig) wird mit 4 % angesetzt, was in Summe einen kalkulatorischen Zinssatz von 10 % ergibt.

Durch eine Vielzahl von Maßnahmen zur Bestandsreduktion konnte jedoch erreicht werden, dass der Bestand am Ende des Jahres auf dem Niveau des Vorjahres blieb. Zusätzlich konnte damit der Neubau des Lagers um 1 Jahr hinausgezögert werden. Was hat sich das Unternehmen „erspart"?

Antwort: Der Bestand ist nicht um 6 Mio. € gewachsen (40 Mio. € +15 % = 46 Mio. €) und auch das Lager musste nicht um 15 Mio. € errichtet werden. Das ergibt insgesamt 21 Mio. € nicht erforderliche Finanzierung, wodurch man sich **Kosten** für die Finanzierung in der Höhe von **1,5 Mio. € erspart** hat (6 Mio. € * 10% + 15 Mio. € * 6% = 1,5 Mio. €).

Mit solchen Maßnahmen machen sich Logistikmanager die Controller und die Finanzverantwortlichen des Unternehmens zu Verbündeten: Diese Letzteren brauchen sich keine Gedanken zu machen, wie eine Investitionssumme von 21 Millionen € von den Banken zu bekommen ist und Controller haben 1,5 Mio. € weniger an Kosten zu budgetieren!

Der letzte Teil der **Logistikkosten** sind jene **für die Planung und Steuerung** des logistischen Flusses. Die Höhe dieser Kosten wird einerseits von der Anzahl an Personen, die sich mit der Gestaltung des logistischen Flusses beschäftigen, aber auch durch die Kosten für das eingesetzte IT-Umfeld (Hard- und Software) bestimmt. Wesentliches Ziel der Planung und Steuerung ist die Wahl eines optimalen Verhältnisses zwischen Logistikleistung und Logistikkosten. Dies ist schwierig, weil sich Zielsetzungen in der Logistik häufig gegenläufig verhalten. Dazu ein Beispiel:

Beispiel:
Im Einzelhandel erwarten Kunden eine immer größere Sortimentsvielfalt in den Regalen. Da der notwendige Platz aber oft nicht zur Verfügung steht, werden stets nur geringe Mengen je Artikel in die Regale gestellt – was die Gefahr von Fehlmengen (sog. *stock-outs*) erhöht. Die Artikelvielfalt steht also im Widerspruch zur Regalverfügbarkeit (im Handel als *Shelf Availability* bezeichnet).

Der Handel versucht daher durch häufigere Belieferung der Supermärkte das Platzproblem im Regal zu lösen – und trotz geringer Regalbestände eine hohe Verfügbarkeit zu gewährleisten. Dies erhöht aber die Transportkosten, weil häufiger und meist schlechter ausgelastet angeliefert werden muss.

Wir haben in diesem Abschnitt kennengelernt, wie die Logistikleistung eines Unternehmens gemessen werden kann und welche Kosten Logistik verursacht. Dabei wurde deutlich, dass Bestände Kostentreiber sind, aber gleichzeitig aus den Materialflüssen nicht gänzlich eliminiert werden können. Die Frage, die wir als nächstes beantworten wollen, ist nun jene, wie der Bedarf an Material für die Produktion oder der Bedarf an Produkten im Handelsregal in Folge Bestellungen bei Lieferanten auslöst und wie damit die Bestände beeinflusst werden können. Wir werden feststellen, dass es prinzipiell drei unterschiedliche Arten gibt, wie Bestellungen bei den Lieferanten und damit der Materialfluss angestoßen werden können.

- Wird Material dann nachbestellt, wenn vorhandene Bestände unter ein zuvor definiertes Niveau sinken, spricht man von **bestandsorientiertem Materialfluss.**
- Wenn ein Bedarf unmittelbar durch den Kunden oder durch einen (auch internen) Auftrag ausgelöst wird spricht man von **programmgebundenem Materialfluss** (Anm.: Programmgebunden heißt diese Form deshalb so, weil basierend auf (Kunden-) Aufträgen ein Produktionsprogramm gebildet wird – siehe dazu auch Abschnitt 2.1.4).
- In manchen Fällen wird die Nachbestellung von Material durch Erwartungen oder Pläne in die Wege geleitet. Man weiß vielleicht aus der Vergangenheit, dass zu einer bestimmten Zeit im Jahr die Bedarfe steigen und löst **prognosegetrieben** den Materialfluss aus. Diese Art der Bedarfsauslösung heißt auch **verbrauchsbasiert**, weil man sich am Verbrauch der Vergangenheit bzw. am geplanten Verbrauch orientiert.

Beispiel:
Für die Herstellung einer Einbauküche benötigt ein Produzent eine große Anzahl von unterschiedlichen Teilen und Rohmaterialien. Einige dieser Teile sind abhängig von den konkreten Designwünschen des Kunden, z.B. die Holzart der Fronten, das Aussehen der Arbeitsplatte oder auch die Griffe. Der Produzent ist also gezwungen, diese Elemente einer Küche *programmgebunden* bei seinen Lieferanten zu bestellen. Andere Teile der Küche, die nicht die kundenspezifische Ausgestaltung ausmachen, aber in jeder Küche vorkommen, wie z.B. Spanplatten, Tür- und Schubladenbeschläge, Schrauben, Dübeln oder Leim werden immer auf Lager sein. Wenn deren Bestand auf ein bestimmtes Niveau sinkt, bestellt der Produzent diese nach – unabhängig davon, ob ein konkreter Kundenauftrag zu erfüllen ist oder nicht. Der Materialfluss erfolgt *bestandsorientiert.* Soll in Zukunft vermehrt auf Vollholzküchen gesetzt werden, muss der Produzent heute schon abschätzen, welche Holzarten in zwei oder drei Jahren (so lange dauert die natürliche Trocknung von Holz) aktuell sein könnten. Er muss den Bedarf planen bzw. *prognosebasiert* bei seinem Holzhändler Massivholz kaufen.

2.1.3 Bestandsorientierter Materialfluss

Für die Produktion der Waren und Güter benötigt ein Unternehmen Material. Wenn ein zuvor definierter Bestand unterschritten wird, wird eine Bestellung ausgelöst, die in weiterer Folge einen Materialfluss vom Lieferanten zum Unternehmen zur Folge hat. Den Umstand, dass immer dann Bestellungen durchgeführt werden, wenn nicht genug Materialien im Lager verfügbar sind, nennen wir **bestandsorientierten Materialfluss**.

2.1.3.1 Ablauf des bestandsorientierten Materialflusses

Grob gesagt, kennt man das **Bestellpunkt-** und das **Bestellrhythmusverfahren** (die dann noch mehrere Untergliederungen haben) um Materialflüsse bestandsorientiert zu starten.

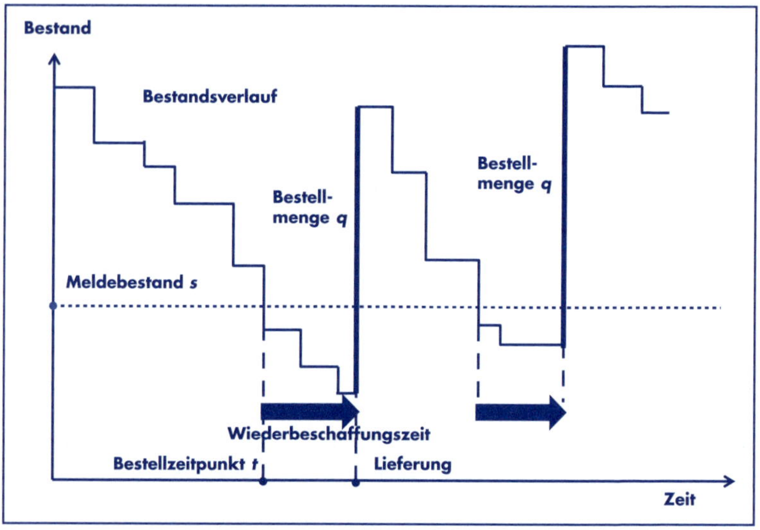

Abbildung 8: Das Bestellpunktverfahren

Beim **Bestellpunktverfahren** wird immer dann eine Bestellung ausgelöst, wenn der verfügbare Bestand an Material den Meldebestand (oder die Meldemenge) unterschreitet.

Gemäß Abbildung 8 reduziert jede Entnahme aus dem Lager den Bestand. Wenn nach einer Entnahme der (verfügbare) Lagerbestand erstmalig niedriger als der Meldebestand ist, wird nachbestellt. Während der Wiederbeschaffungszeit wird aber weiter Material aus dem Lager entnommen. Der Meldebestand muss daher ausreichend hoch gewählt werden, um bei einem erwarteten durchschnittlichen Verbrauch die Wiederbeschaffungszeit überbrücken zu können.

Für das Bestellpunktverfahren ist die Unterscheidung zwischen *physischem* Lagerbestand und *verfügbarem* Lagerbestand sehr wichtig. Unter dem physischen Lagerbestand ist jener Bestand zu verstehen, den man tatsächlich im Lager vorfindet. Davon ist aber nicht alles frei verfügbar: Reservierungen für bestimmte Aufträge oder gesperrte Materialen (noch nicht von der Qualitätsprüfung freigegeben) dürfen nicht disponiert (verplant) werden. Wie wir später sehen werden, kommt zur Höhe des Meldebestands auch noch der Sicherheitsbestand hinzu, der ebenfalls nicht zur Disposition steht, aber physisch natürlich vorhanden ist. Hingegen gibt es auch verplanbaren Bestand, der (noch) gar nicht im Unternehmen ist, der sogenannte Bestellbestand (auch als offene Bestellmenge bezeichnet).

  Physischer Lagerbestand
– Reservierter bzw. gesperrter Bestand
– Sicherheitsbestand
\+ offene Bestellmenge
= Verfügbarer Bestand

Beim **Bestellrhythmusverfahren** hingegen erfolgt eine Bestandsprüfung nicht bei jeder Entnahme aus dem Lager, sondern nur zu definierten Zeitpunkten (z.B. jeweils am Montag). Ist der Bestand zum Zeitpunkt dieser Überprüfung geringer als die Meldemenge, so wird eine Bestellung ausgelöst.

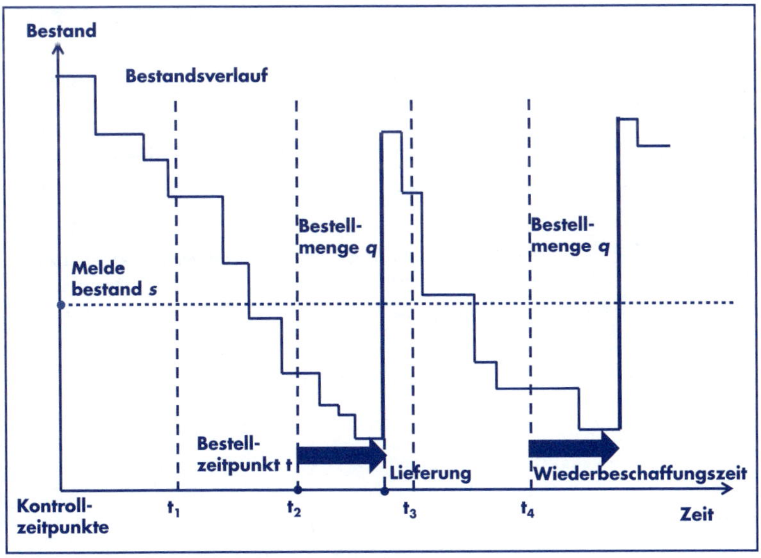

Abbildung 9: Bestellrhythmusverfahren

Der Vorteil des Bestellrhythmusverfahrens gegenüber dem Bestellpunktverfahren liegt darin, dass Bestellungen für unterschiedliche Artikel bei demselben Lieferanten zusammengefasst werden können (um Anliefermengen zu bündeln und dadurch Kosten zu sparen). Bestellrhythmusverfahren werden eher dann eingesetzt, wenn kein geeignetes IT-System zur Erfassung und Dokumentation des Bestands zur Verfügung steht (was bei KMUs – Klein- und Mittelständischen Unternehmen – durchaus vorkommen kann). Nachteilig bei diesem Verfahren ist, dass Bestände ungewollt zu Ende gehen können, wenn zwischen den Zeitpunkten der Überprüfung ungewöhnlich hohe Entnahmen stattfinden.

Generell zeigt sich, dass für den bestandsorientierten Materialfluss verschiedene Dispositionsparameter zur Anwendung kommen können. Unter Dispositionsparametern versteht man jene Variablen, mit denen Bestände und deren Wiederbefüllung gesteuert werden:

- Meldemenge (*s*) oder Meldebestand
- Kontrollzeitpunkt bzw. das -intervall (*t*)
- Bestellmenge (*q*)
- Maximal- bzw. Sollbestand (*S*)

Aus diesen verschiedenen Parametern lassen sich nun unterschiedliche Kombinationen für die Bestellverfahren ableiten, die in der Praxis Anwendung finden.

	Kontinuierliche Disposition	Periodische Disposition
Fixe Bestellmenge	Bestellpunktverfahren mit fixer Menge (s, q)-Politik	Bestellrhythmusverfahren mit fixer Menge (t, q)- oder (t, s, q)-Politik
Variable Bestellmenge	Bestellpunktverfahren mit variabler Menge (s, S)-Politik	Bestellrhythmusverfahren mit variabler Menge (t, S)- oder (t, s, S)-Politik

Abbildung 10: Unterschiedliche Bestellverfahren

Das Bestellpunktverfahren mit fixer Bestellmenge entspricht dem in Abbildung 8 dargestellten und beschriebenen Vorgehen. Die fixe Bestellmenge kann etwa nach Andler (siehe Abschnitt 2.1.3.3) als optimale Bestellmenge ermittelt werden. Beim Bestellpunktverfahren mit variabler Bestellmenge ist die maximale Lagermenge, die nach jeder Wiederbefüllung erreicht werden soll, durch die Infrastruktur bestimmt (z.B. durch das Fassungsvermögen eines Tanks). Bei diesem Verfahren muss somit die Bestellmenge variabel sein.

Das Bestellrhythmusverfahren eignet sich besonders für jene Artikel, für die es zu aufwändig wäre den Lagerbestand genau zu verfolgen und es vollkommen ausreichend ist, den Bestand in bestimmten Intervallen zu überprüfen. Häufig wird hier eine (t, S)-Politik angewendet, mit deren Hilfe die auf einen bestimmten Bestand (S) fehlende Menge bestellt wird. Das Bestellrhythmusverfahren kann auch ohne Meldebestand auskommen, wobei dann bei jeder regelmäßig stattfindenden Kontrolle Ware nachbestellt wird.

Die Umsetzung des bestandsorientierten Materialflusses (vor allem mit Hilfe Bestellpunktverfahrens) bietet den Vorteil einer weitgehend automatisierten Disposition. Sind die Dispositionsparameter in einem entsprechenden IT-System erfasst, wird bei jeder Lagerbewegung kontrolliert, ob eine Bestellung notwendig ist oder nicht. Im Idealfall wird bei Unterschreiten des Meldebestandes automatisiert beim definierten Lieferanten bestellt. Die einzige (aber anspruchsvolle) Aufgabe für den Disponenten bleibt die generelle Festlegung der Dispositionsparameter.

2.1.3.2 Bestimmung des Melde- und Sicherheitsbestands

Der Meldebestand muss mindestens so hoch sein, dass bis zur Lieferung der gewünschten Materialien (Wiederbeschaffungszeit) ausreichend Bestand vorhanden ist, um die Nachfrage zu decken. Werden beispielsweise von einem Material 100 Stück pro Tag verbraucht und der Lieferant hat eine Lieferzeit von 10 Tagen, so muss spätestens bei einem Bestand von 1.000 Stück eine Bestellung ausgelöst werden, um die Zeitspanne bis zum Eintreffen der Teile zu überbrücken.

Wir haben bei dieser Kalkulation angenommen, dass in einer idealisierten Weise Material verbraucht wird: nämlich immer konstant gleich viel. Diese Annahme entspricht allerdings keineswegs der Realität, sodass wir viel eher davon ausgehen müssen, dass während der Wiederbeschaffungszeit die Wahrscheinlichkeit mehr zu verbrauchen als bei konstanter Betrachtung angenommen, bei 50 % liegt – und damit auch die Wahrscheinlichkeit für eine *Out-of-Stock*-Situation! Wenn der reale Verbrauch höher als der angenommene Verbrauch ist, geht unserem Unternehmen einfach während der Wiederbeschaffungszeit das Material aus. Um dies zu verhindern, muss der Meldebestand höher als nur der durchschnittliche (erwartete) Verbrauch in der Wiederbeschaffungszeit sein. Es bedarf eines Sicherheitspolsters, der das Risiko des höheren Verbrauchs abdeckt. Dies gewährleistet der **Sicherheitsbestand**.

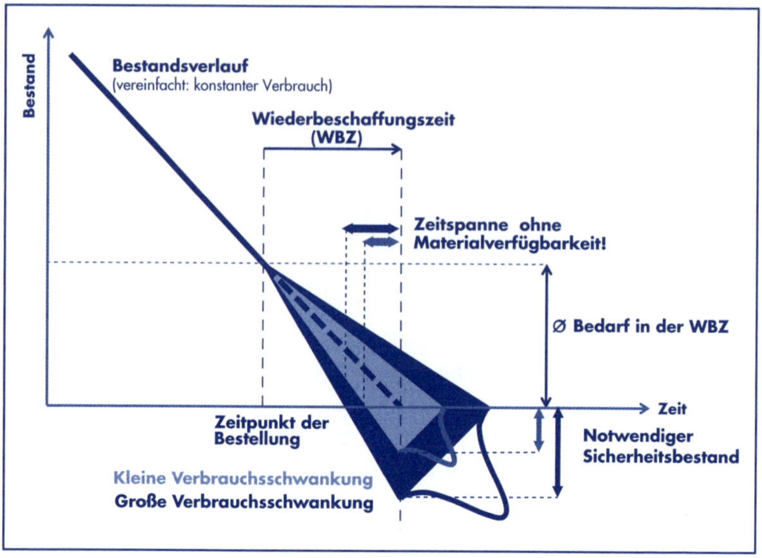

Abbildung 11: Melde- und Sicherheitsbestand zur Sicherstellung der Versorgung

Wenn der Lagerbestand durch Verbrauch mit der Zeit sinkt, wird bei Erreichen des Meldebestandes eine Bestellung ausgelöst, wobei der Verlauf des weiteren Verbrauchs bis zum Eintreffen der Lieferung ungewiss ist – wie wir bereits gesehen haben.

Je größer die vermutete Schwankung des Verbrauchs ist, umso höher muss der Sicherheitsbestand dimensioniert sein. Der Sicherheitsbestand hängt also wesentlich von der Schwankung des Verbrauchs in der Wiederbeschaffungszeit ab. Abbildung 11 zeigt diese Schwankungen anhand der Dreiecksflächen. Die strichlierte Linie stellt den angenommenen durchschnittlichen Verbrauch dar. Geringere Verbräuche liegen oberhalb dieser Geraden und bedeuten keine Bestandsprobleme in der Wiederbeschaffungszeit. Größere Verbrauchsschwankungen hingegen führen grafisch zu einer größeren Steigung des Verbrauchsgeraden und ergeben vorzeitigen Nullbestand.

Ein hoher Sicherheitsbestand senkt zwar das Risiko von *Out-of-stock*-Situationen, erhöht aber auch den durchschnittlichen Bestand. In jedem Fall sind die höheren Bestände den Folgen mangelnder Verfügbarkeit gegenüberzustellen, die folgende negative Aspekte nach sich ziehen können:

- Kosten für Eilsendungen, für Zahlung von Konventionalstrafen (Pönale) oder für Schadenersatzforderungen des Kunden.

- Umsatzreduktion durch von den Kunden erzwungene Preisnachlässe oder überhaupt entgangene Umsätze durch Auftragsstornierungen.
- Zukünftiger Umsatzverlust durch aktuell schlechten Lieferservice (Kunden bestellen zukünftig bei der Konkurrenz).

Neben der Schwankung des Verbrauchs ist damit der gewünschte *Servicegrad* der zweite Faktor, der die Höhe des Sicherheitsbestandes bestimmt. Unter der Annahme, dass der tatsächliche Verbrauch von Material der statistischen Normalverteilung folgt, können wir davon ausgehen, dass der erwartete Verbrauch mit der Standardabweichung σ um den Mittelwert μ schwankt (siehe Abbildung 12).

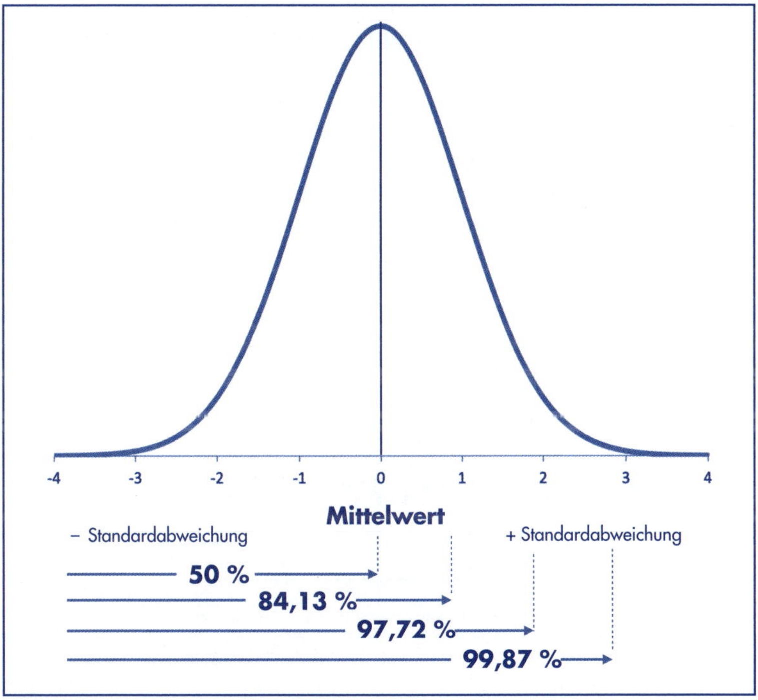

Abbildung 12: Wahrscheinliche Servicegrade (in %-Werten) bei Wahl von Sicherheitsbeständen in der Höhe von x-fachen Standardabweichungen über dem mittleren Verbrauch

Für die Berechnung des Sicherheitsbestandes ist die Normalverteilung der Verbrauchsschwankung als einseitige Verteilung zu betrachten: geringere Verbräuche als im Mittel angenommen stellen kein Problem dar, weil diese unter dem durchschnittlichen Verbrauch in der Wiederbeschaffungszeit liegen. Kritisch wird es dann, wenn der Verbrauch höher als der angenommene (und damit höher als der Durchschnittswert in Abbildung 12) ist. Für diese Situationen braucht man Sicherheitsbestand. Gleichzeitig wissen wir auch, dass diese Situationen nur mit einer bestimmten Wahrscheinlichkeit vorkommen, beschrieben durch die Normalverteilungskurve. Die Normalverteilungskurve sagt aber auch, dass wir niemals 100 %-ige Sicherheit haben können für ausreichend Bestand, denn einzelne Ausreißer im Verbrauch können vorkommen, wenn auch sehr selten. Das wird durch die statistische Größe der Standardabweichung zum Ausdruck gebracht. Wir müssen nun in unserem Unternehmen einen sinnvollen Servicegrad definieren, mit welcher Wahrscheinlichkeit wir unsere Kunden bedienen können. Um beispielsweise einen Servicegrad von ca. 98 % zu garantieren, muss der Sicherheitsbestand um die doppelte Standardabweichung über dem Mittelwert liegen (das kann man aus entsprechenden Tabellen mathematischer Formelsammlungen ablesen, z.B. auch aus dem Prozentwert in Abbildung 12). Aus dieser Überlegung lässt sich ableiten, dass der Meldebestand sich aus dem statistischen Mittelwert (dieser ist der erwartete Verbrauch in der Wiederbeschaffungszeit) und dem Vielfachen der Standardabweichung (was dann den Sicherheitsbestand ausmacht) zusammensetzt. Wie oft die Standardabweichung zu berücksichtigen ist, hängt vom geforderten Servicegrad (in Prozent) ab. Den Multiplikator der Standardabweichung nennt man in der Statistik *Z-Wert*. Beispiele für Z-Werte bei unterschiedlichen Servicegraden finden sich nachstehend in Tabelle 1 und können ebenso mathematischen Tabellentafeln entnommen werden.

Servicegrad	Z-Wert
50,00%	0,00
90,00%	1,28
95,00%	1,64
98,00%	2,05
99,00%	2,33
99,90%	3,09

Tabelle 1: Servicegrade und zugehörige Z-Werte

Zusammengefasst lässt sich nun festhalten: Der Sicherheitsbestand (SB) hängt von der Schwankung des Verbrauchs und des gewünschten Servicegrads ab. Der Meldebestand (MB) errechnet sich aus dem durchschnittlichen Verbrauch in der Wiederbeschaffungszeit und dem Sicherheitsbestand (SB).

$$SB = Z \cdot \sigma_{PV} \cdot \sqrt{WBZ_P}$$

$$MB = \mu_{PV} \cdot WBZ_P + Z \cdot \sigma_{PV} \cdot \sqrt{WBZ_P}$$

Z ... Z-Wert der Standardnormalverteilung

σ_{PV} ... Standardabweichung des Periodenverbrauchs

WBZ_P ... Wiederbeschaffungszeit (als Vielfaches der Periode)

μ_{PV} ... Durchschnittlicher Periodenverbrauch

Beispiel:
Das Unternehmen ICU Inc. erzeugt WebCams für den privaten Bereich. Zum Anschluss an den PC wird ein spezielles Kabel benötigt, das bestandsorientiert disponiert wird. Die Lieferzeit für das Kabel beträgt 2 Wochen und der durchschnittliche Wochenverbrauch des Anschlusskabels 3.252 Stück bei einer Standardabweichung der Wochenverbräuche von 824 Stück. Der Servicegrad soll 98 % betragen (Z-Wert = 2,05).

Lösung:

Sicherheitsbestand: $SB = 2{,}05 \cdot 824 \cdot \sqrt{2} = 2.388$ Stück

Meldebestand: $MB = 3.252 \cdot 2 + 2.388 = 8.892$ Stück

Die bisherigen Ausführungen gehen davon aus, dass Unsicherheiten ihren Ursprung in der Schwankung des Verbrauchs haben. Diese Annahme ist aber nur teilweise vollständig, weil Unsicherheiten auch andere Gründe haben können, die zu Fehlmengen führen (siehe Abbildung 13).

Unsicherheiten durch Lieferanten ergeben sich auf zweierlei Weise:

- erstens unterliegt der zugesagte Liefertermin (und damit die Wiederbeschaffungszeit; Lieferterminabweichung) gewissen Schwankungen und
- zweitens kann in der Realität auch die Liefermenge (Liefermengenabweichung) oder die Lieferqualität schwanken (was sich in der Praxis ebenfalls durch eine abweichende Liefermenge zeigt, wenn nur ein Teil der Liefermenge aufgrund ungenügender Qualität zu verwenden ist).

Bestandsabweichungen entstehen, wenn laut System noch genügend Material vorhanden ist, tatsächlich aber im Lager deutlich weniger vorrätig ist. Im Gegensatz zu den durch Kunden verursachten Schwankungen im Verbrauchsverhalten sind Bestandsabweichungen in eigener Verantwortung und Liefertermin- als auch Liefermengenabweichungen können durch gutes Lieferantenmanagement reduziert werden. Daher rechnen wir bei diesen drei Arten der Abweichungen auch nicht mit Wahrscheinlichkeiten, sondern beschränken uns darauf, diese durch gutes Logistik- bzw. Lieferantenmanagement unter Kontrolle zu bringen.

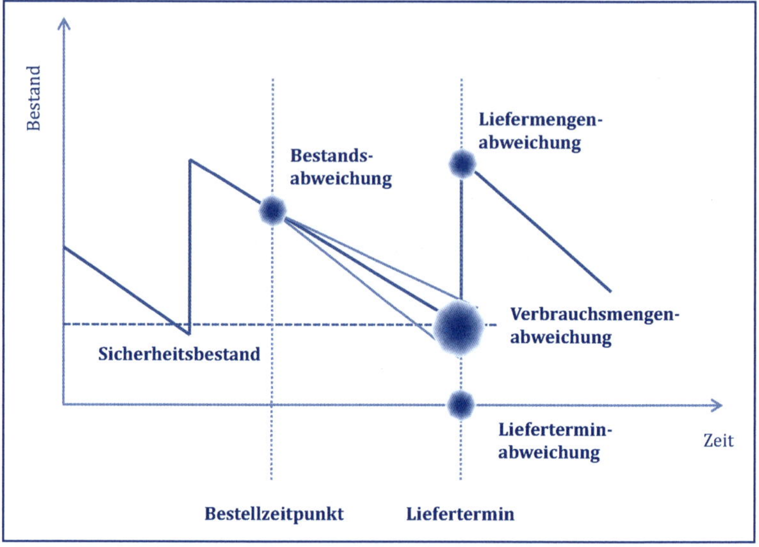

Abbildung 13: Unsicherheiten als Treiber des Sicherheitsbestandes

2.1.3.3 Bestellmenge

Die bestandsorientierte Disposition unterstellt einen weitgehend regelmäßigen Verbrauch. Prinzipiell steht man daher vor der Wahl, in hoher Frequenz kleine Mengen zu bestellen oder eher große Mengen in größeren zeitlichen Intervallen. Je nach Entscheidung ergeben sich unterschiedliche Auswirkungen auf den durchschnittlichen Lagerbestand, was als Zusammenspiel zwischen Bestellmenge (bzw. -frequenz) und Bestand in der folgenden Abbildung 14 ersichtlich ist.

Kleine Bestellmengen führen dazu, dass oft bestellt werden muss, aber dafür nur wenig auf Lager liegt. Bei einer großen Bestellmenge verhält sich der durchschnittliche Lagerbestand genau umgekehrt: er wächst. Die daraus resultierenden Kosten ergeben sich aus Bestellkosten und Lagerkosten.

- Bestellkosten fallen für die Durchführung des Beschaffungsprozesses an (z.B. Bedarfsfeststellung, Lieferantenauswahl, Bestellung, Bestellüberwachung, Wareneingang) und sind unabhängig vom Warenwert.

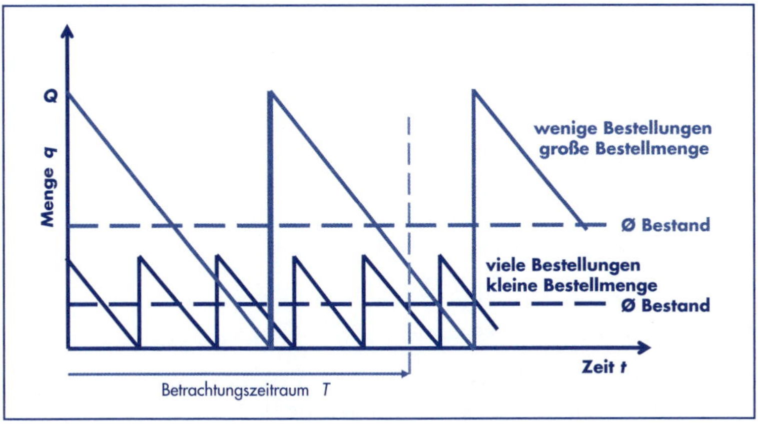

Abbildung 14: Wirkungen unterschiedlicher Bestellmengen (Sägezahnprofil)

- Lagerkosten leiten sich aus dem Bestand, dem Wert der Ware und dem Lagerzinssatz ab. Der durchschnittliche Bestand entspricht bei angenommenem konstantem Verbrauch (wie in Abbildung 14 gezeigt) der Hälfte der Bestellmenge.

Aus Abbildung 14 erkennt man leicht, dass kleine Bestellmengen viele Bestellvorgänge zur Folge haben, die in Summe die gesamten Bestellkosten ergeben, während dafür die durchschnittliche Lagermenge gering ist. Bei großen Bestellmengen verhält es sich genau umgekehrt: höhere Lagerkosten und dafür geringere Bestellkosten. Es gibt nun offenbar eine optimale Bestellmenge, bei der die Summe dieser beiden Kostenarten minimal wird.

Dieser Zusammenhang zwischen der Bestellmenge und den daraus resultierenden Kosten wurde bereits 1913 von Ford W. Harris analytisch beschrieben und ist seitdem als *Economic Order Quantity (EOQ)* Modell bekannt. Das Verfahren wird auch häufig als Verfahren zur Bestimmung der optimalen Bestellmenge (oder Andler *Formel*) bezeichnet.

Um nun auf mathematischem Wege die optimale Bestellmenge Q zu ermitteln sind die Gesamtkosten, die sich aus Lager- und Bestellkosten zusammensetzen, zu minimieren. Unter Berücksichtigung von Abbildung 14 betragen die gesamten Kosten:

$$K = K_L + K_B = c_L \cdot \frac{Q}{2} \cdot T + c_B \cdot d \cdot \frac{T}{Q}$$

Differenziert man diese Funktion nach der Bestellmenge Q, so erhält man das Minimum der Kostenfunktion, wenn man diese null setzt:

$$\frac{dK}{dQ} = T \cdot \left(c_L \cdot \frac{1}{2} - c_B \cdot \frac{d}{Q^2} \right) = 0$$

Nach kurzem Umformen erhält man auf diesem Weg die optimale Bestellmenge Q:

$$Q = \sqrt{\frac{2 \cdot d \cdot c_B}{c_l}}$$

Es gilt:

Q...optimale Bestellmenge [Stk.]

c_L...Lagerkostensatz [€/Stk. und Zeiteinheit]

c_B...Fixkosten einer Bestellung [€]

d...Verbrauch [Stk. pro Zeiteinheit]

K... Kosten [€]

K_L...Lagerkosten [€]

K_B...Bestellkosten [€]

t...Zeit

T...Betrachtungszeittraum

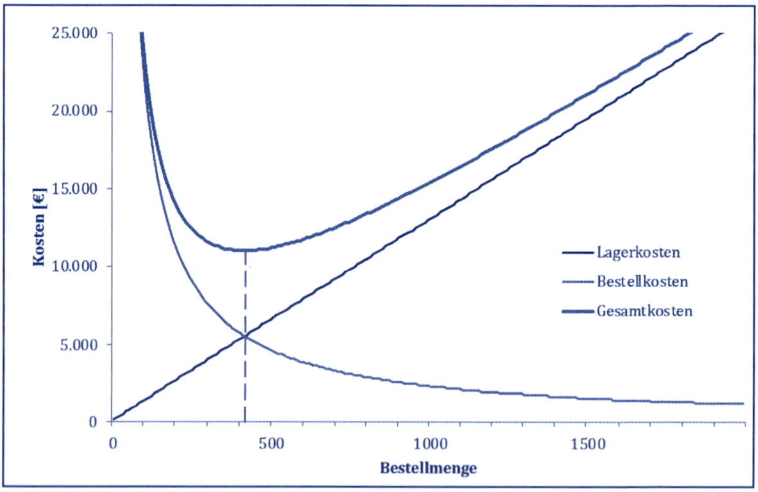

Abbildung 15: optimale Bestellmenge nach Andler

Beispiel:
Das Unternehmen Tooltime produziert Heimwerkergeräte. Für die Bohrmaschine TT-0815 wird in der Endmontage ein Elektronikteil benötigt, der in Zukunft bestandsorientiert disponiert werden soll. Bisher wurden monatliche Bestellungen mit jeweils 25.000 Stück durchgeführt (damit ergibt sich ein Gesamtbedarf von 300.000 Stück pro Jahr). Die Kosten jeder Bestellung betragen 60 €, der Lagerkostensatz pro Jahr und Stück ist 36 Cent. Damit lässt sich die optimale Bestellmenge Q bestimmen:

$$Q = \sqrt{\frac{2 \cdot 60 \cdot 300.000}{0,36}} = 10.000 \text{ Stück}$$

Um die Einsparmöglichkeiten bei einer Umstellung der Bestellmodalitäten auf die berechnete optimale Bestellmenge zu bestimmen, müssen die Kosten des bisher angewendeten Vorgehens mit jenem bei Nutzung der optimalen Bestellmenge verglichen werden:

$$\text{Bisheriges Vorgehen: } K = 0,36 \cdot \frac{25.000}{2} + 60 \cdot \frac{300.000}{25.000} = 5.220 \text{ €}$$

$$\text{Aktualisiertes Vorgehen: } K = 0,36 \cdot \frac{10.000}{2} + 60 \cdot \frac{300.000}{10.000} = 3.600 \text{ €}$$

Das Einsparungspotenzial bei Umstellung des Bestellverhaltens auf die optimale Bestellmenge beträgt somit 1.620 €.

Trotz ihrer Beliebtheit und Einfachheit in der Anwendung sind bei der Andler-Formel einige Einschränkungen und Annahmen zu beachten. Andler geht von folgenden Voraussetzungen aus, die im Gegensatz zu realen Sachverhalten stehen:

- Die Nachfrage ist konstant und ändert sich nicht mit der Zeit.
- Die Preise der Waren sind unabhängig von der Bestellmenge: in der Praxis erhält man jedoch meist bessere Preise, wenn man größere Mengen abnimmt. Die Situation sieht dann anders aus, wenn das Unternehmen einen Rahmenvertrag mit seinem Lieferanten abgeschlossen hat, weil dann der Preis für die komplette Menge festgelegt ist, diese dann aber in kleineren Einheiten (z.B. der optimalen Bestellmenge) bezogen wird.
- Die Lieferung erfolgt ausschließlich in Komplettmengen und nicht in Teilmengen.
- Es gibt keine Beschränkung der Lagerkapazität.

Trotz dieser Einschränkungen hat die Berechnung der optimalen Bestellmenge nach Andler ihre Berechtigung, weil sie sehr einfach ist und die Losgrößenkurve um die optimale Bestellmenge herum sehr flach verläuft. Kleinere Abweichungen von der optimalen Bestellmenge haben somit keine wesentlichen Erhöhungen der Kosten zur Folge.

2.1.4 Programmgebundener Materialfluss

Anders als zuvor ist in vielen Fällen ein konkreter Kundenauftrag oder die konkrete Erwartung für einen zukünftigen Auftrag der auslösende Faktor für eine Bestellung. Diese Kundenaufträge oder auch Erwartungen an zukünftige Aufträge finden sich in einem Produktionsprogramm – daher auch der Name. Bei diesem programmgebundenen Materialfluss ist der *tatsächliche Bedarf* an Produkten der Auslöser für eine Bestellung. Besonders bei der Bestellung großer und hochwertiger Materialien können auf diese Weise Lagerplatz, Lagerrisiko und Lagerkosten gespart werden.

Basis für den programmgebundenen Materialfluss ist der sogenannte **Primärbedarf**. In Handelsunternehmen entspricht dieser der Verkaufsmenge.

In Produktionsunternehmen erfolgt die Bestimmung des konkreten Bedarfs an Materialien (die Mengenplanung), die für die Erzeugung von Primärbedarfen erforderlich sind üblicherweise über Stücklisten. Stücklisten zeigen, welche Materialien in welchen Mengen in ein Enderzeugnis einfließen. Die Bestimmung der einzelnen Materialien, Baugruppen oder Komponenten aus einem Primärbedarf nennt man in produzierenden Unternehmen Materialbedarfsplanung oder Material Requirement Planning (MRP) – siehe Abbildung 16.

Für die Bestimmung der erforderlichen Mengen wird über die Stückliste aus dem Primärbedarf der Sekundärbedarf abgeleitet. Unter Sekundärbedarf sind alle Baugruppen, Teile, Materialien, etc. zu verstehen, aus denen das verkaufsfähige Produkt (der Primärbedarf) besteht. Stücklisten, für logistische Anwendungen ganz spezifisch sogenannte Dispostücklisten zeigen den Aufbau eines fertigen, verkaufbaren Produkts aus seinen Baugruppen, Materialien und Einzelteilen in einer graphischen, hierarchischen Anordnung, wie dies in Abbildung 17 exemplarisch gezeigt ist. Man nennt diese Darstellung auch *Gozinto-Graph* (*Gozinto* ist ein Kunstwort, das sich aus den englischen Worten *goes* und *into* zusammensetzt und darauf hinweist, dass ein hierarchisch tieferstehender Teil oder eine Baugruppe in eine übergeordnete eingeht).

Um den Sekundärbedarf zu bestimmen, wird in einer hierarchischen Reihenfolge entsprechend der sogenannten Dispositionsstückliste Ebene für Ebene absteigend vorgegangen. Sekundärbedarfe müssen entweder im Unternehmen produziert oder bei Lieferanten beschafft werden, sofern sie nicht bereits auf Lager liegen. Deswegen unterscheidet man zusätzlich zwischen Brutto- und dem um die Lagerveränderungen korrigierten Nettosekundärbedarf. Der Nettosekundärbedarf selbst erzeugt wiederum Produktionsaufträge oder Bestellanforderungen.

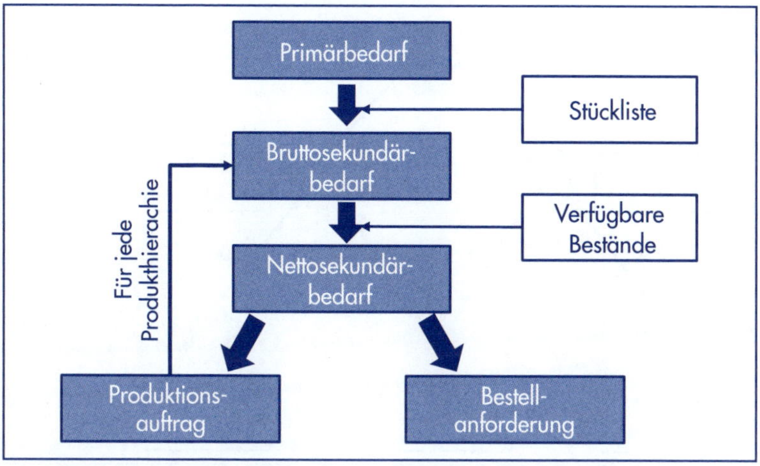

Abbildung 16: Der Ablauf der reinen Mengenplanung im Konzept der Materialbedarfsplanung (MRP)

Im folgenden Beispiel (Abbildung 17) ist der Ablauf einer Nettobedarfsermittlung in Kombination mit einer einfachen Stückliste dargestellt. Damit soll der zuvor theoretisch dargestellte Ablauf der Mengenplanung an einem konkreten Beispiel demonstriert werden.

Ausgangspunkt der Darstellung ist ein Primärbedarf von 150 Stück des Produkts A. Zur Erzeugung dieses Produkts sind jeweils zwei Baugruppen BG1 und eine Baugruppe BG2 erforderlich, womit sich Bruttosekundärbedarfe von 300 Stück der Baugruppe BG1 und 150 Stück der Baugruppe BG2 ergeben. Unter Berücksichtigung vorhandener Lagerbestände ergibt sich nun für die BG1 ein Nettosekundärbedarf von 50 Stück (weil 250 Stück der benötigten 300 vom Lager entnommen werden können) und von 30 Stück für die BG2.

Der aus diesem Nettosekundärbedarf für BG1 abgeleitete Produktionsauftrag von 50 Stück BG1 löst aber wiederum einen Bedarf für all jene Teile aus, die für BG1 benötigt werden. T1 fließt zweifach in BG1 ein, was zu einem Bruttobedarf von 100 Stück führt. Da noch 120 Stück auf Lager liegen, ergibt sich aktuell kein Nettobedarf. Das Vorgehen für T3 ist ganz analog zu sehen. Bevor der Bedarf an Teilen T2 berechnet werden kann, muss auch der Nettobedarf von BG2 ermittelt werden, weil T2 sowohl in BG1 als auch in BG2 enthalten ist. Für 50 Stück BG1 benötigt man 250 Stück T2 und für 30 Baugruppen BG2 benötigt man 90 Stück T2, was einen gesamten Bruttosekundärbedarf in der Höhe von 340 Stück für T2 ergibt. Weil noch eine ausreichend große Menge an T2 Teilen auf Lager liegt, kann der Bedarf für diese 340 Stück T2 zur Gänze vom Lager bedient werden. Auf diesem Weg haben wir nun für dieses einfache Beispiel

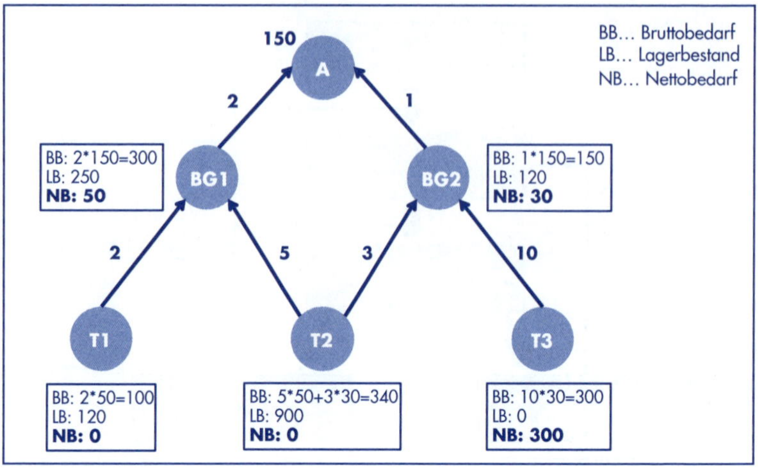

Abbildung 17: Beispiel für eine Nettobedarfsermittlung mit Hilfe einer Stückliste

die erforderlichen Mengen der einzelnen Teile und der Baugruppen bestimmt, die zur Erzeugung von 150 Stück des Produktes A erforderlich sind.

Diese hier dargestellte Form der **Mengenplanung** über das Konzept der Materialbedarfsplanung erzeugt die erforderlichen Mengen in den Sekundärbedarfen. In der Realität ist der Prozess der Materialbedarfsplanung ein komplizierterer, weil auch **zeitliche Aspekte** berücksichtigt werden müssen. Material, das jetzt aktuell gebraucht wird, hätte bereits vor einiger Zeit in der Vergangenheit bestellt oder produziert werden müssen. Außerdem werden erforderliche Mengen in aller Regel zu sogenannten Losen zusammengefasst. Diese Aspekte werden in der sogenannten Materialbedarfsplanung berücksichtigt, die in Abschnitt 3.2.3 dieses Buchs ausführlicher behandelt wird.

2.1.5 Verbrauchsbasierter Materialfluss

Die Zahl bzw. Menge bereits fixierter, vertraglich vereinbarter Kundenaufträge nimmt gewöhnlich ab, je weiter man in die Zukunft blickt (Abbildung 18). Aus diesem Grunde kommt den Methoden der **Prognose** zukünftiger Bedarfe hohe Bedeutung zu. Prognostiziert werden üblicherweise nur Produkte, weil die Baugruppen bzw. Teile dann aus diesen abgeleitet werden – man nennt folglich Baugruppen und Teile auch abhängige Bedarfe, die entweder bestandsorientiert (siehe Abschnitt 2.1.3) oder programmgebunden (siehe Abschnitt 2.1.4) disponiert werden.

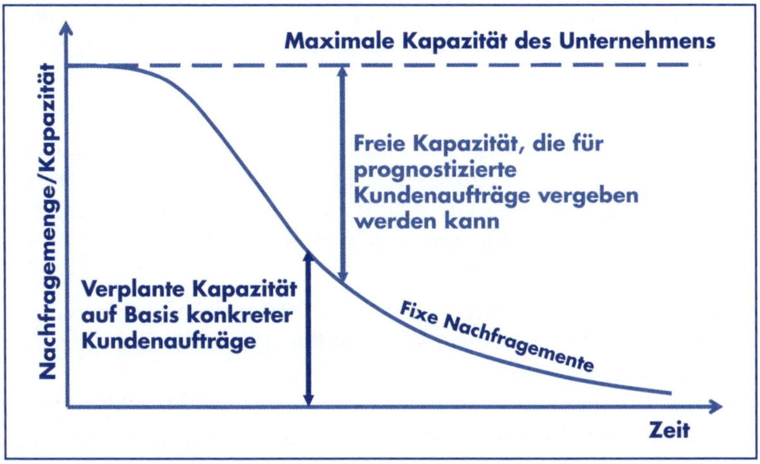

Abbildung 18: Konkrete und geplante Kundenaufträge

Das Wesen der Prognose besteht darin, aus vergangenen Geschehnissen Erwartungen über zukünftige Ereignisse abzuleiten. Werden diese Erwartungswerte nach einem einfachen Prinzip gebildet (z.B. durch Übernahme alter Vergangenheitswerte zuzüglich eines prozentuellen Wachstumsfaktors), so spricht man von sogenannten **naiven Prognosen**. Bei **qualitativen Prognosetechniken** hingegen werden die Erfahrungen und die Einschätzungen über zukünftige Entwicklungen durch Befragung von bestimmten Personengruppen herangezogen, wobei auch hier bewährte Verfahren zur Anwendung kommen (z.B. Delphi-Methoden oder Vertriebsschätzungen). Methodisch konträr dazu verhalten sich **quantitative Prognosetechniken**, bei denen der Prognosevorgang formalisiert und mit mathematischen Modellen hinterlegt ist. Aus Vergangenheitsdaten wird über bestimmte Methoden auf den Bedarf der Zukunft geschlossen.

Um ein Prognosesystem einrichten zu können, müssen folgende Punkte vorab festgelegt werden:

- **Prognosezeitraum**: Für die Absatzplanung wird häufig ein mittelfristiger (rollierender) Planungshorizont von mehreren Wochen oder Monaten gewählt. Der Prognosezeitraum, den man auch Planungshorizont nennt, gibt an, wie weit man in die Zukunft blickt.
- Die **Periodizität** oder **Planperiode** legt fest, in welchen zeitlichen Abständen eine neue Prognose erstellt wird. Abhängig vom Zweck der Planung kann dies beispielsweise eine Monats- oder Wochenbasis sein.
- **Aggregationsgrad**: Schließlich ist der Verdichtungsgrad der zu prognostizierenden Größen zu bestimmen. Da es in aller Regel nicht sinnvoll möglich ist jedes einzelne verkaufsfähige Produkt

zu planen, werden diese Produkte zu Produktfamilien zusammengefasst – man spricht von Aggregation – und deren Nachfrage prognostiziert.

Entscheidend für den Einsatz eines *quantitativen* Prognoseverfahrens ist es, dass der historische Zeitreihenverlauf und das eingesetzte Rechenmodell zusammenpassen. Enthält die zu prognostizierende Zeitreihe **Regelmäßigkeiten**, so können formale Verfahren eingesetzt werden. Solche Modelle setzen sich meist aus den folgenden fünf Komponenten zusammen:

- **Konstante Komponente** – die tatsächlichen Nachfragezahlen aus der Vergangenheit schwanken zufällig um einen über die Zeit konstanten Mittelwert.
- **Trend-Komponente** – die gemittelte langfristige Entwicklung einer Zeitreihe zeigt lineares (oder auch nichtlineares, z.B. exponentielles) fallendes oder steigendes Verhalten.
- **Saisonale Komponente** – stellt regelmäßig wiederkehrende Bewegungen der historischen Daten dar (z.B. saisonale Verkaufszahlen von Sommer und Winter, regelmäßig wiederkehrende qualitativ ähnliche Absatzzahlen in jeder Woche).
- **Besondere Ereignisse** – zu diesen zählen auftretende Lieferengpässe oder Werbeaktivitäten wie *Promotions*, die nicht den zuvor genannten Komponenten zuzuordnen sind, aber aufgrund von Daten aus der Vergangenheit auch für die Zukunft in die Prognose einfließen können.
- **Zufällige Einflüsse** – unregelmäßig auftretende, nicht prognostizierbare Einflüsse – man nennt diese Einflüsse auch stochastisch (ein Begriff aus der Statistik für zufällig auftretende Ereignisse).

Der Verlauf der Zeitreihe beeinflusst die Wahl des Modells. Die nachfolgende Abbildung 19 zeigt einige von beobachtbaren Verläufen von Daten (z.B. Absatzzahlen). Die Kunst in der Praxis besteht darin, beobachtete Verläufe von Daten mit einem Modell in Beziehung zu bringen, das durch mathematische Formeln beschrieben ist. Wenn man ein zufriedenstellendes mathematisches Modell gefunden hat, kann man mit diesem dann für beliebige Zeitpunkte die zu erwartenden Datenwerte voraussagen. Wir könnten dann so ein Modell heranziehen, um beispielsweise die Nachfrage nach einem Artikel im nächsten Monat oder im nächsten Jahresquartal zu berechnen.

Um festzustellen, wie gut nun das gewählte bzw. gefundene Modell den Absatz vorhersagen konnte, wird man den Prognosefehler bestimmen. Der Prognosefehler, der auf unterschiedliche Arten berechnet werden kann, misst im Wesentlichen die Differenz eines oder mehrerer prognostizierter Werte zu den dann tatsächlich eingetretenen Werten – wir können ihn also nur retrograd bestimmen.

Wir wollen an dieser Stelle auch nicht weiter auf Prognoseverfahren und -modelle eingehen, weil dies für dieses Grundlagenbuch zu weit führen würde. Interessierte Leser finden im Literaturverzeichnis zu diesem Abschnitt Angaben zu weiterführenden Büchern.

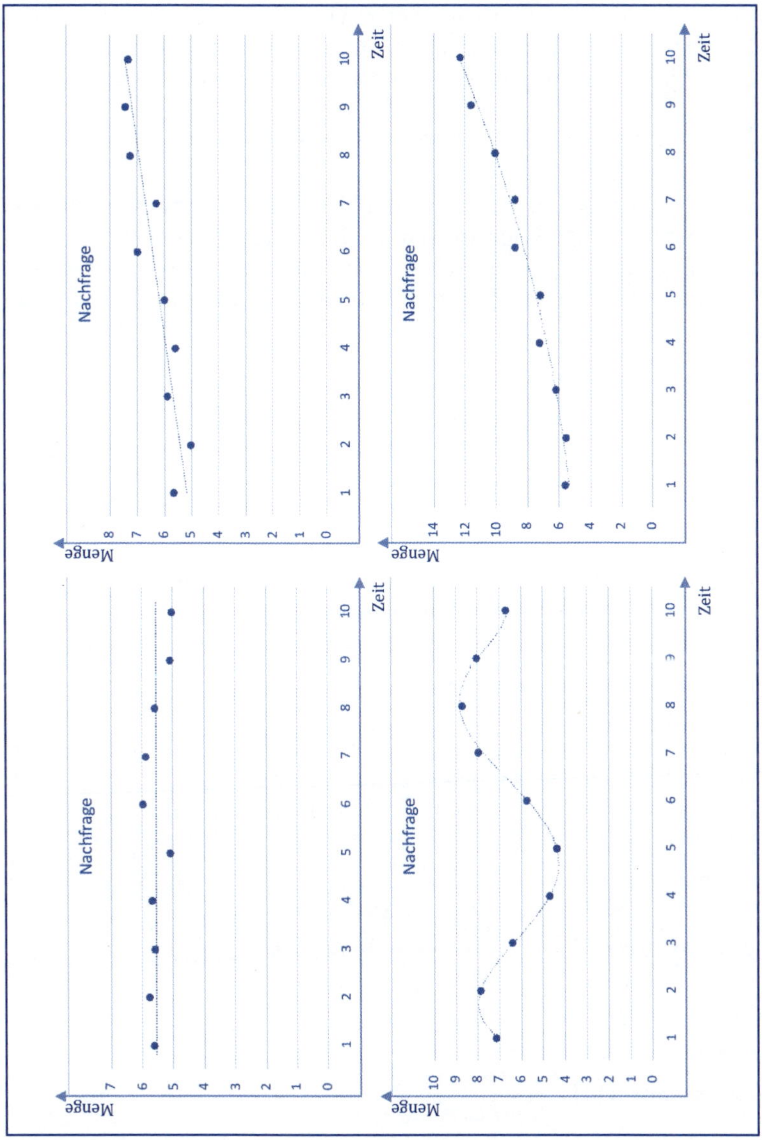

Abbildung 19: Mögliche Zeitreihenverläufe; von links oben im Uhrzeigersinn: steigender Trend, nichtlinearer Trend (Polynom 2. Ordnung), saisonaler Verlauf mit leicht steigendem Trend konstanter Verlauf; jeweils überlagert von stochastischen Schwankungen

2.1.6 Analyse von Materialfluss und Bestand

Materialflussanalysen dienen zur Feststellung von Problembereichen im logistischen Fluss. Diese Analysen basieren auf Kennzahlen, mit denen die logistische Performance zum Ausdruck gebracht wird. Diese Kennzahlen können solche sein, die wir in Abschnitt 2.1.2 kennengelernt haben, aber auch solche, die vornehmlich die innerbetriebliche Leistung messen. Diese stellen wir nachfolgend vor.

2.1.6.1 Kennzahlen zur Messung des Materialflusses und des Bestands

Eine der wichtigsten Kennzahlen in der Logistik zur Bewertung von Beständen ist der **Lagerumschlag**. Der Lagerumschlag, den man auch Lagerumschlagshäufigkeit nennt, gibt an, wie oft der Lagerwert in einer betrachteten Zeitperiode (meistens ein Jahr *a*) verbraucht wird.

$$Lagerumschlag = \frac{Verbrauch\,[€/a]}{\varnothing\; Lagerwert\,[€/a]} \quad oder \quad \frac{Verbrauch\,[Stk/a]}{\varnothing\; Bestand\,[Stk/a]}$$

Der Lagerumschlag kann sich sowohl auf den Lagerwert und Verbrauch aus finanzwirtschaftlicher Sicht beziehen als auch auf den Bestand und den Verbrauch, die durch Stückzahlen gemessen werden. Die zweitgenannte Art wird eher dann verwendet, wenn es um die Bestimmung des Lagerumschlags für ein einzelnes Produkt geht.

In enger Beziehung zum Lagerumschlag steht die **Lagerreichweite**. Die Lagerreichweite wird in Zeit gemessen und gibt an, wie lange man ohne Nachfüllung des Lagers mit seinem Bestand das Auslangen findet. Dazu wird eine konstante Verbrauchsrate vorausgesetzt, die aus Durchschnittswerten der Vergangenheit ermittelt wird. Es gilt also:

$$Lagerreichweite\,[d] = \frac{\varnothing\; Lagerwert\left[€/_{a}\right]}{Verbrauch\left[€/_{a}\right]} \cdot 365\,[d]$$

$$Lagerreichweite\,[d] = \frac{365\,[d]}{Lagerumschlag}$$

In aller Regel berechnet man die Lagerreichweite in Tagen *d* (Arbeits- oder Kalendertage). Man erkennt, dass Lagerumschlag und Lagerreichweite jeweils über den Kehrwert miteinander verbunden sind.

Die Angabe von Lagerumschlag oder Lagerreichweite für ein Unternehmen alleine hat noch keine Aussagekraft darüber, ob die logistische Performance gut oder schlecht ist. Sie kann vor allem durch Vergleich zu anderen, ähnlichen Unternehmen, vornehmlich aus der eigenen Branche, beurteilt werden. Solche Vergleiche nennt man auch *Benchmarking*. Je höher der Lagerumschlag bei einem Unternehmen ist, desto besser hat dieses in aller Regel seinen Materialfluss im Griff.

Die **Durchlaufzeit** (DLZ) gibt die Dauer eines Prozesses an. Besonders häufig findet sich dieser Begriff bei logistischen Abläufen in Produktionsunternehmen. Hier spricht man unter anderem von

- Auftragsdurchlaufzeit
- Produktionsdurchlaufzeit oder
- arbeitsgangbezogenen Durchlaufzeiten.

Die Auftragsdurchlaufzeit kann entweder die Durchlaufzeit eines einzelnen Produktions-, Montage- oder Fertigungsauftrags oder die Kundenauftragsdurchlaufzeit sein, die dann identisch mit der bereits besprochen Kenngröße Lieferzeit ist. Die Produktionsdurchlaufzeit startet üblicherweise mit der Auftragsfreigabe im Unternehmen und endet mit der Übergabe des Auftrags an das Fertigwarenlager oder an den Versand. Die arbeitsgangbezogene Durchlaufzeit misst die Durchlaufzeit einzelner Arbeitsschritte.

Die **Auslastung** eines logistischen Systems ist das Verhältnis von Kapazitätsangebot und Kapazitätsnachfrage.

$$Auslastung\,[\%] = \frac{Kapazitätsnachfrage}{Kapazitätsangebot} \cdot 100$$

Unter Kapazitätsangebot versteht man die verfügbaren Ressourcen wie z.B. Arbeitsstunden des Personals oder die verfügbare Zeit von Maschinen. Weil die Bereitstellung der Kapazität in der Regel (fixe) Kosten verursacht, wäre aus diesem Grund eine hohe Auslastung wünschenswert. Umgekehrt können zu stark ausgelastete Systeme aber schnell ineffizient werden, wie folgendes Beispiel zeigt.

Beispiel:
Die Kommissionierung in einem Lager ist meist so organisiert, dass Schnelldreher (Artikel mit hohem Lagerumschlag) näher beim Wareneingang bzw. Warenausgang gelagert sind als Langsamdreher. Werden Waren nun chaotisch eingelagert (d.h. das IT-System sucht den nächstgelegenen freien Lagerplatz), so kann es vorkommen, dass bei hoher Auslastung des Lagers (man spricht von einem hohen Lagerfüllgrad) kein nahegelegener Lagerplatz (mit kurzen Transportwegen) mehr für einen Schnelldreher frei

ist, der damit erst weit hinten im Lager seinen freien Platz findet. Diese hohe Auslastung verursacht daher unnötige Wege (und damit Verluste im System) um dieses Material einzulagern und später zur Kommissionierung wieder aus dem Lager zu holen.

2.1.6.2 ABC-Analyse

Die ABC-Analyse stellt eine sehr allgemeine Methode dar, um bei einer großen Zahl von Daten Wichtiges von Unwichtigem unterscheiden zu können. Die ABC-Analyse ist eine Kernanalysemethode in der Logistik, wobei sie auch in vielen anderen Disziplinen der Wirtschaft zur Anwendung kommt.

ABC-Analysen sind eng mit Pareto-Diagrammen verwandt. Pareto-Diagramme ordnen unterschiedliche Elemente einer Gesamtmenge nach ihren Werten aufsteigend und sind nach dem italienischen Wirtschaftswissenschafter und Soziologen Vilfredo Pareto benannt. Er erkannte, dass die Summe von etwa 20 % der Elemente mit den größten Einzelwerten ca. 80 % des Gesamtwertes *aller* Elemente ausmacht. Umgekehrt gilt auch, dass 80 % aller Elemente in Summe nur 20 % des Gesamtwertes betragen. Das Pareto-Prinzip wird daher auch 80-20-Regel genannt.

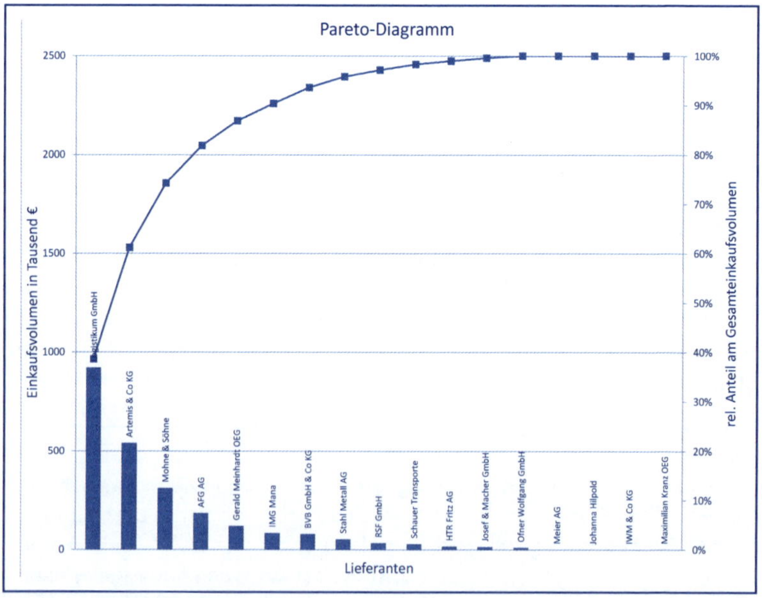

Abbildung 20: Beispiel für eine Pareto-Darstellung. Ca. 80 % der Summe aller Daten (Linie, hier: Einkaufsvolumen) umfassen nur 20 % der verschiedenen Kategorien (hier: Lieferanten)

Die ABC-Analyse in der Logistik bezieht sich auf die Erkenntnisse von Pareto, um Daten aus einer Grundgesamtheit zu klassifizieren. A-Teile sind jene, deren Wertanteile in Summe etwa 70–80 % ausmachen, während B-Teile weitere 15 %–25 % des Wertanteils beisteuern. Der Rest auf 100 % sind C-Teile, die zwar von der Anzahl die mit Abstand meisten Kategorien umfassen, jedoch vom Wert her bloß 5–10 % zum Gesamtwert beitragen.

Im Rahmen der Logistik verwendet man ABC-Analysen in vielfacher Art und Weise. Mit ABC-Analysen können etwa

- jene Teile identifiziert werden, deren Lagerung hohe Kosten verursacht (weil die Materialien einen hohen Wert haben) oder
- Materialien identifiziert werden, die in der Beschaffung eine besondere Beachtung verdienen.

Der Ablauf zur Durchführung von ABC-Analysen im Lagerbereich erfolgt üblicherweise in den fünf nachfolgend dargestellten Schritten:

- Die Mengen von allen auf Lager befindlichen Materialien (bzw. Teile) werden mit ihren Lagerkostensätzen multipliziert. Das Ergebnis der Multiplikation sind die Lagerbestandskosten pro Teil.
- Anschließend werden die Materialien ihren Lagerbestandskosten entsprechend absteigend sortiert und die Gesamtsumme der Lagerbestandskosten gebildet.
- Die Lagerbestandskosten jedes einzelnen Materials werden durch die gesamten Lagerbestandskosten dividiert und somit ergibt sich der Anteil eines einzelnen Materials an den gesamten Lagerbestandskosten (relativer Lagerwert).
- Die Prozentanteile der Materialien an den gesamten Lagerbestandskosten werden aufsummiert.
- Jene Materialien, die in der Liste nun bis zu kumulierten Lagerbestandskosten von 70 %-80 % aufscheinen, sind die sogenannten A-Teile. Ab ca. 95 %, beginnen die C-Teile. Dazwischen liegen die B-Teile.

Die in Tabelle 2 dargestellte ABC-Analyse zeigt sehr gut die Grundüberlegung: Die A-Teile sind für 75 % des Lagerbestandskosten verantwortlich, während die C-Teile nicht einmal 5 % der Bestandskosten verursachen.

Was können wir nun aus dieser ABC-Analyse ableiten? Sind etwa Bestandssenkungsmaßnahmen durchzuführen, so können wir im Nu jene Materialien identifizieren, bei denen bestandssenkende Maßnahmen die größte Wirkung auf den gesamten Lagerbestand erzielen. Eine Reduktion der Bestände bei den A-Gütern um 10 % würde die gesamten Lagerbestandskosten um 7,5 % senken (10 % von 75 %). Eine Halbierung (!) der Bestände bei den C-Teilen würde hingegen nur 2,5 % Einsparung bringen (50 % von 5 %). Der Aufwand dafür wäre im Vergleich zu den A-Teilen wohl um ein Vielfaches höher, weil es sich um eine wesentlich größere Anzahl an Teilen handelt und gleichzeitig eine gewaltige Reduktion von 50 % des Bestands erforderlich wäre!

Teil	⌀ Bestand [Stk.]	LKS [€]	Lagerbestandskosten [€]	%-Anteil	kumuliert	
W15	622	4,52	2811,44	22,40%	22,40%	
W01	1063	2,26	2402,38	19,14%	41,53%	A
W09	861	2,67	2298,87	18,31%	59,84%	
W16	357	5,32	1899,24	15,13%	74,97%	
W19	140	5,29	740,60	5,90%	80,87%	
W05	179	3,22	576,38	4,59%	85,46%	
W14	231	1,73	399,63	3,18%	88,65%	
W12	337	1,11	374,07	2,98%	91,63%	B
W18	48	5,11	245,28	1,95%	93,58%	
W10	311	0,59	183,49	1,46%	95,04%	
W03	16	6,23	99,68	0,79%	95,84%	
W07	139	0,69	95,91	0,76%	96,60%	
W11	25	3,75	93,75	0,75%	97,35%	
W13	51	1,51	77,01	0,61%	97,96%	
W20	14	4,95	69,30	0,55%	98,51%	
W02	14	4,64	64,96	0,52%	99,03%	C
W17	8	5,32	42,56	0,34%	99,37%	
W08	106	0,32	33,92	0,27%	99,64%	
W06	23	1,43	32,89	0,26%	99,90%	
W04	2	6,23	12,46	0,10%	100,00%	
Summe			12553,82	100,00%		

Tabelle 2: Beispiel für eine ABC-Analyse (LKS...Lagerkostensatz)

2.1.6.3 XYZ-Analyse

Bei der XYZ-Analyse stehen die Schwankungen des Verbrauchs im Mittelpunkt der Betrachtung. XYZ-Analysen untersuchen *Bewegungsdaten* im Gegensatz zu ABC-Analysen, die *Bestandsdaten* analysieren. Ziel der XYZ-Analyse ist es jene Teile zu identifizieren, die besonders regelmäßig bzw. unregelmäßig verbraucht werden. Daher wird die XYZ-Analyse manchmal auch als RSU-Analyse bezeichnet (*r*egelmäßig – *s*chwankend – *u*nregelmäßig).

Eine statistische Kenngröße zur Beschreibung der Schwankung ist die Standardabweichung σ bzw. der Variationskoeffizient, der die Standardabweichung auf den Mittelwert μ bezieht.

$$\mathit{Variationskoffizient}\,[\%] = \frac{\sigma}{\mu} \cdot 100$$

	Jan	Feb	Mär	Apr	Mai	Jun	Jul	Aug	Sep	Okt	Nov	Dez	Mittelwert	Standardabw.	Variationskoeff.	Klassifizierung
A	1.448,3	965,7	1.947,0	1.740,3	2.036,0	2.021,7	1.776,0	1.721,3	1.367,7	1.595,7	901,7	860,7	1.531,8	409,4	26,73%	Y
B	8.506,3	8.386,7	8.455,0	8.276,7	8.446,0	8.881,3	8.440,0	8.509,0	8.596,0	8.295,0	8.438,7	8.438,3	8.472,4	149,0	1,76%	X
C	2.361,0	2.147,7	3.015,3	3.159,0	4.888,0	3.130,0	2.394,7	3.272,3	1.177,0	1.141,7	5.715,0	2.521,3	2.910,3	1.273,5	43,76%	Z
D	6.945,7	9.564,7	12.750,7	8.735,3	8.098,7	9.534,0	10.727,7	11.511,7	8.245,7	12.889,0	11.287,0	9.666,0	9.996,3	1.791,7	17,92%	Y
E	1.220,0	1.857,3	926,7	2.212,3	3.257,0	1.685,7	1.088,7	1.904,0	1.422,3	585,3	1.159,7	3.257,0	1.714,7	815,9	47,58%	Z
F	5.696,0	5.802,7	5.506,3	5.025,3	5.222,0	5.584,7	6.021,3	5.401,7	6.036,0	5.475,3	5.778,3	5.060,3	5.550,8	322,6	5,81%	X
G	6.504,7	6.647,3	6.284,0	6.654,0	7.146,7	6.099,3	5.821,0	4.785,7	5.639,3	5.392,0	5.445,0	6.180,0	6.049,9	634,0	10,48%	X
H	1.652,7	2.075,7	2.510,7	2.958,0	1.628,0	3.001,0	3.006,7	1.587,0	2.505,3	2.444,7	2.421,3	2.773,0	2.380,3	510,0	21,43%	Y
I	7.585,0	4.717,3	5.404,7	5.414,3	5.920,0	6.749,7	6.224,0	6.393,0	7.904,0	6.268,3	8.243,0	8.968,7	6.649,3	1.228,5	18,48%	Y
J	2.116,0	2.125,3	2.913,7	1.686,0	2.636,3	2.186,7	1.169,0	1.455,3	2.013,7	2.129,7	1.942,7	1.572,7	1.995,6	464,8	23,29%	Y
K	615,0	2.206,7	5.224,3	3.821,0	2.878,0	4.442,0	1.245,0	3.147,7	2.264,3	3.684,3	4.018,7	2.694,0	3.020,1	1.267,3	41,96%	Z
L	4.196,3	4.374,0	3.287,7	4.005,3	2.813,0	4.337,7	2.551,7	4.369,3	3.961,0	4.474,7	3.534,3	2.455,0	3.696,7	717,0	19,40%	Y

Tabelle 3: Beispiel für eine XYZ-Analyse: Dargestellt sind Verbrauchsmengen für die Produkte A bis L in den 12 Monaten eines Jahres

Eine XYZ-Analyse zur Einteilung von Materialien nach ihrer Verbrauchsschwankung erfolgt folgendermaßen:

- Erhebung der notwendigen Bewegungsdaten. Meist werden Monatsverbräuche herangezogen, wobei Daten von kürzeren Perioden bessere Ergebnisse bringen.
- Berechnung des Mittelwerts, der Standardabweichung und des Variationskoeffizienten.
- Sortierung der Ergebnisse aufsteigend nach dem Variationskoeffizienten ergibt den finalen Schritt vor Klassifizierung der Daten in X, Y, oder Z Gruppen.

Die Grenzen zwischen X und Y bzw. Y und Z sind nicht so eindeutig definiert, wie dies bei der ABC-Analyse mit den Klassen für A, B oder C-Teilen der Fall ist. Das liegt daran, dass der Variationskoeffizient sehr stark von den analysierten Daten abhängt. So ist beispielsweise die Schwankung von Wochendaten deutlich höher wie die Schwankung derselben Daten, wenn sie vor der Analyse zu Monatswerten aggregiert werden. Üblicherweise verwendet man Klassifizierungen, die ca. 30 % der Gesamtmenge an Daten als X-Teile ergeben, 50 % der Daten als Y-Klasse und 20 % der Daten als Z-Klasse.

Die Kombination von ABC und XYZ-Analysen wird in der Logistik häufig verwendet, um beispielsweise die am besten geeigneten Materialversorgungskonzepte für eine bestimmte Gruppe von Teilen zu finden. Wir werden uns diesem Thema im nächsten Kapitel näher widmen.

2.2 Konzepte zur Realisierung der Materialversorgung

Nachdem wir nun die grundlegenden Methoden, Messgrößen und Zusammenhänge in der Logistik vorgestellt haben, wollen wir uns in diesem Abschnitt jene Versorgungskonzepte ansehen, die erforderlich sind, damit Material überhaupt dorthin fließen kann, wo es benötigt wird. Um das Verständnis zu verbessern, werden wir uns ausschließlich auf die elementaren Zusammenhänge beschränken und keine spezifischen Ausprägungen ansehen, wie sie in der Praxis vorkommen.

Neben der Auswahl der richtigen Technologien und Hilfsmitteln spielt es für die Effizienz des Materialstroms auch eine wichtige Rolle, wie die Materialversorgung des Unternehmens konzeptionell ausgelegt wird. Alle nachfolgend dargestellten Konzepte gelten grundsätzlich zwischen Lieferanten und Abnehmern. Sie sind damit aus der Sicht eines Unternehmens sowohl auf der Beschaffungs- als auch auf der Distributionsseite in Richtung der Kunden anwendbar.

2.2.1 Direktbelieferung zwischen Lieferanten und Abnehmer

Die Direktbelieferung zwischen einem Lieferanten und einem Abnehmer ist eine häufig anzutreffende Methode, wie Material bewegt wird. Auch wenn wir an dieser Stelle von Lieferanten und Abnehmer sprechen und damit die Beziehung zwischen verschiedenen Unternehmen meinen, so ist dieses Konzept selbstverständlich mit leichten Modifikationen auch auf die direkte Belieferung zwischen Arbeitsstationen oder Arbeitsbereichen im eigenen Unternehmen übertragbar.

Lieferungen der Lieferanten werden durch Bestellungen des Kunden ausgelöst. Diese Bestellung ist Teil des logistischen Informationsflusses, weil sie dem Lieferanten mitteilt, welchen Bedarf der Kunde hat. Dieser Bestellung folgt der Materialfluss. Jede Lieferung (das ist der Materialfluss) wird von einem Lieferschein begleitet, der im Wareneingang mit der Bestellnummer (auch *PO*-Nummer genannt, wobei *PO Purchase Order*, also Bestellung, bedeutet) aus dem unternehmenseigenen Bestellsystem verglichen wird. Damit lässt sich eine eindeutige Beziehung zwischen der erhaltenen Lieferung und der Bestellung herstellen. Die Bestätigung des Warenerhalts im IT-System ist das Zeichen für die Buchhaltung, dass die zu dieser Lieferung eintreffende Rechnung bezahlt werden darf. Rechnungen werden entweder direkt mit der Ware vom Lieferanten verschickt oder kommen separat von der Lieferung zur Buchhaltung.

Beispiel:
Leider geschieht es in vielen Unternehmen immer noch, dass Bestellungen nicht sauber in IT-Systemen erstellt werden (sondern z.B. durch Telefon oder Mail in Auftrag gegeben werden). Die Folge davon ist dann die, dass manche Lieferungen eben keinen Bezug zu einer Bestellung aufweisen, der Lieferschein auch keinen Hinweis auf die Bestellung gibt (außer einem möglichen Hinweis, dass diese Ware gemäß der telefonischen Beauftragung eines bestimmten Mitarbeiters des eigenen Unternehmens erfolgt ist) und der Wareneingang dann vor der Frage steht, wer denn die gelieferte Ware brauchen könnte. Vielfach beginnt dann die sehr zeitaufwändige Suche jener Person im eigenen Unternehmen, die bestellt hat, damit überhaupt entschieden werden kann, was in weiterer Folge geschehen soll. Und umgekehrt wartet derjenige, der die Ware benötigt (Bedarfsträger) darauf, dass sie endlich geliefert wird ohne zu wissen, dass sie sich schon im Wareneingang befindet.

Der Wareneingang hat nach der Wareneingangsbuchung die Aufgabe, die Korrektheit der Lieferung zu beurteilen. Dazu gehören die Prüfung der Vollständigkeit (entspricht die gelieferte Menge der bestellten?) und allenfalls auch eine Qualitätsprüfung. Meistens erfolgt diese Überprüfung auf Basis eines definierten Prüfplans. Gibt es Abweichungen, so wird dies im System vermerkt und die Ware nicht zur Bezahlung freigegeben, was in weiterer Folge bedeutet, dass auch die Rechnung bis zur Klärung des Sachverhalts in der Buchhaltung nicht bearbeitet wird. Anschließend wird die Einlagerung der Ware in das Wareneingangslager veranlasst oder gleich selbst von den Personen des Wareneingangs durchgeführt. Dieser Prozess ist beispielhaft in der nachfolgenden Abbildung 21 dargestellt.

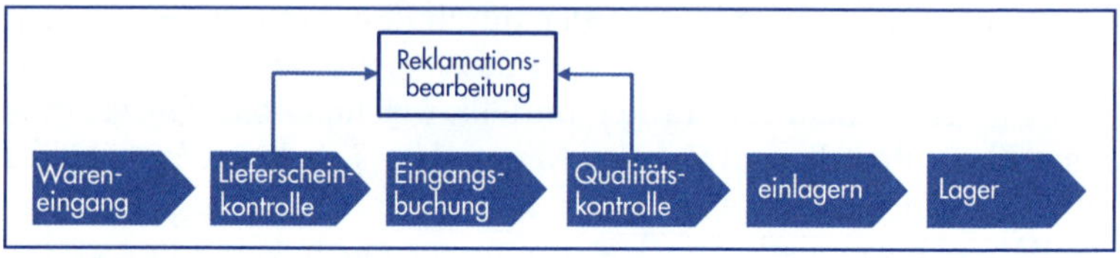

Abbildung 21: Der Prozess der Wareneinlagerung

Ganz ähnlich läuft die Verbindung von Informations- und Materialfluss bei Bedarfen an einer Arbeitsstation im eigenen Unternehmen. Bedarfe an Arbeitsstationen entstehen in geplanter Weise durch Arbeitsaufträge (Dokumente, die meist von der Arbeitsvorbereitung oder ähnlichen Funktionen erstellt werden), die auch das erforderliche Material für die Durchführung des Arbeitsauftrags beinhalten. Arbeitsaufträge sind also Bedarfsanforderungen an die Logistik, um das erforderliche Material aus dem Lager zu holen und an der Arbeitsstation bereitzustellen. Üblicherweise dient die Information in der Bedarfsanforderung dann der Logistik zur Umsetzung der Schritte: Materialentnahme aus dem Lager, Kommissionierung, Transport und Bereitstellung am Bedarfsort, wie dies in Abbildung 22 gezeigt ist.

Abbildung 22: Innerbetrieblicher Prozess zur Materialversorgung einer Arbeitsstation

2.2.2 Milk-Run

Die zuvor beschriebene Direktversorgung von Unternehmen hat vielfach zur Folge, dass Transporte nicht optimal ausgenutzt sind. Lieferungen (oder auch Abholungen) von einem Lieferanten führen dazu, dass die Transportmittel (z.B. LKWs) mit der bestellten Menge nur zum Teil gefüllt sind. Diese Defizite lassen sich durch Einführung von Milk-Run Systemen beheben.

Milk-Run stellt ein Materialversorgungskonzept dar, bei dem in standardisierter Weise in regelmäßigen Zyklen die immer gleichen Materialien und Waren bei Lieferanten abgeholt und zum Bedarfsort beim Kunden gebracht werden.

Milk-Run Umläufe werden mit mehreren Lieferanten durchgeführt, die sich in geographischer Nähe zueinander befinden. Ein Fahrzeug des Kunden fährt diese Lieferanten zu definierten Zeiten und in einer konstanten Route (Reihenfolge) ab, um Ware abzuholen. Damit kann die Auslastung des Fahrzeugs optimiert werden, denn das Fahrzeug nimmt auf seiner Route auch leere Transporthilfsmittel (z.B. Paletten oder Faltpaletten) zu den Lieferanten mit, während die bestellte Ware dort aufgeladen wird. Der Ablauf erfolgt in der in Abbildung 23 dargestellten Art und Weise.

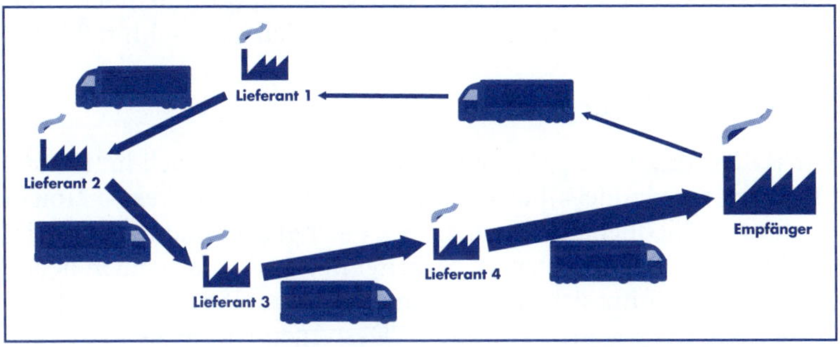

Abbildung 23: Der Ablauf eines Milk-Run Systems (die zunehmende Stärke der Pfeile entspricht der steigenden Beladung des Fahrzeugs mit Waren auf der Strecke zurück zum Empfänger)

Der Nutzen eines Milk-Run Systems zeigt sich in mehrfacher Weise:

- **Regelmäßigkeit:** Kunde und Lieferant können die Lieferungen zeitlich sehr gut planen. Gewöhnlich werden die Fahrten des LKWs an definierten Tagen in der Woche durchgeführt (z.B. immer montags und donnerstags) und zusätzlich können noch Zeitfenster für die Abholung festgelegt werden.
- **Auslastung des Fahrzeugs:** Die Mengen sind vor Abholung bereits bekannt, sodass sich die Auslastung des LKWs optimieren lässt.
- **Reduktion der Anlieferfrequenzen** im Unternehmen: Durch die festgelegten Umläufe und die Einbindung mehrerer Lieferanten reduziert sich auch die Zahl ankommender LKWs im Wareneingang des Kunden.
- **Vereinfachter Informationsfluss** zwischen Kunde und Lieferant: Im Idealfall muss zwischen Kunde und Lieferant keine zusätzliche Information ausgetauscht werden, weil die Parameter der Abholung (Termine, Mengen) bereits vorab über einen Vertrag definiert sind und sich auch nicht verändern.

Voraussetzung für die erfolgreiche Umsetzung eines Milk-Run Systems ist ein konstanter Bedarf an Waren. Starke Schwankungen können kaum realisiert werden, denn die Fahrzeuge sind im Idealfall optimal ausgelastet. Falls Schwankungen im Bedarf auftreten, so wird dieser meistens über zusätzliche Lieferungen außerhalb des Fahrplans des Milk-Run LKWs erfüllt, was wiederum zu höheren Transportkosten und zu zusätzlichem Abstimmungsaufwand führt.

Im innerbetrieblichen Bereich lassen sich Routenzüge mit dem Milk-Run System zwischen Lieferanten und Kunden vergleichen. In vielen Produktionsbereichen, speziell in Fließfertigungen, wird das Material über Routenzüge zu den Arbeitsstationen gebracht. Das Material befindet sich in Transporthilfsmitteln auf den Zügen, die definierte Stationen anfahren, es dort abladen und gleichzeitig leere Transporthilfsmittel wieder auf ihrem Weg zurück ins Lager mitnehmen. Weitere Informationen zu Routenzügen finden sich in Abschnitt 2.3.1.2.

2.2.3 Cross-Docking

Cross-Docking ist ein Versorgungskonzept, das speziell im Handel zu finden ist. Handelsfilialen haben meist ein sehr breites Sortiment von unterschiedlichen Waren, die von einer großen Zahl verschiedener Produzenten stammen. Mitarbeiter in den Filialen sollten neben der Regalbefüllung sich vor allem um die optimale Servicierung und Bedienung der Kunden kümmern. Deswegen ist die Zeit zur Einlagerung und Sortierung der palettierten Ware vom ankommenden LKW sehr beschränkt. Daher ist es für Handelsfilialen von Vorteil, wenn ankommende Paletten mit Waren bereits vorsortiert sind, auch wenn diese Waren von unterschiedlichen Lieferanten stammen. Diese Anforderung kann durch Cross-Docking Konzepte erfüllt werden (siehe Abbildung 24).

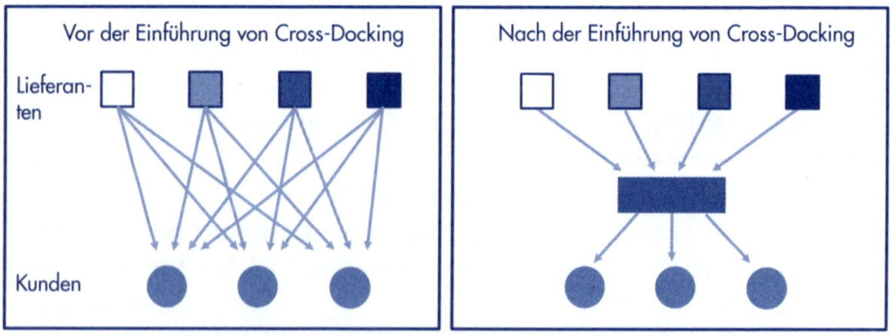

Abbildung 24: Das Konzept des Cross-Dockings

Cross-Docking dient dazu, die Lieferungen an die Filialen zu optimieren. Filialen bekommen mit einer einzigen Lieferung alle erforderlichen Waren, selbst wenn diese von vielen unterschiedlichen Lieferanten stammen.

Cross-Docking ist im Prinzip ein großer Umschlagplatz. Eine sortenreine Anlieferung der Waren von verschiedenen Lieferanten (z.B. liefert ein Produzent nur Zahnpasta, während ein anderer WC-Papier anliefert) erreicht das Cross-Docking Lager, in dem dann die Ware entsprechend der Bedarfe und Bestellungen der einzelnen Filialen zusammengestellt wird. Wir unterscheiden dabei zwei Arten des Cross-Dockings: das einstufige und das zweistufige Cross-Docking.

Beim **einstufigen Cross-Docking** wird die Ware vom Lieferanten bereits so vorkommissioniert, dass die einzelnen Produkte zu der vom Kunden (also der Filiale) gewünschten Menge zusammengepackt und entsprechend bezeichnet sind. Der Produzent von Zucker fasst die einzelnen Packungen also in unterschiedlich große Verpackungseinheiten zusammen, je nachdem welche Mengen der Kunde bestellt hat. Diese unterschiedlichen und bereits für den Endkunden etikettierten Packungen werden am Cross-Docking Punkt nicht gelagert, sondern nur in ein anderes Fahrzeug umgeladen, das auch noch die bestellten Waren von anderen Lieferanten aufnimmt und zur Filiale bringt. Jeder LKW, der das Cross-Docking Center verlässt, hat folglich genau jene unterschiedlichen Produkte geladen, die für die Filiale bestimmt sind, die er anfährt.

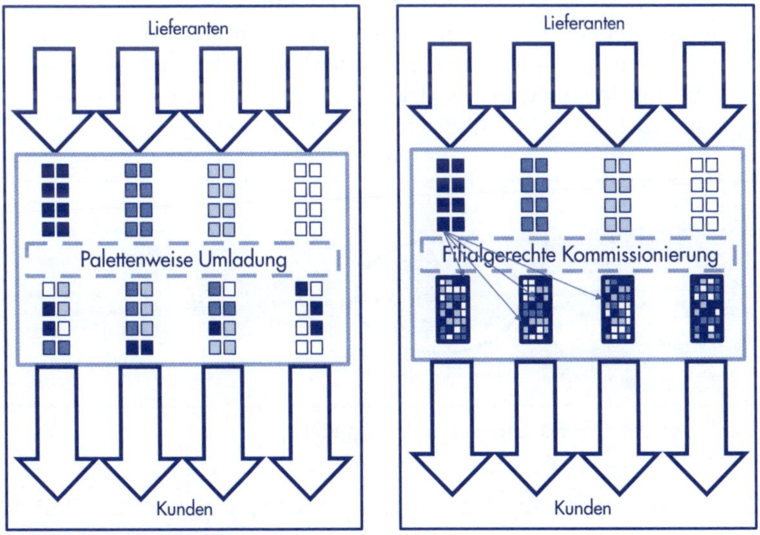

Abbildung 25: Einstufiges (links) und zweistufiges (rechts) Cross-Docking

Beim **zweistufigen Cross-Docking** findet zusätzlich eine Sortierung im Cross-Docking Center statt. Dies ist notwendig, weil der Lieferant die Ware zwar sortenrein und mengengenau anliefert, aber *nicht* für die einzelnen Filialen vorkommissioniert. Am Cross-Docking Punkt wird dann von Mitarbeitern die Ware vereinzelt, umgepackt und danach filialgerecht für den Weitertransport zusammengestellt – aber ebenfalls nicht gelagert.

Die generellen Vorteile des Cross-Dockings liegen in einer Reduktion des Bestands in den Filialen und in einer Reduktion der Anlieferfrequenzen beim Kunden (im Vergleich zur Direktbelieferung).

Cross-Docking ist also in jeder der beiden beschriebenen Formen ein reiner Umschlagspunkt, in dem nicht gelagert wird. Es dient dazu, die Auslastung der Fahrzeuge zu verbessern und die erforderliche Zahl der Transporte zwischen Lieferanten und Kunden zu reduzieren sowie auch die Rampenkontakte für die Filialen zu reduzieren.

2.2.4 Gebietsspediteure

Gebietsspediteure sind Dienstleister, die für einen Kunden die Bündelung von Warenströmen von Lieferanten übernehmen, die regional nahe zueinander sind. Dieses Konzept hat Ähnlichkeiten sowohl mit Milk-Run als auch mit Cross-Docking. Der Unterschied zu Cross-Docking besteht darin, dass sich am Konsolidierungspunkt ein Umschlaglager befindet, in dem auch Ware gelagert wird. Die Belieferung des Kunden vom Umschlaglager aus kann beispielsweise auch im Bahntransport erfolgen. Der Unterschied zum Milk-Run System besteht darin, dass dieses Konzept mehr Flexibilität aufweist, weil der Transport zwischen Umschlagslager und Empfänger nicht so eng mit der Anlieferung der Ware von den Lieferanten sowohl zeit- als auch mengenmäßig getaktet ist.

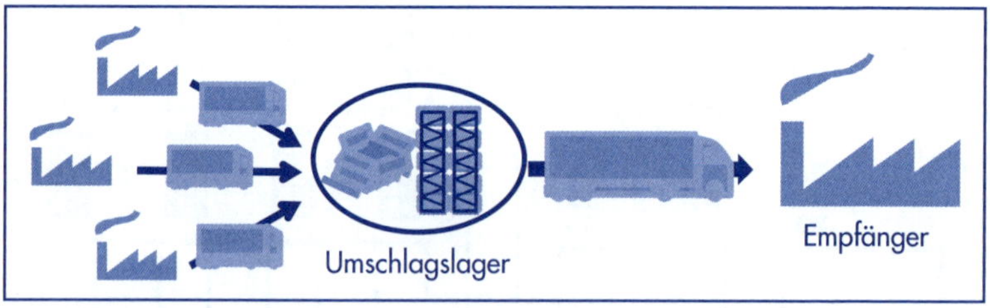

Abbildung 26: Das Konzept des Gebietsspediteurs

Dieses Konzept bietet dem Empfänger jedenfalls auch den Vorteil von einer deutlich besseren Auslastung des Fahrzeugs und eine geringe Anzahl von Rampenkontakten. Auch die zeitliche Steuerung der Fahrzeuge wird einfacher als bei Direktbelieferung.

2.2.5 Just-in-time: Direktbelieferung an den Verbrauchsort

Die Versorgung des Verbrauchsortes in der Produktion mit Material über eine Zwischenlagerung im Wareneingangsbereich ist aus Sicht des Logistikmanagements nicht immer günstig. Betrachtet man die Kette des Materialflusses vom Lieferanten zum eigenen Bedarfsort, so stellt man fest, dass auf diesem Weg in aller Regel das Material *mehrfach* gelagert wird: zuerst im Warenausgang beim Lieferanten, dann vielleicht noch in diversen Zwischenlagern und schließlich noch im Wareneingangsbereich des eigenen Unternehmens – von ungeplanten, spontan errichteten Lagerbereichen im unmittelbaren Nahbereich der einzelnen Arbeitsstationen in der Produktion erst gar nicht zu sprechen!

Dieses Vorgehen widerspricht dem Gedanken eines kontinuierlichen Materialflusses.

Ein Ansatz zur Reduktion der Lagerhäufigkeit besteht etwa darin, die Lagerung im Wareneingangslager entfallen zu lassen und die Ware erst dann vom Lieferanten anliefern zu lassen, wenn sie tatsächlich benötigt wird. In diesem Fall wird die Ware direkt zum Bedarfsort gebracht und dort nur in kleinen Mengen gelagert. Der Wareneingang sieht die Ware meist gar nicht, sondern bekommt nur die Information, dass diese eingetroffen ist. Diese Art der Belieferung ist in der Industrie auch als *JIT (Just-in-Time)* bekannt, einem Konzept, das von Toyota entwickelt wurde, um den Materialfluss zu optimieren und Verschwendung zu reduzieren.

JIT braucht einige Voraussetzungen, damit es funktioniert:

- Zuverlässigkeit des Lieferanten hinsichtlich logistischer Abläufe
- Zuverlässigkeit des Lieferanten hinsichtlich gelieferter Qualität, Menge und Zeitdisziplin
- Enge Kooperation zwischen eigenem Unternehmen und Lieferant

Zusätzlich benötigt der Lieferant zeitgerecht die genaue (und unveränderliche) Information, welche Mengen zu welchen Zeitpunkten erforderlich sind. Änderungen des Bedarfs durch den Kunden sind für die nächste Zukunft nicht möglich, weil der Lieferant auch nur beschränkte Flexibilität hat. Deswegen definiert man *frozen-zones,* also Zeitperioden in die unmittelbare Zukunft von Tagen bis wenigen Wochen, in denen sich die Bestellabrufe des Kunden nicht verändern dürfen.

Lagerplätze sind auf der Seite des empfangenden Unternehmens trotzdem meist immer noch vorhanden, allerdings nur als kurzfristige Puffer für die Materialversorgung. Diese Lager befinden sich häufig in der unmittelbaren Nähe des Bedarfsortes (also bei Produktionsunternehmen in der Nähe der Arbeitsstation), wobei deren

Größe meist nur für die Versorgung der Arbeitsstation von wenigen Stunden ausreicht. Eine kontinuierliche Anlieferung mit Material ist also unumgänglich.

JIT Konzepte erfordern neben logistischer Flexibilität des Lieferanten auch seine räumliche Nähe zum abnehmenden Unternehmen. Nur dadurch sind Risiken und Unwägbarkeiten auf der Transportstrecke vertretbar.

Die kontinuierliche Versorgung über *JIT* ist nicht für alle Materialien geeignet. *JIT* eignet sich immer dann gut, wenn der Bedarf an Materialien gleichmäßig ist bzw. dieser gut *prognostizierbar* ist. Materialien mit stark schwankenden Bedarfen hingegen können nicht über *JIT* versorgt werden und müssen auf Bestand gehalten werden.

Die Einführung von *JIT* erfordert neben vertraglicher Vereinbarung ein gemeinsames Verständnis zwischen dem Lieferanten und dem abnehmenden Unternehmen und bindet beide Unternehmen über gewisse Zeiten eng aneinander. Außerdem ist der Lieferant gefordert, eine Produktion im Takt der vom Kunden gewünschten Anlieferfrequenz und der geforderten Flexibilität aufzubauen. *JIT* eignet sich speziell für hochwertige und kontinuierlich benötigte Teile, weil dadurch Lagerkosten deutlich reduziert werden können.

Die nach dem nächsten Abschnitt folgende Abbildung 27 zeigt nun jene Bereiche in der ABC/XYZ Darstellung der Materialien, die sinnvollerweise für eine *JIT* Belieferung in Frage kommen.

2.2.6 *VMI:* Steuerung des Lagerbereichs durch den Lieferanten

Im Gegensatz zur klassischen Versorgung des Lagers, bei der dem Lieferanten die erforderliche Menge von einem bestimmten Material und der gewünschte Liefertermin mitgeteilt wird (mit Hilfe einer Bestellung oder eines Lieferabrufs), übernimmt bei *VMI (Vendor-Managed-Inventory)* der Lieferant die Verantwortung für das Lager des Kunden. Vom Kunden, also dem Empfänger der Ware erhält der Lieferant lediglich die Information, welchen *Bedarf* der Kunde zu welchen Zeitpunkten hat. Das Material des Lieferanten befindet sich in aller Regel direkt am Werksgelände des Kunden, sodass dieser direkt darauf Zugriff hat.

Im Kern besteht dieses Konzept darin, dass der Lieferant aus einer rein passiven Rolle, die vom Geschäft des Kunden weitgehend entkoppelt ist, hin zu einem aktiven Lieferanten gebracht wird, der den zukünftigen Bedarf seines Kunden kennt und ihn folglich mit ausreichend Material versorgen kann.

Die Aufgabe des *abnehmenden* Unternehmens besteht darin, dem Lieferanten rechtzeitig Bedarfsmengen für die Produktion (oder auch die

Produktionspläne selbst) bekannt zu geben. Zusätzlich definiert das abnehmende Unternehmen noch den Lagerbereich und die Lagergröße in seiner Produktionshalle (das kann auch ein abgegrenzter Bereich des Wareneingangslagers sein), die dem Lieferanten zur Verfügung gestellt wird. Das *VMI* Lager befindet sich jedenfalls im direkten räumlichen Einflussbereich des Kunden, idealerweise nahe beim Bedarfsort.

Üblicherweise wird *VMI* mit dem Gedanken des **Konsignationslagers** verbunden. Unter Konsignationslager ist zu verstehen, dass Material des Lieferanten sich im Verfügungsbereich des Kunden befindet, der Eigentumsübergang jedoch erst zu einem späteren, aber vorab definierten, Zeitpunkt erfolgt. Dieser Eigentumsübergang ist häufig mit der Entnahme des Materials aus dem Lager verknüpft und erst ab diesem Zeitpunkt beginnt die Zahlungsfrist für die Begleichung der Ware zu laufen. Der Kunde hat durch ein Konsignationslager den Vorteil, dass seine Zahlungsverpflichtung erst später als bei einem klassischen Wareneingang (weil eben nicht der Wareneingang der Zeitpunkt für den Beginn der Zahlungsfrist darstellt, sondern die oft viel spätere Entnahme aus dem Lager) startet. Ein Konsignationslager verbessert damit den Cash-Flow des Kunden und reduziert gleichzeitig die Kosten für die Bestände (weil diese noch dem Lieferanten zugerechnet werden). Ein Konsignationslager unterstützt somit die Optimierung des Finanzflusses aus Sicht des Kunden.

Der dem Lieferanten zugeteilte Lagerbereich direkt beim Kunden bekommt in Kombination von VMI und Konsignationslager eine besondere Bedeutung, weil der Lieferant noch Eigentümer der beim Kunden gelagerten Ware ist. Der Lieferant möchte deswegen in aller Regel sichergehen, dass die Entnahme aus dem VMI nachvollziehbar erfolgt. Der Lagerbereich wird daher mechanisch (z.B. durch Gitter und Schlösser) oder elektronisch (Zutrittskontrollen) abgesichert mit entsprechendem Berechtigungskonzept für die Entnahme durch Mitarbeiter des Kunden.

Doch auch der Lieferant kann aus der Umsetzung von *VMI* mit seinem Kunden Vorteile ziehen. Es liegt an ihm, auf Basis der bekannten zukünftigen Bedarfe des Kunden zu entscheiden, welche Mengen er ins *VMI* Lager legt. Damit lassen sich meist die Transporte zum Kunden deutlich besser planen und auslasten und in weiterer Folge die eigenen Produktionsabläufe optimieren. Der Lieferant selbst bestimmt, in welchen Losgrößen gefertigt wird und wann die Lieferung zum Ort des Kunden geht.

VMI und Konsignationsvereinbarungen benötigen Vorbereitung und sind das Ergebnis längerer Verhandlungen zwischen Kunden und Lieferanten. Nur wenn entsprechendes Vertrauen in das jeweilige

Gegenüber existiert, wird man solche Verhandlungen und Verträge eingehen, weil diese auch tiefe wechselweise Einblicke in die jeweils anderen Prozesse und Planungen ermöglichen. *VMI* Lieferanten werden folglich selten kurzfristig ausgetauscht und sie können sich auf eine längerfristige Kunden-Lieferantenbeziehung freuen!

Die systemmäßige Erfassung und Buchung der Ware erfolgt beim Kunden bei Entnahme aus dem Konsignationslager. Meistens werden die Entnahmen über einen Monat protokolliert und am Ende des Monats schickt der Lieferant eine Sammelrechnung bzw. der Kunde stellt eine Sammelgutschrift für die entnommene Ware aus.

Das Konzept des *VMI,* kombiniert mit Konsignationslagern, wird gerne für jene Materialien verwendet, die geringe Werte aufweisen mit guter bis mittelmäßiger Prognostizierbarkeit, wie dies auch in Abbildung 27 dargestellt ist.

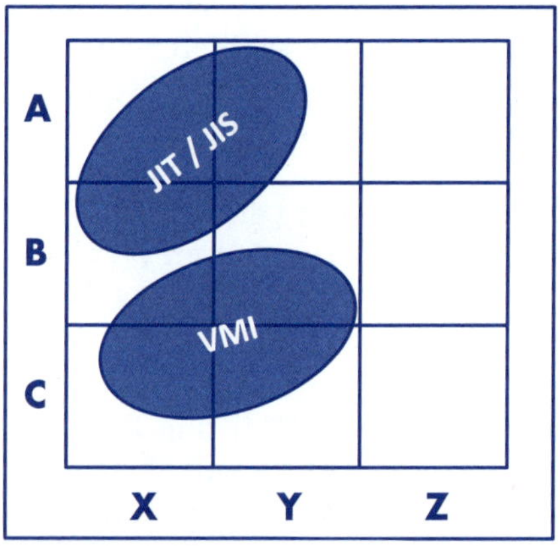

Abbildung 27: ABC/XYZ Darstellung mit jenen Teilen, die besonders geeignet für JIT/JIS bzw. VMI erscheinen

2.2.7 Steuerung der Versorgung durch Kanban

Kanban ist ein selbststeuerndes Versorgungskonzept zwischen einem Lieferanten und seinem Abnehmer. Es ist dabei völlig egal, ob Kanban in einem Produktionsunternehmen selbst (also z.B. zwischen dem Wareneingangslager und einem Arbeitsplatz) oder zwischen Unternehmen (also zwischen einem Lieferanten und einem abnehmenden Unternehmen) implementiert ist – alles ist möglich! Lieferanten bzw. Kunden können unternehmensinterne oder auch -externe sein. Kanban ist ein Begriff, der aus der japanischen Sprache kommt und „Karte“ bedeutet. Es hat seinen Ursprung im Toyota Production System (TPS) als selbststeuerndes Versorgungskonzept, das Verschwendung reduzieren soll.

Kanban benötigt keine komplexe IT-technische Anbindung zwischen Abnehmer und Lieferant. Im einfachsten Fall funktioniert Kanban durch leere Transportgebinde mit entsprechenden Kärtchen zur Materialbezeichnung, die dem Produzenten signalisieren, dass er weiteres Material liefern muss. Abbildung 28 zeigt den Ablauf eines Kanban Kreislaufs.

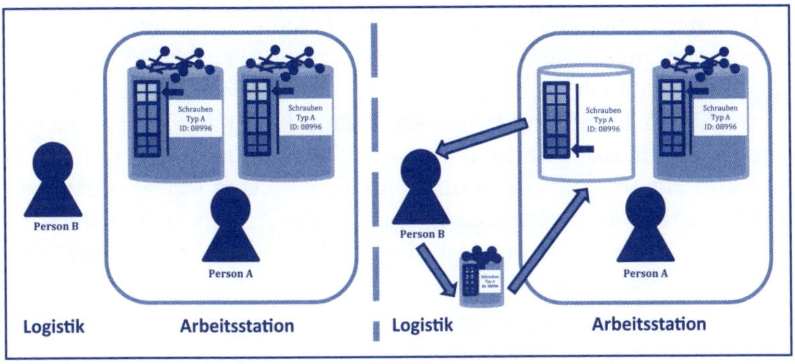

Abbildung 28: Der Ablauf von Kanban

Der Ablauf ist hier in sehr vereinfachter Weise dargestellt. Person A hat an ihrer Arbeitsstation zumindest zwei volle Behälter mit identischem Material zur Verfügung (Abbildung 28, linke Seite). Damit Kanban funktioniert, muss diese Person A konsequent Material aus *einem* Behälter entnehmen bis dieser leer ist (Abbildung 28, rechte Seite).

Erst dann darf Material aus dem nächsten Behälter entnommen werden. Gleichzeitig wird der leere Behälter auf einem festgelegten Platz in unmittelbarer Nähe des Arbeitsplatzes von Person A deponiert. Dieser Leerbehälter wird bei nächster Gelegenheit von einem Mitarbeiter der Logistik, der zyklisch bei den Arbeitsplätzen vorbeikommt (z.B. mit einem Routenzug) mitgenommen und zur Nachfüllung gebracht (z.B. in das Rohmateriallager). Jeder zurückgenommene leere Behälter wird durch einen vollen ersetzt. Dabei ist es wichtig, dass die Zahl der neuen vollen Behälter exakt der Anzahl der Leerbehälter entspricht, die mitgenommen werden. Person B hat nun die Aufgabe Material entweder im Lager oder an einer vorgelagerten Arbeitsstation in den Behälter nachzufüllen. Das Schild (also die Kanban-Karte) am Behälter definiert das Material, das nachgefüllt werden muss. Damit ist sichergestellt, dass sich nur eine vorab definierte Menge von Material im Umlauf befindet. Bei der Einführung der Kanban-Versorgung eines Arbeitsplatzes muss definiert werden, wie viele Behälter am Arbeitsplatz erforderlich sind und welche Größe diese haben sollen. Die Zahl der Behälter ist von der Materialmenge im jeweiligen Behälter abhängig, vom Bedarf an Material an der Arbeitsstation, vom definierten Sicherheitsbestand an Material am Arbeitsplatz und vom Versorgungszyklus zum Arbeitsplatz hin.

Der Lieferant kann sich im eigenen Unternehmen befinden, wie dies in der gerade zuvor beschriebenen Situation der Fall ist. Dabei wird aus einem zentralen Lager (z.B. dem Wareneingangslager) das Material in die Kanban Behälter gegeben. Der Lieferant kann aber auch ein externer sein, zu dem die Leerbehälter über den Wareneingang des Kunden zurücklaufen. Der externe Lieferant erfährt über die Zahl der Leerbehälter, wie viel Material nachgeliefert werden muss. Die Produktions- bzw. Liefermenge hängt also vom tatsächlichen Verbrauch des Kunden ab und nicht von Planungen, es handelt sich um ein sogenanntes **Pull-Prinzip**. Pull-Versorgungsstrategien werden über den tatsächlichen Bedarf an der Arbeitsstelle gesteuert – anders als Push-Versorgungsstrategien, die über einen zentralen Plan ausgeführt werden (z.B. MRP).

Der Lieferant schickt nach Befüllung die Behälter zurück zum Kunden und diese kommen dann über den Wareneingang des Kunden direkt zur Verbrauchsstelle in die Produktion. Auch die Qualitätskontrolle entfällt. Dieses Umlaufsystem erfordert vom Lieferanten die verlässliche Einhaltung der definierten Qualitätsstandards, wobei qualitativ mangelhafte Ware vom Kunden direkt an der Arbeitsstation aussortiert wird. Qualitätsmängel müssen aber die absolute Ausnahme bleiben, damit Kanban funktionieren kann!

Der große Vorteil einer Kanban Steuerung ist deren Einfachheit. Der Lieferant benötigt keine regelmäßigen Bedarfsabrufe, sondern erfährt über die Leerbehälter, was tatsächlich benötigt wird. Gleichzeitig werden Bestände auf diese Weise minimiert, wobei sich Kanban vornehmlich für regelmäßigen Bedarf eignet.

Diese zuvor beschriebenen sechs Konzepte dienen grundsätzlich dazu, den Material- und auch Informationsfluss zwischen einer abnehmenden und anliefernden Stelle im Fluss zu halten. Kerngedanke bei allen ist stets die gleichmäßige, stetige Versorgung der abnehmenden Stelle in einer Weise, dass diese ausreichend Material zur Verfügung hat, aber gleichzeitig die Bestände so gering als möglich sind.

2.3 Physische Bewegung und Lagerung von Material

Wir haben uns in den Abschnitten zuvor mit den Grundzügen, den wesentlichen Methoden des Logistikmanagements und mit Konzepten zur Realisierung der Materialversorgung auseinandergesetzt und wollen uns nun in diesem Abschnitt der Frage widmen, wie all das physisch realisiert werden kann. Wir fokussieren uns dazu auf die Umsetzung *innerhalb* des Unternehmens (und damit ist eigentlich ein Standort gemeint), während im Abschnitt 4.1 die Umsetzung des Material- und Informationsflusses *zwischen* Unternehmen im Zentrum unserer Betrachtungen steht.

Damit Material fließen kann (also einen tatsächlichen – einen physischen – Materialfluss darstellt), braucht es die Prozesse des **Transportierens**, des **Umschlagens** und des **Lagerns** sowie die für die Umsetzung erforderlichen Anlagen, Hilfsmittel und Fahrzeuge. Den Transport kann man noch weiter in einen **zwischenbetrieblichen** und einen **innerbetrieblichen** Transport unterscheiden, die beide auch unterschiedliche Anforderungen an die Transporthilfsmittel stellen. Im Umfeld der Lagerung ist zwischen der **Lagertechnik** und der **Lagerorganisation** zu unterscheiden. Als Umschlagen oder Umgruppieren wird meist die räumliche und inhaltliche Veränderung der logistischen Einheit (*Handling Unit*) gesehen, die mit dem Begriff des **Kommissionierens** bezeichnet wird.

Es ist klar, dass wir uns in diesem Abschnitt nur auf die wesentlichen Technologien, Anwendungen und Konzepte beschränken können. Wir werden aber an Stellen, wo dies geboten erscheint, die interessierten Leser mit weiterführenden Quellen vertraut machen.

Wie schon erwähnt widmet sich dieser vorliegende Abschnitt nun der Anwendung der zuvor beschriebenen Methoden und Konzepte in den Unternehmen selbst. Davon zu unterscheiden ist die Verwendung dieser Methoden und Konzepte zwischen Unternehmen in einer Supply Chain – also die logistische Anbindung der unmittelbaren Lieferanten und der Gestaltung der logistischen Anbindung zu anderen Unternehmen. Diese anderen Unternehmen können Betriebsstätten sein, die zum gleichen Unternehmenskonglomerat gehören, oder räumlich externe Lagerstätten des eigenen Unternehmens, Filialen im Handel oder in weiterer Folge natürlich Kunden, an die die Produkte verkauft werden.

Wie wir bereits in den einführenden Abschnitten gesehen haben, wird der Materialfluss immer wieder unterbrochen, weil Material gelagert werden muss. Der Materialfluss ist der eigentliche wertschöpfende Anteil, die Lagerung ist in den meisten Fällen nicht wertschöpfend und sollte vermieden werden, wann immer dies möglich ist. Trotzdem existiert Lagerung in der Realität und muss zumindest so gut als mögliche gemanagt werden. Den Teil der Logistik, der sich mit dieser innerbetrieblichen Logistik in all seinen Ausprägungsformen, Technologien und Prozessen beschäftigt, nennt man *Intralogistik*. Abbildung 29 gibt einen Überblick über die verschiedenen Elemente der Intralogistik.

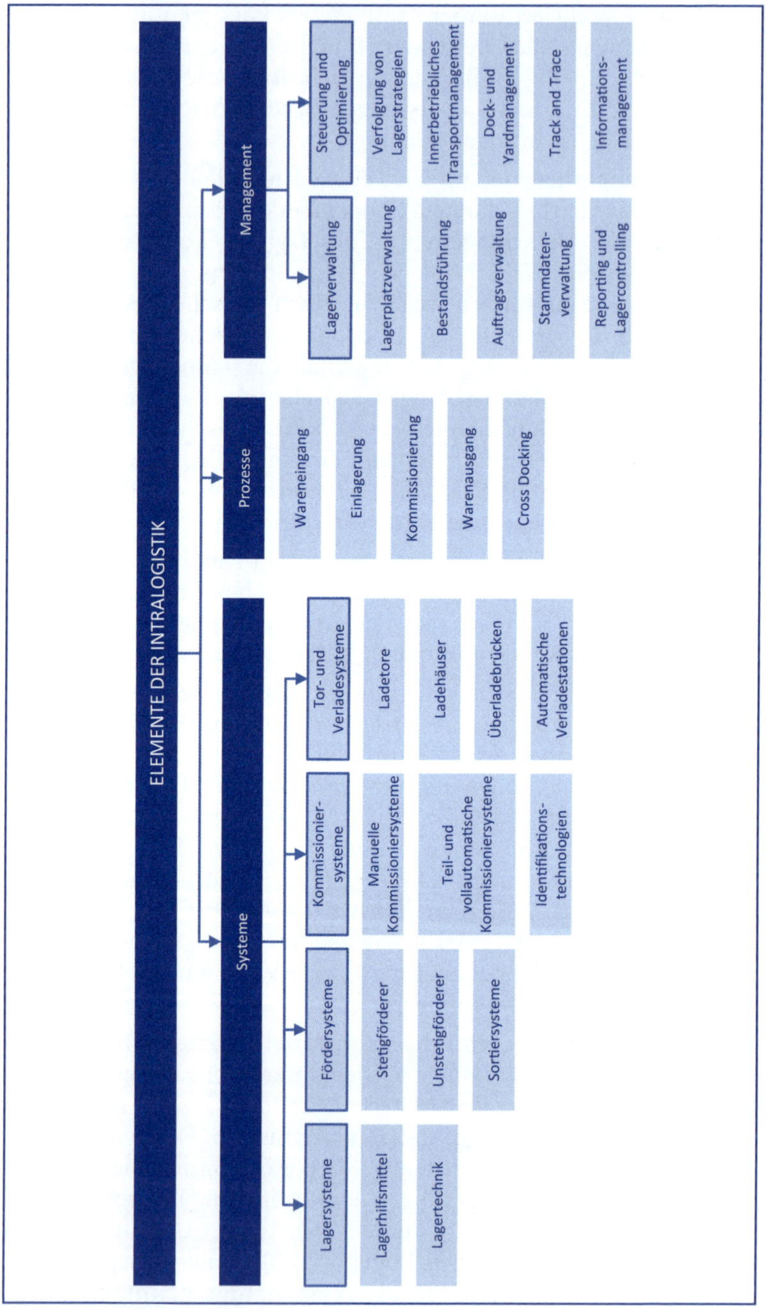

Abbildung 29: Systeme und Prozesse der Intralogistik und ihr Management[1]

[1] in Anlehnung an: Rohrhofer, Graf (2013), S. 9.

Wir werden für dieses Buch nur einzelne Elemente herausgreifen, die uns wichtig erscheinen für das Zusammenspiel mit den wertschöpfenden Elementen des Materialstroms – nämlich der Produktion – im Unternehmen. Dem Informationsfluss, der dem Materialfluss vorauseilt und diesen auslöst, widmen wir eine ausführlichere Darstellung im Abschnitt 3.2 zu Produktionsplanung. Für ein ausführliches Studium der Intralogistik sei an dieser Stelle auf das Buch von Rohrhofer, Graf (2018) verwiesen.

2.3.1 Der innerbetriebliche Transport

Der innerbetriebliche Transport wird als *Fördern* bezeichnet und umfasst die Ortsveränderung von Gütern (oder Personen) mit manuellen oder mit technischen Mitteln. Der Transport der Güter *in* einem Unternehmen wird neben dem Einsatz von menschlicher Arbeitskraft mit Hilfe von Fördertechnik realisiert. Hierbei lassen sich zwei große Gruppen unterscheiden: die Stetigförderer und die Unstetigförderer.

Stetigförderer erzeugen einen kontinuierlichen Material- bzw. Transportgutstrom. Sie sind üblicherweise fix in den Räumlichkeiten des Unternehmens installiert. Ein anschauliches, bekanntes Beispiel für einen Stetigförderer stellt ein Förderband dar, das meist als Gurtförderer oder als Rollenförderer ausgeführt ist.

Abbildung 30: Darstellung eines Rollenförderers[2]

Unstetigförderer erzeugen hingegen einen diskontinuierlichen, also unterbrochenen, Güterstrom. Sie werden dann eingesetzt, wenn die

[2] Entnommen aus : Rohrhofer, Graf (2013), S. 59.

unternehmerische Aktivität eine Unterbrechung des logistischen Materialstroms verlangt. Das kann darin begründet sein, dass Material während seiner Bewegung gelagert werden muss oder Arbeitsgänge am Material bzw. Halbfertigprodukt ausgeführt werden müssen, die nicht in den kontinuierlichen Materialstrom integriert werden können. Das wohl bekannteste Beispiel eines unstetigen Fördermittels ist der Stapler. Doch neben Staplern und all seinen Derivaten (z.B. Handhubwagen oder „Ameisen") zählt man auch Kräne, fahrerlose Transportsysteme (FTS) und Hängebahnen zu den unstetigen Fördermitteln. Hängebahnen sind speziell in Serienfertigungen zu finden, bei denen die einzelnen Produkte oder Halbfertigteile an Gestellen von Arbeitsstation zu Arbeitsstation transportiert werden. FTS sind personenlose Fahrzeuge, die die Ware mit einer Reihe von Anhängern zum Bestimmungort bringen. Meistens werden FTS spurgebunden ausgeführt, wobei die Spurführung optisch oder elektromagnetisch erfolgt.

Beispiel:
Automobilhersteller nutzen neben anderen Fördertechniken gerne auch Hängebahnen. Die Montage in einem Automobilwerk beginnt meist mit der lackierten Karosserie, die sich auf dem Gestell einer Hängebahn befindet. Langsam, nicht immer kontinuierlich, bewegt die Hängebahn die einzelnen, nacheinander montierten Gestelle mit den Karosserien durch die Montagehalle, wobei an jeder Arbeitsstation wieder neue Teile angebracht werden bis am Ende das fertige Fahrzeug die Montagehalle verlässt.

2.3.1.1 Der Stapler

Stapler sind aufgrund ihrer flexiblen Einsatzmöglichkeiten aus der unternehmerischen Praxis kaum wegzudenken. Die große Bandbreite an verfügbaren Staplerarten (Größe, Ausführung mit Front- oder Seitengabel, Hubmasthöhe, Antriebsart, usw.) ermöglicht die ideale Abstimmung von Transportbedürfnis und Fördergerät.

Moderne Stapler verfügen meist über einen Bildschirm für den Fahrer mit entsprechender Einbindung in das Firmennetzwerk. Dadurch ist eine dynamische Transportsteuerung möglich, die zu einer wesentlichen Reduktion der Leerfahrten führen kann. Unter dynamischer Transportsteuerung versteht man, dass Transportaufträge in Echtzeit auf das Display im Fahrzeug eingespielt werden und damit auch eine Veränderung der Transportaufträge möglich ist, während der Stapler seine Aufträge abarbeitet.

Trotz zahlreicher positiver Eigenschaften gibt es aber auch in vielen Unternehmen Bestrebungen den Staplerverkehr zu reduzieren.

Abbildung 31: Frontgabelstapler; Quelle: stefan1179/stock.adobe.com

Grund dafür ist das Gefährdungs- und Verletzungspotenzial, das von diesem Fahrzeug ausgeht, aber auch die hohen Personalkosten sind ein Grund für die Suche nach Alternativen. Zur Realisierung einer „staplerfreien Fabrik“ können beispielsweise Routenzüge oder Fahrerlose Transportsysteme (FTS) eingesetzt werden. Einfache Maßnahmen zur Reduktion der Gefahren durch Stapler bestehen im Anbringen von Spiegeln (meist Halbkugelspiegeln) an Fahrwegen und Kreuzungspunkten, um einen guten Einblick in die querenden Gänge zu bekommen. Eine weitere Maßnahme ist die Trennung von Geh- und Fahrwegen.

2.3.1.2 Der Routenzug

Bei Routenzügen sind mehrere Transporthilfsmittel auf Rollen miteinander gekoppelt, die von einem geeigneten Flurförderzeug (z.B. Elektro-Schlepper) gezogen werden. Ein Routenzug ist besonders im Umfeld der Fließbandfertigungen zu finden. Die Materialversorgung wird mit Routenzügen über fix festgelegte Strecken und Zeitintervalle durchgeführt. An definierten Stationen bzw. Arbeitsplätzen wird Material abgeladen und gleichzeitig werden Leerbehälter wieder aufgenommen, um sie dann im Wareneingangslager nachzufüllen. Der Routenzug hat keine gefährlichen Gabeln und ist (durch seine Länge) meist auch langsamer unterwegs. Allerdings benötigen diese Züge ausreichend Platz, damit sie Kurven zwischen Lagergängen oder Arbeitsbereichen sicher befahren können.

Generell verringert ein Routenzug die Anzahl der Transporte (ein Routenzug mit vier Anhängern ersetzt vier Stapler), was sowohl zu einer Reduzierung des Gefahrenpotentials führt als auch weniger Personal erforderlich macht. Eine weitere Reduktion der Personalkosten ist möglich, wenn auf den Einsatz von Fahrern gänzlich verzichtet wird – man spricht dann von fahrerlosen Transportsystemen (FTS).

Abbildung 32: Routenzug mit unterschiedlichen Ladungsträgern. Quelle: Neumaier Industry - Eigenes Werk, CC BY-SA 4.0, https://commons.wikimedia.org/w/index.php?curid=80876140

2.3.1.3 Fahrerlose Transportsysteme (FTS)

Hohe und weiter steigende Personalkosten sind oftmals ein Argument für den Einsatz von automatisierten Transportsystemen. Fahrerlose Transportsysteme bewegen sich entlang vorgegebener Wege, wobei die zum Einsatz kommenden Leit-Technologien sehr unterschiedlich sein können. Es gibt FTS, die sich an optischen Markierungen auf ihren Wegen orientieren, andere Ausführungen nutzen elektromagnetische Sensoren, die unterhalb des Bodenbelags angebracht sind und neueste Technologien verwenden für die Positionierung und Orientierung LPS (Local Positioning System), Sensoren, WLAN (Wireless LAN) oder Lasertechnik. Die Stationen, bei denen die FTS anhalten müssen, werden durch Programmierung vorgegeben.

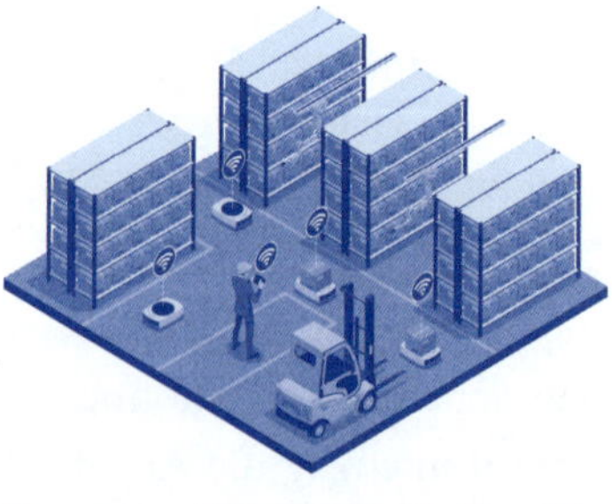

Abbildung 33: Darstellung eines FTS; Quelle Golden Sikorka/stock.adobe.com

Um die Sicherheit des Betriebs zu gewährleisten, bewegen sich die Fahrzeuge langsam (meist nicht mehr als Schrittgeschwindigkeit) und halten bei Kontakt mit einem festen Gegenstand (z.B. Personen oder Paletten, die sich auf ihrem Weg befinden) sofort an. Der Nachteil von FTS liegt in ihren hohen Investitionskosten und im Umstand, dass ihre Steuerung und Auslegung durchaus komplex sein kann.

In der Praxis ist die Wahl der Transportmittel für den innerbetrieblichen Materialfluss ein aufwändiger Prozess. Für die Auswahlentscheidung des am besten geeigneten innerbetrieblichen Transportmittels ist eine genaue Materialflussanalyse wichtig. Damit ist eine Analyse gemeint, die untersucht, welche Materialien in welcher Menge und mit welcher Frequenz von einem Ort im Unternehmen zu einem anderen gebracht werden müssen. Zusätzlich müssen wir noch die Verfügbarkeit von Pufferflächen zur Zwischenlagerung bzw. zur Bereitstellung von Material berücksichtigen. Die konkrete Auswahl der Transportmittel hängt dann vielfach von den Investitions- und Betriebskosten ab, wobei auch Aspekte der Flexibilität, der Erweiterbarkeit und der Sicherheit am Arbeitsplatz eine Rolle spielen.

2.3.2 Kommissionieren der Waren

Unter dem Kommissionieren versteht man das Zusammenstellen von bestimmten Artikeln auf Basis eines Auftrages.

Beispiel:
Ein einfaches Beispiel für Kommissionieren ist der tägliche Einkauf von Lebensmitteln in einem Supermarkt. Der Einkaufszettel (der einer Kommissionierliste entspricht) führt uns gewöhnlich in der Reihenfolge der notierten Artikel durch die Gänge, aus deren Regalen wir die gewünschten Produkte in den Einkaufswagen legen. Wenn wir aufmerksam sind, bemerken wir vielleicht, dass die zurückgelegten Wege bei einem solchen Einkauf lang sein können, weil wir uns auch kreuz und quer durch den Supermarkt bewegen. Kennen wir hingegen bereits die Supermarktkette, so können wir intelligenter (im Sinne von Wegersparnis) vorgehen und einzelne Artikel auf der Einkaufsliste zuerst einmal überspringen, um sie dann erst später in den Einkaufswagen zu legen, wenn sie sich an unserem geplanten Weg befinden. Die Verkürzung der so erzielten Wegstrecke kann durchaus signifikant sein.

Kommissionieren hat im unternehmerischen Umfeld viel mit Optimieren von Abläufen zu tun. Verschiedene Kommissionierarten unterstützen diese Optimierung. Das zuvor gebrachte Beispiel des täglichen Einkaufs im Supermarkt entspricht dabei dem Prinzip *Person zur Ware*, weil die Waren sich stationär in den Regalen befinden und die Kunden durch die Regale gehen um den Einkaufszettel „abzuarbeiten". Der Mensch bewegt sich also zur Ware. Man bezeichnet diese Art der Kommissionierung auch als statisch.

Alternativ dazu ist die Kommissionierart *Ware zur Person* zu sehen, die eine dynamische Kommissionierung darstellt. Hier bewegt sich die Ware auf Fördermitteln zu Kommissionierplätzen, an denen Personen oder Roboter die benötigte Anzahl an Produkten aus dem Transportbehältnis entnehmen und in den Kommissionierbehälter (oder auf eine Palette) legen. Das Transportbehältnis fährt zum nächsten Kommissionierplatz weiter (oder zurück ins Lager) und macht damit Platz für einen weiteren Kommissionierbehälter mit anderen Artikeln, die für den betreffenden Auftrag kommissioniert werden müssen.

Beispiel:
Im privaten Bereich kennen so manche Leser japanische Restaurants, die Running Sushi anbieten. Beim Running Sushi bewegen sich die Speisen auf kleinen Tellern oder Schalen auf Fördereinrichtungen an den Gästen vorbei und jeder nimmt sich die gewünschten Gerichte einfach vom Band auf seinen Platz. Running Sushi entspricht der Form einer dynamischen Kommissionierung.

Die dynamische Kommissionierung ist wesentlich schneller als die statische, erfordert allerdings Investitionen in die erforderliche Kommissioniertechnik.

Das Kommissionieren als Tätigkeit oder als logistischer Prozess lässt sich in verschiedene Subprozesse bzw. Aktivitäten aufteilen. Üblicherweise trennt man den Vorgang der Kommissionierung in vier Zeitanteile, die in weiterer Folge analysiert und individuell verbessert werden können.

- **Rüstzeit**: darunter sind die vorbereitenden Tätigkeiten für das Kommissionieren an sich zu verstehen. Die Rüstzeit umfasst etwa das Ausdrucken von Belegen oder das Bereitstellen von Kommissionierbehältern.
- **Orientierungszeit:** jene Zeit, die die Kommissionierpersonen benötigen, um das Kommissionieren der Waren aus dem Lager vorzubereiten. Mitarbeiter müssen sich auf Basis des Kommissionierauftrags überlegen, wie sie am effizientesten vom Kommissionierplatz zum Regal und wieder zurückkommen.
- **Greifzeit:** die Zeit, die am Regal selbst benötigt wird, um die Ware aus dem Regal zu entnehmen und die Entnahme entsprechend zu bestätigen (z.B. durch Abhaken auf einem Beleg oder durch elektronische Erfassung im System mithilfe eines Handscanners). Greifzeiten können durch ergonomische Gestaltung der Regale und der Behälter in den Regalen deutlich verbessert werden.
- Den größten Zeitanteil macht in der Regel die **Wegzeit** aus. Maßnahmen zur Reduzierung der Wegzeit sind die *gangfolgeoptimierte*

Sortierung der Kommissionieraufträge, motorisierte Kommissionierfahrzeuge oder die optimierte Anordnung der Artikel im Lager. Unter gangfolgeoptimierter Sortierung der Kommissionieraufträge versteht man eine Kommissionierliste, in der die zu kommissionierenden Artikel bereits in der Reihenfolge angeordnet sind, die der Bewegung der Kommissionierperson durch die Gänge entspricht.

Die Leistung eines Kommissioniersystems (Mensch, Anlage, etc. gemeinsam) wird meistens mit der *Pick-Rate* angegeben. Darunter ist zu verstehen, wie viele Artikel innerhalb einer bestimmten Zeit zu Aufträgen zusammengestellt werden können, wobei die damit verbundene Kennzahl dann *Picks pro Stunde* ist. Eine häufig in der Praxis zu beobachtende Maßnahme zur Reduktion der Kommissionierzeit ist ihre Verknüpfung mit Performance Kriterien für die einzelnen Mitarbeiter. Pick-Raten werden in der Praxis gerne als Leistungsanreiz für die Mitarbeiter vorgegeben für deren Erreichung Prämien ausgezahlt werden. Mitarbeiter werden daran gemessen, welche Pick-Rate sie schaffen und bekommen für verbesserte Pick-Raten Prämien. Allerdings muss man sich bewusst darüber sein, dass ein Leistungsanreiz in Form von Prämien für schnelleres Picking auch die Fehlerrate steigern kann – ein Effekt, den man sich gerade nicht wünscht.

Kommissionieren kann in der heutigen Zeit nur dann sinnvoll erfolgen, wenn zumindest eine Basisautomatisierung gegeben ist. Diese ermöglicht in weiterer Folge die automatisierte Erfassung von Produkten und Waren und die entsprechende Verbuchung in IT-Systemen. Nachfolgend sind zwei wichtige Technologien kurz dargestellt, die für Kommissionierung unumgänglich sind: der Barcode und RFID.

2.3.2.1 Barcode

Barcodes sind in der Praxis häufig eingesetzte Identifikationssysteme, bei denen Striche oder zweidimensionale Symbole in schwarzweiss oder in Farbe auf Papier oder einem vergleichbaren Träger angebracht werden. Sie sind maschinenlesbar und kostengünstig und ermöglichen durch die Erfassung der Symbolfolge mit einem Scanner das Auslesen der in ihnen gespeicherten Informationen.

Abbildung 34 zeigt eine Übersicht verschiedener Barcode-Typen. Man bezeichnet Barcodes auch als optoelektronische Datenträger, deren Informationen nach definierten Normen aufgebracht werden. Unternehmens-, industrie- und länderübergreifende Normen sind erforderlich, um die Lesbarkeit der Informationen in der gesamten logistischen Kette sicherzustellen. Deswegen beschäftigen sich einige Institutionen mit der Entwicklung und weltweiten Standardisierung von Identifikations- und Kommunikationstechnologien, wobei die wichtigste Institution in diesem Zusammenhang GS1 (Global Standards) ist. Interessierte Leser, die sich näher mit dieser Technologie vertraut machen wollen, seien auf das Buch über Intralogistik von Rohrhofer und Graf (2013) verwiesen.

Abbildung 34: Verschiedene Barcode-Typen[3]

2.3.2.2 RFID

RFID (Radio Frequency Identification) bezeichnet Technologien zur Identifikation von Waren, die auf dem Austausch von Informationen über elektromagnetische Wellen zwischen Sender und Empfänger beruhen. RFID hat sich in den letzten Jahren rasant entwickelt, wodurch auch die Preise für diese Technologie gesunken sind. RFID ermöglicht weitergehende Anwendungen als ein Barcode. So kann beispielsweise mit RFID *bulk-reading* realisiert werden.

Unter *Bulk-reading* versteht man die Fähigkeit, eine Ladungseinheit (z.B. Palette) und damit verschiedene Waren gleichzeitig zu erfassen und individuell auszulesen. Anders als beim Barcode braucht keine direkte Sichtverbindung zwischen Sender und Leseeinheit zu bestehen.

RFID Systeme bestehen aus einem Lese- und Schreibgerät und einem Mikrochip, der als Transponderelement auf der Ware angebracht wird. Über elektromagnetische Wellen können Informationen von der Schreibeinheit auf den Transponder übertragen und dort abgespeichert werden und dann zu einem späteren Zeitpunkt wieder ausgelesen werden. Die Datenübertragung zwischen Transponder und Schreib-/Leseeinheit erfolgt in verschiedenen Frequenzbändern, die je nach geplanter Verwendung und Einsatzbereich ausgewählt werden. Ein generelles Problem besteht immer noch darin, dass elektromagnetische Strahlung durch verschiedene Materialien und

[3] Vgl. Rohrhofer, Graf (2013).

Substanzen deutlich abgeschwächt oder sogar abgeschirmt werden kann. In der Praxis erweist sich die Anbringung von RFID Transponderchips auf Metallen als problematisch. Gerade die Reichweite der Datenübertragung wird maßgeblich von der gewählten Übertragungsfrequenz (und damit dem gewählten Frequenzband) beeinflusst, wobei höhere Frequenzen tendenziell größere Übertragungsreichweiten ermöglichen.

Spezielle Ausprägungen der RFID Technologie finden sich etwa im Bekleidungshandel. RFID Transponder sind auf den Kleidungsstücken in der Filiale angebracht, um die Diebstahlgefahr zu reduzieren, weil sich bei den Ausgängen aus den Filialen entsprechende Lesestationen befinden. Beim Bezahlen an der Kasse werden die Transponder von den Kleidungsstücken entfernt und damit wird das ungehinderte Passieren der Lesestationen an den Ausgängen ermöglicht. Auch für weitere Informationen zu RFID Technologien und deren Einsatzmöglichkeiten in der Logistik ist das bereits zuvor erwähnte Buch zur Intralogistik eine gute Quelle.

2.3.3 Lagerung von Waren

Lagern ist eine der elementarsten Aufgaben der Logistik und des Logistikmanagements. Bei fast allen logistischen Prozessen muss Ware gelagert werden. Wie wir allerdings schon wissen, muss das Augenmerk darauf gerichtet werden, den Anteil des Lagerns im gesamten Materialfluss möglichst gering zu halten. Lagern ist häufig gleichzusetzen mit dem Warten im Materialstrom. Dieses Warten muss jedoch in einer geordneten Art und Weise erfolgen, weil die Ware zum ersten nicht an beliebigen Orten gelagert werden kann und zum anderen auch wieder aufgefunden werden muss. Gelagert wird an definierten Lagerorten, die in aller Regel mit entsprechender Technik (Hardware und auch Software) ausgestattet sind. Digitalisierung und andere technischen Entwicklungen erlauben es heutzutage, Lagern besser als jemals zuvor auch mit den angrenzenden Prozessen (z.B. Kommissionierung) zu verknüpfen.

2.3.3.1 Lagertechnik

Die einfachste Möglichkeit Waren zu lagern ist die **Bodenlagerung**. Sie kann gestapelt oder ungestapelt erfolgen und in Form eines Blocks oder in Zeilen umgesetzt werden.

Der Vorteil der Bodenlagerung besteht darin, dass keine Investitionen in Regalsysteme notwendig sind und dass sie einen sehr guten Raum- bzw. Flächennutzungsgrad aufweist. Verglichen mit den anderen Lagerarten ist der Flächennutzungsgrad bei der Bodenblocklagerung am größten.

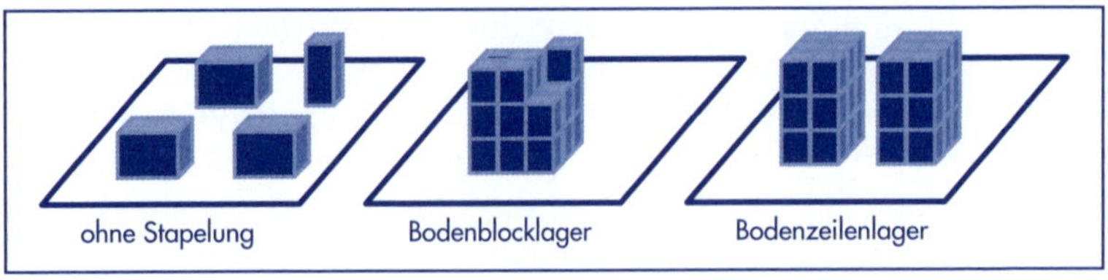

Abbildung 35: Bodenlagerung

$$Flächennutzungsgrad\left[\%\right] = \frac{genutzte\ Lagerfläche}{gesamte\ Lagerfläche} \times 100$$

Der größte Nachteil eines Bodenlagers (vor allem beim Bodenblocklager) besteht jedoch darin, dass das FIFO Prinzip (*first-in-first-out*) nicht umsetzbar ist. FIFO bedeutet, dass jene Ware, die als erste eingelagert wurde auch zuerst wieder entnommen wird. FIFO als Lagerstrategie verhindert, dass Ware zu lange im Lager liegt. Das ist besonders dann wichtig, wenn Waren oder Produkte Mindesthaltbarkeitsdaten (MHD) aufweisen und bei ihrer Überschreitung unbrauchbar werden. Das FIFO-Prinzip erfordert eine technische und organisatorische Zugriffsmöglichkeit auf das Lager von beiden Seiten. Andernfalls, wenn der Lagerbereich nur von einer Seite erreicht werden kann, ist nur das LIFO-Prinzip (*last-in-first-out*) darstellbar. Besonders zeitkritische Ware (z.B. frische Lebensmittel) hingegen sollten nach dem FEFO-Prinzip (*first-expired-first-out*) gesteuert werden. FEFO benötigt – anders als das bei FIFO oder LIFO in einem entsprechenden Lager erforderlich ist – in jedem Fall entsprechende softwaremäßige Steuerung um die Waren, die zuerst ablaufen, auch identifizieren zu können.

Bodenlagerung mit Stapelung ist platzeffizient, kann allerdings leicht dazu führen, dass die ganz unten bzw. in der Mitte des Blocks befindliche Ware sehr lange Liegezeiten hat oder vielleicht gar nicht bewegt wird: es wird immer wieder neue Ware seitlich oder oben auf dem Lager ergänzt, die dann auch wieder entnommen wird. Jene Ware in der Mitte wird aber nicht angefasst, weil davor bereits wieder neue Ware ins Bodenblocklager hinzukommt.

Ein wenig Abhilfe kann an dieser Stelle ein Bodenzeilenlager schaffen, weil nicht einfach „ein Haufen" an Ware gebaut wird, sondern Ware in relativ schmalen Bereichen gelagert wird und dazwischen immer Bewegungsflächen freibleiben. Im Idealfall kann man von beiden Seiten zugehen und Ware entnehmen bzw. einlagern.

Sinnvollerweise wird in einem Blocklager nur Ware einer Art gelagert. Ansonsten besteht immer das Risiko, dass sehr viel Umlagerungsaufwand erforderlich ist, um die gewünschte Ware zu finden.

Ist eine Bodenlagerung nicht möglich (z.B. nicht ausreichend Bodenfläche vorhanden) oder nicht sinnvoll (Ware ist nicht stapelbar oder FIFO als Lagerstrategie erforderlich, aber nicht realisierbar), so sind Regale einzusetzen. Die Bandbreite an unterschiedlichen Regallagern ist sehr groß, weil sie beinahe beliebig an individuelle Anforderungen anpassbar sind. In Fachbodenregale können Waren direkt eingelagert werden, Palettenregale sind Stahlgerüste, in die Waren nur auf Paletten gelagert werden können.

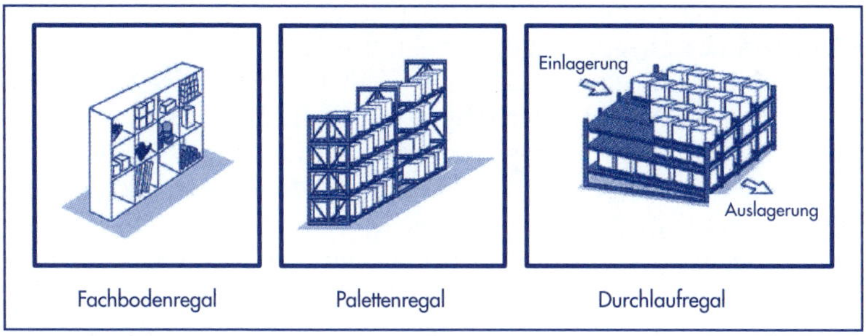

Abbildung 36: Auswahl an unterschiedlichen Regaltypen

Eine Besonderheit bei den Regalen nehmen Durchlaufregale ein. Anders als im Fachboden- oder im Palettenregal bewegt sich hier die Ware (oder Palette) vom Punkt der Einlagerung zum Punkt der Auslagerung selbstständig durch Wirkung der Schwerkraft auf einer schiefen Ebene mit Rollen. Wird auf der einen Seite Ware oder eine Palette entnommen (z.B. weil alle Kartons auf dieser Palette verbraucht sind) laufen die restlichen Paletten durch die Schwerkraft selbständig nach (und werden dort sanft gebremst). An der entstehenden Lücke auf der Befüllungsseite des Regals ist sehr gut erkennbar, ob bereits weitere Ware eingelagert werden kann oder nicht.

Durchlaufregale sind auch häufig in Kombination mit Kanban-Versorgungsstrategien zu finden. Sie sind unter Umständen so klein, dass sie direkt an den Arbeitsstationen in der Produktion eingesetzt werden können. Ware wird in Kleinpaletten oder Behältern angeliefert, die von hinten durch die Schwerkraft nach vorne rutschen. Die Personen am Arbeitsplatz entnehmen die gewünschte Menge an Teilen aus diesen Behältern und stellen die leeren Behälter dann auf separate Plätze für Leerbehälter. Damit sind diese Leerbehälter gleichzeitig das Signal, dass neue Ware benötigt wird. Die Leerbehälter werden in das Materiallager zur Wiederbefüllung zurückgeführt.

Vorteile der Regallager gegenüber Bodenlager sind die Anwendbarkeit des FIFO-Verfahrens und die gute Anpassbarkeit an die jeweiligen Bedürfnisse des Unternehmens bei gleichzeitig guter Raumnutzung. Als Nachteil (gegenüber der Blocklagerung) ist vor allem das deutliche höhere Investitionsvolumen bei der Errichtung eines Regallagers zu sehen (besonders bei höherem Automatisierungsgrad).

2.3.3.2 Lagerorganisation

Lager unterscheiden sich neben der zur Anwendung gelangenden Lagertechnik vor allem dahingehend, wie die Lagerprozesse abgebildet sind. Standardmäßig beginnt der Lagerprozess mit dem Wareneingang, nachdem der ankommende Transport entladen und die Ware an der Rampe bereitgestellt wurde. Nach Überprüfung von Art, Anzahl, Menge und Unversehrtheit der Sendung wird die Ware in den Bestand übernommen und eingelagert. Diesen ersten Lagerbereich nennt man in der Regel das Rohmateriallager. Muss die Ware genauer durch die Qualitätssicherung inspiziert oder geprüft werden, so wird die Lieferung zwar eingelagert aber vorerst für die weitere Verwendung gesperrt. Diese gesperrte Menge erscheint noch nicht im disponiblen (verfügbaren) Bestand (obwohl sie physisch bereits im Lager ist), sondern wird in den Systemen als sogenannter „Prüfbestand" geführt.

Sobald ein Kundenauftrag (das kann auch der Auftrag eines internen Kunden sein) vorliegt, wird die geforderte Menge zum Warenausgang oder zum Bedarfsort in der Produktion gebracht. Besteht der Auftrag aus mehreren Artikeln, müssen diese aus den unterschiedlichen Lagerbereichen gesammelt werden. Diesen Vorgang nennt man, wie bereits zuvor beschrieben, **Kommissionierung**.

Abbildung 37: Standardprozesse im Lager

In der produzierenden Industrie spricht man üblicherweise von drei unterschiedlichen Lagerbereichen:

- Das **Rohmateriallager**: es enthält typischerweise die Materialien und Waren von Lieferanten, die nach dem Wareneingangsprozess auf ihre weitere Verwendung warten.
- Das **Produktionslager** (oder auch *Work-in-Process* Lager): Das sind Lagerbereiche, manchmal auch eigene physische Lagerorte, in die Halbfertigerzeugnisse gebracht werden. Halbfertigerzeugnisse wurden schon bearbeitet, aber stellen eben noch keine fertigen Produkte dar. Es sind noch weitere Bearbeitungsschritte erforderlich. So manche Produktionsabläufe verlangen eben das Zwischenlagern.
- Das **Fertigwarenlager** (FGI – *Finished Goods Inventory*) enthält jene Produkte, die bereits fertiggestellt sind und noch auf die Versendung zu den Kunden warten.

Diese Trennung der Lagerbereiche gibt es allerdings im Handel nicht. Lagerorganisation im Handel ist vielmehr auf die folgenden Bereiche bezogen:

- Das **Hochregallager**: Typischerweise wird im Handel die Ware in Hochregallagern deponiert und dort automatisiert mit Regalbediengeräten manipuliert.
- Der **Kommissionierplatz**: Dabei handelt es sich typischerweise nicht um ein explizites Lager, sondern vielmehr um den Platz, auf dem die Ware zu einem Auftrag zusammengestellt wird. In vielen Fällen wird Ware eben auch in unmittelbarer Nähe belassen und nicht wieder in das Hochregallager zurückgeführt, sofern sie öfters benötigt wird – es sich also um sogenannte Schnelldreher handelt. Man nennt dies auch einen Nachschubplatz oder Reserveplatz.

Die Einlagerung kann prinzipiell auf zwei Arten erfolgen: Entweder es gibt **fixe Stellplätze** für jeden Artikel oder es wird eine **chaotische Lagerung** praktiziert. Bei der chaotischen Lagerung wird die Ware (z.B. auf Palette oder im Karton) an einem beliebigen freien Stellplatz eingelagert, der von einem IT-System vorgegeben wird. Dieses IT-System hat bestimmte Einlagerungsregeln implementiert. So sollten Schnelldreher, also jene Produkte, die häufig benötigt werden, eher in der Nähe von Wareneingang bzw. Warenausgang gelagert werden, weil dies die Kommissionierung beschleunigt und den Durchsatz durch das Lager erhöht. Durchsatz ist jene Menge an Waren (z.B. gemessen in Anzahl an Paletten), die in einer bestimmten Zeitspanne das Lager verlässt. Der Durchsatz darf nicht mit der Kapazität verwechselt werden! Die Kapazität gibt an, welche Menge (z.B. Anzahl an Paletten) maximal gelagert werden kann. Aus dem Verhältnis von Durchsatz und Kapazität kann man leicht den Lagerumschlag (siehe dazu Abschnitt 2.1.6.1; dem Verbrauch entspricht der Durchsatz, der durchschnittliche Bestand ist mit der Kapazität gleichzusetzen) und die durchschnittliche Lagerdauer bestimmen.

Lager mit **fixen Stellplätzen** bieten den Vorteil gegenüber chaotischer Einlagerung, dass die Lagerplätze besser auf die unterschiedliche Größe der Produkte abgestimmt werden können und dass diese Lager auch ohne IT-System funktionieren: Die Ware befindet sich immer an der gleichen Stelle und es ist mit einem Blick sofort festzustellen, ob noch ausreichend Bestand vorhanden ist oder nicht.

Lagerung nach dem chaotischen Prinzip spart deutlich Lagerplatz im Vergleich zur Lagerung nach fixen Stellplätzen – der *Lagernutzungsgrad* ist wesentlich besser. Chaotische Lagerung funktioniert allerdings nur dann, wenn entsprechende IT-Systeme im Einsatz sind. Sollten diese Systeme – aus welchen Gründen auch immer – zwischenzeitlich ausfallen, so können keine Artikel aus dem Lager entnommen werden: man findet sie einfach nicht!

2.4 Logistikgerechte Produktgestaltung

Das Logistikmanagement hat die Aufgabe dafür zu sorgen, dass Kunden ihre Produkte zum gewünschten Termin in den Händen halten können: eine Menge Material muss dafür bewegt werden. Gutes Logistikmanagement sorgt nun dafür, dass diese Bewegung von Material kostengünstig und zugleich ressourcenschonend erfolgen kann. Einen wesentlichen Einfluss darauf hat auch die Gestaltung und das *Design des Produktes* und deswegen ist es wichtig, dass im Produktentstehungsprozess logistische Anforderungen entsprechend berücksichtigt werden.

Die Produktentwicklung muss das Produkt so konstruieren, dass es in einem kontinuierlichen Fluss zusammengebaut werden kann – eine Forderung, die banal klingt, doch in der Praxis nicht ganz so leicht umzusetzen ist! Die Verbaubarkeit – ein Begriff, der eben diesen Umstand ausdrückt – muss während der Produktentwicklungsphase geprüft werden. Allzu oft geschieht es, dass sich Teile und Baugruppen an den Computern der Ingenieure wunderbar virtuell zusammensetzen lassen, in der Praxis an der Produktionslinie die Situation dann aber eine andere ist: verfügbare Manipulationsräume sind so eng und klein, dass die Mitarbeiter an der Arbeitsstation die geforderte Tätigkeit nicht ausführen können, ohne wieder bereits montierte Teile auseinander nehmen zu müssen. Das würden wir nicht als logistikgerechte Produktgestaltung verstehen!

Damit logistische Aspekte in die Produktgestaltung einfließen können, ist es unumgänglich, dass das Logistikmanagement bereits in die Produktentstehungsphase eingebunden wird. Folgende Aspekte hat dabei die Logistik zu vertreten:

- Die vermehrte Verwendung von *Gleichteilen*, weil damit logistische Aufwendungen reduziert werden können. Ein Gleichteil ist eine Bezeichnung für einen Teil, der in unterschiedliche Produkte verbaut wird. Je weniger unterschiedliche Teile in Verwendung sind, desto geringer ist der Aufwand in der Logistik und auch die Bestände sinken. Das ist also ein wünschenswerter Zustand vor allem aus der Sicht der Logistik, der Produktion und des Einkaufs.
- Den Einsatz möglichst vieler gleicher Teile zu fördern, weil das die unterschiedlichen Varianten reduziert. Damit muss aus logistischer Sicht nicht Sicherheitsbestand für jede einzelne Variante vorgehalten werden. Das ist ein Auftrag an die Entwicklungs- oder Konstruktionsabteilung eines Unternehmens nicht bei jeder Anfrage bzw. Produktänderung automatisch neue Teile zu verwenden, sondern wenn möglich auf bestehende zurückzugreifen. Der Anstoß dazu kann und sollte vom Logistikmanagement ausgehen!

- die Fähigkeit, Produkte so aus Komponenten, Halbfertigfabrikaten und Rohteilen zusammenzusetzen, dass eine logistikgerechte Prozessgestaltung ermöglicht wird. Wenn (wie bereits zuvor erwähnt) ein Leistungserstellungsprozess erfordert, dass Teile des Halbfertigproduktes wieder auseinandergenommen werden müssen, um andere Teile oder Komponenten montieren zu können, so kann man nicht von einer logistikgerechten Produktgestaltung sprechen!
- Verpackungsdesign: Verpackung dient zur Präsentation des Produkts beim Kunden und als Schutz für das Produkt während Transport, Umschlag und Lagerung. Logistikgerechte Verpackungsgestaltung bedeutet, dass eine optimale Packungsdichte am Transportträger (bspw. auf einer Palette) ermöglicht wird und ebenfalls die Vielfalt an unterschiedlichen Verpackungen gering gehalten wird. Diesem Gedanken trägt das Konzept von EUL (Efficient Unit Load) Rechnung, das in Abschnitt 5.4.3.2 näher erläutert wird.

Beispiel:
Im Rahmen einer Analyse bei einem Büromöbelhersteller wurde festgestellt, dass die kundenspezifische Konstruktion eine gegenüber der Standardstärke abweichende Tischplatte aus Glas vorgesehen hat. Verhandlungen mit dem Lieferanten im Vorfeld der Auftragserteilung haben ergeben, dass eine Veränderung der Glasstärke signifikante Kostenersparnisse bringt, weil man damit auf ein Standardmaß zurückgreifen kann – die dadurch erzielten Kostenreduktionen sind signifikant höher als man jemals durch spätere Preisverhandlungen erzielen könnte.

Diese Standardisierung der Glasstärken wurde im konkreten Fall umgesetzt, womit der Büromöbelhersteller auf einen Schlag einen zweistelligen Prozentbetrag bei Glasplatten einsparen konnte ohne negative Auswirkungen auf das vom Kunden gewünschte Design. Zum einen konnte durch diesen Schritt der Einkaufspreis deutlich reduziert werden, zum anderen hat auch die Logistik profitiert, weil sie weniger unterschiedliche Gläser zu bewirtschaften hat.

Logistikgerechte Produktgestaltung wird über einen Prozess betrieben, den man **Variantenmanagement** nennt. Varianten sind definierte Derivate zu einem Grundprodukt.

Schon seit langem ist zu beobachten, dass selbst bei Massenprodukten Kunden eine Individualisierung wünschen. Wir können heute Sportschuhe kaufen, die nach unseren Wünschen gestaltet sind oder auch Autos nach unseren Vorlieben ausstatten (siehe nachfolgendes Beispiel). Individualisierung in Massenmärkten lässt sich für produzierende Unternehmen jedoch nur dann wirtschaftlich umsetzen, wenn diese Variantenmanagement beherrschen.

Varianten ermöglichen es Unternehmen ihren Kunden Produkte nach deren Wünschen anzubieten, ohne eine komplette Neuentwicklung durchführen zu müssen. Neue Produkte zu entwickeln und in den Markt einzuführen ist generell ein teures und risikoreiches Unterfangen. Hingegen ist es wesentlich günstiger, auf bestehende Produkte zurückzugreifen und diese weiterzuentwickeln bzw. Derivate, also Varianten davon, auf den Markt zu bringen.

Beispiel:
Speziell die deutsche Automobilindustrie mit ihrem hohen Anteil an Premiummarken hat es in den letzten Jahren verstanden, durch Variantenbildung kundenindividuelle Produkte zu schaffen. Kunden kaufen sich ein (standardisiertes) Fahrzeug und können es durch die vielen angebotenen Sonderausstattungen so konfigurieren, dass sie ein auf ihre Wünsche zugeschnittenes Produkt erhalten. Sonderausstattungen sind für Automobilhersteller mittlerweile ein Marketinginstrument und ein lukratives Geschäft, weil sie teuer verkauft werden und für ein Auto, das im Standard knapp und hart kalkuliert ist, doch den Ergebnisbeitrag für das Unternehmen deutlich erhöhen. Ganz frei ist der Kunde in der Wahl seiner Wünsche natürlich nicht: das Unternehmen plant die Sonderausstattungen bereits mit dem Fahrzeug mit, sodass die Kunden eigentlich nur aus einem definierten Portfolio *auswählen*. Der Automobilhersteller selbst kann diese Varianten nun in seiner Produktion und Logistik effizient abwickeln.

Nicht alle Branchen gehen mit Varianten so professionell um wie es das Beispiel aus der Automobilindustrie zeigt. Häufig entstehen Varianten eher zufällig als geplant, treiben damit die Herstellkosten nach oben und werden oft von den Kunden nicht in ausreichendem Maß bezahlt – weil ein höherer Preis für das Unternehmen einfach nicht durchsetzbar ist.

Varianten sind ein Mittel, um auf Marktveränderungen zu reagieren. Wenn sich Kundenwünsche verschieben, kann durch die *Modifikation* eines bestehenden Produkts einfacher und kostengünstiger reagiert werden als durch Entwicklung eines völlig neuen Produkts. Wesentliche Elemente des Grundprodukts bleiben unverändert, die Entwicklungsaufwände müssen nicht zur Gänze noch einmal getragen werden und es werden nur Anpassungen vorgenommen, sodass dieses Produkt – nun als Variante des ursprünglichen – auf den Markt gebracht werden kann. Varianten sorgen neben einer Verbreiterung des Angebots auch dafür, dass bestehende Produkte länger am Markt bleiben können, indem sie „aufgefrischt" werden. Man spricht in diesem Zusammenhang von *Facelifts* – ein Begriff, der gerne in der Automobilindustrie verwendet wird, um ein Fahrzeug nach ein paar Jahren am Markt technisch und optisch aufzufrischen und damit den Produktlebenszyklus zu verlängern. *Facelifts* ersetzen das bisherige Produkt im Markt, reduzieren allerdings den logistischen Aufwand kaum, weil auch die bisherigen Teile für das Produkt in vielen Fällen als Ersatzteile weiterhin bewirtschaftet werden müssen.

Oft ist es auch so, dass die ersetzten Produkte in anderen, weniger fordernden Märkten weiterverkauft werden. Eine größere Zahl unterschiedlicher Materialien bedeutet direkt ein Ansteigen der logistischen Komplexität!

Ein wichtiges Thema in Zusammenhang mit Varianten ist Globalisierung. Globalisierung findet sowohl auf der Zulieferseite als auch auf der Kundenseite von Unternehmen statt. Globale Beschaffung ist für die allermeisten Unternehmen heutzutage eine Selbstverständlichkeit. Ebenso finden auch immer mehr Unternehmen ihre Absatzmärkte in weit entfernten Regionen der Erde. Das hat zur Folge, dass ein einziges Produkt nicht mehr ausreicht, um die Bedürfnisse der Kunden in sehr unterschiedlichen Ländern zu erfüllen. Man benötigt zumindest unterschiedliche Ausprägungen dieses einen Produkts für die verschiedenen Märkte. Auch gesetzliche Regelungen, die in den Regionen der Welt unterschiedlich sind, führen dazu, dass ein Produkt alleine nicht all diesen Anforderungen gerecht werden kann. So sind zum Beispiel Abgasnormen für Kraftfahrzeuge von Land zu Land unterschiedlich oder auch die gesetzlich geforderten Informationen auf der Verpackung von Produkten des täglichen Lebens (z.B. Waschmittel oder Getränke) führen zu einer Vielzahl von Produktaufklebern oder Verpackungsvarianten. Um eben die Vorteile einer gemeinsamen Basis zu nutzen und die Kosten so gering als möglich zu halten, löst man diese divergierenden Anforderungen durch Bildung von Varianten zu einem Basisprodukt.

Auch der zunehmende Einsatz von Elektronik und Software in vielen unseren Produkten verkürzt den Lebenszyklus von diesen und fordert deren technologische Anpassung. Allerdings führt das Entstehen neuer Technologie nicht automatisch dazu, dass bisherige Produkte komplett ersetzt werden. Dies wäre viel zu teuer. Üblicherweise werden neue Technologien nur zum Ersatz einzelner Teile eines Produkts verwendet oder erweitern seine Anwendungsmöglichkeiten, womit wiederum eine neue Variante eines bestehenden Produkts entstanden ist. Der vermehrte Einsatz von Software ist hingegen aus logistischer Sicht eine sehr gut geeignete Form zur Variantenbildung. Software betrifft auch nicht den Materialfluss der Logistik, weil Software ein nicht-physisches Produkt ist.

Beispiel:
Ein Unternehmen, das die Individualisierung bei weitgehender Standardisierung der Produktion ganz besonders gut realisiert hat, ist der Computerkonzern Apple. Schon sehr früh hat Apple für seine Mobilgeräte (Tablets, Smartphones, Music-Player) eine Plattform geschaffen, auf der sich jeder Kunde seine individuelle Mischung an Apps, Musikstücken, Dokumenten und Videos zusammenstellen kann. Die Hardware, wie etwa ein iPhone oder auch ein iPad ist eine standardisierte Massenware, die sich im Wesentlichen nur in wenigen verschiedenen Farben und unterschiedlichen Speichergrößen unterscheidet. Die Individualisierung der Geräte erfolgt über die Kombination der mehr oder weniger standardisierten Hardware mit dem individuell zusammengestellten Content. Dadurch ist jedes Gerät ein dem User exakt angepasstes und individualisiertes. Generell macht Software (oder auch eine App) die kundenindividuelle Produktgestaltung sehr einfach, sodass immer mehr technische Geräte mit Software und auch der Möglichkeit zur Vernetzung ausgerüstet werden.

Wir können zusammenfassen, dass die Sinnhaftigkeit von Variantenmanagement unbestritten ist und Unternehmen durch intelligenten und gut geplanten Einsatz von Varianten zunehmend fordernde Märkte erfolgreich bedienen können.

Die optimale Zahl der Varianten für das eigene Unternehmen zu finden, ist keine einfache Aufgabe. Das Ziel des Verkaufs besteht darin Kundenwünsche zu erfüllen. Im B2B (*Business-to-Business*) Geschäft gehen Verkaufsabschlüssen meist (lange) Verhandlungen voraus, in deren Verlauf auch die Produktspezifikation definiert wird. Gute Verkäufer bieten vorzugsweise Produkte an, die aus bereits bestehenden Komponenten und Varianten zusammengesetzt werden können und trotzdem die Anforderungen der Kunden erfüllen. Damit das gelingt, müssen Verkäufer ihre Kunden mit ihren Wünschen verstehen und auch lenken bzw. führen können. Das erfordert Verhandlungsgeschick und macht gute Verkäufer aus! Aber erst dieser Schritt ermöglicht es die Vorteile aus Variantenmanagement für das Logistikmanagement zu generieren.

2.5 Management logistischer Prozesse

Logistik im Sinne eines integrierten Material- und Informationsflusses beschäftigt sich im Kern mit Prozessen, die gemanagt werden müssen. So ist beispielsweise der Weg der Materialien ins eigene Unternehmen ein Prozess, der seinerseits aus Teilprozessen besteht. Ebenso stellt die Einlagerung der Waren in einer Handelsfiliale einen Prozess dar, das Bewegen der Materialien durch die Produktion ist ein Prozess und natürlich ist das Abliefern der Produkte zum Kunden ebenfalls ein Prozess. Ganz allgemein kann man feststellen, dass Prozesse Abläufe mit festgelegten Schritten sind, die bei einem definierten Punkt beginnen und an einem anderen definierten Punkt enden. Prozesse kommen bei jeder unternehmerischen Tätigkeit vor, haben aber natürlich nicht immer nur mit Logistikmanagement zu tun. Umgekehrt hat Logistikmanagement aber sehr viel mit Prozessen zu tun!

Spricht man von Geschäftsprozessen, so versteht man darunter eine Zusammenfassung von in Beziehung stehenden, strukturierten Aktivitäten oder Aufgaben mit dem Ziel, einen Beitrag zur Erstellung einer verkaufbaren Dienstleistung oder eines verkaufbaren Produkts zu leisten.

Prozesse haben *Inputs* und *Outputs* und brauchen für ihre Durchführung entsprechende Ressourcen, wie dies Abbildung 38 zeigt. Ressourcen können Menschen, Maschinen, Hilfsstoffe, Geld oder Ähnliches sein.

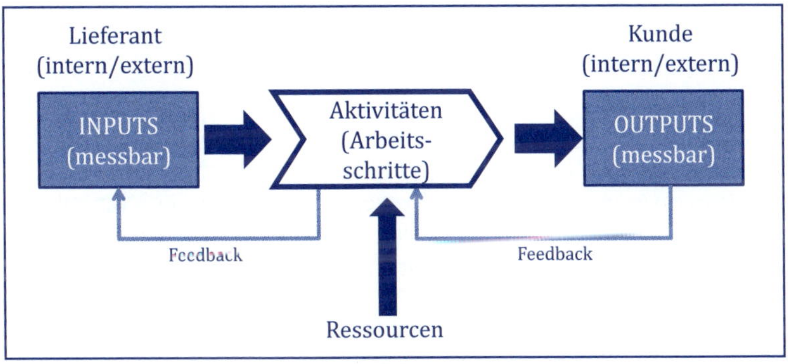

Abbildung 38: Die grundlegenden Elemente eines Prozesses

Jeder Kunde eines Prozesses, egal ob das ein unternehmensinterner wie eine nachgelagerte Arbeitsstation oder ein unternehmensexterner wie etwa ein Konsument ist, hat gewisse Anforderungen und Erwartungen an diesen. Über das Feedback der Kunden wird festgestellt, ob die Anforderungen eingehalten bzw. die Erwartungen auch erfüllt wurden. Damit festgestellt werden kann, wie gut ein Prozess ist – also, wie gut er die Kundenwünsche erfüllt – muss der Output des Prozesses messbar sein, d.h. es müssen entsprechende Messkriterien existieren (in der Logistik z.B. die Durchlaufzeit oder die Liefertermintreue).

Beispiel:
In der Logistik könnte ein Prozess das Verpacken von Produkten sein, dessen Prozessinput verschiedene Produkte und die erforderliche, passende Verpackung sind und dessen Output dann das fertige Paket darstellt. Ressourcen sind die menschliche Arbeitskraft und unter Umständen Anlagen sowie Betriebs- und Hilfsstoffe, die für das Verpacken erforderlich sind.

Ganz allgemein lässt sich feststellen, dass logistische Prozesse in der Regel nicht isoliert existieren, sondern von anderen vor- und nachgelagerten, vielleicht auch parallel ablaufenden Prozessen, umgeben sind. Damit nimmt dann jeder einzelne (Teil-)Prozess gleichzeitig die Rolle eines Kunden (indem er Anforderungen an den vorgelagerten Prozess stellt) und die eines Lieferanten für den nachfolgenden Prozess ein. Auf diese Weise sind die Prozesse miteinander verknüpft – man nennt diese Abfolge von Prozessen eine Prozesskette – ein Begriff aus dem Prozessmanagement.

Betrachtet man die Schnittstelle zwischen zwei Prozessen so sieht man, dass der Output des ersten Prozesses der Input des Nachfolgeprozesses ist. Dabei definiert der Kunde seine Anforderungen an den Output des Lieferanten.

Weil Prozesse ein Schlüsselthema für die Logistik sind, führt dieses vorliegende Kapitel über die bereits erwähnte logistische Prozessgestaltung nun tiefer und umfangreicher in Grundzusammenhänge des Prozessmanagements ein. Prozesse müssen in der Logistik gemanagt werden, was mit Hilfe der Methoden von Prozessmanagement erfolgt. Prozessmanagement ist ganz allgemein eine anerkannte Managementmethode mit dem Ziel Abläufe eines Unternehmens an den Anforderungen der Kunden auszurichten und zu optimieren.

Im vorliegenden Kapitel wird aus der Sicht des Logistikmanagements dargestellt, wie Prozesse aufgenommen werden können, wie man diese messen und damit überhaupt erst feststellen kann, ob ein Prozess „gut“ ist und wie man in weiterer Folge „bessere“ Prozesse entwickelt und implementiert. Prozesse leben und müssen daher auch kontinuierlich weiterentwickelt werden.

2.5.1 Prozesserhebung und -darstellung

Wenn wir einen Blick in die Praxis des Logistikmanagements bei Unternehmen werfen, so stellen wir fest, dass eigentlich permanent die Notwendigkeit zur Verbesserung von logistischen Prozessen besteht. Die Gründe dafür sind vielfältig. Oft sind konkrete Probleme in der täglichen Arbeit der Anlass für Verbesserungen, manchmal sind es aber auch Anforderungen an den Prozess in Bezug auf Qualitätsverbesserung, Reduktion der Durchlaufzeit oder der Kosten.

Erhebungsmethoden für Prozesse und ihre nachfolgende Darstellung gehen oft Hand in Hand und sind nicht immer klar voneinander zu trennen. Es ist auch immer wieder die Frage zu stellen, was man eigentlich erheben und darstellen möchte: einen ganz bestimmten Teilprozess (z.B. die Warenannahme) in einem Unternehmen oder mehrere Prozesse gemeinsam? In jedem Fall ist es so, dass unterschiedliche Prozesse praktisch immer Abhängigkeiten voneinander aufweisen, die zumindest bei der Erhebung berücksichtigt werden müssen.

Will man nicht nur einzelne Prozesse darstellen, so ist es unabhängig von der gewählten Darstellungsform wichtig eine saubere *Prozesshierarchie* aufzubauen. Diese hilft dabei, die Abhängigkeit der verschiedenen Prozesse voneinander besser erkennen zu können und den Fokus für die Betrachtung auch entsprechend justieren zu können: es macht einen Unterschied, ob man über Prozessmanagement bloß die Abläufe bei der Wareneinlagerung erfassen möchte oder das *Big Picture* zur gesamthaften Steuerung der logistischen Prozesse im Unternehmen erfassen möchte.

Jede Erhebung eines bestehenden Prozesses beginnt damit, dass man sich ein klares Bild über die Ist-Situation mit all ihren Stärken und Schwächen macht bzw. mögliche Potentiale für eine Verbesserung auslotet. Vorhandene Prozessdokumentationen wie Arbeitsanweisungen etc. sind oft nicht aktuell oder zu wenig detailliert und somit als Startpunkt nur bedingt geeignet. Es empfiehlt sich daher sich vor Beginn einer Prozessverbesserung selbst ein genaues Bild zu verschaffen, wie der betrachtete Prozess aktuell tatsächlich *gelebt* wird. Gerade in der Logistik werden Prozesse in der Praxis von den Mitarbeitern auch häufig ganz anders durchgeführt als sich die Führungskräfte dies vorstellen: Dokumentation bzw. Erwartung an die Ausführung eines Prozesses differieren oft erheblich vom täglichen Tun!

Die Methode der Prozesserhebung ist ein objektives Vorgehen, um diese genannten Differenzen aufzeigen zu können. Ziel der Prozesserhebung ist es also Transparenz über die derzeit laufenden Prozesse zu erhalten. Transparenz erfordert in weiterer Folge auch, dass wir Kennzahlen definieren, mit denen die Qualität des aktuellen Prozesses gemessen werden kann. Einzelne der auch in der logistischen Praxis häufig vorkommenden Vorgehensweisen zur Erhebung von Prozessen wollen wir uns nun nachfolgend etwas detaillierter ansehen.

- **Walk-The-Process-Methode:** Bei der *Walk-The-Process-Methode* wird ein Produkt physisch durch seinen (Erstellungs-) Prozess begleitet. Man verfolgt also das Produkt über mehrere Bearbeitungsschritte von Arbeitsplatz zu Arbeitsplatz, jedenfalls über jenen Bereich hinweg, den man erheben möchte. Bei dieser Methode stehen der Material- und der Informationsfluss im Fokus der Erhebung. Das Ziel dieser Methode besteht darin, dass man persönlich erlebt, wie der Prozess tatsächlich erfolgt – unabhängig von möglichen bestehenden Prozessdokumentationen oder Erzählungen. Der Name kommt daher, weil man den zu erhebenden Prozess tatsächlich nachgeht.

- **Beobachtungsmethode:** Eine sehr einfache Möglichkeit sich ein Bild von einem Prozessablauf zu machen stellt die Beobachtungsmethode dar. Dabei werden Mitarbeiter an ihrem Arbeitsplatz bei der Ausübung ihrer Tätigkeit passiv beobachtet. Man bekommt rasch einen Eindruck über ihre durchgeführten Tätigkeiten und die dabei verwendeten Hilfsmittel. Die Beobachtungsmethode gibt auch Hinweise darauf, wie zwischen den Mitarbeitern kommuniziert wird und welche Unternehmenskultur vorherrscht. Die Erhebung bleibt aber üblicherweise auf einen Arbeitsplatz beschränkt und stellt somit meist nur einen kleinen Ausschnitt aus dem Gesamtprozess dar.
- **Interviewmethode:** Bei der Interviewmethode werden Mitarbeiter einzeln zu ihrer Tätigkeit befragt. Es handelt sich im Gegensatz zur Beobachtungsmethode also um ein aktives Vorgehen jener Person, die den Prozess erhebt. Dabei ist es das Ziel der Interviewmethode, die Aufgaben der Mitarbeiter im Prozess zu erfragen und für jeden Arbeitsschritt die zur Durchführung benötigten Informationen, Ressourcen und Regeln etc. zu erheben. Die Qualität der Erhebung kann maßgeblich mit der Vorbereitung eines Interviewleitfadens gesteigert werden, der während des Interviews als Checkliste dient und dafür sorgt, dass man während der Frage nicht thematisch abdriftet. Man muss auch bedenken, dass neben einer guten Vorbereitung die Eloquenz und Fähigkeit zur strukturierten Beantwortung von Fragen durch den Interviewpartner über die Qualität des Ergebnisses entscheiden. Das Interview erlaubt es jedoch flexibel auf die jeweilige Situation zu reagieren und beispielsweise tiefer nachzufragen, wenn ein Sachverhalt weiteres Potential für Verbesserungen zu beinhalten scheint.

Obwohl diese drei genannten Methoden einander recht ähnlich sind, unterscheiden sie sich doch durch die Vorgehensweise bzw. ihren jeweiligen Fokus der Erhebung. So ist es in der Praxis oft sinnvoll verschiedene Erhebungsmethoden zu kombinieren um ein umfassendes und ausreichend genaues Bild eines Prozesses zu erhalten. Beispielsweise kann der grobe Prozessablauf mit Hilfe der *Walk-The-Prozess-Methode* erfasst werden, um anschließend die Erhebung durch *Interviews* mit ausgewählten Mitarbeitern zu vertiefen.

In den allermeisten Fällen gibt es keine strikte Trennung zwischen Prozesserhebung und -darstellung, weil diese Abläufe ineinander verzahnt sind. Erhobene Prozesse müssen dokumentiert und in einer allgemein verständlichen Sprache dargestellt werden, wobei das Vorgehen der Prozessdarstellung bzw. -dokumentation auch als Prozessmodellierung bezeichnet wird.

Um die vielfältigen Aktivitäten, Prozesse und Prozessketten in einem Unternehmen in einen logischen Zusammenhang zu bringen, erstellt man sogenannte **Prozesslandkarten**. Wie der Namensteil „Landkarte" schon sagt, geht es bei Prozesslandkarten darum, Übersicht über die Abläufe zu gewinnen. Prozesslandkarten sind hierarchisch aufgebaut und ermöglichen durch ihre Struktur die Vielfalt und die Komplexität der Prozesse übersichtlich darzustellen. Auf der obersten Prozesshierarchieebene finden sich die *Hauptprozesse*. Jeder Hauptprozess beinhaltet dann für sich in der nächsten Detaillierungsstufe weitere Prozesse, durch die er genauer beschrieben wird. Setzen wir dieses Vorgehen nur lange genug fort, so gelangen wir bis zum einzelnen Arbeitsgang (z.B. Kommissionieren von Material, Rüsten einer Maschine, Einsortieren der Ware in das Regal im Handel, etc).

Üblicherweise werden in der Prozesslandkarte die betrachteten Hauptprozesse zusätzlich in folgende Kategorien zusammengefasst:

- Führungsprozesse (Managementprozesse)
- Kernprozesse
- Supportprozesse (Unterstützungsprozesse)

In der nachfolgenden Abbildung 39 ist eine Prozesslandkarte mit einer Reihe von Hauptprozessen (blau dargestellte Pfeile) exemplarisch dargestellt.

Damit die Übersichtlichkeit in dieser Darstellung nicht leidet, enthält eine Prozesslandkarte nur eine beschränkte Anzahl von Hauptprozessen.

Der Prozesslandkarte kommt im Logistikmanagement eine wesentliche Rolle zu. Sie dient als Überblicks- und Einstiegsmodell in die gesamte Prozessdokumentation und sollte den Mitarbeitern eine gute Orientierung über die Prozesse im Unternehmen geben. Entsprechend hohes Augenmerk muss auf eine gute Qualität bei der Erstellung gelegt werden. Sie muss durchdacht, klar strukturiert, leicht verständlich und optisch ansprechend aufbereitet sein, so wie dies in Abbildung 39 eben zu sehen ist.

In der Praxis hat sich eine Dokumentation von Prozessen in Form von grafisch-textuellen Elementen durchgesetzt. Einige verbreitete Darstellungsformen zeigen wir nachfolgend. An dieser Stelle wollen wir auch noch darauf hinweisen, dass viele Unternehmen ISO 9000

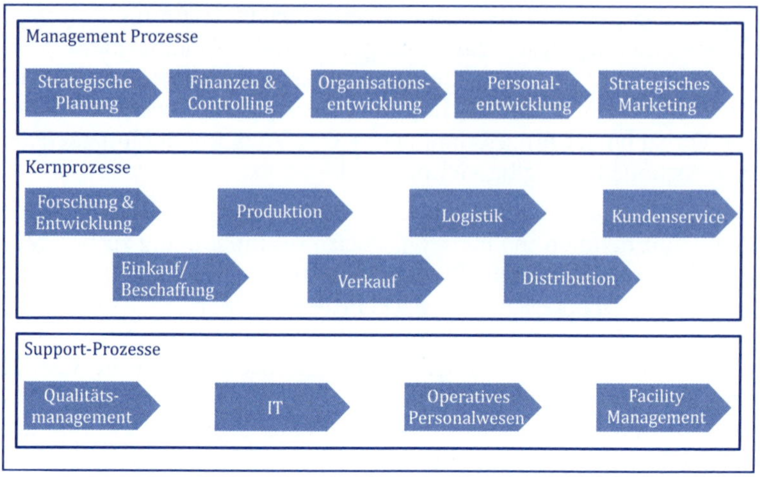

Abbildung 39: Exemplarische Darstellung der obersten Ebene einer Prozesslandkarte mit ihren Hauptprozessen, die gegliedert in Management-, Kern- und Supportprozessen dargestellt sind

zertifiziert sind, um zu dokumentieren, dass ihr Qualitätsmanagement gewissen Mindestanforderungen entspricht. Mit einer solchen Zertifizierung ist die Anforderung verbunden, dass die Prozesse des Unternehmens dokumentiert sein müssen. Es ist aber klar, dass eine ISO 9000 Zertifizierung nicht automatisch eine ausreichend gute Qualität der dokumentierten Prozesse garantiert, um daraus ungeprüft logistische Verbesserungsmaßnahmen ableiten zu können.

2.5.1.1 Wertschöpfungsketten-Darstellung

Die **Wertschöpfungsketten-Darstellung** wird oft auch als Prozessketten-Darstellung bezeichnet und ist im Besonderen dafür geeignet die Beziehungen der einzelnen Prozesse untereinander abzubilden. Dabei kann auch die zeitliche Abhängigkeit der Prozesse dargestellt werden.

Dementsprechend wird die Wertschöpfungskettendarstellung üblicherweise für Prozessdarstellungen auf höheren Ebenen in der Prozesslandkarte verwendet. Was dazu gehört, entscheidet der Fokus der Betrachtungen. Wenn es im Bereich des Logistikmanagements darum geht, einen Materialbereitstellungsprozess vom Rohmateriallager zur Arbeitsstation zu erheben, so ist eben dieser Prozess jener, der an oberster Stelle in der Wertschöpfungskette zu finden ist. Natürlich wird dann ein solcher Prozess (der selbst nur ein Teilprozess der gesamten Logistik und überhaupt im Unternehmen ist) nur wenige darunter liegende Prozesse beinhalten und auch wenige oder gar keine weiteren Hierarchieebenen.

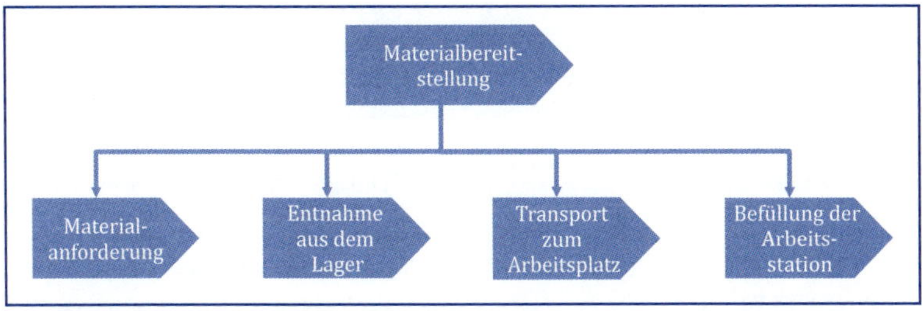

Abbildung 40: Wertschöpfungsketten-Darstellung für einen Materialbereitstellungsprozess

2.5.1.2 Brown-Paper-Darstellung

Brown-Paper-Darstellungen eignen sich besonders gut für das gleichzeitige Erheben und Darstellen von Prozessen.

Man nutzt bei dieser Methode die Kompetenz unterschiedlicher Mitarbeiter, die mit dem zu erhebenden und zu dokumentierenden Prozess vertraut sind und für die er Teil des täglichen Arbeitsumfelds ist. Im Rahmen eines Workshops stellen diese Mitarbeiter unter Anleitung eines Moderators ihren eigenen Prozess in einfacher bildhafter Form dar. Moderatoren brauchen den Prozess selbst nicht zu kennen, sollten allerdings Methodenkompetenz im Prozessmanagement mitbringen und dafür sorgen, dass die Prozessaufnahme und -dokumentation flüssig erfolgen kann. Moderatoren müssen kritische Fragen aus neutraler Position stellen, wenn dies für das Verständnis geboten scheint und verhindern, dass die Diskussionen zu emotional werden bzw. überhaupt auch zeitlich entgleiten. Für die Prozesserhebung und -dokumentation werden vordefinierte Symbole für Tätigkeiten, Verzweigungen in den Handlungsabläufen etc. auf ein Packpapier (daher der Name *Brown Paper*) mit Hilfe von *Post-it's* aufgeklebt. Somit wird gemeinsam eine einfache Prozessdarstellung geschaffen. Es ist ein *Hands-on* Vorgang, wo manuell gearbeitet wird. Der Prozess soll sich während der Diskussion verändern können (daher auch die Selbstklebesymbole, die sich wieder ablösen, entfernen und an anderen Positionen anbringen lassen) und damit auch die verschiedenen Sichten und Perspektiven repräsentieren. Abbildung 41 zeigt ein paar typische Symbole für die Darstellung bestimmter Aktivitäten in Prozessen.

Die *Brown-Paper* Methode benötigt wenig Einschulung, fördert aber sehr die Diskussion unter den Teilnehmern des Workshops, ermög-

Element	Symbol	Erläuterung
Aktivität		• Beschreibt und zeigt einen Arbeitsschritt • Wird üblicherweise als Verb benannt, weil es eben eine Tätigkeit darstellt
Entscheidung	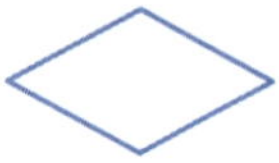	• Beschreibt eine Entscheidungssituation • Text in der Raute ist mit Fragezeichen versehen und kann mit *ja* oder *nein* beantwortet werden
Prozessdokument	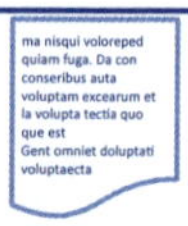	• Zeigt ein Dokument, das im Prozess verwendet wird
Schnittstelle zu externem Prozess		• Beschreibt eine Schnittstelle zu einem anderen externen Prozess, der im Rahmen der Brown-Paper Erhebung nicht betrachtet wird

Abbildung 41: Grundsymbole einer *Brown-Paper*-Darstellung

licht ein Betrachten der Prozesse aus unterschiedlichen Blickwinkeln und liefert in Folge rasch ein grobes Abbild eines Prozesses. Wie die Praxis aus zahlreichen Projekten zeigt, identifizieren sich die Mitarbeiter mit dem von ihnen selbst erstellten Ergebnis im Allgemeinen sehr gut. Die Erfahrung zeigt aber auch, dass gerade durch die Diskussion der Teilnehmer während der gemeinsamen Erarbeitung der Prozessdarstellung bereits wichtige Erkenntnisse für eine spätere Prozessverbesserung gewonnen werden können.

Mit verschiedenfarbigen *Post-it's* können darüber hinaus Schwächen aber auch Stärken im Prozess oder sonstige Kommentare angemerkt werden.

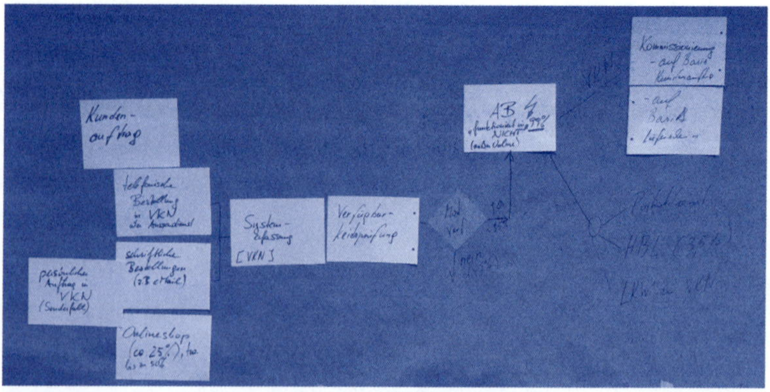

Abbildung 42: Beispiel einer *Brown-Paper*-Darstellung

Die *Brown-Paper* Methode ermöglicht schnelles Darstellen von Prozessen, allerdings sollte die Komplexität aus Platzgründen auf dem *Brown-Paper* nicht allzu hoch sein, um die Übersichtlichkeit zu wahren. Die Methode wird daher meist dazu verwendet eine grobe Skizze eines Prozesses zu erstellen. Werden später höhere Anforderungen an den Detaillierungsgrad gestellt, so wird der Prozess in einer anderen Form weiterbearbeitet, wozu dann aber die *Brown-Paper* Darstellung als gute Basis dient.

2.5.1.3 Flow-Chart-Darstellung

Die **Flow-Chart-Darstellung**, eine weit verbreitete und allgemein gut bekannte Form der Darstellung von Prozessen, greift eben den Aspekt auf, dass Aktivitäten meist sequentiell, also hintereinander, manchmal aber auch parallel zueinander, bearbeitet werden und sie stellt nun die einzelnen Aktivitäten des Prozesses in ihrer Abfolge dar. Im Prinzip handelt es sich, weil es sich eben um einen Fluss handelt, auch um eine *chronologische* Abfolge der einzelnen Aktivitäten. Diese werden üblicherweise durch Symbole, deren Aussehen und Bedeutung standardisiert sind, dargestellt. Der Fluss der Abfolge wird durch Pfeile zwischen den einzelnen Aktivitäten gezeigt und zusätzlich werden in vielen Fällen noch weitere Informationen zu den einzelnen Aktivitäten ergänzt, z.B:

- Inputs für den jeweiligen Prozessschritt
- Outputs aus dem Prozess oder
- Verantwortliche für die betreffende Aktivität.

Einige der allgemein üblichen Symbole für die Darstellung der Aktivitäten sind in der nachfolgenden Abbildung 43 zu finden.

Üblicherweise stellt man Prozesse so dar, dass in der Mitte von oben nach unten die Prozessschritte in ihrem zeitlichen Verlauf gezeigt und links und rechts von den Prozessschritten die erforderlichen Inputs und erwarteten Outputs beschrieben werden. Bei Bedarf können noch weitere Spalten eingefügt werden, etwa um Verantwortlichkeiten festzuhalten oder Personen bzw. Abteilungen, die am jeweiligen Prozessschritt mitwirken müssen. Abbildung 44 zeigt den möglichen Ablauf eines Warenannahme-Prozesses.

Die in den äußerst linken Spalten verwendeten Abkürzungen stammen aus den in der ISO 9000 definierten Rollen:

- E: entscheiden
- D: durchführen
- M: mitwirken
- I: informieren

Aufgrund der einfachen Darstellbarkeit von Prozessen, der allgemein guten Verständlichkeit sowie der Verfügbarkeit von IT-Tools zur

Symbol	Erläuterung
	• Tätigkeit, Prozessschritt
	• Verzweigung, aufgrund einer Entscheidung oder Prüfung
	• Start bzw. Ende eines Prozesses
	• Teilprozess, Schnittstelle zu einem anderen Prozess
	• Dokument, Information
	• Daten
	• Datenbank, IT-System

Abbildung 43: einige Symbole einer Flow-Chart-Darstellung

Unterstützung bei der Prozessdokumentation zählt die *Flow-Chart*-Darstellung zu einer der am häufigsten genutzten Darstellungsformen für Prozesse.

2.5.1.4 Swim-Lane-Darstellung

Die Bezeichnung *Swim-Lane* kommt von den Ähnlichkeiten zu Schwimmbahnen, wo allen Schwimmern (im Prozessmanagement handelt es sich hier um Funktionen im Unternehmen) eigene Bahnen zugeordnet sind.

Eine **Swim-Lane-Darstellung** ist als Variante anderer Darstellungsformen anzusehen. Dabei werden die gleichen Symbole wie in der zugrundeliegenden Darstellungsform (z.B. Flow-Chart) verwendet. In der *Swim-Lane*-Darstellung verfügt aber jede am Prozess beteiligte ausführende Rolle bzw. unternehmerische Funktion über eine eigene Bahn in der Darstellung (siehe Abbildung 45), sodass Aktivitäten

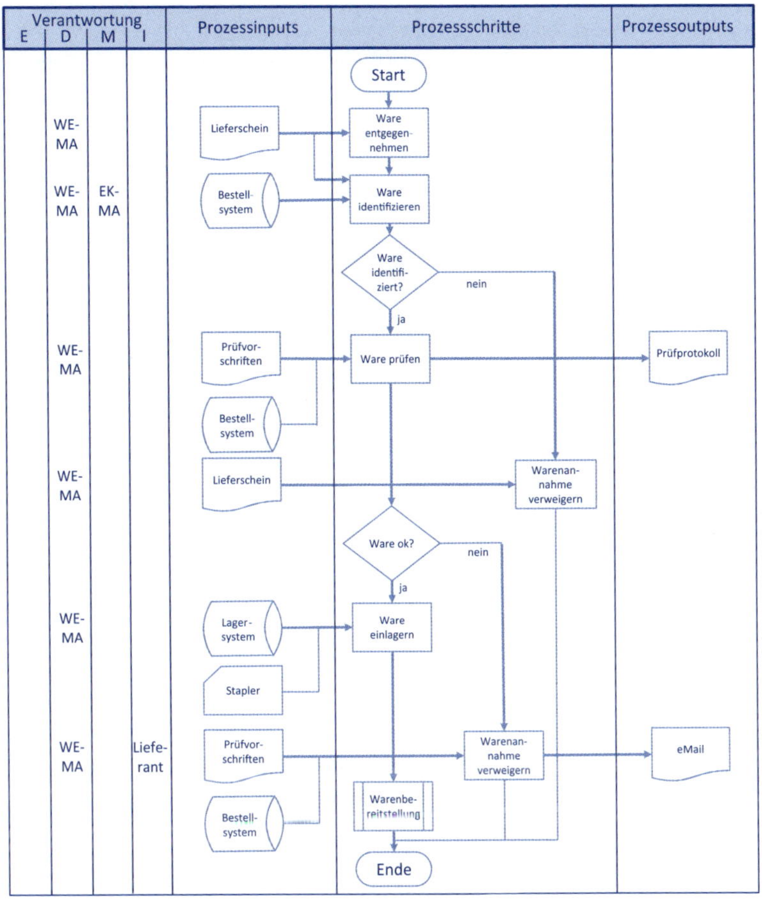

Abbildung 44: Fiktiver Prozess der Warenannahme, dargestellt als Flow-Chart mit Spalten für Verantwortlichkeiten gemäß ISO

dann in der *Swim-Lane* der jeweils ausführenden Rolle dargestellt werden.

Swim-Lane-Darstellungen sind in der Praxis beliebt und eignen sich besonders gut für die übersichtliche Darstellung wechselnder Zuständigkeiten in einem Prozess. Gerade an den Schnittstellen zwischen verschiedenen Rollen oder Funktionen treten in der Praxis häufig Probleme auf (mangelhafte Informationsweitergabe oder Zeitverluste), sodass diese durch die Darstellung von *Swim-Lanes* besonders deutlich herausgestellt werden. *Swim-Lanes* bieten neben der klaren Fokussierung auf mögliche Problemstellen den Vorteil, dass die Prozessteilnehmer sehr klar und deutlich ihre Verantwortlichkeiten und Rollen erkennen können.

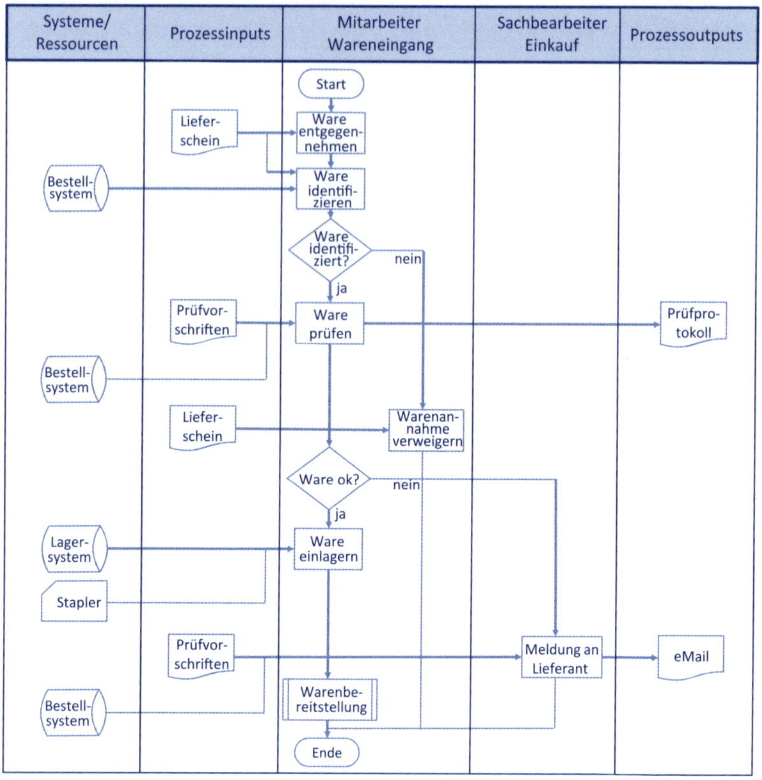

Abbildung 45: Der fiktive Prozess der Warenannahme in Swim-Lane-Darstellung

2.5.1.5 EPK-Methode

Die **EPK-Methode** (Ereignis gesteuerte Prozesskette) wurde 1992 an der Universität Saarbrücken von Prof. August-Wilhelm Scheer für die Darstellung von Abläufen eines ERP-Systems entwickelt und ist eine grafische Modellierungssprache. Als Teil der darauf aufbauenden ARIS-Methode und deren vielfältigen Einsetzbarkeit hat sich die EPK-Methode sehr rasch verbreitet und wird von vielen Geschäftsprozess-Modellierungstools (GPM-Tools) unterstützt.

Der EPK-Methode ist ein formales Metamodell hinterlegt, welches bei der Modellierung die Einhaltung bestimmter Regeln verlangt. In der Praxis wird durch die Verknüpfung zu GPM-Tools diese Einhaltung automatisch sichergestellt. Damit ergibt sich ein Prozessmodell, welches methodisch korrekt ist und dadurch umfangreiche Auswertungen erlaubt sowie von anderen IT-Systemen (z.B. Workflow-System) interpretiert und weiterverarbeitet werden kann.

Die EPK-Methode ist sehr universell einsetzbar und eignet sich auch für die Darstellung komplexer Prozesse. Die Standardisierung der EPK-Methode und gleichzeitige Verknüpfung zu ARIS, welche zusätzlich auch Darstellungsmethoden für Organisationsstrukturen, IT-Strukturen und Datenstrukturen bietet, ermöglicht eine Verknüpfung der EPK-Methode auch mit anderen Modellen. So ist es etwa sehr einfach möglich ein Organigramm mit den jeweiligen Stellen (Rollen) mit der EPK-Darstellung in Beziehung zu setzen und diese gleich als Ausführende für bestimmte Aktivitäten zu definieren. Damit entsteht im Laufe der Zeit ein eng verknüpftes Unternehmensmodell, welches Wissen über das Unternehmen und seine Prozesse enthält und in weiterer Folge dazu dient, als Basis für verschiedene Fragestellungen herangezogen zu werden.

2.5.2 Prozessanalyse

Nachdem wir den bestehenden Prozess erhoben und in einer der genannten Formen dargestellt haben, müssen wir diesen Ist-Prozess analysieren. Ziel der Prozessanalyse ist es festzustellen, wie gut der erhobene Prozess ist. Die Güte eines Prozesses lässt sich durch Messung und anschließenden Vergleich mit einem Zielwert bestimmen. Allerdings ist es nicht immer einfach, diesen Zielwert zu benennen. Zielwerte für die Messung eines Prozesses können unter anderem definiert werden durch:

- Zeitlichen Vergleich von Messwerten (z.B.: Messwert in vergangener Woche im Vergleich zum Messwert in dieser Woche)
- Vergleich des bestehenden Prozesses mit ähnlichen Prozessen (man nennt dies auch *Benchmarking*)
- Vorgaben des Managements

Durch diese Analyse- und Vergleichstätigkeiten können Schwachstellen (Verbesserungspotentiale) des bestehenden Prozesses identifiziert und gleichzeitig auch Stärken gefunden werden.

Für die Phase der Prozessanalyse wird in der Literatur eine ganze Reihe unterschiedlicher Methoden angeboten. Nachfolgend sind einzelne von diesen näher beschrieben, die auch in der Praxis häufig anzutreffen sind.

2.5.2.1 Messung und Bewertung der Prozesszeiten

Die Dauer für einen Prozessdurchlauf ist gerade bei Logistikprozessen ein wesentlicher Einflussfaktor für die Kundenzufriedenheit und die Höhe des Bestands. Gleichzeitig stehen die Zeiten, welche für die Bearbeitung der einzelnen Aktivitäten benötigt werden, auch in einem direkten Zusammenhang mit den Kosten für die Durchführung des Prozesses. Die Reduzierung der **Prozesszeiten** stellt daher eines der wesentlichen Ziele im Management der logistischen Prozesse dar. Um ein vollständiges Bild über die Prozesszeiten zu erhalten, sollten neben der Durchlaufzeit für den Gesamtprozess zu jedem Prozessschritt

- eine etwaige Rüstzeit
- eine potenzielle Liegezeit
- die produktive Arbeitszeit erhoben werden.

In der Praxis stellt die Erhebung der realen Werte aber eine große Herausforderung dar, weil die Durchführungszeiten für Arbeitsschritte in der Regel nicht konstant sind, sondern bei jedem neuerlichen Durchlauf des Prozesses, auch abhängig von den handelnden Personen, variieren. Daher ist zur Bestimmung der Prozesszeiten die mehrmalige Wiederholung der Messung erforderlich, wobei im Anschluss dann aus den Einzelwerten die Durchschnittswerte und Streuungen berechnet werden. Es empfiehlt sich, entsprechende statistische Methoden zur Bestimmung der gesuchten Zeiten einzusetzen.

Für die Erhebung der realen Prozesszeiten stehen folgende Möglichkeiten zur Verfügung:

- Idealerweise liefern im Prozess eingesetzte IT-Systeme wie ERP- oder Workflow-Systeme genaue Durchführungszeiten für jeden einzelnen Arbeitsauftrag. Voraussetzung dafür ist aber, dass die Produktions- oder auch Logistiksysteme (z.B. Warehouse-Management-Systeme) eine Betriebsdatenerfassung erlauben, die in Echtzeit Statusmeldungen an das ERP-System schicken. Daraus ergibt sich ein sehr genaues Bild über die Prozesszeiten und deren Schwankung. Das Fortschreiten der Digitalisierung in Unternehmen trägt auch dazu bei, dass es mittlerweile spezialisierte Anbieter zur digitalen Erfassung von Prozessen gibt (z.B. Celonis).
- Der Prozess wird in einem Betrachtungszeitraum mehrfach durchlaufen und dabei werden die Zeiten für die einzelnen Arbeitsschritte gemessen. Bei einer ausreichenden Anzahl an Prozessdurchläufen sollte sich ein recht realistisches Bild ergeben. Vorsicht ist allerdings geboten, wenn Prozesse beispielsweise saisonal stark schwanken, weil hier der gewählte Betrachtungszeitraum das Bild verfälschen kann.

Für eine grobe Bestimmung der Prozesszeiten ist es auch möglich die involvierten Mitarbeiter zu befragen und diese die (Bearbeitungs-) Zeiten schätzen zu lassen. Dabei werden von den Mitarbeitern oft Schwankungsbereiche genannt. So könnte in dem in Abbildung 45 dargestellten Prozess „Warenannahme“ die Aktivität „Ware identifizieren“ je nach Komplexität zwischen 2 und 15 Minuten beanspruchen. Die Dauer hängt dabei von zahlreichen Faktoren ab, wie zum Beispiel:

- Motivation der betreffenden Mitarbeiter
- Auslastung der Mitarbeiter im Wareneingang
- Technologien zur Unterstützung bei der Identifikation der Ware (z.B. Barcode)
- Fehlende Bestellnummer am Lieferschein oder im ERP-System
- Anzahl unterschiedlicher Produkte auf einer Palette
- Pausenzeit der Mitarbeiter

Es empfiehlt sich daher bei dieser Art der Zeitaufnahme mehrere klar abgrenzbare Szenarien zu definieren und für jedes Szenario die typischen Werte zu erheben. Szenarien können dabei

- in einen „typischen Fall",
- in einen „einfachen Fall" und
- in einen „komplexen Fall"

unterteilt werden. So werden etwa bei einem „komplexen Fall" Prozesspfade und -schleifen durchlaufen, die ein „typischen Fall" gar nicht erreicht.

Ordnet man nun alle realen Prozessdurchläufe diesen drei Szenarien zu, so erhält man durch ihre Anzahl (z.B. wie oft sie jeweils in einem gewissen Zeitraum vorkommen) eine Gewichtung, um eine mittlere Durchlaufzeit recht gut bestimmen zu können.

Eine mögliche Darstellung der erhobenen Prozesszeiten kann auf grafischem Wege in Form eines Säulendiagramms (Histogramm) erfolgen. Damit erkennt man sehr schnell, an welcher Stelle im Prozess mehr Zeit als vermutet verbraucht wird.

Im vorliegenden Beispiel wird ersichtlich, dass im untersuchten Prozess „Warenannahme" die meiste Bearbeitungszeit für den Prozessschritt „Ware prüfen" aufgewendet wird. Eine mögliche Abhilfe gegen diese lange Prozesszeit könnte in einer Änderung der Vorgabe für die Stichprobenprüfung liegen. In vielen Fällen verwendet man zur Qualitätsprüfung im Wareneingang nur Stichprobenprüfungen, weil diese zufriedenstellend gute Ergebnisse liefern und eine Prüfung jedes einzelnen angelieferten Produkts damit vermieden werden kann.

In der Praxis zeigt sich allerdings sehr oft, dass den höchsten Anteil an der Gesamtdurchlaufzeit eines Prozesses (und damit an der vom Kunden wahrgenommenen Zeitspanne) aber nicht die Bearbeitungs- oder Aktivitätszeiten, sondern die Liege- bzw. Wartezeiten ausmachen. Liege- und Wartezeiten sind in logistischen Prozessen nicht vermeidbar, allerdings gibt es meistens gute Möglichkeiten, diese Zeiten zu verkürzen. Eine Reduktion der Liegezeiten hat daher in vielen Fällen einen wesentlich größeren Einfluss auf die Gesamtdurchlaufzeit als die Reduktion der Bearbeitungszeiten. Darüber hinaus ist eine Reduktion der Liegezeiten durch eine entsprechend intelligente Prozessgestaltung meist einfacher zu erzielen als eine

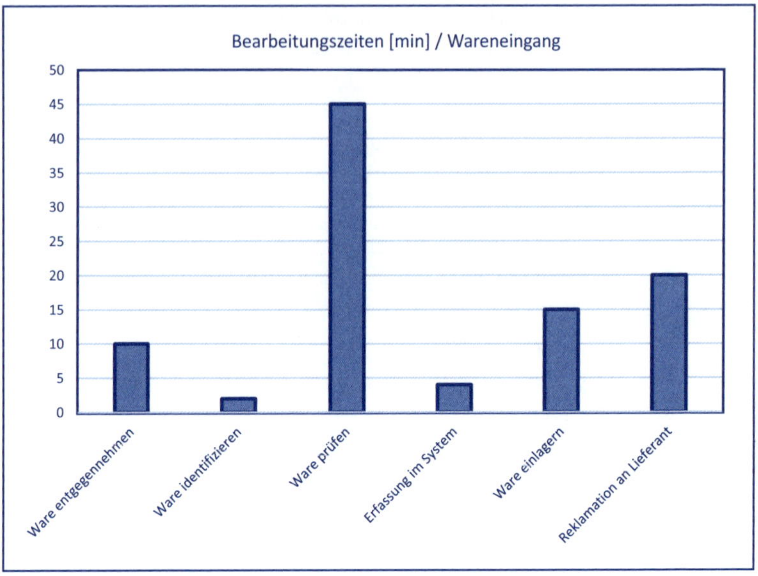

Abbildung 46: Bearbeitungszeiten des Modellprozesses als Säulendiagramm

Reduktion der Bearbeitungszeiten, wo oft nur noch wenige Prozent Verbesserung, bezogen auf den Gesamtprozess, erzielbar sind. Die nachfolgend noch erläuterte Wertstromanalyse ist eine Möglichkeit, diese Dominanz der Warte- und Liegezeiten gegenüber den Bearbeitungszeiten deutlich zu machen.

2.5.2.2 Bewertung mittels Prozesskennzahlen

Neben der Bewertung eines logistischen Prozesses nach der Zeit gibt es auch andere Kriterien zur Messung, die eine Einschätzung der Güte erlauben. Das können Qualitatskriterien (z.B. Ausschuss wegen mangelhafter Teile), Kosten oder subjektive Bewertungen (z.B. Kundenzufriedenheit) sein. Diese Kriterien werden ganz allgemein über Prozesskennzahlen erfasst. Prozesskennzahlen stellen damit die aktuelle Performance eines Prozesses gegenüber den zuvor genannten Kriterien dar und liefern damit die sogenannte **Prozessleistungstransparenz**.

Bei der Bewertung eines Prozesses mittels Prozesskennzahlen wird der aktuelle Wert der Kennzahl mit einem zuvor definierten Soll-Wert verglichen, womit die Zielerreichung überprüft werden kann. Einen weiteren Hinweis auf die Qualität eines Prozesses kann die Betrachtung des zeitlichen Verlaufs einer Kennzahl geben. Damit erkennt man, ob der Prozess im Zeitverlauf besser oder schlechter geworden ist.

Die Praxis zeigt häufig, dass in Unternehmen zu viele, aber dafür zu wenig repräsentative Kennzahlen verwendet werden und es gleichzeitig unklar ist, wie die Prozesskennzahl zustande kommt. Das Wissen über die Einflussfaktoren auf eine Prozesskennzahl ist aber eine unabdingliche Voraussetzung dafür, dass Prozesskennzahlen auch das messen (unabhängig von der Person, die die Messung durchführt), was sie messen sollten. Klare Definitionen sind entscheidend dafür, dass innerbetriebliche Diskussionen vermieden werden können, wie denn Kennzahlen überhaupt zustande kommen. Auch wenn es einfach erscheint: in vielen Fällen ist es sehr schwierig, wirklich klar zu definieren, was gemessen wird.

Beispiel:
Pünktlichkeit ist im Logistikmanagement eine wesentliche Größe. Anlieferungen an das eigene Unternehmen werden daher gegen den vereinbarten Lieferzeitpunkt gemessen. Dieses Messkriterium erscheint einfach, doch bereits hier zeigen sich Schwierigkeiten:

- Was passiert, wenn die Ware zu früh kommt? Wird diese Lieferung dann als pünktlich gewertet, oder nicht?
- Welche zeitlichen Toleranzgrenzen bei der Anlieferung werden gewährt oder gibt es diese gar nicht?
- Was ist dann, wenn 98 % der Liefermenge pünktlich kommen und die restlichen 2 % erst am nächsten Tag? Ist damit die gesamte Lieferung unpünktlich oder nur ein Teil?
- Was passiert, wenn der Lieferant zum vereinbarten Zeitpunkt anliefert, der Wareneingang vom empfangenden Unternehmen – aus was für Gründen auch immer – erst am nächsten Tag im System erfasst wird – und damit die Systemauswertung Unpünktlichkeit ausweist?
- etc.

Man sieht, dass selbst diese sehr einfach erscheinende Prozesskennzahl zur Messung der Pünktlichkeit einer Lieferung eine sehr genaue Definition benötigt, um Missverständnisse in ihrer Interpretation zu vermeiden.

Die Kunst bei der Definition von Prozesskennzahlen besteht darin, gute und sinnvolle Kennzahlen auszuwählen, deren Einhaltung auch tatsächlichen Kundenwünschen bzw. -erwartungen entspricht. Bei der Definition einer Kennzahl ist auch darauf zu achten, dass das Messen möglichst wenig Aufwand bereitet, da sonst die Kennzahl in der Praxis nicht lange verwendet wird. Wie bereits erwähnt: Idealerweise liefern IT-Systeme automatisiert die Werte für die Kennzahlen. Und nicht zuletzt sollte auf ein Prinzip bei der Definition von Kennzahlen nicht vergessen werden, das im Management unter SMART bekannt ist:

- **Specific:** Damit ist gemeint, dass Ziele spezifisch sein müssen (und in weiterer Folge auch messbar).
- **Measurable:** Ziele, die nicht klar gemessen werden können, sind als solche ungeeignet. Hier spielt also die Kreativität eine Rolle, qualitative Ziele sinnvoll in quantitative zu konvertieren.
- **Attractive:** Ziele müssen für die Person, die diese Ziele erreichen soll, ansprechend sein: nicht überfordernd, denn dann wird ihre Erreichung erst gar nicht in Angriff genommen, aber auch nicht viel zu anspruchslos. Ziele, die ohne Aufwand zu erreichen sind, sind wertlos.
- **Realistic:** Ziele müssen möglich und erreichbar sein.
- **Time-bound:** Ziele müssen einen Termin aufweisen, bis zu dem sie zu erreichen sind.

Somit ist zu jeder Prozesskennzahl folgendes zu definieren:

- **Bezeichnung:** Der Name der Kennzahl soll kurz, prägnant und unmissverständlich sein und damit auch Verwechslungen ausschließen.
- **Beschreibung:** Erläutert für alle Mitarbeiter, *was* mit der Kennzahl gemessen wird und *wie* diese Messung erfolgt und trägt somit zum Verständnis der Kennzahl bei.
- **Zielgröße:** Definition der Zielwerte und Alarmwerte. Diese sollten gemeinsam mit dem Management und den Prozessverantwortlichen definiert werden und orientieren sich an den Erwartungen der Kunden. Zielwerte sind jene Werte, die mit dem Prozess erreicht werden müssen, während Alarmwerte ein unmittelbares Einschreiten der Prozessverantwortlichen erfordern, weil die aktuellen Werte außerhalb akzeptierbarer Toleranzwerte liegen. Trotzdem müssen auch Zielwerte regelmäßig hinterfragt und gegebenenfalls an geänderte Kundenerwartungen angepasst werden.
- **Datenquelle:** Dieser Aspekt definiert eindeutig die Herkunft der Daten. Das ist eine ganz wesentliche Information, damit auch von unterschiedlichen Personen dasselbe Ergebnis bei der Messung geliefert werden kann, die Kennzahl also reproduzierbar ist. Idealerweise werden die Daten automatisiert von einem IT-System geliefert.
- **Berechnungsvorschrift:** Definiert, wie die Kennzahl aus den Daten berechnet wird.
- **Darstellung:** Beschreibt die Form der Darstellung (z.B. grafisch oder als Wert). Bei einer grafischen Darstellung ist immer der Zielwert mit darzustellen.
- **Häufigkeit:** Legt fest, wie oft die Kennzahl innerhalb einer Periode erhoben wird.
- **Verantwortlichkeit:** Wer ist für die Erhebung der Kennzahl verantwortlich? Das ist in vielen Fällen eine andere Person als jene,

die für den Prozess verantwortlich ist. Durch die Trennung der Verantwortlichkeiten zwischen Erhebung der Prozesskennzahl und kontinuierlicher Prozessverantwortung wird ein Vier-Augen-Prinzip gewahrt, wonach Verantwortliche für eine Tätigkeit von anderen, unabhängigen Personen im Handeln überprüft werden.
- **Adressat:** Adressaten sind diejenigen Personen (oder Funktionen), an die die Kennzahl berichtet wird: In vielen Fällen werden dies Prozessverantwortliche oder zumindest Personen aus dem Management sein.

Dazu sehen wir uns nachfolgend ein Beispiel an, in dem wir nochmals die bereits zuvor erwähnte Messung der Pünktlichkeit von Lieferungen eines bestimmten Lieferanten betrachten:

Bezeichnung: Liefertermintreue (LTT).

Beschreibung: Die Liefertermintreue misst die Anzahl der vollständig und pünktlich eingetroffenen Lieferungen (gemäß Auftragsbestätigung zur Bestellung) zu allen von diesem Lieferanten erhaltenen Lieferungen im Zeitraum eines Kalendermonats.

Zielgröße: 95 %

Datenquelle: Wareneingangsbuchungen im System

Berechnungsvorschrift: $LTT = \frac{\text{pünktliche und vollständige Lieferungen}}{\text{alle Lieferungen}}$

im Zeitraum eines Kalendermonats

Darstellung: wird dem Logistikverantwortlichen als Prozentzahl bis zum 2. Arbeitstag des Folgemonats zur Verfügung gestellt

Häufigkeit: einmal im Kalendermonat

Verantwortlichkeit: Erfassung der Wareneingänge durch Mitarbeiter in der Warenannahme; Auswertung automatisiert durch IT-System

Adressat: Logistikleiter

2.5.2.3 MTM-Analysen

MTM steht für *Methods-Time-Measurement* und ist ein Verfahren der Zeitanalyse von Arbeitsabläufen, das im Bereich der Arbeitswissenschaften entwickelt wurde mit dem Ziel, menschliche Arbeit messbar und vergleichbar zu machen. Die Entstehung von MTM liegt etwa in den Fünfzigerjahren des 20. Jahrhunderts und diese Methode wurde – ausgehend von den USA – über MTM Vereinigungen in der ganzen Welt verbreitet. MTM kann bei der Bestimmung von Soll-Zeiten eines Arbeitsablaufs eingesetzt werden und dient auch zur Festlegung von Vorgabezeiten, also für Planwerte. Diese werden benötigt für die Planung von Aktivitäten und in weiterer

Folge zur Bestimmung von Kosten, die damit in Verbindung stehen. Die MTM-Analyse geht davon aus, dass sich alle Tätigkeiten von menschlichen Arbeitskräften auf ein paar wenige Grundaktivitäten zurückführen lassen, nämlich:

- Greifen
- Hinlangen
- Bringen
- Loslassen
- Fügen

wobei zusätzlich noch die folgenden Hilfsaktivitäten definiert sind:

- Gehen
- Beugen bzw. Bücken
- Visuelle Kontrolle, etc.

Bei der Bestimmung der Ausführungszeit wird davon ausgegangen, dass alle arbeitsausführenden Menschen

- gleich geübt sind (die gleiche Fertigkeit haben) sowie
- die gleiche Eignung (Fähigkeit im Sinne von Kompetenz und Qualifikation) und
- die gleiche Leistungsbereitschaft (im Sinne von Anstrengung für die Ausführung der Tätigkeit) besitzen.

Einzelne Prozesse werden aus diesen atomaren Kleinstbausteinen der Aktivitäten synthetisiert und erhalten auf diese Weise Plan- bzw. Vorgabezeiten. Man nennt die Methode MTM daher auch im deutschsprachigen Unternehmensumfeld und in der Wissenschaft die *Methode vorbestimmter Zeiten*.

Wenn eine Person nun für eine tatsächlich ausgeführte Aktivität genau die durch MTM ermittelte Zeit benötigt, so erzielt sie einen Leistungsgrad von 100 %. Man erkennt, dass weniger geübte oder willige Personen somit nur Leistungsgrade unter 100 % erreichen werden. Wer besonders eifrig oder tüchtig bei der Ausführung der Tätigkeit ist, kann aber genauso auch Leistungsgrade über 100 % erzielen.

Die Zeiten für die einzelnen Grundaktivitäten werden in TMUs gemessen. Eine TMU (*Time Measurement Unit*) ist das kleinste Bewegungselement der MTM und entspricht 0,036 Sekunden. MTM-Vereinigungen haben seit ihren Gründungen wesentliche industrielle (und damit auch logistische) Aktivitäten analysiert und in Tabellen die TMU Vorgabezeiten ermittelt und veröffentlicht. So gesehen kann man einfach auf diese vorgegebenen Bausteine zurückgreifen, um Vorgabezeiten für logistische Tätigkeiten zu ermitteln.

Der große Vorteil von MTM ist, dass die Codierung der Bausteine und TMUs weltweit einheitlich ist und somit überall gleich gelesen und interpretiert wird.

Beispiel:
Im Rahmen eines Unternehmensprojektes mit Studierenden wurde der Auftrag erteilt, die innerbetrieblichen Logistikprozesse mittels MTM zu ermitteln und auf diesem Weg Prozesskosten festzulegen. Das Unternehmen war in der Situation, dass seine Kunden aus der Automobilindustrie eine exakte Kalkulation der Logistikkosten gefordert haben, was mit der in der Vergangenheit praktizierten Zuschlagskalkulation nicht mehr möglich war. Die Studierenden haben die einzelnen Logistikprozesse dokumentiert und die Abläufe über MTM dann mit Kosten in Verbindung gebracht, womit eine wesentlich genauere Kalkulation der Logistikkosten ermöglicht wurde.

2.5.2.4 Messung von Prozessen durch Datenaufnahme und -analyse

Prozesse hinterlassen bei Ihrer Abarbeitung Spuren in den IT-Systemen der Unternehmen: Buchungen von Wareneingängen werden erfasst, Rückmeldungen aus der Fertigstellung von Aufträgen finden sich im System der Betriebsdatenerfassung, Lokationsdaten von Transporten sind zu finden und vieles mehr. Viele dieser Daten sind in unterschiedlichen Systemen abgelegt und es ist oft schwierig entsprechende Auswertungen durchzuführen. Moderne IT-Lösungen können an dieser Stelle unterstützen, indem diese an die unterschiedlichen Systeme andocken und Daten daraus extrahieren und aufbereiten. Celonis ist beispielsweise ein solcher Anbieter für ein Vorgehen, das unter dem Titel *Process Mining* bekannt ist mit dem Ziel bessere und genauere Information darüber zu erhalten, wie Prozesse ablaufen, welche Durchlaufzeiten sie haben, welche Qualität sie produzieren und wie gut sie vorgegebene Zeiten einhalten.

2.5.3 Ansätze zur Prozessverbesserung

Die zuvor beschriebenen Verfahren der Prozesserhebung und -messung sind Voraussetzung, um sinnvoll Prozessverbesserungen einleiten zu können. Unter Prozessverbesserung sind alle Aktivitäten zu verstehen, die den Ablauf bzw. die Ergebnisse eines Prozesses näher an seine Zielwerte heranführen. Um die entsprechenden Potentiale zur Verbesserung zu heben, haben sich in Wissenschaft und Praxis eine Reihe von unterschiedlichen Methoden etabliert, von denen nachfolgend einige vorgestellt werden.

2.5.3.1 Das Wissen aus den Köpfen der Mitarbeiter

Die zuvor beschriebenen Methoden der Prozesserhebung gehen fast alle von einer Beteiligung der betroffenen Mitarbeiter aus. Nur so sind nachhaltige Verbesserungen wirklich erzielbar! Damit lassen sich gleichzeitig mit der Prozesserhebung Ideen zur Verbesserung erfassen. Idealerweise werden diese Ideen, Hinweise und Anregungen der Mitarbeiter bei der Prozesserhebung in einer solchen Art und Weise festgehalten, dass sie danach, eben in der Phase der Suche nach Verbesserungen, auch gezielt ausgewertet werden können.

An dieser Stelle gilt es darauf hinzuweisen, dass die Einbindung und Befragung der Mitarbeiter in die Phase der Prozessverbesserungen auch ihre Motivation positiv beeinflussen wird. Personen, die tagein, tagaus ihre geforderten Tätigkeiten verrichten, wissen meist sehr gut darüber Bescheid, was in einem Prozess – nämlich bei ihrer Arbeit – nicht gut funktioniert und was verbesserungswürdig wäre. Leider werden sie viel zu selten gehört und bekommen auch oft nicht das Gefühl vermittelt, dass ihre Meinung im Unternehmen ausreichend geschätzt wird! Gerade an dieser Stelle kann die intensive Einbindung dieser Personen bei der Prozessanalyse dazu beitragen, dass sie mehr Wertschätzung erfahren und erkennen, dass auch ihr Wort Gewicht hat. So kann die Prozessanalyse (und wohl auch das danach folgende Prozessdesign) einen stimulierenden Effekt auf die Leistungsbereitschaft der Mitarbeiter auslösen.

Trotz einer intensiven Einbindung von Mitarbeitern kann es manches Mal sinnvoll sein, externe Experten für die Prozessanalyse zu Rate zu ziehen. Damit lässt sich die Gefahr von Betriebsblindheit reduzieren. Betriebsblindheit ist eine Tatsache, die alle Personen trifft, die schon lange in einem Unternehmen tätig sind: man ist schon an die Arbeitsabläufe gewöhnt, beklagt sich vielleicht über einzelne, und erkennt doch nicht, was sich ganz einfach beheben ließe! An dieser Stelle helfen externe Berater, die mit einem ganz neutralen Blick den Dingen begegnen. Daher ist es für die Analyse von Prozessen in vielen Fällen sinnvoll externe Experten zur Unterstützung beizuziehen.

2.5.3.2 Wertschöpfungsanalyse (Wertanalyse)

Wertschöpfungsanalysen verfolgen die Philosophie des Toyota-Production-Systems (TPS), wonach alle Aktivitäten, die nicht unbedingt Wert für den Kunden schaffen, eliminiert werden sollten. Führt man nun eine **Wertschöpfungsanalyse** entlang des Materialflusses durch, so erkennt man drei verschiedene Arten von Tätigkeiten:

- **Wertschöpfende Tätigkeiten:** Das sind jene Tätigkeiten, welche direkt zur Erfüllung der Kundenanforderung beitragen. Dazu zählen auch logistische Aktivitäten, die unmittelbar dazu dienen, dass Kunden ihre Produkte erhalten – z.B. Transporte oder Planungsaktivitäten.
- **Wertermöglichende (unterstützende) Tätigkeiten:** Das sind Arbeitsschritte, die zwar nicht unmittelbar zur Erfüllung der Kundenanforderung beitragen, aber indirekt die Ausführung wertschöpfender Tätigkeiten und Prozesse überhaupt erst möglich

machen und deshalb unverzichtbar sind. Manche logistische Aktivitäten sind solche werterermöglichenden Tätigkeiten.

- **Nicht wertschöpfende (verschwendende) Tätigkeiten:** Das sind Tätigkeiten, die zur Erfüllung der Prozessziele nicht notwendig sind und keinen Beitrag zur Erfüllung der Kundenanforderungen leisten, aber Zeit und Kosten verursachen. Sie existieren, weil sie sich über die Zeit in die unternehmerischen Abläufe eingeschlichen haben, die Folge mangelhafter Prozesse sind oder aus falsch verstandener Tradition beibehalten wurden. Eine klassische nicht wertschöpfende Tätigkeit ist etwa das zu lange und unbegründete Lagern von Produkten.

Natürlich sollten jene Aktivitäten, die nur Verschwendung erzeugen, eliminiert werden, sofern diese nicht aus anderen Gründen (z.B. rechtliche Gründe, Anforderung der Dokumentationspflicht etc.) notwendig sind.

2.5.3.3 Schnittstellenanalyse

Schnittstellen zwischen Prozessen stellen immer eine kritische Stelle dar und müssen daher besonders genau auf mögliche Prozessverbesserungen geprüft werden. An Schnittstellen werden Informationen übergeben und es werden die Verantwortlichkeiten gewechselt. Häufig gehen dabei wesentliche Informationen verloren, die in Folge zu Fehlern führen. Bei der **Schnittstellenanalyse** wird zuerst untersucht zu welchen anderen Prozessen es Schnittstellen gibt. Anschließend wird für jede Schnittstelle erhoben

- welche Information und Daten übergeben
- und in welcher Form (mündlich, schriftlich mittels Übergabeformular, elektronisch, etc.) diese übermittelt werden.

Ideen für Verbesserungen sind festzuhalten, um sie dann bei der nachfolgenden Gestaltung der Soll-Prozesse einfließen zu lassen. Idealerweise lassen sich einzelne Schnittstellen vielleicht ganz eliminieren!

2.5.3.4 Die Stimme des Kunden (Voice of the Customer)

Bereits in der Prozessanalyse wurden zu jedem Prozess die Kunden (externe, aber auch interne) definiert und deren Erwartungen beschrieben. Mit dieser Methode, auch *Voice of the Customer* oder *Kundenzufriedenheitsmessung* genannt, wird nun geprüft, ob mit dem Prozessoutput die Erwartungen der Kunden auch tatsächlich erfüllt werden.

Wenn entsprechende Kennzahlen vorliegen, so kann man diese auswerten und aus ihnen Verbesserungen ableiten. Alternativ bietet sich die Möglichkeit Kunden direkt zu befragen. Dabei können sowohl quantitative als auch qualitative Aussagen wertvolle Hinweise für Verbesserungspotentiale bringen.

2.5.3.5 Ursache-Wirkungs-Diagramm

Ein häufiger Fehler bei der folgenden Prozessgestaltung ist es, dass Maßnahmen definiert werden, welche nicht die eigentlichen Ursachen des Problems adressieren. Entsprechend gering ist dann die Wirkung der gesetzten Maßnahmen. In der Phase der Prozessverbesserungen geht es also darum, aus den erkannten Wirkungen auf die richtigen Ursachen zu schließen – die Ursachen-Wirkungszusammenhänge festzustellen. Und das ist alles andere als einfach! Wer kann schon sagen, durch welche Ursache denn wirklich die beobachtete Auswirkung eingetreten ist?

Wir müssen uns vor Augen führen, dass wir uns bei der Prozessanalyse und der Suche nach Verbesserungsmöglichkeiten in *sozialen* Systemen bewegen: Teams von Personen, Abteilungen, Unternehmensbereichen, etc.! In sozialen Systemen gelten keine physikalischen oder naturwissenschaftlichen Prinzipien, bei denen klare Ursache-Wirkungszusammenhänge bestehen. Soziale Systeme sind komplexe Systeme und eine Veränderung (Ursache) des Inputs kann oft sehr unerwartete Ergebnisse (Wirkungen) hervorbringen. Und auch der Umkehrschluss ist meist *nicht* eindeutig machbar: wenn man eine erkennbare Wirkung beseitigen möchte (oder erzielen möchte), dann muss man nur an jener Schraube (Ursache) drehen – und alles ist gut. So einfach sind die Verhältnisse leider nicht!

Trotzdem gibt es bewährte Methoden, die Hoffnung geben und es erlauben Ursache-Wirkungszusammenhänge besser zu verstehen. Eine solche Methode ist das **Ursache-Wirkungs-Diagramm,** das auch unter den Namen **Ishikawa-Diagramm**, Fischgrätendiagramm oder 7-M-Methode bekannt ist. Ziel ist es dabei im Sinne des Ursachen-Wirkungs-Prinzip nach Ishikawa zu einem gegebenen Problem (Wirkung) strukturiert mögliche Ursachen zu finden. Die Erstellung dieses Ursache-Wirkungs-Diagramms ist Teamarbeit, wobei das Team möglichst vielfältig mit Personen aus unterschiedlichen unternehmerischen Funktionen besetzt sein sollte. Je vielfältiger, desto kreativer sind Teams bei der Generierung von Ideen. So wird die Kreativität der an diesem Prozess beteiligten Personen gefördert, um auch unkonventionelle Ideen aufzuspüren, die möglicherweise zur Lösung des Problems beitragen. Der alternative Name **7-M-Methode** kommt daher, weil es sich um 7 Strukturelemente handelt, deren Einfluss auf das Problem untersucht wird, und diese Strukturelemente allesamt mit Worten auf „M" beginnen. Diese 7 Strukturelemente helfen mögliche Ursachen auf das Problem zu finden:

- **Mensch:** Welchen Einfluss haben die handelnden Personen auf das Problem?
- **Maschine:** Falls Maschinen, Anlagen, IT oder Ähnliches im betrachteten Prozess im Einsatz sind, muss die Frage gestellt werden, welche Auswirkungen diese auf das Problem haben.
- **Material:** Hat das Material, das im Prozess transportiert, bearbeitet oder vielleicht gelagert wird, einen Einfluss auf das Problem?
- **Methode:** Ist die verwendete Arbeitsmethode im Prozess die am besten geeignete?
- **Mitwelt:** Welchen Einfluss hat die Umgebung auf den betrachteten Prozess?
- **Messung:** Ist die Messmethode ausreichend genau und misst sie auch das, was man erwartet?
- **Management:** Wird der Prozess ausreichend und zielführend gemanagt (z.B. durch Planung)?

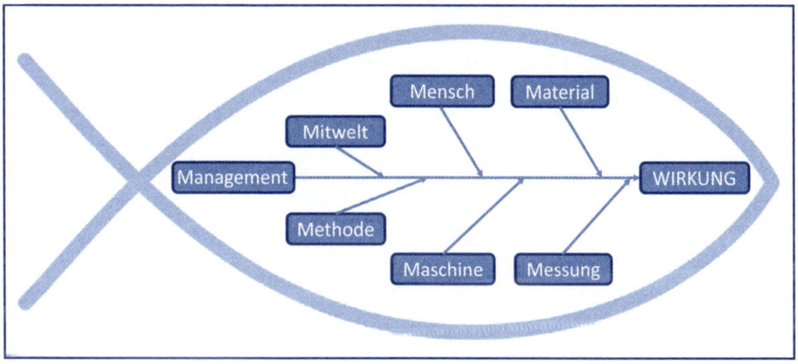

Abbildung 47: Ursache-Wirkungs-Diagramm

Wie man durch die Grafik leicht erkennen kann, sieht die grafische Darstellung eines Ursache-Wirkungs-Diagramms dem Wirbelgerüst eines Fisches ähnlich, weshalb auch der Name **Fischgrät-Diagramm** gebräuchlich ist. Die sieben vorgegebenen Dimensionen zwingen die Anwender dazu, ein Problem aus unterschiedlichen Gesichtspunkten zu betrachten und durch diese strukturierte Vorgehensweise möglicherweise auch neue Aspekte zu identifizieren. Somit werden Fehlerursachen aufgezeigt, die ohne methodische Unterstützung verborgen geblieben wären.

2.5.3.6 Cause & Effect Matrix

Ziel der **Cause & Effect Matrix** (C&E Matrix) ist es, den Zusammenhang zwischen Ursachen und Wirkung einer Beobachtung darzustellen. Sie ist damit eine Alternative zum Ishikawa-Diagramm. Dazu wird eine Verbindung zwischen den Eingangsgrößen (Inputs) und den Ausgangsgrößen, welche die Kundenzufriedenheit beeinflussen, hergestellt. Wohlgemerkt: wenn wir von Kundenzufriedenheit in diesem Zusammenhang sprechen, meinen wir die Kunden des betrachteten Prozesses: das sind häufig unternehmensinterne Kunden! Mit Hilfe der C&E Matrix lässt sich eine große Zahl unterschiedlicher Inputs priorisieren und auf die wichtigsten reduzieren.

Dazu werden in einer Tabelle (siehe Abbildung 48) in einem ersten Schritt alle Kundenanforderungen bzw. -erwartungen *Y* (Ausgangsgrößen) erhoben und mit einem Faktor zwischen 1 und 10 gewichtet (1...kaum Bedeutung für den Kunden; 10...sehr hohe Bedeutung für den Kunden). Anschließend werden alle Verbesserungsmöglichkeiten *X* (Eingangsgrößen) für den Prozess niedergeschrieben und es wird bewertet, wie groß deren vermutete Wirkung auf jede Ausgangsgröße ist. Die Bewertung, die natürlich eine subjektive ist und auf Erfahrung der beteiligten Personen beruht, erfolgt dabei in folgenden fixen Stufen:

0 = Kein Zusammenhang zwischen X und Y / gar nicht
1 = sehr geringer Einfluss von X auf Y / sehr gering
3 = mäßiger Einfluss von X auf Y / mäßig
9 = erheblicher Einfluss von X auf Y / erheblich

Auf diese Art und Weise werden zwei voneinander unabhängige Parameter bestimmt. Der eine Parameter definiert, wie wichtig ein

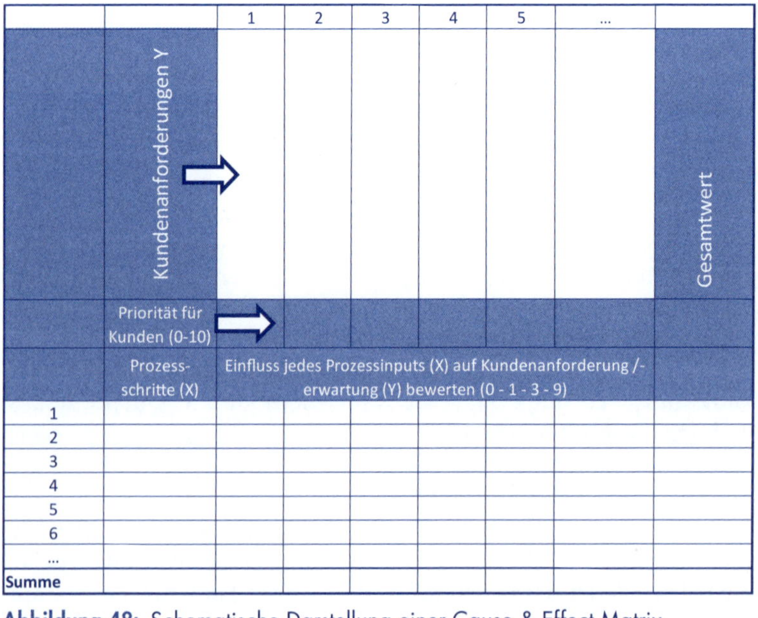

Abbildung 48: Schematische Darstellung einer Cause & Effect Matrix

Kriterium aus der Sicht der Kunden ist, der andere Parameter zeigt, welche Wirkung eine Eingangsgröße auf das jeweilige Kriterium hat. Anschließend wird aus den Werten das jeweilige Produkt berechnet und für jede Zeile (entspricht den Verbesserungsmöglichkeiten) die Summe der Produkte der einzelnen Zellen in dieser Zeile bestimmt – was den Gesamtwert ergibt. Anschließend werden die Zeilen absteigend nach ihrem Gesamtwert sortiert. Nach absteigender Sortierung der Zeilen erhält man jene Verbesserungsvorschläge, welche die Kundenzufriedenheit am stärksten beeinflussen und somit besondere Aufmerksamkeit verdienen.

2.5.4 Prozessgestaltung bzw. Prozessdesign

Nach einer umfassenden Analyse des betreffenden Prozesses und einer Sammlung von Verbesserungsvorschlägen folgt die Gestaltung des gewünschten Prozesses – des Soll-Prozesses. In dieser Phase entscheidet sich, wie sehr es gelingt die erwarteten Verbesserungen zu realisieren. Unter Einbindung der Betroffenen wird der zukünftige Soll-Prozess in einem ersten Schritt als Modell entwickelt, bevor er anschließend umgesetzt wird. Diesem Implementieren in die tägliche Arbeitsroutine ist besondere Aufmerksamkeit zu widmen, denn die Bereitschaft der Betroffenen Ihre bisherigen Arbeitsabläufe umzustellen entscheidet darüber, ob die geplanten Prozessverbesserungen auch tatsächlich greifen können.

Zur Gestaltung eines zielführenden Soll-Prozesses werden folgende Informationen benötigt:

- Prozessziele: Damit wird festgelegt, was durch den zu gestaltenden Prozess erreicht werden soll. Gewöhnlich sind die Prozessziele schon festgelegt, bevor man sich an die Phase des Prozess-Designs macht. Prozessziele erfordern auch entsprechend quantitative Zielwerte, um später die Prozesserreichung messen zu können.
- Ist-Modell: Die Dokumentation des bestehenden Prozesses ist als Ausgangsbasis für weitere Verbesserungen erforderlich.
- Ergebnisse der Prozess-Analyse der Ist-Prozesse: Diese enthält die gemeinsam erarbeiteten und dokumentierten Verbesserungspotentiale, aber auch Stärken des Ist-Prozesses sowie möglicherweise bereits erste Ideen für Verbesserungsmaßnahmen, die über Kennzahlen erhoben wurden.

2.5.4.1 Referenzmodelle

Prozessreferenzmodelle dienen zum Vergleich der eigenen Prozesse mit Modellprozessen, die auf Basis der Erfahrungen einer großen Zahl von Unternehmen entstanden sind. Man kann diese Prozesse auch als *State-of-the-Art* bezeichnen, also als Ergebnis der bewährtesten Prozesse anderer Unternehmen. Ein Prozessreferenzmodell enthält Musterprozesse von Abläufen und ist oft auf bestimmte Branchen zugeschnitten, weil sich Prozesse natürlich in den Branchen deutlich voneinander unterscheiden können bzw. gar nur in gewissen Branchen vorkommen.

Obwohl jedes Unternehmen in der Art seiner Handlungsweisen und Abläufe anders ist, macht es vielfach Sinn, sich an Standardprozesse aus einem Referenzmodell anzulehnen. So ist es beispielsweise gut möglich für einen Supportprozess (z.B. den Prozess der Lohnbuchhaltung) einen Referenzprozess als Basis zu verwenden und diesen nur an jenen Stellen an eigene Bedürfnisse anzupassen, wo dies unbedingt erforderlich ist. Dieses Vorgehen hat Vorteile hinsichtlich Erstellungsaufwand (der entsprechend geringer gehalten werden kann) und Prozessqualität. Trotzdem ist es wichtig zu betonen, dass auf diesem Weg zwar der Aufwand für die Prozessgestaltung reduziert werden kann, der Aufwand für die Implementierung des Prozesses natürlich bleibt und in keinem Fall unterschätzt werden darf! Diese notwendigen Aufwände lassen sich auch unter dem Begriff des *Change Managements* subsummieren.

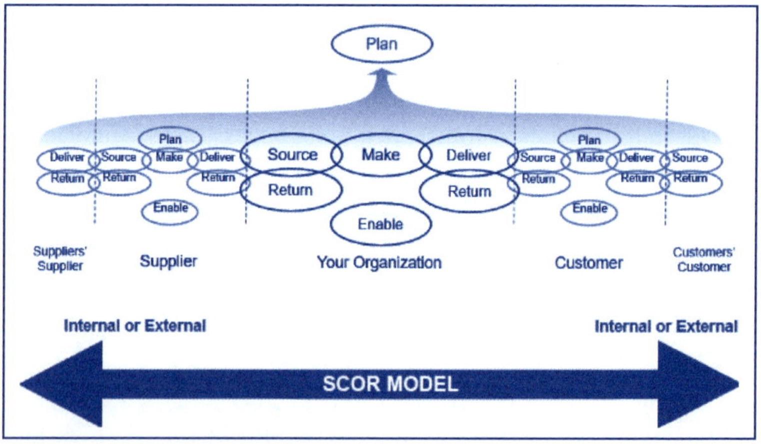

Abbildung 49: Das SCOR-Modell[4]

Im Umfeld von Logistikmanagement und Supply Chain Management ist das **SCOR** (*Supply Chain Operations Reference Model*) Modell eines der bekanntesten Referenzmodelle. Das SCOR Modell wurde Mitte der 90er Jahre des vorigen Jahrhunderts vom Supply Chain Council, einer amerikanischen Non-Profit Organisation entwickelt.

[4] Vgl.: APICS: Supply Chain Operations Reference Model SCOR, version 12.0, 2017, S. V.

Das sogenannte *SCOR-Framework* beschreibt die unternehmensübergreifenden Prozesse des Material- und Informationsflusses in einer SupplyChain.

Das SCOR-Referenzmodell enthält für jedes Unternehmen in der SupplyChain einen Vorschlag für den Aufbau der Prozessstruktur, Best-Practices sowie Vorschläge für Prozesskennzahlen. Die SCOR-Prozessstruktur gliedert sich wie in Abbildung 49 ersichtlich in die Hauptprozesse *Plan (Planung), Source (Beschaffung), Make (Herstellung), Deliver (Auslieferung)* und *Return (Rücknahme fehlerhafter Produkte und Materialien).*

2.5.4.2 Gestaltungsregeln für Soll-Prozesse

Ein wesentliches Kriterium zur Gestaltung von Prozessen in der Logistik liegt darin, dass deren Effizienz gegenüber der aktuellen Situation gesteigert werden muss. Beispiele für mangelnde Effizienz in Prozessen und schlecht abgestimmte Schnittstellen sind leicht zu finden.

Zur Verbesserung der Effizienz sollte auf die nachfolgend angeführten Möglichkeiten geachtet werden:

- **Tätigkeiten eliminieren:** Gemäß dem TPS sollten alle Prozessschritte kritisch auf ihre Notwendigkeit hinterfragt und redundante oder unnötige Tätigkeiten beseitigt werden. So manche Tätigkeiten (z.B. Prüfschritte) haben sich über die Zeit entwickelt und werden ständig weiter betrieben, auch wenn sie aktuell gar keinen Mehrwert mehr liefern oder gar nicht mehr wirklich erforderlich sind.
- **Verschwendung reduzieren:** Verschwendung ist – wie der Name schon sagt – zu reduzieren. Gerade im Bereich der Logistik bieten sich im Bereich des innerbetrieblichen Transports und der Lagerung zahlreiche Möglichkeiten zur Verbesserung.
- **Bestände reduzieren:** Durch geeignete Prozessgestaltung und -steuerung lassen sich Bestände in der Logistik deutlich reduzieren. Als Beispiel kann die Umstellung eines Produktionsprozesses von *Push-* auf *Pull-*Steuerung genannt werden. Eine gezielte Reduktion der Bestände führt zu einer Erhöhung des Prozessdurchsatzes und damit zu einer Beschleunigung des Prozesses sowie zu einer Reduktion der Bestandskosten.
- **Prozesse parallelisieren:** Wann immer möglich sollten Prozessschritte parallel durchgeführt werden. Benötigt ein Arbeitsschritt keinen physischen Input, keine Informationen oder keine Ressourcen von dem ihm vorgelagerten Arbeitsschritt, so können diese Arbeitsschritte parallel ausgeführt werden. Dadurch kann im Allgemeinen die Durchlaufzeit mit wenig Aufwand deutlich verkürzt werden.

- **Engpässe eliminieren:** *Bottlenecks* (Engpässe) begrenzen die Kapazität von Prozessen, was ein ganz besonders kritisches Thema im logistischen Fluss ist. Bottlenecks an *einzelnen* Stellen im Materialfluss wirken sich kapazitätslimitierend auf die *gesamte* logistische Kette aus! Jede Anstrengung, Durchlaufzeiten zu reduzieren, wird kaum Erfolge zeigen, solange der Engpass nicht behoben wird. Kapazitäten vor und nach dem Engpass bleiben ungenutzt. Gutes Prozessdesign bietet nun die Chance, solche Engpässe zu entschärfen. An dieser Stelle muss aber darauf hingewiesen werden, dass in aller Regel ein entschärfter Engpass das Entstehen eines anderen Engpasses entweder *upstream* oder *downstream* zur Folge hat. Wenn an einer Stelle die Kapazität erweitert wird, kommt eine andere Stelle in der Logistikkette an die Grenzen ihrer Kapazität. Engpassmanagement muss zu einer kontinuierlichen Aktivität werden, um nachhaltige logistische Verbesserungen erzielen zu können.
- **Schnittstellen reduzieren:** Schnittstellen führen häufig zu Zeit- und Informationsverlust und stellen eine bedeutende Fehlerquelle dar. Jede Schnittstelle ist deshalb hinsichtlich Ihrer Notwendigkeit zu hinterfragen.
- **Aus Schnittstellen definierte Nahtstellen machen:** Schnittstellen entstehen häufig durch Übergabe eines Prozesses von einer Abteilung oder Funktion in einem Unternehmen an die nachgelagerte. Schnittstellen sind idealerweise zu entfernen, werden aber trotzdem in einer gewissen Art und Weise immer erforderlich sein, weil in einem Leistungserstellungsprozess auch immer Arbeitsteilung herrscht. Neben der Reduktion von Schnittstellen geht es also auch darum, Schnittstellen adäquat zu managen und damit auch klar zu definieren, welche Informationen in welcher Form und zu welchem Zeitpunkt für eine erfolgreiche Übergabe erforderlich sind. Damit wird aus einer zuvor möglicherweise kritischen Schnittstelle eine sogenannte Nahtstelle, bei der beide Seiten wissen, was benötigt und erwartet wird.

Nicht unerwähnt sollte bleiben, dass trotz dieser umfangreichen Informationen und Regeln für das Prozess-Design diese Tätigkeit aber auch ein kreativer Prozess ist, bei dem gute Ideen und unkonventionelle Herangehensweisen gefragt sind. Es ist daher dringend empfehlenswert die Gestaltung eines Soll-Prozesses in einem Team umzusetzen und in diesem alle Ideen zur Prozessgestaltung offen zu diskutieren.

2.5.4.3 Optimierung logistischer Wertströme

Wertstromanalyse und **Wertstromdesign** sind seit Jahrzehnten bewährte Methoden zur Verbesserung der Material- und Informationsströme in der Logistik. Ihren Ursprung haben sie im Lean

Management bzw. im Toyota Production System (TPS), die beide umfangreiche Managementphilosophien darstellen mit dem Ziel alle Aktivitäten wesentlich besser an den Kundenwünschen auszurichten und Verschwendung zu reduzieren. Ein Element aus dem TPS ist *Kaizen* – ein japanischer Begriff, der den Wandel zum Guten ausdrückt. Dem Gedanken des *Kaizen* folgend wird bei der Wertstromanalyse und beim Wertstromdesign nach den „3 Mu" gesucht, die gemeinsam verbessert werden sollen.

- Muda: Verschwendung
- Muri: Überbelastung
- Mura: Unausgeglichenheit

Muda umfasst die schon mehrfach erwähnten Arten von Verschwendung, während das Ziel von Muri darin besteht Überbelastung von Menschen oder Maschinen zu vermeiden. Überbelastung kann zu Fehlern führen, was in weiterer Folge wiederum Verschwendung produziert (weil etwa Nacharbeit erforderlich ist). Muri kann auch eine Folge von Mura, der Unausgeglichenheit sein. Unausgeglichenheit bedeutet, dass zu manchen Zeiten eine hohe Nachfrage besteht, während in anderen Zeiten diese wieder deutlich zurückgeht. Dabei kann es sich sowohl um relativ langfristige Schwankungen (z.B. durch saisonale Veränderungen) als auch um kurzfristige Veränderungen handeln (stark schwankende Arbeitsinhalte in aufeinanderfolgenden Takten in einer Fließfertigung, weil der Taktausgleich nicht ausreichend gut stattgefunden hat).

Die Erfahrungen aus vielen Praxisbeispielen zeigen, dass nach Durchführung einer Wertstromanalyse und eines Wertstromdesigns die Abläufe bzw. Prozesse oft signifikant schneller sind als zuvor und die Höhe der Bestände deutlich zurückgeht.

Im Fokus der Wertstromanalyse stehen dabei die Bestände vor den einzelnen Prozessen sowie die Bearbeitungs- und Liegezeiten bei den Einzelprozessen. Bestände verursachen hohe Kosten und blockieren Abläufe. Ziel guter Logistik muss es daher sein, Bestände auf ein notwendiges Minimum zu reduzieren. Erst durch eine Wertstromanalyse werden in vielen Fällen Bestände als solche erkannt und in Folge können dann gezielt Maßnahmen zu ihrer Reduktion ergriffen werden.

Beispiel:
In den allermeisten Unternehmen werden die Lagerstände von Rohmaterialien, WIP Erzeugnissen, die wieder in das Lager zurückgebracht werden und von Fertigbeständen genau protokolliert und sind gut bekannt. Häufig findet man allerdings in den Unternehmen aber auch Bestände, die nicht dokumentiert sind. Das sind Paletten mit Material oder WIP Erzeugnissen,

die irgendwo in der Produktionsfläche herumstehen. Die Bearbeitung war schon früher beendet als geplant, es zahlt sich nicht aus, eine saubere Rückmeldung über die Fertigstellung des Arbeitsgangs zu machen oder ähnliches und diese Waren bleiben einfach auf einer freien Fläche stehen, bis sie wieder benötigt werden. Es gibt viele Gründe, warum sich Material mitten in der Produktion befindet und wartet! Diese Materialien verstellen Bewegungsflächen, sind mitunter kaum zu finden (man sucht also lange bis man sie wieder gefunden hat, wenn man diese Teile braucht) und sie verlängern vor allem die Produktionsdurchlaufzeiten. Eine Zeit, die aus logistischer Sicht eine kritische ist, weil Kunden gewöhnlich ihre Produkte rasch bekommen möchten.

Das Ziel von Wertstromanalyse und Wertstromdesign ist es daher den Wertstrom so zu verbessern, dass die Bestände vor den Einzelprozessen auf ein notwendiges Minimum verringert werden und damit auch die Durchlaufzeit des Gesamtprozesses drastisch verkürzt wird.

Die Methode unterscheidet sich dabei von den zuvor beschriebenen Methoden zur Prozesserhebung und -verbesserung vor allem durch ihren Detaillierungsgrad. Während man bei der Verbesserung logistischer Prozesse oft Einzelprozesse herausgreift, so steht bei der Wertstrom-Methode der *gesamte* logistische Fluss von Anlieferrampe bis zur Ablieferrampe für ein Produkt (also vom Wareneingang bis zum Warenausgang) im Fokus der Betrachtung.

In der Praxis erscheint auch eine Kombination verschiedener Methoden sinnvoll: Im Groben wird der Wertstrom von Rampe zu Rampe mit der Wertstrom-Methode erfasst um an jenen Stellen, die als kritisch identifiziert wurden mit anderen Methoden der Prozesserhebung und der Prozessverbesserung nachzulegen.

Für die **Wertstromanalyse** folgt man dem Materialstrom eines Teils bzw. Rohmaterials vom Wareneingang über die verschiedenen Produktionsschritte bis hin zum Versand des fertigen Produkts beim Warenausgang. Das Ziel ist es, Defizite im Produktionsprozess zu identifizieren. Idealerweise sucht man sich dazu solche Produkte, die in ihrem Produktionsprozess ähnlich sind und die sich mehrere Arbeitsstationen teilen – deren Materialfluss also über dieselben Arbeitsstationen läuft. Man fasst dann diese Produkte zu Produktfamilien (manchmal in der Praxis auch als Prozessfamilie bezeichnet) zusammen. Das sind Produktfamilien aus der Sicht der Produktion bzw. innerbetrieblichen Logistik, die damit auch anders sind als jene Produktfamilien, die man aus dem Vertrieb oder dem Einkauf kennt. Der Begriff ist zwar der gleiche, diese Produktfamilien werden allerdings nach anderen Gesichtspunkten gebildet: im Einkauf ist es eher der gemeinsame Lieferantenmarkt von Waren und Gütern (den man üblicherweise dann eher als Warengruppe oder Materialgruppe bezeichnet), der für die Bildung von Produktfamilien betrachtet wird, im Vertrieb sind es funktionale bzw. technische Ähnlichkeiten, die die Basis für Produktfamilien bilden.

Zur Definition und Auswahl einer Produktfamilie für die Wertstrommethode kann eine Matrix herangezogen werden, in der für die verschiedenen Produkte die einzelnen Produktionsschritte dargestellt sind. Jene Produkte, die eben die meisten oder zumindest viele gemeinsame Arbeitsstationen durchlaufen müssen, bilden die Produktfamilie.

		Produktionsschritte							
		1	2	3	4	5	6	7	8
Produkte	A	X	X	X		X	X		
	B	X	X	X	X	X	X		
	C	X	X	X		X	X	X	
	D		X	X	X			X	X
	E		X	X	X			X	X
	F	X		X		X	X	X	
	G	X		X		X	X	X	

Produktfamilie (Zeilen A–C)

Abbildung 50: Matrix zur Auswahl einer Produktfamilie

Bei der Durchführung der Wertstromanalyse werden der Materialfluss von Arbeitsstation zu Arbeitsstation und der Informationsfluss gleichermaßen betrachtet. Besonderes Augenmerk wird dabei auf Materialbestand vor Arbeitsstationen gelegt. Neben dem Materialbestand werden zu jeder Arbeitsstation die Rüst-, Liege- und Bearbeitungszeiten erhoben. Die Form der Erhebung ist einfach: Bleistift und Papier genügen für die Wertstromanalyse! Der Wertstrom wird beim Folgen des Materialstroms einfach auf einem Papier mit Bleistift skizziert. Da die Wertstrommethode eine etablierte ist, wurden im Laufe der Zeit auch entsprechende Normen definiert, wie man Material- und Informationsfluss aufnimmt und dokumentiert: es gibt hierfür zahlreiche Symbole und Darstellungsformen, die dazu dienen Vergleichbarkeit und Lesbarkeit herzustellen. Eine Auswahl möglicher Symbole zur Darstellung des Wertstroms zeigt die nachfolgende Abbildung 51.

Wir möchten an dieser Stelle besonders darauf hinweisen, dass dieser Abschnitt die Methoden von Wertstromanalyse und Wertstromdesign nur sehr gekürzt und komprimiert darstellt und er vor allem die Mächtigkeit dieses Instruments für die Verbesserung logistischer Prozesse in Produktionsunternehmen unterstreichen soll. Interessierte Leser finden vertiefende Informationen in zahlreichen spezifischen Büchern und anderer Literatur, wovon hier nur stellvertretend die sehr lesenswerte Publikation „Sehen lernen" von Michael Rother genannt sei.

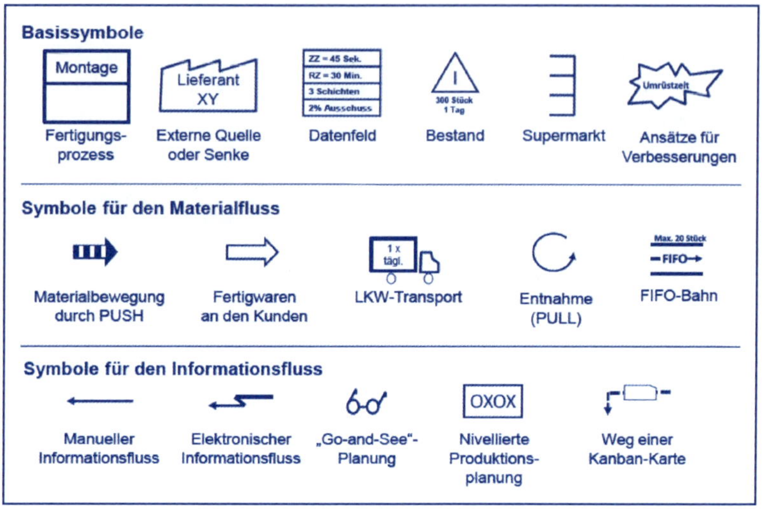

Abbildung 51: Wertstrom-Symbole zur Darstellung des Material- und Informationsflusses und allgemeine Symbole[5]

In der Wertstrommethode ist besonders auf die umfassende Darstellung der nachfolgend genannten Sachverhalte zu achten, weil aus der Beobachtung von diesen in der Realität und der Messung von Kenngrößen wertvolle Informationen für das spätere Design des logistischen Flusses abgeleitet werden können:

- der Kunde (üblicherweise ganz rechts dargestellt in Form eines Fabriksymbols) mit seinen Anforderungen bezüglich Mengen etc. (in einem Datenkasten).
- der Lieferant (ganz links dargestellt, ebenfalls als Fabriksymbol) mit den jeweiligen Bestellmengen
- die einzelnen Produktionsprozesse (von links nach rechts jeweils als Prozesskasten) inkl. wichtiger Daten (Bearbeitungszeit, Rüstzeit etc.)
- die Bestandsmengen zwischen den einzelnen Produktionsprozessen (als Dreiecke gezeichnet)
- der Materialfluss zum Kunden und von den Lieferanten inkl. Daten der üblichen Lieferfrequenz (als breiter Pfeil mit LKW-Symbol, Zug-Symbol o.ä.)

[5] entnommen aus: Balsliemke (2015), S. 9.

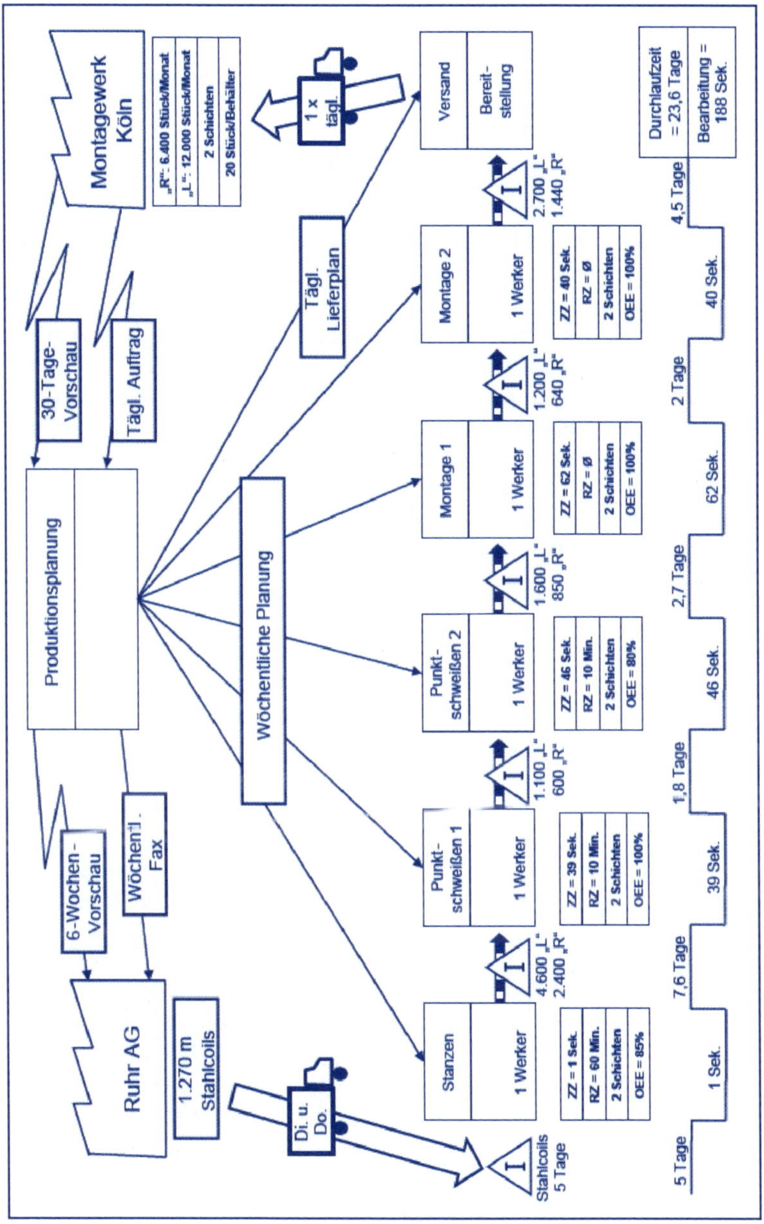

Abbildung 52: Beispiel eines Ist-Wertstrommodells[6]

[6] entnommen aus: Balsliemke (2015), S. 11.

- der Informationsfluss (als schmaler Pfeil, bei digitaler Übermittlung mit Blitz)
- Materialbewegungen zwischen den einzelnen Produktionsprozessen nach dem Push-Prinzip, d.h. nach festgelegtem Produktionsplan als Push-Pfeile (schwarz/weiß gestreifte Pfeile)
- eine durchlaufende Linie zur Darstellung der Durchlaufzeit (unter den Prozesskästen und Bestandsdreiecken)

Diese Aufnahme und Darstellung des Wertstroms mit den wesentlichen Parametern ist die Basis für eine Analyse, die hilft Schwachstellen aufzudecken. Schwachstellen, die bereits während der Erhebung auffallen, können mit Blitzsymbolen hervorgehoben werden. Im Allgemeinen wird es durch diese Erhebung und Darstellung sehr schnell möglich sein festzustellen, welchen Anteil an der gesamten Durchlaufzeit Liege- und Wartezeiten einnehmen. Generell lässt sich feststellen, dass natürlich in vielen Fällen die Methoden und Philosophien von Lean Management nur beschränkt bekannt sind, sodass die nachfolgenden allgemeinen Vorschläge zu Verbesserungen bzw. im Rahmen des Wertstromdesigns berücksichtigt werden sollten[7].

- Entwickeln Sie, wo immer möglich, eine kontinuierliche Fließfertigung.
- Montieren Sie nach der Taktzeit! Dieser Aspekt erfordert die Einführung einer Fließfertigung und die Aufteilung der einzelnen Arbeitsgänge in einer Art und Weise, dass Takte bestmöglich ausgenutzt werden. Mehr zum Thema Fließfertigung und Taktzeit findet sich in Abschnitt 3.1.2.4.
- Verwenden Sie Supermarkt-Pull-Systeme zur Produktionssteuerung und Entkopplung von Produktionsabschnitten bzw. logistischen Bereichen. Unter Supermarkt-Pull-Systemen versteht man produktionsnahe Lagerbereiche, in die Material bzw. WIP nach dem FIFO (*first in first out*) Prinzip eingelagert wird. Der Name ist aus dem Handel – den Supermärkten, die wir alle kennen – entliehen und bezeichnet eben solche Lager, in denen das gewünschte Material von den Bedarfsträgern einfach entnommen werden kann. Es ist keine separate Logistik zur Materialversorgung dieser Bedarfsträger erforderlich. Sinkt der Bestand eines Materials unter zuvor definierte Grenzwerte, so ist das als Signal für die flussaufwärts befindliche Arbeitsstation (den Lieferanten) zu verstehen, neues Material zu produzieren.
- Versuchen Sie, die Produktionsplanung nur an einer einzigen Stelle im Wertstrom anzusetzen! Klassische Produktionsplanungskonzepte z.B. nach dem Prinzip von MRP (Material Requirement Planning) erzeugen typischerweise Produktionsaufträge für jede

[7] vgl. Rother, Shook (2011).

einzelne Arbeitsstation. Diese Aufträge sollten idealerweise nur an einer einzelnen Stelle, dem sogenannten Kundenauftragsentkopplungspunkt eingehen. Davor, also *upstream,* wird nach dem Pull-Prinzip produziert.

- Verteilen Sie die Herstellung verschiedener Produkte beim Schrittmacher-Prozess gleichmäßig über die verfügbare Zeit (Produktionsmix ausgleichen). Der Schrittmacher-Prozess befindet sich typischerweise dort, wo die Kundenaufträge eintreffen (man nennt das den Kundenauftragsentkopplungspunkt – siehe dazu auch Abschnitt 3.1.1). Diese Forderung ist eine Umsetzung von *Mura*.
- Schaffen Sie in Ihrem Wertstrom einen „Anfangs-Pull" durch die Freigabe und Entnahme kleiner, gleichmäßiger Arbeitsportionen am Schrittmacher-Prozess (Produktionsvolumen ausgleichen).
- Entwickeln Sie die Fähigkeit, in dem Schrittmacher-Prozess vorgelagerten Prozessen „jeden Teil jeden Tag" produzieren zu können (dann in jeder Schicht, dann zu jedem Liefertermin).

Nachdem ein Wertstrom in seiner bestehenden Form beschrieben und analysiert wurde, können die daraus gewonnen Erkenntnisse nun beim **Wertstromdesign** in einen neuen Soll-Prozess mit verbessertem Material- und Informationsfluss umgesetzt werden.

Nachfolgend wird nun am Beispiel aus Abbildung 52 gezeigt, wie nach erfolgtem Wertstromdesign Material- und Informationsflüsse aussehen könnten.

2.5.5 Kontinuierliche Verbesserung logistischer Prozesse

Prozesserhebung, Prozessverbesserung und Prozessgestaltung sind keine einmaligen Aktivitäten in der Logistik, sondern müssen regelmäßig stattfinden. Nach jeder Verbesserung eines Prozesses (welche üblicherweise im Rahmen eines Projekts stattfindet) darf der Prozess und dessen Optimierung nicht aus dem Fokus geraten. Auch ein zuvor optimaler Prozess wird im Laufe der Zeit nicht mehr den an ihn gestellten Anforderungen gerecht werden. Die Gründe dafür können vielfältige sein, wie z.B. Gesetzesänderungen, veränderte Umweltbedingungen oder geänderte Anforderungen und Ziele der Kunden. Fordert beispielsweise ein Kunde eine deutliche Reduktion der Lieferzeit, welche mit dem bestehenden Prozess nicht zu erreichen ist, müssen die logistischen Material- und Informationsflüsse generell nachjustiert werden.

Selbst dann, wenn keine expliziten externen Anforderungen zu einer Veränderung zwingen, wird es im Sinne einer **kontinuierlichen Verbesserung**, die ihren Ursprung im japanischen *Kaizen*-Ansatz hat, erforderlich sein, die bestehenden Arbeitsweisen permanent zu hinterfragen und zu verbessern. Das trifft ganz besonders auf die Logistik zu, wo ja kontinuierlich die Verkürzung der Durchlaufzeiten, die

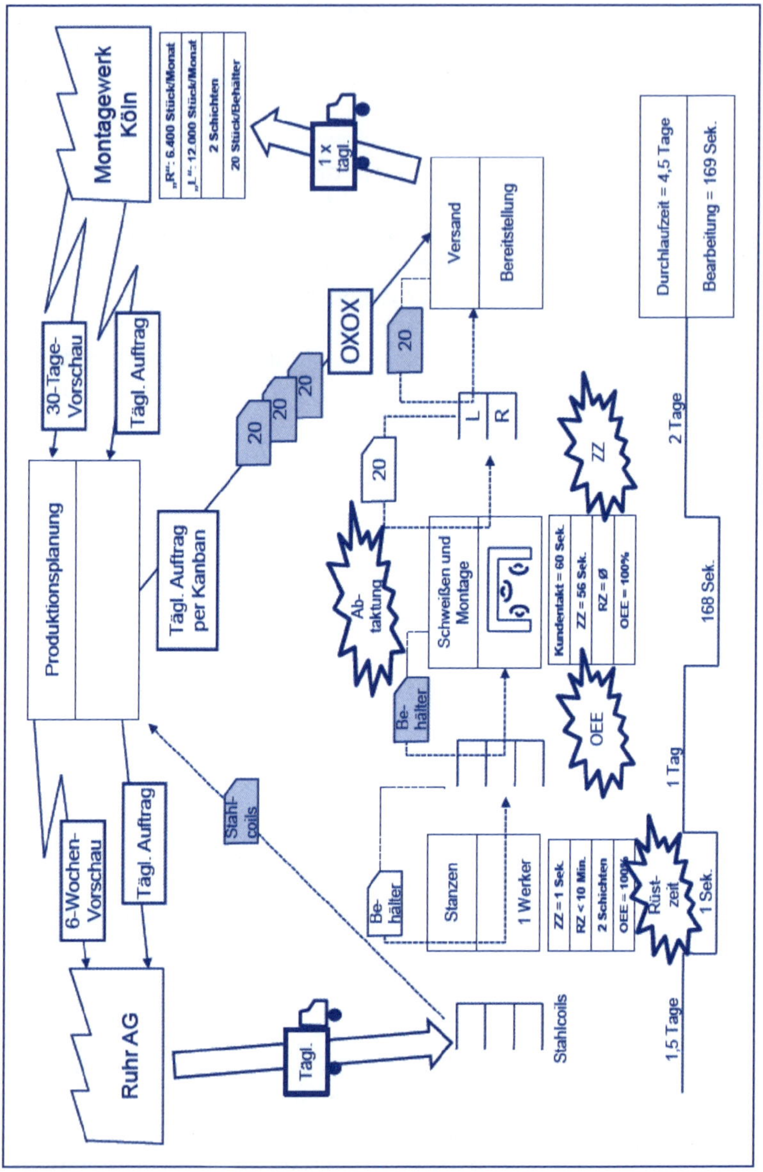

Abbildung 53: Beispiel eines Soll-Wertstrommodells[8]

Verbesserung der Pünktlichkeit und die Steigerung der Flexibilität Instrumente sind, um die Wettbewerbsfähigkeit von Unternehmen gegenüber der Konkurrenz zu steigern.

[8] entnommen aus: Balsliemke (2015), S. 11.

Dabei sind die Ideen der Mitarbeiter gefragt. Gerade diese merken oft als erste, wenn eine Arbeitsabfolge verbessert werden kann. Um diese Ideen strukturiert zu erfassen, ist ein funktionierendes und institutionalisiertes Vorschlagswesen sinnvoll. Vorschläge der einzelnen Mitarbeiter zur Verbesserung von Arbeitsabläufen in der Logistik werden in Fachteams bewertet. Man sieht sich ihr Potential zu einer nachhaltigen Verbesserung auf die mit der Umsetzung verbundenen Kosten sowie ihre Machbarkeit insgesamt an. Unterstützt kann das Vorschlagswesen durch Prämien werden, welche für erfolgreich umgesetzte Vorschläge an einzelne Mitarbeiter oder auch Teams ausbezahlt werden.

Verbessern in diesem Sinn bedeutet nicht nur, dass dadurch Kosten sowie Zeit gespart und Qualität verbessert wird, sondern auch, dass Mitarbeiter die Möglichkeit haben, ihre Arbeitsabläufe effizienter zu gestalten – was in Folge auch zu einer höheren Arbeitszufriedenheit von ihnen beiträgt.

Der Gedanke der kontinuierlichen Prozessverbesserung entspringt ebenfalls dem TPS bzw. Lean Management und der Qualitätsphilosophie, die beiden Konzepten innewohnt. Kontinuierliche Qualitätsverbesserung erfolgt nach dem sogenannten PDCA (Plan-Do-Check-Act) Zyklus, wonach Abweichungen vom Soll identifiziert werden, gefolgt von Maßnahmen, die umgesetzt werden, bevor eine neuerliche Überprüfung zeigt, ob diese Maßnahmen auch die gewünschte Wirkung gebracht haben. Wenn dem nicht so ist, müssen neue Maßnahmen festgelegt werden und die kontinuierliche Prozessverbesserung dreht sich weiter. Wenn die Maßnahmen erfolgreich waren, nimmt man sich im Sinne der zyklischen Betrachtung die nächsten Abweichungen vor, die dann ebenfalls nach PDCA abgearbeitet werden.

2.6 Ausgewählte Literatur zu Kapitel 2

Balsliemke, Frank (2015): Kostenorientierte Wertstromplanung – Prozessoptimierung in Produktion und Logistik, Springer-Gabler.

Becker, Torsten (2018): Prozesse in Produktion und Supply Chain optimieren; 3. neu bearbeitete und erweiterte Auflage, Springer Vieweg.

Christopher, Martin (2016): Logistics & Supply Chain Management; 5th edition, Pearson.

Gudehus, Timm (2012): Logistik 1. Grundlagen – Strategien – Anwendungen; 4. Auflage, Springer Vieweg.

Günther, Hans-Otto; Tempelmeier, Horst (2009): Produktion und Logistik; 8. überarb. und erw. Aufl., Springer.

Hammer, Michael; Champy, James (2010): Reengineering the corporation: a manifesto for business revolution; New York, NY: Harper Business.

Koether, Reinhard (Hg.) (2018): Taschenbuch der Logistik; 5. aktualisierte Auflage, Fachbuchverlag Leipzig im Carl Hanser Verlag.

Kummer, Sebastian (Hg.); Grün, Oskar; Jammernegg, Werner (2019): Grundzüge der Beschaffung, Produktion und Logistik; Pearson; 4., aktualisierte Auflage, Pearson.

Lasch, Rainer (2020): Strategisches und operatives Logistikmanagement: Prozesse; 3. Auflage, Springer Gabler.

Makridakis, Spyros; Reschke, Hasso; Wheelwright, Steven C. (1980): Prognosetechniken für Manager; Springer Fachmedien Wiesbaden GmbH.

Pawellek, Günther (2007): Produktionslogistik: Planung – Steuerung – Controlling; mit 42 Übungsfragen; 1. Aufl., Carl Hanser Fachbuchverlag.

Pfohl, Hans-Christian (2016): Logistikmanagement: Konzeption und Funktionen; 3. neu bearbeitete und aktualisierte Auflage,Springer Vieweg.

Rohrhofer, Christian; Graf, Hans-Christian (2013): Weißbuch der Intralogistik und Logistiktechnologie: Systemüberblick – Implementierung – Optimierung; Shaker Verlag.

Rother, Mike; Shook, John (2011): Sehen lernen: Mit Wertstromdesign die Wertschöpfung erhöhen und Verschwendung beseitigen; Dt. Ausg., Vers. 1.4. Aachen, Lean Management Institut.

Schönsleben, Paul (2020): Integrales Logistikmanagement. Operations und Supply Chain Management innerhalb des Unternehmens und unternehmensübergreifend; 8. Auflage, Springer Vieweg.

Supply Chain Operations Reference Model (SCOR) (2017); Version 12.0, APICS.

Schulte, Christof (2016): Logistik. Wege zur Optimierung der Supply Chain; 7. vollständig überarbeitete und erweiterte Auflage, Verlag Franz Vahlen.

Wannenwetsch, Helmut (2021): Integrierte Materialwirtschaft, Logistik, Beschaffung und Produktion. Supply Chain im Zeitalter der Digitalisierung; 6. Aufl., Springer Vieweg.

Zäpfel, Günther (2001): Grundzüge des Produktions- und Logistikmanagement. 2., unwesentlich veränd. Aufl., Oldenbourg.

3 Logistik in Produktion und Beschaffung

Produktion ist die Erzeugung von verkaufsfähigen Produkten, Gütern und Waren aus verschiedenen Rohstoffen, Teilen, Komponenten, Baugruppen, Systemen etc. (was wir zusammenfassend als Materialien bezeichnen können). Produktion erfordert das Zusammenspiel von Materialien mit Menschen, Maschinen, Anlagen, Betriebs- und Hilfsstoffen und Energie, um daraus ein fertiges Produkt zu erzeugen. Logistik ist eine wesentliche Disziplin im Rahmen der Produktion, damit Materialien in ausreichender Menge für die Produktion zur Verfügung stehen und als Halbfertigprodukte (*Work-in-Process*) durch die Produktion bewegt werden können. Wir haben in früheren Abschnitten auch bereits die Bedeutung von Prozessen in Zusammenhang mit logistischen Abläufen hervorgehoben. Produktion, Produktionsmanagement und Prozesse sind sehr umfangreiche Themen- und Aufgabengebiete, die in vielfacher Art und Weise und mit unterschiedlichster thematischer Tiefe bereits in der bestehenden Literatur ausführlich behandelt sind. Wir wollen hier auch nicht tiefer oder gar nochmals darauf eingehen, was woanders bereits umfassend beschrieben wurde, sondern konzentrieren uns vorrangig auf jene wichtigen Themen der Produktion, die einen Einfluss auf logistische Kenngrößen haben.

Die Beschäftigung mit logistischen Fragestellungen in Zusammenhang mit der Produktion führt uns zur Betrachtung der verschiedenen Produktionstypen. Wenn wir von Produktionstyp sprechen, so meinen wir damit, ob die Produktion für große Stückzahlen gleicher Produkte oder eher für die Erzeugung einzelner Produkte durchgeführt wird, die dafür sehr stark an den Wünschen der Kunden orientiert sind. Die logistischen Flüsse hinter diesen verschiedenen Produktionstypen sehen recht unterschiedlich aus! Produktion hat immer einen Anteil von kundenanonymer und einen Anteil kundenspezifischer Erzeugung, wobei diese Anteile (kundenanonym vs. kundenspezifisch) vom Produktionstyp abhängen. Am sogenannten

Kundenauftragsentkopplungpunkt geht die kundenanonyme Produktion in eine kundenspezifische über. Diesem Kundenauftragsentkopplungspunkt und damit der Definition des Produktionstyps widmen wir den ersten Abschnitt in diesem Kapitel, weil damit Eckpunkte für alle weiteren logistischen Abläufe in der Produktion definiert werden.

In weiterer Folge wollen wir uns dann der Frage zuwenden, wie die Leistungserstellung erfolgen kann. Bei der Leistungserstellung steht die Betrachtung der Produktionsorganisation im Mittelpunkt: wie müssen Anlagen, Maschinen, Betriebsmittel aufgestellt werden, damit die Leistungserstellung – also die Erzeugung eines verkaufsfähigen Produkts aus den verschiedenen Materialien – bestmöglich erfolgen kann? Es handelt sich in diesem Zusammenhang um elementare logistische Fragestellungen, sowohl was die Informations- als auch die Materialflüsse angeht.

Wenn diese Fragen geklärt sind (die gewissermaßen die Produktionsstrukturen festlegen), dann besteht die Herausforderung darin, die Abläufe zu planen. Wir müssen uns die Frage stellen, woher und wie wir die erforderlichen Materialien bekommen, damit wir unsere Produkte erzeugen können. Somit haben wir die Schnittstelle zum Einkauf definiert, der für die logistisch zuverlässige und gleichzeitig kostengünstige Versorgung unserer Produktion sorgt. Diese Schnittstelle werden wir im nachfolgenden Abschnitt betrachten. Was dann noch folgt, ist die Planung der Mengen, die wir zukaufen oder auch selbst produzieren, sodass die fertigen Produkte zum geforderten Zeitpunkt auch an die Kunden geliefert werden können. Die Planung und Umsetzung der hier in diesem Absatz erwähnten Punkte fasst man im Konzept des Manufacturing Ressource Plannings (MRP II) zusammenfassen. MRP II ist ein essentielles Konzept in der Planung und Umsetzung der Produktion.

Bevor wir uns intensiver mit dem Konzept des MRP II beschäftigen, sollen im nachfolgenden Abschnitt als Einführung in das Logistikmanagement in der Produktion die zuvor bereits erwähnten Themen behandelt werden.

3.1 Grundlegende Betrachtungen zur Logistik in der Produktion

Wir beginnen unsere logistischen Betrachtungen in der Produktion mit den Organisationsformen der Produktion und der damit zusammenhängenden Lage des Kundenauftragsentkopplungspunkts (KAEP).

3.1.1 Der Prozesstyp der Produktion

Der Kundenauftragsentkopplungspunkt (auch CODP für *Customer Order Decoupling Point*) ist jener fiktive Punkt im Materialfluss, an dem ein kundenanonymer Materialfluss (oder eine kundenanonyme Produktion) in einen kundenspezifischen übergeht. Kundenanonym bedeutet, dass Unternehmen ohne konkrete Kundenaufträge produzieren. Warum tun sie das? Weil sie Prognosen darüber anstellen, was die Erwartungen und gewünschten Produkte der Kunden sein könnten und folglich bereits auf dieser Basis zu produzieren begonnen haben.

Produktion ist der Überbegriff über erzeugende bzw. transformatorische Tätigkeiten (ein Wertschöpfungsprozess), wodurch aus unterschiedlichen Materialien neue und andere Produkte entstehen. Produktion besteht aus einer Kombination von Fertigung und Montage. Montage ist das Zusammensetzen unterschiedlicher Materialien zu einem Produkt, Fertigung ist die Ver- oder Bearbeitung von Materialien, um daraus ein gewünschtes Produkt oder Halbfertigprodukt zu erzeugen.

Der Produktions- bzw. Organisationstyp der Produktion wird maßgeblich davon bestimmt, wie sehr Kunden die Möglichkeit der Mitgestaltung am Produkt erhalten. So gibt es Massenprodukte, die in gleicher Art und Weise (z.B. Medikamente, Waschmittel, Treibstoffe) für eine sehr große Zahl unterschiedlicher Kunden produziert werden aber auch Produkte, die für ganz bestimmte Kunden erstellt, vielleicht sogar auch erst entwickelt und entworfen werden. Deswegen sieht auch der Leistungserstellungsprozess für diese verschiedenen Arten von Produkten verschieden aus. Wir gliedern nun die verschiedenen Arten des Leistungserstellungsprozesses (siehe Abbildung 54) in

- MTS (*make-to-stock*) oder Lagerproduzent
- ATO (*assemble-to-order*) oder kundenspezifische Assemblierung
- MTO (*make-to-order*) oder Auftragsfertigung
- ETO (*engineer-to-order*) oder kundenspezifische Entwicklung und Herstellung.

Abbildung 54 zeigt neben den vier Produktionstypen exemplarisch für den MTO-Produktionstyp, dass bis zum KAEP kundenanonym und danach kundenauftragsbezogen produziert wird.

Beim Leistungserstellungsprozess nach MTS werden die vom Markt gewünschten Waren in großer Stückzahl produziert, ohne dabei auf individuelle Wünsche des Kunden Rücksicht zu nehmen. Man hat es in diesem Fall mit einem Massenmarkt zu tun, in dem die Kunden nur die Entscheidung treffen können, ob sie das Produkt in der vom Unternehmen erzeugten Art kaufen wollen oder nicht. Bestehen die

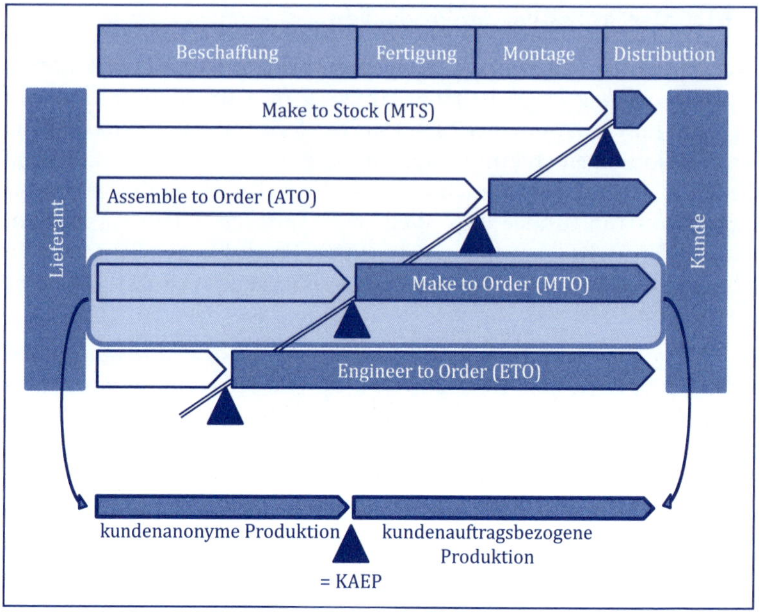

Abbildung 54: Eine schematische Darstellung der Lage des Kundenentkopplungspunkts in Abhängigkeit vom Typ der Leistungserstellung

Kunden auf einem Produkt mit einem anderen Aussehen oder einer anderen Funktion, so müssen sie eines von einem anderen Hersteller wählen. Der Leistungserstellungsprozess wird also *kundenanonym* – unabhängig von einem speziellen Kunden durchgeführt.

Beispiel:
Dieselkraftstoff ist ein typisches MTS Produkt. Diesel aller Hersteller ist gleich, der Kraftstoff ist genormt. Kunden haben keine Möglichkeit, auf die Art des Produkts Einfluss zu nehmen. Sie können nur entscheiden, ob sie dieses Produkt kaufen oder nicht.

Im Falle der MTS Unternehmen wird die Produktion aus logistischer Sicht in einer möglichst *effizienten* Art und Weise durchgeführt, und auch das Produkt selbst sollte auf die logistischen Anforderungen der Leistungserstellung bestmöglich abgestimmt sein. Unternehmen, die nach MTS produzieren, können das Layout ihrer Produktionsanlagen vollkommen auf große Stückzahlen von ein und demselben Produkt auslegen. Eine gute Layoutplanung und die folgende Umsetzung erfordern allerdings umfangreiche Analysen, Konzepte und Investitionen und stellen einen beträchtlichen zeitlichen und finanziellen Aufwand dar.

Die eigentliche Produktionsplanung ist bei einem MTS-Produzenten weitgehend von den einzelnen Kundenaufträgen unabhängig und wird auf Basis von (Absatz-) Prognosen erstellt. MTS Unternehmen fertigen – wie wir bereits wissen – Produkte unabhängig (man sagt: anonym) von konkreten Kundenaufträgen auf Lager; daher auch der Name. Der Organisationstyp der Produktion, der am ehesten für einen Lagerfertiger zur Anwendung kommt, ist die Fließproduktion.

Beispiel:
„You can have any colour as long as it is black". Dieses Zitat, das Henry Ford zugeschrieben wird und sich auf die Produktion des Ford T-Modells am Beginn des 20. Jahrhunderts bezieht, untermauert, dass wahre Massenfertigung nach dem MTS Prinzip keine Individualisierung verträgt. Das Ford T-Modell wurde daher konsequenterweise nur in schwarzer Farbe geliefert.

Märkte sind jedoch häufig anders strukturiert als dies zuvor beim MTS Fertiger geschildert wurde: die Mengen von Produkten gleicher Art, die am Markt abgesetzt werden, sind beschränkt, Kunden wollen in der Produktgestaltung mitwirken und Märkte fordern ganz allgemein immer stärker, dass die Produkte kundenindividuell gestaltet sind. Kunden wollen sich durch gekaufte Produkte und deren Aussehen von anderen Kunden differenzieren. Das bedeutet für den Produktionsprozess, dass weniger Produkte auf effiziente Weise in großer Stückzahl gefertigt werden können, sondern ein höherer Anteil an kundenspezifischer Gestaltung berücksichtigt werden muss. Man spricht dann von Leistungserstellungsprozessen nach ATO (*assemble-to-order*) oder MTO (*make-to-order*). In der Grafik von Abbildung 54 bedeutet das, dass der KAEP also weiter nach links in Richtung *upstream* wandert.

Die Grenze zwischen ATO und MTO ist keine scharfe. Wie die Namen sagen, geht eine Leistungserstellung nach ATO eher in die Richtung, dass die (Halbfertig-) Produkte, die sich auf Lager befinden, nur mehr kundenindividuell montiert werden und damit bereits ein hoher Vorfertigungsgrad vorliegt. MTO hingegen erfordert in der Produktion noch deutlich mehr Arbeitsschritte, um aus vorhandenem Bestand am KAEP das für den Kunden gestaltete Endprodukt zu erzeugen.

Beispiel:
Die Fertigung eines Notebooks kann als Leistungserstellung nach ATO gesehen werden. Notebooks differenzieren sich für den Endkunden durch ihr Design, durch ihre (Bildschirm-) Größe und durch die technische Ausstattung. Die technische Ausstattung wird allerdings nicht für jeden Kunden einzeln entwickelt, sondern besteht aus vordefinierten und vorgefertigten Komponenten. So gibt es Motherboards mit Prozessoren von Intel oder AMD, es gibt Hard-Disc-Drives (Festplatte) in der Ausführung von klassischen Festplatten oder SSD (*solid-state-drive*) und dann natürlich auch noch englische Tastaturen, deutsche Tastaturen, japanische, etc. Die Anzahl möglicher Komponenten ist groß, der Kunde jedoch hat keine Möglichkeit seine Tastatur beispielsweise mit alphabetischer Anordnung der einzelnen Tasten zu bekommen. Seine Möglichkeiten bleiben darauf beschränkt, aus einem Baukasten von definierten Einzelkomponenten auszuwählen. Diese Art der Leistungserstellung nennt man ATO.

Kunden haben in der Gestaltung des Produkts stärkere Einflussmöglichkeiten als bei ATO.

Beispiel:
Ein Beispiel hierfür ist der Kauf einer Kücheneinrichtung. In aller Regel erfordert der vorhandene Platz die maßgenaue Fertigung einer Einbauküche. Geht der Kunde nicht zum Tischler, sondern in ein Einrichtungshaus, so kann er aus verschiedenen angebotenen Modellen das von ihm gewünschte Design der Küche auswählen. Es steht ihm zusätzlich die Möglichkeit offen, die Anordnung der einzelnen Kästchen und Elemente individuell zu gestalten. Der Einrichtungsberater hat auch hier – ähnlich wie bei dem oben erwähnten Beispiel mit Computern – einen Katalog zur Hand, der eine Vielzahl von Korpussen und Türen mit unterschiedlichen Oberflächen enthält. Zusätzlich, und das ist nun der entscheidende Unterschied zum oben genannten Beispiel von Computern, wird auf die individuellen Maße des vorhandenen Raums Rücksicht genommen und es werden dementsprechend Blenden, eventuell sogar Kastenteile, auf Maß zugeschnitten (das entspricht dem *make* in dieser Form der Leistungserstellung). Der Kunde erhält also sein gewünschtes und für ihn maßgenau gefertigtes Modell, wobei der Leistungsersteller trotzdem auf vorhandene Basiselemente (sogenannte Module) zurückgreift. Beide Seiten, sowohl Kunde als auch das leistungserstellende Unternehmen, profitieren von dieser Vorgehensweise: der Kunde erhält sein individuelles Produkt, der Hersteller spart Kosten, weil er gewisse Basistypen bereits in effizienter logistischer Art und Weise auf Lager fertigen kann und sich nicht erst mit Eingang des Kundenauftrags über die mögliche Gestaltung und Machbarkeit des Kundenauftrags Gedanken machen muss.

Trotz der beschriebenen Unterschiede sind die Fertigungstypen nach ATO und MTO zueinander ähnlich und in der Praxis wird sich selten ein Fall finden, den man ganz klar der einen oder anderen Art der Leistungserstellung zuordnen kann.

Eine Leistungserstellung nach dem ETO Prinzip hingegen bedeutet, dass das produzierende Unternehmen erst mit dem Engineering bzw. der Konstruktion beginnt, wenn ein konkreter Auftrag vom Kunden erteilt wird. Diese Konstruktion ist Voraussetzung dafür, dass überhaupt erst eine Beschaffung bzw. gar die Produktion angestoßen werden kann. In der schematischen grafischen Darstellung von Abbildung 54 befindet sich der KAEP für ein Unternehmen, das nach ETO seine Leistung erbringt, auf der Seite des Rohmaterials, also weit *upstream*. Standardisierung ist für diese Unternehmen in aller Regel auf die Beschaffung von ähnlichen oder gleichen Materialien beschränkt, aus denen dann die Produkte nach Kundenwünschen erzeugt werden.

Beispiel:
Die Beauftragung eines Tischlers mit der Fertigung eines nach Wünschen des Kunden designten und gefertigten Möbelstücks ist ein Beispiel für eine Leistungserstellung nach ETO. Der Tischler wird gemeinsam mit dem Kunden das Möbelstück erst entwerfen, bevor er mit der Umsetzung anfängt. Es handelt sich also um ein ausgeprägt kundenspezifisches Produkt, das keine Vorabplanung zulässt. Erst nach Unterzeichnung des Auftrags durch den Kunden beschäftigt sich der Tischler mit der fertigungstechnisch besten Möglichkeit zur Umsetzung und bestellt das Rohmaterial, sofern er nicht gerade passendes Material auf Lager hat. Der KAEP liegt daher weit *upstream*, wahrscheinlich im Rohmateriallager, in dem sich einzelne Hölzer, Beschläge oder Holzplatten auf Lager befinden.

Liegt nun die Wahl des KAEP in der freien Entscheidung des Unternehmens? Es kommt darauf an! Unternehmen sollten aus Logistikperspektive bemüht sein, einen möglichst klaren und einfachen Materialfluss zu realisieren. Diesem Anspruch genügt am ehesten das Prinzip des Lagerfertigers (MTS). Ein Lagerfertiger kann mit seiner gewählten Struktur der Leistungserbringung große Stückzahlen im Fluss erzeugen. Das funktioniert aber nur dann, wenn der Markt entsprechend große Stückzahlen eines Produkts braucht und auch akzeptiert, dass eben keine kundenindividuellen Wünsche in der Produktion berücksichtigt werden. Umgekehrt erfordern diese Märkte auch vom erzeugenden Unternehmen, dass der Materialfluss so effizient wie möglich gestaltet ist, denn ein hoher Kostendruck auf die fertigen Produkte ist in diesen Märkten meistens die Regel.

Die Herausforderung für Unternehmen, die nach ETO produzieren, liegt hingegen darin, Kunden individuell zu beliefern. Damit ist in den meisten Fällen auch eine entsprechend komplexe Leistungserbringung durch stets wechselnde logistische Abläufe (weil jedes Produkt anders aussieht und andere Produktionsschritte benötigt) in der Produktion erforderlich. Angebote solcher Unternehmen an ihre Kunden müssen diese Komplexität und die damit verbundenen Prozesskosten entsprechend berücksichtigen! Diese Unternehmen haben ihre Produktionsstruktur so gestaltet, dass sie damit größtmögliche Flexibilität erzielen können, sie können jedoch kaum klassische Absatzplanung durchführen – anders als MTS Unternehmen, für die Planung im Kern steht: bei Unternehmen, die individuell produzieren, lässt sich nun einfach nicht planen, wie viele Kunden im nächsten Monat ihre persönlich gestaltete Küche in Auftrag geben.

Generell sind alle Unternehmen bestrebt, die Produktion *downstream* bis zum KAEP so effizient als möglich durchzuführen. Effizienz in der logistischen Gestaltung kann durch Standardisierung von Prozessen und Produkten erreicht werden und diese hat geringere Kosten zur Folge. Erstellt man eine große Anzahl identischer Produkte, so sind die damit verbundenen Kosten pro Stück niedriger als bei kleineren Produktionsstückzahlen – der Kostenverlauf ist degressiv: je mehr Stück von einer Art erzeugt werden, desto geringer werden die Kosten pro erzeugtem Stück. Man nennt diesen Effekt auch Stückzahleffekt oder *Economies-of-scale*.

Diese Kostendegression hat im Wesentlichen damit zu tun,

- dass Organisationen und Menschen bei wiederholenden Tätigkeiten ihre Arbeitsabläufe optimieren können, also für die gleichen Handgriffe bzw. Maschinenoperationen weniger Zeit benötigt wird,
- dass in der Beschaffung für größere Stückzahlen von ein und demselben Produkt bessere Preise zu erzielen sind und
- dass insgesamt Abläufe in der Leistungserstellung effizienter gestaltet werden können – dem Prinzip eines kontinuierlichen logistischen Flusses mit geringen Warte- und Lieferzeiten also nahe kommen.

Am KAEP selbst geht die *effiziente* in eine *flexible* Leistungserstellung über. Effizient oder (eng.) *lean* bedeutet, die Reduktion der Kosten bei der Leistungserstellung in den Vordergrund zu stellen (effizient = „die Dinge richtig tun“) und den Fokus auf eine hohe Leistung zu legen, um preislich mit dem Wettbewerb mithalten zu können. Flexibel oder (eng.) *agile* hingegen meint, die Erfüllung des spezifischen Kundenwunschs in den Mittelpunkt des Handelns zu stellen (effektiv = „die richtigen Dinge tun“) und damit die Produkte und Prozesse leicht anpassbar zu gestalten.

Mit einer agilen Produktion kann es gelingen höhere Preise durch verbesserten Kundennutzen (z.B. auch mit Hilfe von zusätzlichen Logistikleistungen) oder durch Produktdifferenzierung (Varianten) am Markt durchzusetzen.

Was bedeutet der Unterschied zwischen kundenanonymer und kundenspezifischer Produktion in der Praxis? Komponenten oder Baugruppen, die in viele oder gar in alle finalen Produkte eingehen, werden effizient bis zum KAEP vorgefertigt und dort auf Lager gelegt. Sie sind in diesem Zustand so genannte Halbfertigprodukte (*work-in-process*). Erhält das Unternehmen nun einen konkreten Auftrag des Kunden, so wird aus diesen Komponenten oder Baugruppen das finale Produkt zusammengesetzt (bzw. montiert oder wie man auch mit einem aus dem Englischen abgeleiteten Begriff sagt: *assembliert*).

3.1.2 Typen und Formen der Produktionsorganisation

Mit der Lage des Kundenauftragsentkopplungspunkts steht die physische und organisatorische Gestaltung der Produktion selbst in engem Zusammenhang (Tabelle 4). Logistikmanagement muss nun dafür sorgen, dass die Materialflüsse für die verschiedenen Arten der Produktion optimal gestaltet sind und auch der Informationsfluss das abbildet, was der Markt bzw. die Kunden erwarten.

<table>
<tr><th>Unterscheidungs-kriterien</th><th colspan="12">Ausprägungsformen</th></tr>
<tr><td>Wiederholhäufigkeit der Produktionsvorgänge</td><td colspan="3">Einmal-produktion</td><td colspan="3">Einzel-produktion</td><td colspan="3">Serien-produktion</td><td colspan="3">Massen-produktion</td></tr>
<tr><td>Nach der organisatorisch-technischen Gestaltung der Produktionsvorgänge</td><td colspan="4">Werkstatt-produktion (verrichtungs-orientiert)</td><td colspan="4">Gruppen-produktion (produkt- oder produktgruppen-orientiert)</td><td colspan="4">Fließproduktion (flussorientiert)</td></tr>
</table>

Tabelle 4: Organisationstypen der Produktion

Die am besten geeigneten Materialversorgungs- bzw. Planungsstrategien für die Produktsorganisation hängen davon ab

- *wie* die Produktion *organisiert* ist,
- *wodurch* die Produktionsprozesse *ausgelöst* werden (Lage des Kundenauftragsentkopplungspunkts)
- und *wie* die Produktionsstrukturen (Layout) *festgelegt* sind.

3.1.2.1 Die Wiederholhäufigkeit der Produktionsvorgänge

Unter **Einmalproduktion** versteht man die tatsächlich nur einmalig auftretende Produktion von einem auf Kundenwunsch gefertigten Produkt. Die Produkte sind kundenindividuell gestaltet (z.B. ein Haus) und die Produktion wird erst durch den konkreten Kundenauftrag angestoßen. Im Unterschied zu einer Einmalproduktion ist die **Einzelproduktion** zu sehen, bei der das Produkt zwar auch erst nach Eintreffen eines konkreten Kundenauftrags produziert wird, es aber häufiger und immer wieder – zu unterschiedlichen Zeitpunkten – verkauft wird. Einzelproduktion ist beispielsweise bei der Herstellung von Ersatzteilen oder im Anlagengeschäft zu finden. Im Fokus der Gestaltung von Einmal- oder Einzelfertigung steht der Kunde mit seinen individuellen Wünschen nach Art und Aussehen des Produkts und seinen logistischen Vorgaben (Liefertermin, Menge).

Gegensätzlich dazu verhält sich die **Serienproduktion**, bei der zumindest eine gewisse Anzahl von gleichen Produkten erzeugt wird. Eine Serienproduktion kann ebenfalls von Kundenaufträgen ausgelöst werden (ein Kunde bestellt z.B. 100 Stück von einem klar spezifizierten Produkt) oder auch kundenanonym erfolgen (das Unternehmen beschließt aufgrund seiner Markteinschätzung 100 Stück von Produkt A zu erzeugen). Eine *effiziente* Gestaltung der Produktions- und Logistikprozesse steht im Zentrum der Überlegungen; etwas, das bei der Einzel- oder gar Einmalfertigung schwierig zu realisieren ist. **Massenproduktion** geht über die Serienproduktion hinaus und wird zur Erzeugung einer großen Anzahl gleicher (oder zumindest sehr ähnlicher) Produkte (z.B. Medikamente in der Pharmaindustrie oder Benzin als Produkt der petrochemischen Industrie) verwendet. Anlagen und Maschinen werden bei der Massenproduktion nach dem logistischen Fluss angeordnet.

3.1.2.2 Werkstattproduktion

In der Werkstattproduktion sind die Maschinen nach dem *Funktionsprinzip* angeordnet. Maschinen und Arbeitsstationen, auf denen gleichartige Tätigkeiten durchgeführt werden können, sind räumlich in einem Bereich zusammengefasst (z.B. Dreh-, Fräs-, Schleif- und Montagewerkstatt) – so wie wir das von einem Besuch in einer klassischen Werkstatt kennen.

Die Anordnung der Maschinen nimmt keine Rücksicht auf den logistischen Materialfluss – weil es auch keinen gibt, nach dem man sich richten kann. Jeder Auftrag benötigt andere Bearbeitungsschritte. Das Material bzw. Werkstück wird zwischen den erforderlichen Arbeitsstationen bewegt. Dabei kann ein Werkstück auch mehrfach in dieselbe Werkstätte bzw. zu denselben Arbeitsstationen zurückkehren (weil z.B. die Produktion wegen des Vorziehens von dringlicheren Aufträgen unterbrochen werden muss oder erst andere Bearbeitungsschritte erfolgen, bevor am betreffenden Werkstück wieder weitergearbeitet werden kann).

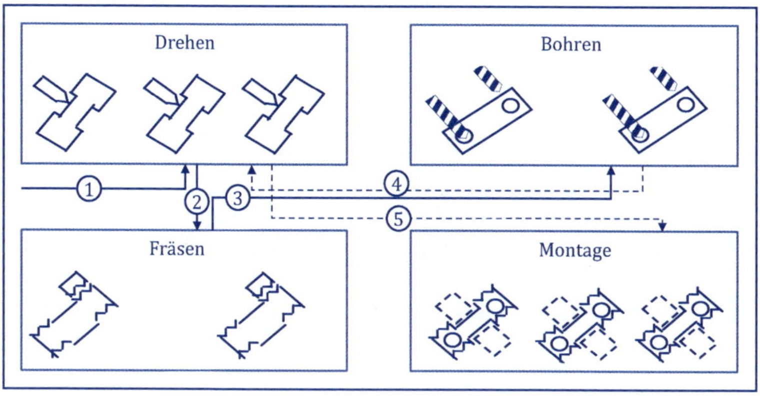

Abbildung 55: Möglicher Materialfluss bei einer Werkstattproduktion

Der große Nutzen einer Werkstattproduktion liegt in ihrer Flexibilität. Immer dann, wenn es sich um Einzel- oder Einmalproduktionen handelt, ist die Werkstattproduktion die bevorzugte Auslegungsform. Wir finden Werkstattproduktion (und dabei handelt es sich meistens um den Spezialfall der Fertigung) häufig bei KMUs, weil sich diese in der Regel auf Spezialanwendungen mit kleinen Stückzahlen spezialisieren.

Was spricht sonst noch für die Werkstattproduktion?

- Ein vergleichsweise geringer Investitionsbedarf für Automatisation. Der Transport zwischen den Arbeitsstationen bzw. Werkstätten erfolgt in der Regel mit Unstetigförderern (z.B. Staplern).
- Interessante Tätigkeiten für Mitarbeiter, weil diese verschiedene Maschinen und Arbeitsstationen zu bedienen haben. Damit steigt für viele Mitarbeiter die Motivation durch das unterschiedliche Aufgabenspektrum.

Der große Nachteil einer Werkstattfertigung liegt allerdings in schwierig zu planenden logistischen Abläufen, weil viel transportiert werden muss, die Liege- und Wartezeiten lang sind und wenig Transparenz über den aktuellen Status eines Produktionsauftrags besteht.

3.1.2.3 Gruppenproduktion (oder Inselproduktion)

Bei der Gruppenproduktion, die oftmals auch als Produktionsinsel (oder Inselproduktion) bezeichnet wird, sind verschiedene Betriebsmittel in einer Abteilung bzw. in einem räumlichen Bereich zusammengefasst. Der Zweck besteht darin, dass man Werkstücke mit ähnlichen Produktionsschritten in einem deutlich besseren logistischen Fluss realisieren kann. Im Gegensatz zu der später noch folgenden Fließproduktion sind allerdings nur einzelne Arbeitsgänge zur Erzeugung der Produkte ähnlich, sodass oft Produktionsinseln auf Produktionsinseln oder auf Bereiche mit Werkstattproduktion folgen.

Die einzelnen Produktionsinseln übernehmen alle Planungs-, Steuerungs- und Kontrollaufgaben für Mitarbeiter, Maschinen und Aufträge selbst und stellen somit einen – innerhalb des Unternehmens – weitgehend abgekapselten Produktionsbereich dar.

Die Vorteile sind eindeutig kurze Transportwege, geringe Durchlaufzeiten, eine wirtschaftliche Produktion auch großer Stückzahlen und die abwechslungsreiche Arbeit für die Mitarbeiter innerhalb der Gruppenproduktion bzw. Produktionsinsel. Zwischen den verschiedenen Gruppenproduktionen oder auch zwischen Werkstattproduktionsteilen und Gruppeninseln finden sich jedoch Lagerbereiche.

3.1.2.4 Fließproduktion

In der Fließproduktion sind die Betriebsmittel nach der technologischen Reihenfolge der Produktentstehung angeordnet und der Materialfluss erfolgt für alle Erzeugnisse weitgehend identisch. Die einzelnen Arbeitsstationen sind häufig verkettet und zur Bearbeitung der Produkte an den einzelnen Arbeitsstationen steht eine fixe Zeitspanne (die sogenannte Taktzeit) zur Verfügung, so dass zwischen den einzelnen Stationen kaum ablaufbedingtes Liegen der Werkstücke entsteht. Verkettung zwischen den Arbeitsstationen kann durch Fördertechnologien umgesetzt werden.

Beispiel:
Endmontagelinien in der Automobilindustrie sind typischerweise Fließproduktionen. Die lackierte Fahrzeugkarosserie wird durch Fördertechnik (meist ein Fließband oder eine Hängebahn) von Arbeitsstation zu Arbeitsstation gebracht, wo das halbfertige Fahrzeug für die Dauer der Taktzeit verweilt. So eine Fließproduktionslinie weist einen hohen Automatisierungsgrad auf. Das Produktionspersonal muss nur wenige, jedoch immer wiederkehrende Handgriffe machen oder es wird gar nur mehr zur Überwachung der automatisierten Prozesse eingesetzt.

Zu den Vorteilen der Fließproduktionslinie zählt der weitgehende Verzicht auf Pufferlager, wodurch die Lagerbestände und somit auch die Lagerkosten gering gehalten werden. Des Weiteren zeichnet sich die Fließproduktion durch kurze Durchlaufzeiten, einfache Materialtransporte, Transparenz und eine einfache Steuerung der Produktionsprozesse aus.

Nachteilig sind hingegen die notwendigen hohen finanziellen Aufwendungen für den erstmaligen Aufbau der Fließproduktion und die teilweise monotone Arbeit für die Mitarbeiter, wenn nicht entsprechende Maßnahmen dagegen gesetzt werden (z.B. Schulung der Mitarbeiter, damit diese an unterschiedlichen Arbeitsstationen tätig werden können). Dieser Organisationstyp ist typisch für die Massen- oder Großserienproduktion (z.B. bei Konsumgütern oder bei standardisierten Industrieartikeln). Fließproduktionslinien können kaum auf spezifische Wünsche des Kunden eingehen, außer diese entsprechen vom Hersteller entwickelten Varianten (wie das in der Automobilindustrie durch Sonderausstattungen bzw. unterschiedlichen Motorisierungen der Fall ist). Fällt eine einzige Arbeitsstation aus, so steht die gesamte Produktionslinie.

3.1.3 Hierarchische Planungsverfahren

Manufacturing Resource Planning (MRP II) ist ein hierarchisches Planungsverfahren. Hierarchische Planung bedeutet, dass die umfassende und komplexe Planungsaufgabe für die logistischen Flüsse auf Unternehmensebene in sinnvoll zusammengefasste Pakete zerlegt wird, die jeweils in sich geschlossen sind und einen anderen Fokus darstellen. Gleichzeitig hängen diese Pakete voneinander ab, wie dies in Abbildung 56 dargestellt ist. Das hierarchisch höherstehende Planungspaket setzt die Rahmenbedingungen (gibt also Planungsprämissen vor) für das hierarchisch niedrigere Planungspaket, in dessen Rahmen dann wieder selbständig Planungsaufgaben vollzogen werden dürfen.

Vereinfachung tritt dadurch ein, dass die hierarchisch niedrigeren Planungsaufgaben nur mehr einen Ausschnitt der gesamten Planungsaufgabe umfassen, zeitlich meist weniger weit in die Zukunft reichen und auch der Planungsgegenstand ein begrenzterer ist als bei der gesamten Planung für das Unternehmen: steht für die Unternehmensleitung die Planung der Logistik bzw. Supply Chain für den gesamten Konzern (mit allen Produktions- und Lagerstätten) im Fokus, so wäre ein Ausschnitt dieser Planung eben nur die Logistik- bzw. Supply Chain Planung für *ein* Produktionswerk. Durch dieses Vorgehen gelangt man auch zu mehr Tiefe und Detaillierung in der Planung. Das einzelne Produktionswerk muss sich in seiner Planung um seine eigenen Kunden, seine eigenen Märkte, seine eigenen Lieferanten und seine eigenen Kapazitäten kümmern im Gegensatz zur Konzernleitung, die niemals diesen detaillierten Fokus für *alle* Produktions- und Lagerstätten gleichzeitig haben kann. Die Planungsaufgaben werden nicht per se einfacher, je weiter man in der Hierarchie nach unten gelangt, bekommen aber auf jeden Fall einen anderen, einen detaillierteren Fokus. Man nennt diesen Vorgang, der mit der hierarchischen Aufgliederung der Planung verbunden ist Disaggregation – im Gegensatz zu Aggregation (Zusammenfassung), wenn man Planungsaufgaben hierarchisch nach oben verdichtet.

Um einen Informationsaustausch in beide hierarchischen Richtungen sicherzustellen, werden auch von den hierarchisch niedrigeren Planungspaketen Informationen an das hierarchisch höhere Planungspaket rückgemeldet. Was sind das für Informationen? Beispielsweise Vollzugs- oder Statusmeldungen zu Kundenaufträgen, der Produktion, Meldungen zu Lieferproblemen bei Lieferanten und damit verbundene Produktionsverzögerungen, etc.

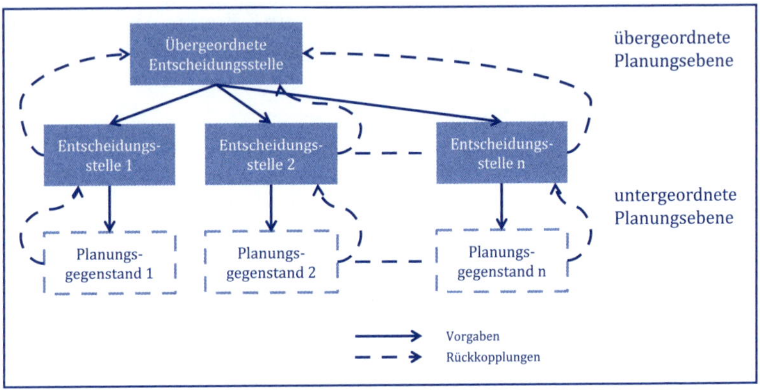

Abbildung 56: Das Prinzip der hierarchischen Planung

Üblicherweise werden diese Planungspakete nach dem Prinzip „vom Groben ins Detail“ gestaltet. Betrachtet man Planungsaufgaben nach der Zeit gestaffelt, so ist die Langfristplanung (Zeitraum gewöhnlich von einigen Monaten bis Jahren) gewöhnlich die hierarchisch am höchsten angesiedelte, die dann an die Mittelfristplanung (Zeitraum gewöhnlich von einigen Wochen bis einige Monate) Vorgaben macht, wobei diese wiederum bestimmt, was in der Kurzfristplanung (gewöhnlich von Tagen bis wenige Wochen) geschehen darf.

Die höchste Ebene ist in Produktionsunternehmen jene der Geschäftsplanung. Die Geschäftsführung kümmert sich in aller Regel nicht um Details der Leistungserstellung. Das hat „hierarchisch weiter unten“ zu erfolgen. Entsprechend zieht sich die hierarchische Planung von der Geschäftsführung beginnend über die aggregierte Programmplanung, die Produktionsplanung (auch MPS – Master Production Schedule genannt), die Materialbedarfsplanung hinunter bis zur Ausführungsplanung auf operativer Ebene. Diese Ebenen werden dann in Folge im Rahmen der Produktionsplanung und -steuerung weiter betrachtet. Also: Hierarchische Planung führt vom großen Ganzen zum Detail.

3.1.4 Rollierende Planung

In den meisten Fällen ist mit der hierarchischen Planung auch die rollierende Planung verbunden. Die rollierende Planung ist ein Verfahren, das zur Reduktion von Unsicherheit dient. Bei der rollierenden Planung ist der Planungshorizont deutlich länger als die Dauer der Planperiode. Der Planungshorizont umfasst mehrere Planperioden und ist jener Zeitraum, für den „in die Zukunft gesehen" wird. Die Planperiode ist hingegen jene Zeitspanne bis zum neuerlichen Planungslauf.

Nach Ablauf einer Planperiode wird bei der rollierenden Planung wieder ein neuer Planungslauf gestartet und der Planungshorizont wird um eine Planperiode in die Zukunft erweitert. Dieses Vorgehen bietet den Vorteil, dass Unsicherheiten in der ferneren Zukunft mit Näherkommen reduziert werden, weil neue Erkenntnisse aus dem Umfeld sofort in die nächste Planungsperiode aufgenommen werden.

Das Gegenteil zur rollierenden Planung ist die **Anschlussplanung**. Der Planungshorizont ist dabei fixiert und je weiter man in der Zeit voranschreitet, desto kürzer wird folglich die Zeitperiode, die noch bis zum Ende des Planungshorizonts zur Verfügung steht. Im Gegensatz zur rollierenden Planung „beschneidet" man sich förmlich beim formalisierten Blick in die Zukunft (was ein Planungsprozess ja ist), weil dieser eben nur bis zum Ende des definierten Planungshorizonts reicht. Man könnte nun argumentieren, dass genau das ein deutliches Argument gegen die klassische Anschlussplanung ist. Jedoch findet man sie immer noch in der Praxis bei so manchen Unternehmen. Die Gründe für das Festhalten an ihrer Verwendung mögen unterschiedlich sein, häufig geht es allerdings um eine Übereinstimmung dieser Anschlussplanung mit einer Budgetplanung, die in aller Regel auch einen fixen Zeithorizont bis zum Ende des Geschäftsjahres umfasst.

Planperioden sind generell unterschiedlich lang, je nachdem um welche Planungsebene (strategisch, taktisch oder operativ) es sich handelt. Die Zeiträume schwanken dabei von einer Woche (was die übliche Planperiode in der Produktionsplanung ist) bis hin zu mehrjährigen Zeiträumen bei einer strategischen Planung für das Logistikmanagement und die Supply Chain Planung.

Tendenziell nimmt die Unsicherheit zu, je weiter in die Zukunft geplant wird. Das heißt folglich, dass der unmittelbar nächste Zeitraum weniger Unsicherheit aufweist als ein weiter in der Zukunft liegender und daher mit einer größeren Verlässlichkeit prognostiziert werden kann. Die Genauigkeit einer Planung wird üblicherweise rückwirkend bestimmt, indem man Planzahlen für eine gewisse zeitliche Periode nach Ablauf dieser Zeitspanne mit den tatsächlich

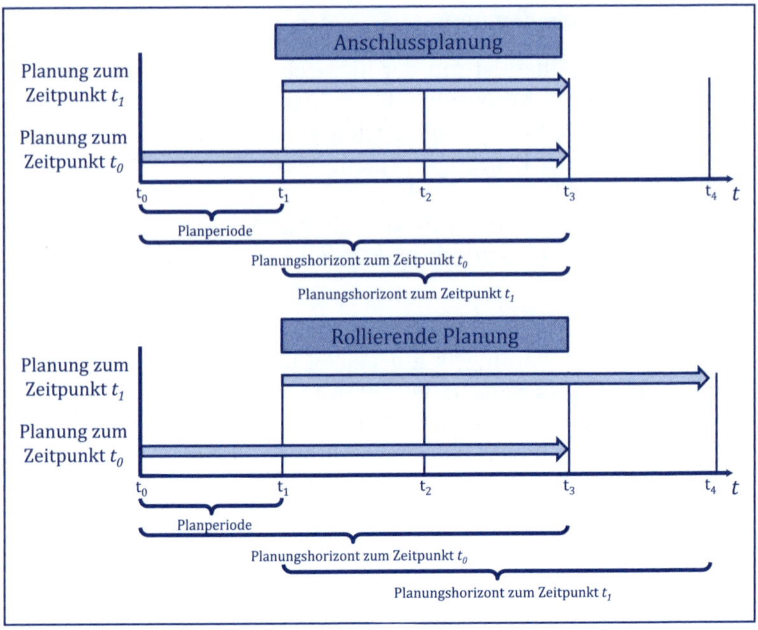

Abbildung 57: Die Gegenüberstellung von Anschlussplanung und rollierender Planung

eingetretenen Ist-Werten vergleicht. **Planungsgenauigkeit** ist – im einfachsten Fall ausgedrückt – also

$$Planungsgenauigkeit = 1 - Planungsfehler$$

$$Planungsfehler = \frac{|IST - prognostizierter\ Wert|}{prognostizierter\ Wert}$$

und sie wird üblicherweise in Prozent gemessen. Den Umstand, dass eben zeitlich näherliegende Perioden leichter zu prognostizieren sind als weiter in der Zukunft befindliche, nutzt die rollierende Planung aus. Für die Messung von Planungsfehlern im Rahmen von Prognosen haben sich unterschiedliche Verfahren etabliert, die aber an dieser Stelle nicht näher betrachtet werden. Die beiden zuvor gezeigten Gleichungen stellen nur die einfachste Form dar.

Planungsaktivitäten und -aufgaben im produzierenden Umfeld sind in der Theorie gut bekannt. Trotzdem begegnet man in der Praxis zahlreichen Schwierigkeiten und Defiziten, wie im nachfolgenden Beispiel gezeigt.

Beispiel:
Planung in produzierenden Unternehmen folgt in der Praxis häufig dem MRP II Konzept. Trotz des bekannten Konzepts und zahlreichen Softwareprodukten, die diese Art der Planung unterstützen, begegnen wir vielen Schwierigkeiten. Eine wesentliche Schwachstelle besteht darin, dass häufig Stammdaten in den ERP Systemen nicht aktuell sind und auch nicht ausreichend gepflegt werden. Stammdatenpflege ist eine zeitraubende, intensive und aufwändige Tätigkeit, die allerdings erforderlich ist, damit die Planungssysteme richtig rechnen können. Werden die Ergebnisse von Planungsrechnungen von den Mitarbeitern angezweifelt, so werden folglich immer wieder Parallelplanungen, die auf den Erfahrungen der Mitarbeiter basieren, durchgeführt. Jede Abteilung verwendet ihre eigene Planungslogik, weil sie den Zahlen aus dem formalen Planungssystem misstraut. Jeder hat damit seine eigenen Planzahlen, und sie alle stimmen nicht überein.

So kommt es nicht selten vor, dass Mitarbeiter extra am Wochenende in das Unternehmen kommen müssen, um einen dringenden Auftrag zu bearbeiten, nur um drei Wochen später festzustellen, dass dieser Auftrag immer noch nicht ausgeliefert wurde!

3.1.5 Produktionsstrategien

In allen Planungsstufen ist der Abgleich zwischen erwarteter Nachfrage und der verfügbaren Kapazität im Unternehmen erforderlich. Auf aggregierter Ebene ist eine Anpassung durch die Wahl der Produktionsstrategie möglich, wovon es grundsätzlich zwei unterschiedliche gibt: die **Synchronisation** (engl.: *chase strategy*) und die **Emanzipation** (engl.: *levelling strategy*). In der Praxis findet man selten weder eindeutig die eine noch die andere der beiden Strategien, sondern häufig Mischformen, wie dies auch Abbildung 58 zeigt.

Synchronisation bedeutet, dass die Kapazitäten und Ressourcen der Produktion und der Logistik an die Bedarfsnachfrage angepasst werden, was hohe Flexibilität auf der Angebotsseite (Kapazität, Material, Logistik, Lieferanten, Mitarbeiter) des Unternehmens erfordert. Emanzipation hingegen bedeutet, dass das Unternehmen die Bedarfe mit hinreichender Genauigkeit prognostizieren kann und die Schwankungen in der Nachfrage mit Fertigung auf Lager bzw. Versorgung der Kunden vom Fertigwarenbestand ausgleicht. Meistens jedoch findet man in der Praxis eine Mischform, bei der eine gewisse Grundflexibilität (also eine Fähigkeit zur Anpassung der Angebotsseite in gewissen Schranken) gegeben ist und nur Kundenbedarfe, die darüber hinausgehen, vom Lager bedient werden. Diese Mischform nennt man Zeitstufenprinzip.

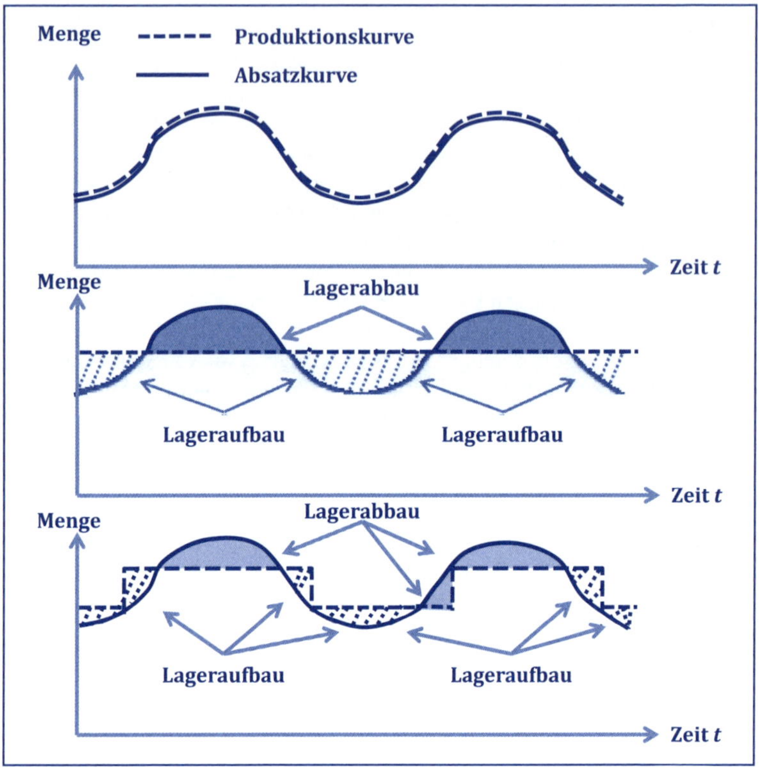

Abbildung 58: Synchronisation, Emanzipation und Zeitstufenprinzip (von oben nach unten) als mögliche Strategien der Leistungserstellung

Beispiel:
Die Prozessindustrie, wie etwa Stahlerzeugung, die Pharmaproduktion, die Nahrungsmittelindustrie oder ganz allgemein die chemische Industrie, verfolgt in vielen Fällen das Prinzip der Emanzipation. Fast immer handelt es sich dabei um Fließproduktionen, oft sogar realisiert durch unmittelbare Verkettung der Anlagen. Das Material, das ein chemisches Pulver oder ein anderer Rohstoff, eine Flüssigkeit, eine Paste oder eine ähnliche Substanz sein kann, wird durch Prozessschritte über Rohrleitungen oder Fließbänder zum nächsten Prozessschritt weiter befördert. Flexibilität bieten solche Anlagen kaum, also bleibt nur die Möglichkeit durch Planung die erwarteten Mengen zu bestimmen und dann entsprechend auf Lager zu produzieren.

Betrachtet man nun die vorgestellten Produktionsstrategien Synchronisation, Emanzipation und das Zeitstufenprinzip aus logistischer Sicht, so erkennt man, dass diese beiden Strategien nicht nur spezifische Anforderungen an den Material- bzw. den Informationsfluss stellen, sondern auch die finanziellen Flüsse im Unternehmen betreffen. Das Vorproduzieren auf Lager bei der Emanzipation erfordert die entsprechenden finanziellen Möglichkeiten, dies zu tun. Das heißt, Kapital wird in Form von Fertigprodukten über einen längeren Zeitraum gebunden und auch Lieferanten müssen deutlich früher bezahlt werden, als Geld wieder von den Kunden zurückfließt. Unternehmen müssen in der Lage sein, die dafür erforderlichen finanziellen Mittel aufzubringen. Ein zusätzliches Risiko stellen die Lagerbestände von Fertigmaterial dar, die möglicherweise wertberichtigt werden müssen, wenn der Absatz nicht dem prognostizierten entspricht. Sollten die Lagerbestände hingegen zu klein sein in Zeiten erhöhter Nachfrage, so entgehen dem Unternehmen Umsätze und es verliert in Folge eventuell sogar Kunden.

Umgekehrt hat das Produktionsprinzip der Synchronisation kaum Probleme mit hohen Lagerbeständen und deren Finanzierung, erfordert jedoch große Investitionen in Anlagen, eine ausgeklügelte Logistik und angepasste Arbeitszeitmodelle für die Belegschaft, um die geforderte Flexibilität sicherstellen zu können.

3.2 Manufacturing Resource Planning (MRP II)

MRP II ist ein bewährtes Konzept in vielen Produktionsunternehmen zur Planung der Aktivitäten und Bedarfe und umfasst sämtliche Ebenen der Planung in einer hierarchischen Form: von der Geschäftsplanung bis zur Feinplanung der Aufträge auf den einzelnen Arbeitsplätzen.

Planung ist ein willentlicher Akt der Abstimmung zwischen erwarteter Nachfrage und vorhandenen Ressourcen bzw. Kapazitäten (siehe Abbildung 59). Die erwartete Nachfrage bestimmt, welcher Ressourcenbedarf zu ihrer Erfüllung erforderlich ist. Ob der Ressourcenbedarf tatsächlich vorhanden ist und vom Unternehmen zur Verfügung gestellt werden kann, ergibt sich aus einem Abstimmungsprozess (der eine Planungsaktivität ist) mit dem Angebot an vorhandenen Ressourcen. Ressourcen im produzierenden Unternehmen sind typischerweise die Finanzen, die Anlagen und Maschinen, das erforderliche Material zur Produktion und die Mitarbeiter. Das Ergebnis dieser Planungsaktivitäten ist ein Plan, dessen Reichweite je nach Erfordernis kurz-, mittel- oder langfristig sein kann.

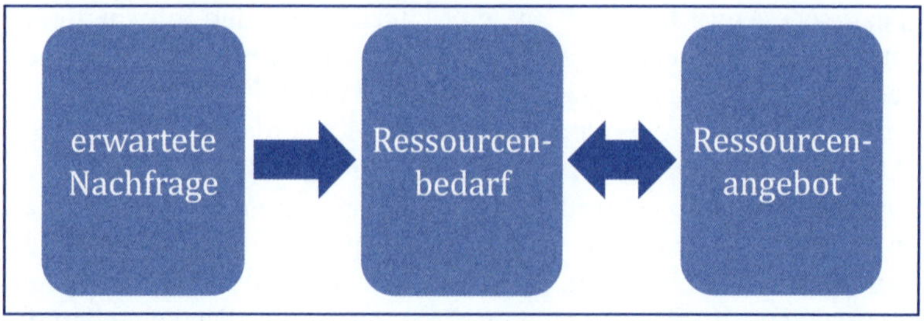

Abbildung 59: Der Zusammenhang von Nachfrage und Ressourcenangebot

Die Abstimmung zwischen erwarteten Bedarfen vom Markt und konkreten Kundenaufträgen einerseits und den verfügbaren Ressourcen andererseits ist Kern des *Manufacturing Resource Planning* (MRP II) Verfahrens. Um die Vielfalt der Informationen und Einflussfaktoren in einer sinnvollen Granularität zusammenzufassen, erfolgt MRP II in verschiedenen Hierarchieebenen, wie dies auch in Abbildung 60 dargestellt ist.

Von der höchsten Ebene beginnend lassen sich die Planungsebenen wie nachfolgend beschrieben darstellen:

- Eine **Absatzplanung** als Teil der Geschäftsplanung, deren Aufgabe die Einschätzung und Festlegung der erwarteten Nachfrage vom Markt ist. In der Regel spielen auf dieser höchsten Ebene von MRP II konkrete Kundenaufträge noch keine Rolle. Die Absatzplanung erfasst die Erwartungen von der Marktseite und gleicht diese mit den Vorgaben der Geschäftsführung ab, wobei Prognosen eine wichtige Rolle spielen.
- Eine **aggregierte Programmplanung**, die die Frage beantwortet, wann Produktfamilien in welcher Menge erstellt werden sollen, um die Absatzplanung realisieren zu können. Damit diese Frage beantwortet werden kann, werden vorhandene bzw. geplante Kapazitäten mit den Ergebnissen der Absatzplanung abgeglichen. Stellt man fest, dass kein Ausgleich zwischen Angebot und Nachfrage möglich ist, müssen Kapazitäten mittel- bis langfristig auf- oder abgebaut werden bzw. entsprechend die Absatzplanung revidiert werden.
- Die **Produktions-(programm-)planung** selbst greift die Ergebnisse der aggregierten Programmplanung auf und erstellt in Abstimmung mit den vorhandenen Kapazitäten den Produktionsplan (auch MPS – *Master Production Schedule* – genannt), der darüber informiert, wann welche Produkte (als Teil von Produktfamilien) in welcher Menge produziert werden sollen.
- Eine **Materialbedarfsplanung** (auch MRP oder *Material Requirement Planning* genannt), die aufgrund der Zusammenstellung der Pro-

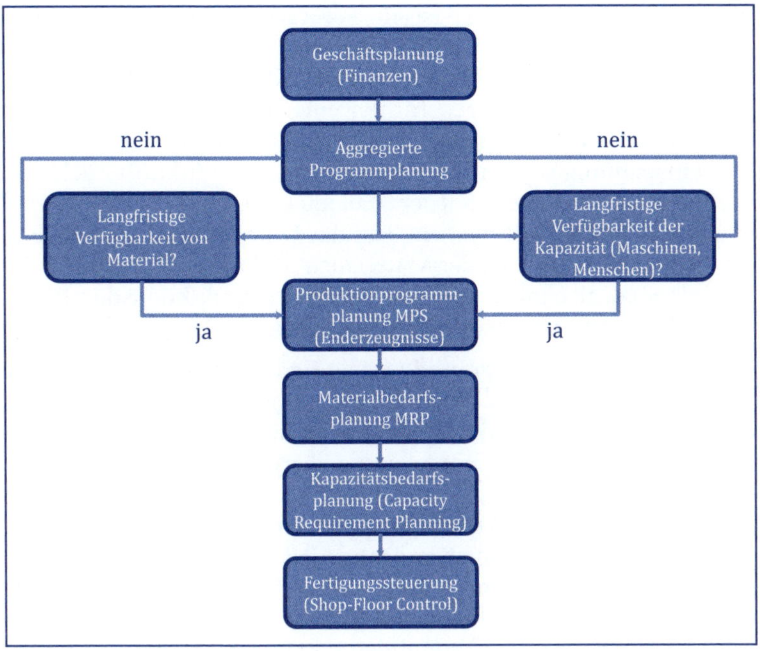

Abbildung 60: Der prinzipielle Ablauf von MRP II

dukte festlegt, wann (und in welcher Menge) welche Baugruppen, Teile, Komponenten oder Rohstoffe zu liefern (wenn diese von Lieferanten bereitgestellt werden) oder selbst zu fertigen bzw. zu montieren sind. MRP ist eine kombinierte Mengen- und Terminplanung.

- Eine **Kapazitätsplanung** (auch *Capacity Requirement Planning* genannt), die die Frage beantwortet, wie die vorhandenen Ressourcen mit dem Bedarf abzugleichen sind. Kapazitätsplanungen greifen auf jeder Ebene von MRP II in unterschiedlicher Detaillierung ein.
- Eine **Reihenfolgeplanung**, die die Frage beantwortet, in welcher Folge die Aktivitäten auszuführen sind (Ablaufplanung) – bereits als Teil der Fertigungssteuerung.
- Eine **Produktionsüberwachung**, die feststellt, ob die Aktivitäten gemäß der Planung ausgeführt werden und die im Bedarfsfall Korrekturmaßnahmen auslöst.

Aggregierte Programm- und Produktionsprogrammplanungen beginnen mit dem Ergebnis einer **Absatzplanung**. Absatzplanungen beinhalten Informationen vom Markt und von einzelnen Kunden. Vom Produktionstyp hängt es ab, welche Informationen für die Absatzplanung zur Verfügung stehen. Lagerproduzenten (MTS) haben in der Regel für ihre Absatzplanung im Wesentlichen historische Daten zur Verfügung, die die Basis für Forecasts (Prognosen) darstellen und durch qualitative Informationen angereichert werden können (z.B. Schätzungen und Erwartungen der Vertriebsmitarbeiter). Einzelfertiger (MTO) hingegen führen eine Absatzplanung auf Basis vorhandener Kundenaufträge durch, womit in Folge auch die Produktionsplanung wesentlich weniger weit in die Zukunft reicht wie bei einem Lagerfertiger. In jedem Fall muss die Produktionsplanung so weit in die Zukunft reichen, dass das Unternehmen ausreichend Zeit für die Beschaffung der Materialien und für die Erzeugung der Produkte hat, also mindestens die Dauer der Produktionsdurchlaufzeit überbrücken kann.

Unternehmen, die Massenproduzenten sind, führen gewöhnlich eine große Zahl unterschiedlicher Produkte in ihrem Sortiment. In solchen Unternehmen wird in einem ersten Schritt die Absatzplanung in eine aggregierte Programmplanung übergeführt, die lediglich *Produktfamilien* berücksichtigt, noch nicht aber die einzelnen Produkte. Diese Vereinfachung erspart damit umfangreiche, teilweise überhaupt unmögliche und (auch in der heutigen Zeit mit Hochleistungsrechnern immer noch) langdauernde Berechnungen. Zudem ist diese Betrachtung auf Ebene der Produktfamilien in einem ersten Schritt völlig ausreichend. Produktfamilien fassen verschiedene Produkte mit ähnlichen Kriterien (z.B. Varianten eines Produkts) zusammen.

Sofern eine aggregierte Produktionsplanung durchgeführt wurde, besteht der nächste Schritt im Ablauf von MRP II darin, diese nach Produktfamilien zusammengefasste Planung in die einzelnen Produkte aufzugliedern und daraus einen **Produktionsprogrammplan** zu entwickeln. Für alle anderen Fälle stellt die Absatzplanung die Basis für die Produktionsprogrammplanung dar, deren Ergebnis die sogenannten **Bruttoprimärbedarfe** sind. Bereinigt man diese um vorhandene Lagerbestände, so erhält man **Nettoprimärbedarfe**. Im Rahmen einer Grobkapazitätsplanung, bei der die grundsätzliche Machbarkeit geprüft wird, wird der Produktionsplan erstellt. Dieser Produktionsplan legt fest, welche Produkte zu welchen Terminen zu fertigen sind. Durch Optimierungen wird das Produktionsprogramm so gestaltet, dass für das Unternehmen bei bestmöglicher Einhaltung der Marktwünsche der größtmögliche Deckungsbeitrag erzielt wird. Damit sind im Rahmen des Master Production Scheduling (MPS) die Primärbedarfe festgelegt.

Die Primärbedarfe werden in weiterer Folge über **Stücklisten** in die Bedarfe von Baugruppen, Einzelteilen und Rohstoffen aufgelöst (man spricht an dieser Stelle von Materialbedarfsplanung). Selbst zu produzierende Baugruppen bzw. Einzelteile generieren **Produktions- oder Fertigungsaufträge**, die Beschaffung erforderlicher Materialien wird durch **Bestellanforderungen (BANF)** für die Lieferanten ausgelöst bevor die Ablaufplanung der Produktion (Reihenfolge- und Maschinenbelegungsplanung) erfolgt und schließlich die Produktion gestartet wird.

Zusammenfassend – und in Ergänzung zur zuvor gezeigten Abbildung 60 – kann man feststellen, dass Produktionsplanungs- und -steuerungsverfahren nach der in Abbildung 61 dargestellten Reihenfolge ablaufen.

Planungschritt	Inputs	Ergebnis	Horizont
Aggregierte Programmplanung	Forecasts, Lagerstände, Fertigprodukte, Grobkapazität	Plan für Produktfamilien	langfristig
Produktions-programmplanung	Zusätzlich: Kundenaufträge, Mittelfrist-ressourcen	Produktionsplan (MPS)	mittelfristig
Produktions-programmplanung	Produktionsplan, Stückliste, Lagerstände, Material	Terminierter Materialbedarfs-plan	mittelfristig
Ablaufplanung	Produktions-aufträge	Start- und Endtermine der Aufträge, Reihenfolge	kurzfristig
Auftragsumsetzung	Material, Personal, Anlagen, Arbeitsbeleg	Fertiger Produktions-auftrag	kurzfristig

Abbildung 61: Der Ablauf der klassischen Produktionsplanung und -steuerung

3.2.1 Kapazitätsanpassung

Die Wahl der entsprechenden Produktionsstrategie, die wir zuvor bereits in Abschnitt 3.1.5 betrachtet haben, bietet eine Möglichkeit Kapazitäten an die Nachfrage anzupassen. Wir kennen aber noch weitere, die nachfolgend kurz dargestellt werden.

3.2.1.1 Möglichkeiten der Anpassung auf der Nachfrageseite

Wer kennt die Aussage von Unternehmen nicht, dass der Kunde König sei! Allzu oft führt diese Sicht jedoch dazu, dass Anfragen oder Aufträge von Kunden völlig unkritisch akzeptiert werden. Dabei zeigen Beispiele aus vielen Unternehmen, dass Kunden sehr wohl bereit sind, gemeinsam mit ihren Lieferanten die bestmöglichen Lösungen zu finden und von ihren ursprünglichen Forderungen abweichen, wenn die Anbieter entsprechend argumentieren und für beide Seiten sinnvollere Lösungen vorschlagen.

- Im B2B (Business-to-Business) Bereich liegt das Geheimnis des Erfolgs oft im Dialog mit den Kunden um gemeinsame inhaltliche wie auch terminliche Lösungen zu finden. Was hilft ein unter Druck vom Lieferanten bestätigter Liefertermin, wenn dieser nicht gehalten werden kann?
- Im B2C (Business-to-Consumer) Bereich können Unternehmen alle bekannten Hebel und Methoden des Marketings nutzen, um die Nachfrage zu beeinflussen (z.B. Preisaktionen, „nimm 3, zahl 2“-Aktionen und dgl.), darunter auch zunehmend die Möglichkeiten des *Dynamic Pricings*. Durch entsprechende Technologien werden die Preise an die Nachfrage oder andere Parameter angepasst.

Wenn es um die Beeinflussung der Nachfrage im B2B Bereich geht, bieten sich für produzierende Unternehmen in erster Linie zwei Möglichkeiten an:

- Verschieben von Aufträgen zeitlich nach hinten (in die Zukunft)
- Vorziehen von Kundenaufträgen

um damit die eigenen Kapazitäten besser auszulasten bzw. überhaupt die Nachfrage an die vorhandenen Kapazitäten anpassen zu können, wie dies in Abbildung 62 schematisch dargestellt ist.

3.2.1.2 Möglichkeiten der Anpassung auf Angebotsseite

Die Möglichkeiten der Anpassung auf der Angebotsseite des Unternehmens beziehen sich auf die Anpassung der Produktionsfaktoren. Menschliche Arbeit ist in produzierenden Unternehmen in den allermeisten Fällen ein wesentlicher kapazitätsbeschränkender Faktor, der jedoch angepasst werden kann. Unterschiedliche Arbeitzeitmodelle dienen dazu, flexibel auf die Änderungen der Bedarfe eingehen zu können. Mitarbeiter haben Arbeitszeitkonten, auf denen in Zeiten großer Nachfrage Mehrarbeitsstunden aufgebaut werden, damit diese dann in Zeiten geringerer Nachfrage als Zeitausgleich konsumiert werden können. Überstunden sind ebenso eine bewährte Methode, um Mehrarbeit zu ermöglichen, obwohl gerade diese meist hohe Kosten für die Unternehmen verursachen.

Auf der Angebotsseite der Unternehmen für die Kapazitätsanpassung spielen natürlich auch die Lieferanten eine große Rolle. Abhängig von der jeweiligen Industrie werden bis zu 80 % der gesamten Wertschöpfung eines Produkts von Lieferanten erbracht. So ist es entscheidend, auch die Lieferanten in die Bestrebungen nach einer Flexibilisierung der Angebotsseite mit einzubinden. Meistens erfolgt

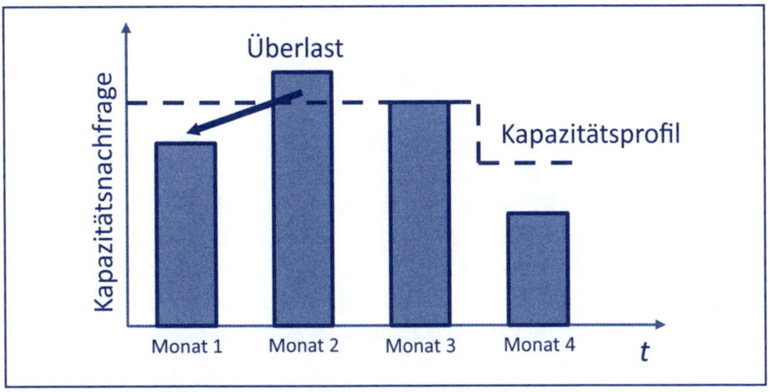

Abbildung 62: Das Verschieben von Aufträgen zur besseren Auslastung der eigenen Leistungserstellung

dies über entsprechende vertragliche Regelungen, die Flexibilität in Mengenänderungen vorsehen.

In gleicher Weise, wie dies mit den „regulären" Lieferanten der Fall ist, gibt es die Möglichkeiten, einzelne Lieferanten gezielt für Spitzenabdeckung auszuwählen und diese dafür bereitzuhalten. Das sind Lieferanten, die normalerweise keine Aufträge erhalten, sondern erst dann, wenn die eigene Kapazität im Unternehmen knapp wird bzw. an ihre Grenze gerät. Bei diesen Lieferanten zählt neben der ohnehin erforderlichen Qualität vor allem die Möglichkeit zur Flexibilität, wobei der Preis für ihre Produkte eher zweitrangig ist. Flexibilität kostet Geld! Diese Lieferanten dienen dazu, die Kapazität an die Bedarfe der Kunden anzupassen!

3.2.2 Master Production Scheduling

Der Master Production Schedule (MPS) oder **Produktions-(programm)plan** ist das Herzstück der Planung nach MRP II. Er folgt üblicherweise der Aggregierten Programmplanung, die den langfristigen Bedarf (als Ergebnis einer Absatzplanung) mit den langfristig verfügbaren Kapazitäten auf Ebene der Produktfamilien in Einklang bringt und hat die Aufgabe, das Planungsergebnis für die Produkte der einzelnen Produktfamilien herunterzubrechen. Damit die Planung durchführbar bleibt, wird für den MPS zum einen der Umfang reduziert (Produkte statt Produktfamilien) und zum anderen der Planungshorizont verkürzt.

Im Produktionsplan findet der Produktionsleiter alle zu produzierenden Waren mit den geforderten Fertigstellungsterminen und den Mengen. Der Produktionsplan stellt in terminierter Form die Primärbedarfe an Produkten dar. Im Rahmen der Erstellung eines Produktionsplans wird die Nachfrage nach Produkten den vorhandenen Kapazitäten gegenübergestellt. Im Gegensatz zur Aggregierten Programmplanung liegen bei der Produktionsplanung neben Prognosen vom Markt, Erwartungen des Vertriebs und Plänen zum Auf- oder Abbau von Fertigwarenlagern konkrete Kunden- oder Planaufträge vor. Die Gegenüberstellung dieser Nachfrage mit den Ressourcen des Unternehmens stellt nur dann ein Planungsproblem dar, wenn die vorhandenen Kapazitäten knapp sind, in Folge also die (zu) knappen Ressourcen auf eine zu hohe Nachfrage aufgeteilt werden müssen. Im Rahmen der Erstellung des Produktionsplans muss entschieden werden, welche nachgefragten Produkte wann zu produzieren sind.

	Woche 1					Woche 2				
Produkt	Mo	Di	Mi	Do	Fr	Mo	Di	Mi	Do	Fr
A	232	0	140	0	0	208	185	0	0	128
B	0	0	48	32	44	0	28	52	0	46
C	0	0	0	0	6	0	8	7	0	0
D	156	132	120	0	76	56	0	0	106	110

Abbildung 63: Die schematische Darstellung eines Produktionsplans

3.2.3 Material Requirement Planning (MRP)

Der Produktionsplan mit seinen zeitlich definierten (terminiert, wie man sagt) Primärbedarfen ist im Rahmen der hierarchischen Produktionsplanung die Basis für die Materialbedarfsplanung. Aufgabe der Materialbedarfsplanung ist es festzulegen, wann welche Teile, Baugruppen, Komponenten oder Rohstoffe in welchen Mengen benötigt werden, um die geforderte Menge an Produkten erzeugen zu können. MRP ist eine kombinierte Termin- und Mengenplanung, die in einem ersten Schritt ohne Beachtung der verfügbaren Kapazitäten (man nennt dies auch *unkapazitiert*) erfolgt.

Das Prinzip von MRP greift jenes der Nettobedarfsplanung auf, das wir bereits in Abschnitt 2.1.4 kennengelernt haben und ergänzt es um eine Losgrößenplanung und eine zeitliche Betrachtung. Nicht alle Materialien, die nach der Nettobedarfsplanung erforderlich sind, können in genau der berechneten Menge produziert oder geliefert werden. Man fasst Mengen zu Losen zusammen, wie wir etwas weiter hinten noch genauer ausführen werden. Lose sind Mengen von gleichen Produkten, die unmittelbar hintereinander ohne separates

Rüsten erzeugt werden. Die *zeitliche* Betrachtung zur Nettobedarfsplanung teilt uns mit, *wann* die erforderlichen Mengen zur Verfügung stehen müssen. Das ist besonders wichtig für unsere Logistik und für die Lieferanten. Nicht alles muss bereits zu Produktionsbeginn verfügbar sein. Wenn wir ein Haus bauen, müssen auch nicht zu Baubeginn bereits die Küche, die Fenster oder alle Türen bereitstehen. Sie werden erst viel später im Rahmen des Baufortschritts benötigt! Und genauso verhält es sich auch in Produktionsunternehmen mit dem Ziel, Bestände niedrig zu halten.

Wie bereits bei der Nettobedarfsplanung erwähnt, brauchen wir für die Materialbedarfsplanung Stücklisten oder in der chemischen Industrie Rezepturen.

3.2.3.1 Produktstruktur und Stücklisten

Aus Produktionssicht bestehen alle verkaufsfähigen Produkte aus mehreren Rohstoffen, Teilen und Komponenten, also verschiedenen Materialien, sofern sie nicht ausschließlich Handelsware sind. Die Darstellung, wie Produkte aus verschiedenen Einzelteilen, Rohmaterialien oder Komponenten zusammengesetzt werden, nennt man **Stückliste**.

Stücklisten beschreiben, wie aus Materialien (Rohstoffe, Teile, Baugruppen, Module, Systeme, etc.) Produkte zusammengesetzt werden und definieren damit auch die Art der Produktion. Sie sind die Umsetzung einer grafischen Anordnung von Teilen aus einem Erzeugnisbaum in eine tabellarische Form. Abbildung 64 zeigt den Erzeugnisbaum eines fiktiven Produkts. Es macht einen Unterschied, ob ein Produkt aus 100 einzelnen Materialien direkt montiert wird oder diese 100 Materialien zuvor noch bearbeitet und zu Halbfertigprodukten zusammengefügt werden, diese wiederum gelagert werden und erst bei Bedarf zum finalen Produkt montiert werden. Daher gibt es verschiedene Arten von Stücklisten, die auch unterschiedlichen Zwecken dienen. Wir wollen diese Unterschiede nachfolgend am Beispiel des Erzeugnisbaums von Abbildung 64 darstellen.

Mengenstücklisten zeigen in unstrukturierter Weise aus welchen Einzelteilen, Komponenten und Baugruppen ein Produkt (im Beispiel von Abbildung 64 also das Produkt A) zusammengesetzt wird (Abbildung 65).

Das nachfolgende Beispiel aus dem täglichen Leben ist wahrscheinlich vielen Lesern bekannt – zumindest jenen, die gerne backen – und zeigt ebenfalls eine Mengenstückliste, die wir in den meisten Rezepten finden.

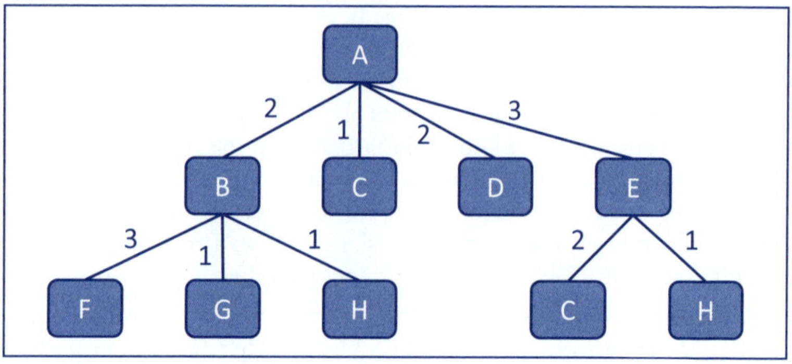

Abbildung 64: Erzeugnisbaum eines fiktiven Produktes A. Die Zahlen geben an, wie oft der jeweilige Bauteil in der übergeordneten Gruppe zu finden ist.

Bezeichnung	Anzahl
Baugruppe B	2
Baugruppe E	3
Teil C	7
Teil D	2
Teil F	6
Teil G	2
Teil H	5

Abbildung 65: Die Mengenstückliste des fiktiven technischen Produkts aus Abbildung 64

Aus einer Mengenstückliste ist nur zu erkennen, welche Anzahl von welchen Teilen im Gesamtprodukt enthalten ist. Sie ist für logistische Zwecke weitestgehend ungeeignet und fördert auch in keiner Weise das allgemeine Verständnis des technischen oder funktionellen Aufbaus eines Produkts. Sie wird am häufigsten in Zusammenhang mit einer Prototypenfertigung verwendet, bei der ein Produkt gemäß einer technischen Zeichnung aufgebaut wird. Die Mengenstückliste hilft dabei, die erforderlichen Einzelteile und Baugruppen vor Beginn des Zusammenbaus bereitzustellen.

Beispiel:
Die Mengenstückliste für einen Kuchen könnte folgendermaßen aussehen:
240 g Butter
120 g Staubzucker
120 g Kristallzucker
240 g Schokolade
8 Eidotter
etc.

Etwas mehr Information liefert uns im Vergleich dazu eine **Strukturstückliste**. Gegenüber einer Mengenstückliste werden nun zusätzlich die Ebenen der Zusammenbauten bzw. Baugruppen eines Produkts eingeführt. Damit kann nun aus der tabellarischen Darstellung der Stückliste abgeleitet werden, wie sich das Produkt zusammensetzt.

Erzeugnis A			
Bezeichnung	Ebene	Anzahl	Übergeord-neter Bauteil
B	1	2	A
C	1	1	A
D	1	2	A
E	1	3	A
F	2	3	B
G	2	1	B
H	2	1	B
C	2	2	E
H	2	1	E

Abbildung 66: Strukturstückliste des fiktiven Produktes (Erzeugnisses) A aus Abbildung 64

Baukastenstücklisten sind eine weitere Form von Stücklisten, die uns in der Produktionslogistik häufig begegnen. Jede Baugruppe wird dabei in einer eigenen Stückliste dargestellt, die aber voneinander abhängen. Nachfolgend ist die Baukastenstückliste zum Erzeugnisbaum aus Abbildung 64 zu sehen.

Produkt A	
Bezeichnung	**Anzahl**
Baugruppe B	2
Baugruppe E	3
Teil C	1
Teil D	2

Baugruppe B	
Bezeichnung	**Anzahl**
Teil F	3
Teil G	1
Teil H	1

Baugruppe E	
Bezeichnung	**Anzahl**
Teil C	2
Teil H	1

Abbildung 67: Die Baukastenstückliste des fiktiven technischen Produkts aus Abbildung 64

Das Problem des Erzeugnisbaums besteht darin, dass Teile bzw. Baugruppen mehrfach graphisch dargestellt werden, wenn sie sich in unterschiedlichen Armen der Struktur befinden (C kommt sowohl auf der Ebene 1 als auch auf der Ebene 2 in Abbildung 64 vor, H sowohl im linken als auch im rechten Arm). Der **Gozinto-Graph**, der in der Produktionslogistik eine große Bedeutung hat, hingegen setzt die verschiedenen Einzelteile, Komponenten und Baugruppen eines Produktes so in logische Beziehung zueinander, dass sie nur *einmal* vorkommen, und zwar in der Hierarchie auf der tiefsten Ebene, in der sich der jeweilige Einzelteil im Erzeugnisbaum findet. Teil C, der im Erzeugnisbaum auf Ebene 1 und Ebene 2 existiert, wird nun

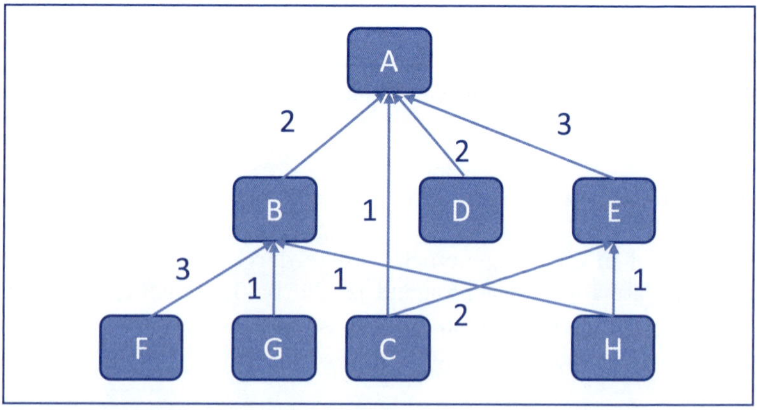

Abbildung 68: Der Gozinto-Graph des fiktiven Produktes aus Abbildung 64

auf Ebene 2 nach unten geschoben, auf jene Ebene, von der er den längsten Weg zum zu erzeugenden Produkt A hat.

Gozinto-Graphen zeigen auf allgemein sehr verständliche Weise wie Produkte aufgebaut sind. Damit sind sie auch für logistische Zwecke gut geeignet, weil sie die technische Hierarchie eines Produktes darstellen, aus der sich dann eine Fertigungsreihenfolge und damit ein logistischer Fluss ableiten lassen. Man kann diese grafisch dargestellte Struktur sehr einfach in eine mathematische Matrixdarstellung eines Gleichungssystems umwandeln, die als Input für die Materialbedarfsplanung in Computersystemen dient. Gleichzeitig sorgt der Umstand, dass Teile und Baugruppen jeweils nur einmal abgebildet sind, dafür, dass die erforderlichen Bestände von Material so niedrig als möglich gehalten werden können.

Immer häufiger verwendet man auch im deutschsprachigen Raum statt des Begriffs „Stückliste“ den aus dem angloamerikanischen Bereich kommenden Begriff „BOM“ (*Bill of Material*).

So wie Produkte des Unternehmens durch Stücklisten beschrieben werden, so hat auch jeder einzelne Teil, der sich im logistischen Fluss bewegt eine bestimmte Verwendung, die über den **Teileverwendungsnachweis** bezeichnet ist.

Stücklisten sind die Auflösung eines Produktes in seine Einzelteile (also der analytische Zugang), während der Teileverwendungsnachweis angibt, in welchen Produkten ein Einzelteil (oder eine Baugruppe) unter Angabe der Stückzahl enthalten ist.

3.2.3.2 Der Ablauf der Materialbedarfsplanung

Wir wollen die Materialbedarfsplanung an einem einfachen Beispiel vorstellen, bevor wir von diesem ausgehend in einem nächsten Schritt zur allgemeinen Logik der Materialbedarfsplanung kommen und greifen dafür auf Abbildung 17 aus Abschnitt 2.1.4 zurück.

Unser Beispiel handelt von einem sehr einfachen und fiktiven Produkt, das aus zwei untergeordneten Baugruppen BG1 und BG2 zusammengestellt wird. Diese beiden Baugruppen wiederum bestehen bloß aus den drei Einzelteilen T1, T2 und T3. Zusätzlich können wir in diesem Beispiel davon ausgehen, dass Halbfertigmaterial von jeder Hierarchiestufe auf Lager liegt, was in Abbildung 69 als LB (Lagerbestand) bezeichnet ist.

In Erweiterung zu Abbildung 17 ist nun zusätzlich auf den Pfeilen in unserem Gozinto-Graph angegeben, welche Plandurchlaufzeit bzw. Planlieferzeit zu berücksichtigen ist. Plandurchlaufzeiten treten auf, weil jede Bestellung bei Lieferanten oder jeder interne Produktionsauftrag Zeit bis zur Lieferung benötigt. Wenn wir nächste Woche ein Produkt oder Halbfertigprodukt benötigen, so müssen wir es heute

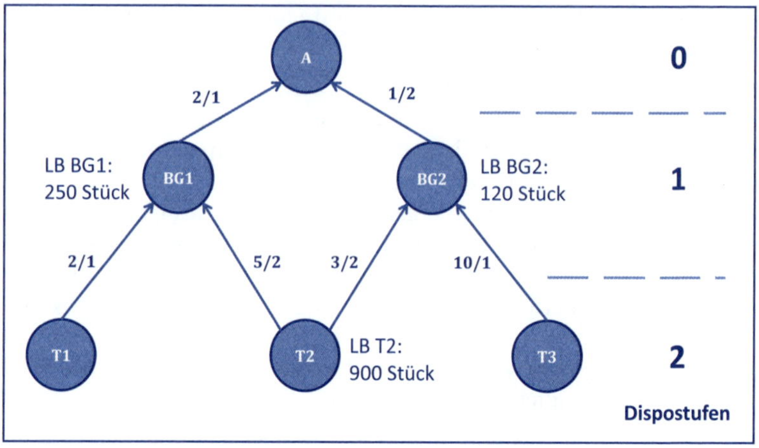

Abbildung 69: Der Gozinto-Graph eines fiktiven Produkts A

schon in Auftrag geben! Wie sprechen von Plandurchlaufzeit, weil wir im Vorfeld nicht exakt wissen können, wie lange die Lieferung bzw. Produktion tatsächlich benötigt, sondern nur einen Planwert annehmen können.

Die Bezeichnung „3/2" bedeutet, dass 3 Teile in der hierarchisch übergeordneten Baugruppe benötigt werden und diese Teile 2 Wochen Plandurchlaufzeit haben, sofern sie nicht auf Lager vorrätig sind. Die Planung der Baugruppen und Teile beginnt nun gemäß MRP auf der obersten Hierarchiestufe, die man in der Disposition als Stufe null (0) bezeichnet und die dem fertigen Produkt entspricht. Zur Vereinfachung wird in diesem Beispiel noch auf Losgrößenplanungen verzichtet. Abgeleitet von einem Primärbedarf, der in der nachfolgenden Abbildung 70 auf Wochenbasis (von Woche 44 bis Woche 48) dargestellt ist, ergeben sich damit die Bedarfe für die beiden Baugruppen BG1 und BG2, die in den jeweiligen Wochen beauftragt werden müssen.

In Woche 44 müssen 80 Stück des Produkts A verfügbar sein (Primärbedarf). Damit dies möglich ist, werden zu Beginn von Woche 44 160 Stück der Baugruppe 1 und 80 Stück der Baugruppe 2 benötigt. Diese Informationen entnehmen wir dem Gozinto-Graph von Abbildung 69. Von Baugruppe 1 sind zu diesem Zeitpunkt (Beginn der Woche 44) 250 Stück fertig auf Lager, sodass der gesamte Bedarf an dieser Baugruppe 1 aus dem Lager bedient werden kann. Gleiches gilt für Baugruppe 2; somit ist der Nettobedarf (die „Fehlmenge") zu diesem Zeitpunkt jeweils null. Unter Fehlmenge verstehen wir in diesem Zusammenhang, dass die benötigte Menge nicht vorrätig ist und entsprechend bereitgestellt werden muss.

Enderzeugnis A (Primärbedarf)	KW 42	KW 43	KW 44	KW 45	KW 46	KW 47	KW 48
	0	0	80	85	75	80	90

	KW 42	KW 43	KW 44	KW 45	KW 46	KW 47	KW 48
Bedarf an BG1 durch A	0	0	160	170	150	160	180
Lagerstand von BG1	250	250	250	90	0	0	0
Nettobedarf NB ("Fehlmenge")	0	0	0	80	150	160	180
Fertigungsauftrag (= NB mit 1 KW Planübergangszeit PÜZ)	0	0	80	150	160	180	

in den betreffenden KW müssen x Stück bestellt / in Auftrag gegeben werden

	KW 42	KW 43	KW 44	KW 45	KW 46	KW 47	KW 48
Bedarf an BG2 durch A	0	0	80	85	75	80	90
Lagerstand von BG2	120	120	120	40	0	0	0
Nettobedarf NB ("Fehlmenge")	0	0	0	45	75	80	90
Fertigungsauftrag (= NB mit 1 KW Planübergangszeit PÜZ)	0	45	75	80	90		

Abbildung 70: Die Ableitung der Baugruppenbedarfe aus dem Primärbedarf

Man schreitet dann in der Zeit um eine Woche weiter und betrachtet den Zeitpunkt zu Beginn der Woche 45. In Woche 45 werden 85 Produkte benötigt, somit sind 170 Baugruppen 1 und 85 Baugruppen 2 erforderlich. Nachdem bereits in der Vorwoche die Baugruppe 1 ausschließlich aus dem Lager versorgt wurde, befinden sich zu Beginn der Woche 45 nur mehr 90 Stück auf Lager, die aber für die Versorgung nicht ausreichen. Somit muss die Differenz von 80 Stück nachbestellt werden. Da aber die Plandurchlaufzeit für diese Baugruppe eine Woche beträgt (und dabei ist es unerheblich, ob diese Teile von einem Lieferanten bestellt oder in der eigenen Fertigung erzeugt werden), muss der Bedarf für diese Menge BG1 bereits eine Woche zuvor (also in Woche 44) bei der vorgelagerten Arbeitsstation bestellt werden. Somit hat diese dann 1 Woche für die Bearbeitung Zeit und die Ware trifft pünktlich zu Beginn der Woche 45 ein. In ähnlicher Weise wird der Bedarf an Baugruppe 2 für die Bearbeitung in Woche 45 bestimmt.

Diese Vorgehensweise wird über den gesamten Planungshorizont (in unserem Beispiel bis zur Woche 48) wiederholt. Bei Baugruppe 2 kann der erforderliche Bedarf in Woche 45 auch nicht mehr alleine aus dem Lagerbestand erfüllt werden, sodass weitere 45 Stück notwendig sind. Da die Planübergangszeit 2 Wochen beträgt, müssen diese 45 Stück bereits in Woche 43 in Auftrag gegeben werden.

Um die Bedarfe für die einzelnen *Teile* (das ist die Ebene unter den Baugruppen, also die Dispostufe 2 von Abbildung 70) zu bestimmen, nehmen wir nun die gerade eben bestimmten Mengen für die Baugruppen 1 und 2 (die der Dispostufe 1 entspricht) als Basis.

Bedarf an BG 1 und BG2	KW 42	KW 43	KW 44	KW 45	KW 46	KW 47	KW 48
Nettobedarf an BG1	0	0	80	150	160	180	
Nettobedarf an BG2	0	45	75	80	90		

x 5

x 3

Bedarf an T2 mit 2 KW Vorlaufzeit		KW 43	KW 44	KW 45	KW 46	KW 47	KW 48
Bruttobedarf an T2 von BG1	0	0	400	750	800	900	
Bruttobedarf an T2 von BG2	0	135	225	240	270		
Bruttobedarf an T2 gesamt	0	135	625	990	1070	900	
Lagerbestand von T2	900	900	765	140	0	0	
Nettobedarf („Fehlmenge“)	0	0	0	850	1.070	900	
Bestellanforderung für T2 mit 2 KW Planübergangszeit	0	850	1.070	900			

Abbildung 71: Die Bestimmung der Bedarfe von Bauteil T2

Ganz allgemein gilt: Der *Nettobedarf* der Baugruppen und Teile auf Dispostufe x wird zum *Bruttobedarf* der Baugruppen und Teile auf Dispostufe x+1, wobei die Dispostufen mit aufsteigenden Nummern bezeichnet werden, je weiter man in der Hierarchie nach *unten* gelangt (siehe dazu auch Abbildung 69)!

In diesem Beispiel konzentrieren wir uns nur auf Bauteil T2 und vernachlässigen aus Gründen der Übersichtlichkeit die Teile T1 und T3, deren Bedarfsmengen und Auftragstermine auf ganz ähnliche Weise berechnet werden. T2 findet Verwendung sowohl in der Baugruppe 1 als auch in der Baugruppe 2, allerdings in jeweils unterschiedlicher Stückzahl: Baugruppe 1 erfordert den beschriebenen Bauteil fünffach, Baugruppe 2 bloß dreifach. Damit ist also in Woche 44 ein Bedarf von 625 Teilen in Summe gegeben. Diese Teile können noch aus dem Lager zur Verfügung gestellt werden. Anders sieht dies in Woche 45 aus, wo bereits eine Fehlmenge von 850 Stück T2 besteht, die entsprechend der Planübergangszeit bereits in Woche 43 zu bestellen ist.

Dieses einfache Beispiel für unser Produkt A unterliegt einer ganzen Reihe von Einschränkungen. Einige davon sind nachfolgend aufgezählt:

- alle erforderlichen Teile müssen bereits zu Wochenbeginn verfügbar sein, um den Bedarf in der Woche zu erfüllen
- bevor bestellt wird, ist der Bedarf aus dem Lager zu liefern
- ein möglicher bewusster Lageraufbau während des Betrachtungszeitraums wird vernachlässigt
- keine Losgrößenbetrachtung
- die Bestellmenge entspricht exakt der Bedarfsmenge; es gibt daher keine Mindestbestell- oder Staffelmengen.

Trotzdem kann recht einleuchtend die Komplexität einer Materialbedarfsplanung gezeigt werden. Man kann sich nun leicht vorstellen, wie aufwändig MRP Läufe erst werden, wenn es sich um mehrere Fertigprodukte handelt, die zumindest teilweise aus gleichen Teilen oder Baugruppen aufgebaut sind und obendrein Produkte nicht nur aus 2 Baugruppen und 3 Einzelteilen wie in unserem Beispiel enthalten!

Wenn wir nun dieses Beispiel verallgemeinern und zusätzlich auch noch Losgrößenplanungen einführen, die in der Praxis immer vorkommen, so ergibt sich für die Materialbedarfsplanung (MRP) der nachfolgende Ablauf – in Erweiterung zu jener in Abbildung 16.

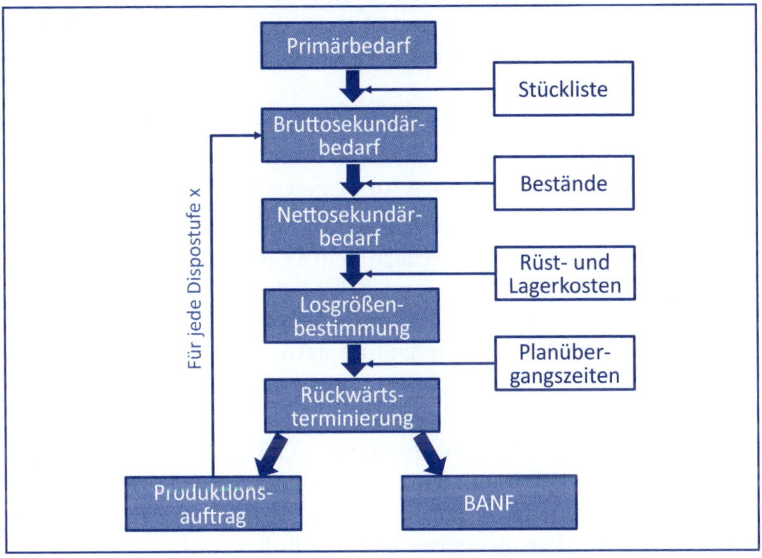

Abbildung 72: Der konzeptionelle Ablauf der Materialbedarfsplanung. Sekundärbedarfe der Dispostufe x werden zu Bruttobedarfen der Dispostufe x+1

Bruttosekundärbedarfe entstehen durch die Anzahl der erforderlichen Baugruppen, Rohstoffe oder Teile, die sich aus der Stückliste für die darüber befindliche Dispostufen ergibt. Wenn man diese Bruttosekundärbedarfe nun um vorhandenen Lagerbestand reduziert (oder erhöht, weil bewusst die Lagerbestände aufgebaut werden sollen), so erhält man den Nettosekundärbedarf an Baugruppen, Materialien oder Teilen. Im nächsten Schritt werden diese Mengen durch Losgrößenplanungen korrigiert, bevor die Rückwärtsterminierung den Bestell- bzw. Auftragszeitpunkt bestimmt. Das Ergebnis dieser Berechnungen stellt den Bruttosekundärbedarf für die nächsthöhere Dispostufe (also die mit *höheren* Zahlenwerten bezeichnete Ebene) im Gozinto-Graphen dar.

3.2.4 Losgrößenplanungen

Unter Losgröße versteht man die Menge identischer Produkte, die unmittelbar hintereinander auf einer Fertigungsanlage oder in einer Produktionslinie bearbeitet werden. Jedes Mal dann, wenn ein Produktionsunternehmen auf einer Produktionsanlage nicht ausschließlich ein einziges Produkt fertigt, müssen Entscheidungen über die passende Losgröße gefällt werden. Grob gesagt bedeuten große Losgrößen, dass Material für spätere Verwendung vorproduziert wird und dann bis zum Bedarf gelagert werden muss, während kleine Losgrößen hingegen bedeuten, dass öfters das Werkzeug in den Maschinen gewechselt werden muss, dass häufiger Teile bereitgestellt werden müssen und dass in Folge die Ausnutzung der Anlagen weniger gut ausfällt.

Losgrößenplanung dient also dazu, durch Gegenüberstellung der Kosten für Rüsten und jener für Lagern von vorproduzierten Teilen die in *Summe* geringsten Kosten für die jeweilige Situation zu finden.

Die beiden grundsätzlichen Entscheidungsmöglichkeiten in der Losgrößenplanung bestehen also darin, entweder geringe Mengen (also kleine Lose) zu bevorzugen und dafür das häufige Auftreten von Rüstzeiten zu akzeptieren oder große Mengen (also große Lose) in einem Durchlauf zu produzieren und dafür einen geringeren Anteil von Rüstzeiten zu haben, wie dies bereits in Abbildung 14 zu sehen war.

Rüstzeiten sind jene Zeiten, die für das Umstellen oder Umbauen einer Produktionseinrichtung erforderlich sind, um auf dieser andere Produkte fertigen zu können. Neben der eigentlichen Zeit des Umbauens (z.B. Werkzeugwechsel in einer Bohrmaschine) gehört zur Rüstzeit auch noch jene Zeit, die für das Justieren und Einrichten erforderlich ist, damit das nächste Produkt mit ausreichend guter Qualität produziert werden kann. Abbildung 73 stellt die möglichen Entscheidungen in Zusammenhang mit Losgrößen graphisch dar.

- Hohe Losgrößen (große Lose): Entscheidet man sich für hohe Losgrößen (d.h. Fertigung hoher Stückzahlen von einem Produkt),

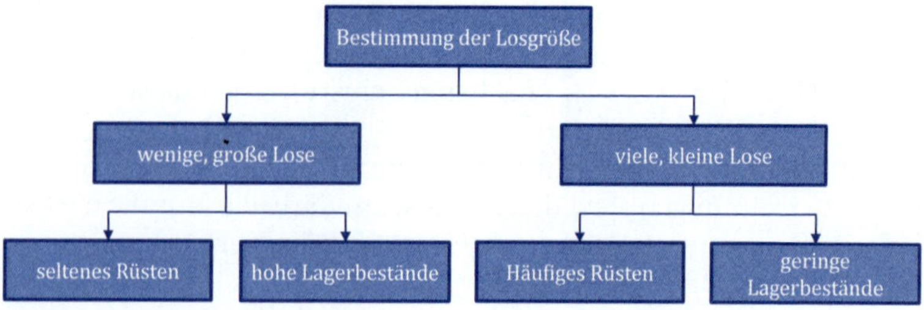

Abbildung 73: Die Konsequenzen der Losgrößenentscheidung

bedeutet dies für das Produktionsunternehmen sich gleichzeitig gegen hohe Flexibilität und dafür für eher niedrige Produktionskosten zu entscheiden. Obwohl Flexibilität erstrebenswert ist, um kurze Durchlaufzeiten und damit auch geringe Bestände zu realisieren, haben hohe Losgrößen in einer Produktion durchaus ihre Berechtigung: sie sorgen dafür, dass die Auslastung der Produktionsanlagen hoch ist, weil durch einen geringen Anteil von Rüsten die mögliche Kapazität bestmöglich genutzt wird. Nachteilig wirkt sich bei großen Losen aus, dass die gefertigten Teile nun gelagert werden müssen und damit auch entsprechende Lagerhaltungskosten verursachen.

- Kleine Losgrößen (kleine Lose): Die zuvor beschriebenen Sachverhalte und Phänomene treten bei geringen Losgrößen nun in gegenteiliger Art auf. Eine geringe Anzahl von gleichen Teilen in aufeinanderfolgender Form (also kleine Lose) erfordert häufiges Rüsten. Die Maschine muss in der betrachteten Zeitperiode immer wieder umgestellt werden, um die jeweiligen Teile zu produzieren. Entsprechend fallen höhere Rüstkosten in der jeweiligen Zeiteinheit an. Der Vorteil von geringen Losgrößen liegt umgekehrt darin, dass sich nur wenig Material auf Lager befindet. Obendrein ist eine Produktion mit geringen Losgrößen eher in der Lage flexibel auf sich ändernde Kundenanforderungen zu reagieren.

3.2.4.1 Verfahren der Losgrößenbestimmung

Ein typisches Verfahren zur statischen Losgrößenbestimmung haben wir bereits in Abschnitt 2.1.3.3 kennen gelernt: es ist jenes von Andler, das auch Economic Order Quantity (EOQ) Modell genannt wird. Voraussetzung zur Anwendung dieses statischen Losgrößenverfahrens ist eine konstante Nachfrage, wie wir auch bereits in diesem Abschnitt erwähnt haben. Trotz der mannigfachen Einschränkungen wird die Andler-Formel gerne in der Praxis angewendet, weil sie einfach ist und eine gute Genauigkeit liefert.

Losgrößen können auch auf andere Art und Weise bestimmt werden: etwa durch fixe Vorgaben oder durch Heuristiken (Näherungsverfahren), die wir uns an drei ausgewählten Methoden noch etwas näher ansehen werden:

Lot-for-Lot Verfahren: darunter ist zu verstehen, dass man genau jene Mengen produziert bzw. bestellt, die sich aus der Materialbedarfsplanung ohne explizite Anwendung von Losgrößenverfahren ergeben. Wir wissen, dass das ein kaum für die Praxis geeignetes Verfahren ist, allerdings ist es eines mit dem man grundsätzliche Zusammenhänge der Losgrößenplanung gut darstellen kann. Dieses statische Verfahren haben wir, ohne es explizit zu erwähnen, bereits in unserem Beispiel von Abbildung 69 angewendet. Wir sind davon ausgegangen, dass die durch MRP bestimmten Mengen produziert bzw. bestellt werden können. Das entspricht genau dem Lot-for-Lot Verfahren!

Fixe Losgrößen: ein Verfahren, das durchaus praxistauglich ist und auch häufig zur Anwendung kommt. Fixe Losgrößen entsprechen etwa Verpackungs- oder Verkaufseinheiten (auch *Handling Units* genannt) von Lieferanten: manche Produkte bekommt man einfach nur in Losen zu 10 Stück, sodass man eben zwei solcher Verpackungseinheiten bestellen muss, wenn man 14 Stück benötigt. 6 Teile bleiben dann eben für eine mögliche spätere Verwendung am Lager liegen.

Auffüllmengen: Das sind Losgrößen, die dazu dienen ein Lager auf ein bestimmtes Niveau wieder aufzufüllen. Abhängig vom Verbrauch der letzten Periode werden diese Auffüllmengen, die nun unserer Losgröße entsprechen, immer unterschiedlich sein. Dieses Verfahren kommt auch in der Praxis häufig vor, wenn man etwa an die Lagerung von Produkten in Fässern bzw. Tanks denkt. Geht das Heizöl zur Neige wird bis zum Fassungsvermögen des Tanks aufgefüllt. Diese Menge ist jedes Mal unterschiedlich, denn die Restmenge vor Befüllung ist nicht immer gleich.

Wir wollen nun die Auswirkungen einer fixen Losgrößenplanung mit jeweils 200 Stück für alle Teile und Baugruppen auf unser Beispiel aus Abbildung 69 anwenden. Für die Baugruppen BG1 und BG2 ergeben sich damit die folgenden Mengen:

Enderzeugnis A (Primärbedarf)	KW 42	KW 43	KW 44	KW 45	KW 46	KW 47	KW 48
	0	**0**	**80**	**85**	**75**	**80**	**90**

Bedarf an BG1 durch A	KW 42	KW 43	KW 44	KW 45	KW 46	KW 47	KW 48
	0	0	160	170	150	160	180
Lagerstand von BG1	250	250	250	90	120	170	10
Nettobedarf NB ("Fehlmenge")	0	0	0	80	30	0	170
Losgrößenbildung (200 Stück)	**0**	**0**	**0**	**200**	**200**	**0**	**200**
Fertigungsauftrag (= NB mit 1 KW Planübergangszeit PÜZ)	0	0	200	200	0	200	

in den betreffenden KW

Bedarf an BG2 durch A	KW 42	KW 43	KW 44	KW 45	KW 46	KW 47	KW 48
	0	0	80	85	75	80	90
Lagerstand von BG2	120	120	120	40	155	80	0
Nettobedarf NB ("Fehlmenge")	0	0	0	45	0	0	90
Losgrößenbildung (200 Stück)	**0**	**0**	**0**	**200**	**0**	**0**	**200**
Fertigungsauftrag (= NB mit 2 KW Planübergangszeit PÜZ)	0	200	0	0	200		

Abbildung 74: Die Mengenbedarfe für BG1 und BG2 mit Losgrößenplanung

Losgrößenplanung mit fixen Losgrößen hat zur Folge, dass eben nur Mengen produziert werden können, die Vielfache von 200 Stück sind. Wenn diese Losgröße dann dazu führt, dass mehr Teile vorhanden sind als tatsächlich in dieser Woche benötigt werden, so erhöht sich der Lagerstand in der Folgewoche, was wiederum auf die Losgrößenbildung in dieser Woche Einfluss hat. Sehen wir uns das am Beispiel von Abbildung 74 für die Baugruppe BG1 in KW 45 an: Der zu Wochenbeginn vorhandene Lagerstand beträgt 90 Stück, während in dieser Woche 170 Stück erforderlich sind. Das heißt also, dass wir sicherstellen müssen, weitere 80 Stück zu bekommen, um den Bedarf zu erfüllen. Unsere Losgrößenfestlegung führt aber dazu, dass wir eben nur Lose mit 200 Stück erhalten können. Folglich bleiben dann 120 Stück übrig, die wir für zukünftige Bedarfe auf Lager legen. Diese 120 Stück sind nun in KW 46 verfügbar, der Bedarf in dieser Woche beträgt 150 Stück, sodass uns weitere 30 Stück fehlen. Neuerlich müssen wir dafür sorgen, dass ein Los mit 200 Stück verfügbar ist, damit wir diese geforderte Menge erfüllen können. Folglich bleiben dann wiederum 170 Stück auf Lager. Auf diese Art und Weise wird die Planung weitergeführt und durch Rückwärtsterminierung der Zeitpunkt festgelegt, wann die Lose in Auftrag gegeben werden müssen.

Die Unterschiede zum Lot-for-Lot Verfahren aus Abbildung 70 lassen sich durch Vergleich leicht erkennen. Wenn wir nun die Materialbedarfsrechnung mit fixen Losgrößen weiter fortsetzen (Abbildung 75), so sehen wir, dass die Auswirkungen für Teil T2 dahingehend bestehen, dass wir die erste Bestellung bereits in Woche 42 tätigen müssen, also doch um 2 Wochen früher als der erste Kundenbedarf für das Produkt A anfällt.

Bedarf an BG 1 und BG2	KW 42	KW 43	KW 44	KW 45	KW 46	KW 47	KW 48	x 5
Nettobedarf an BG1	0	0	200	200	0	200		
Nettobedarf an BG2	0	200	0	0	200			x 3

Bedarf an T2 mit 2 KW Vorlaufzeit	KW 42	KW 43	KW 44	KW 45	KW 46	KW 47	KW 48
Bruttobedarf an T2 von BG1	0	0	1000	1000	0	1000	
Bruttobedarf an T2 von BG2	0	600	0	0	600		
Bruttobedarf an T2 gesamt	*0*	*600*	*1000*	*1000*	*600*	*1000*	
Lagerbestand von T2	900	900	300	300	300	700	
Nettobedarf NB ("Fehlmenge")	0	0	700	700	300	1000	
Losgrößenbildung (1000 Stück)	**0**	**0**	**1000**	**1000**	**1000**	**1000**	
Bestellanforderung für T2 mit 2 KW Planübergangszeit	1000	1000	1000	1000			

Abbildung 75: Die Nettobedarfe für Teil T2 mit Losgrößenplanung

Nach dieser kurzen Betrachtung über Auswirkungen unterschiedlicher statischer Losgrößenverfahren auf die Materialbedarfsplanung wollen wir uns dynamischen Verfahren zuwenden. Im Unterschied zu den statischen Verfahren gehen dynamische Verfahren eben davon aus (was eher der Realität entspricht), dass die Nachfrage nicht konstant ist und sich mit der Zeit verändert.

Wir wollen uns hier auf nur zwei dynamische Verfahren beschränken, die beide sogenannte Näherungsverfahren sind. Im Prinzip fassen diese zwei Verfahren so lange Bedarfe der einzelnen nachfolgenden Perioden zu Losen zusammen, bis ein bestimmtes Abbruchkriterium erreicht ist. Abbruchkriterien stellen eine Beziehung zwischen Rüst- und Lagerkosten her und sind für jedes Verfahren individuell.

3.2.4.2 Kostenvergleichsverfahren

Das Kostenvergleichsverfahren ist ein einfaches, aber durchaus taugliches Verfahren zur dynamischen Bestimmung der optimalen Losgröße. Es werden so lange Bedarfe der nachfolgenden Perioden zu einem Los ergänzt, bis die dadurch entstehenden Lagerkosten die Rüstkosten übersteigen. Bedarfe für zukünftige Perioden werden also zum aktuellen Zeitpunkt gefertigt, dann aber gelagert bis sie benötigt werden. Daher entstehen Lagerkosten. Das Abbruchkriterium beim Kostenvergleichsverfahren lautet, dass keine weiteren Bedarfe zukünftiger Perioden mehr berücksichtigt werden, wenn die Lagerkosten für den Bedarf in einer zukünftigen Periode t größer als die Rüstkosten sind. Das ist gegeben, wenn:

$$K_{L;i,t} = c_L \cdot (t-i) \cdot d_t > K_R$$

wobei t der Zeitpunkt des betrachteten Bedarfs ist (den wir auch Bedarfsindex nennen), zu dem geplant wird, c_L der Lagerkostensatz, i die Periode angibt, in der das Los aufgelegt werden soll (auch Losauflageindex genannt) und d der Bedarf an Material in der Periode t ist.

Im nachfolgenden Beispiel wird die Anwendung des Kostenvergleichsverfahrens demonstriert.

Die Rüstkosten K_R betragen in diesem Beispiel 200 €, wobei wir annehmen, dass pro Woche entweder einmal oder gar nicht gerüstet wird – also kein Umrüsten *während* der Woche stattfindet. Die Lagerkosten machen 0,20 € pro Stück und Woche aus. Der Nettobedarf d pro Periode ist gegeben. Wie man aus Abbildung 76 erkennen kann, betragen beispielsweise die Lagerkosten für die Woche 11, von Woche 10 aus betrachtet, 72 €, weil 360 Stück aus der Woche 11 mit dem definierten Lagerkostensatz für den Zeitraum von einer Woche gelagert werden müssen. In gleicher Weise gehen wir vor, um die Lagerkosten zu bestimmen, wenn man bereits in der Woche 10 den Bedarf für die Woche 12 lagern wollte. Wir erhalten diese durch das Einsetzen der Zahlenwerte in die vorhin präsentierte Gleichung:

$$K_{L;i,t} = K_{L;12,10} = c_L \cdot (t-i) \cdot d_t = 0{,}20 \cdot (12-10) \cdot 400 = 160 \text{ €}$$

Dieses Verfahren setzt man so lange fort, bis die Lagerkosten für zukünftige Perioden die Rüstkosten übersteigen (das entspricht dem Abbruchkriterium des Kostenvergleichsverfahren). Ist dies der Fall (wie es z.B. in der Tabellenzeile *Lagerkosten* $K_{L;i,t}$ *[€] (Periode t+3)* der Fall ist), so weiß man, dass eine Vorproduktion des Bedarfs aus der betreffenden Woche nicht mehr wirtschaftlich darstellbar ist und man für diese Periode (in dem Fall *t*+3) besser ein neues Los auflegt.

Woche	10	11	12	13	14	15	16	17	18
Nettobedarf d	300	360	400	340	380	400	350	400	380
Rüstkosten K_R [€]	200	200	200	200	200	200	200	200	200
Lagerkosten $K_{L;i,t}$ [€] (Periode t+1)	72			76			80		
Lagerkosten $K_{L;i,t}$ [€] (Periode t+2)	160			160			152		
Lagerkosten $K_{L;i,t}$ [€] (Periode t+3)	204			210					
Losgröße		1060			1120			1130	

Abbildung 76: Das Kostenvergleichsverfahren an einem Beispiel

Das Kostenvergleichsverfahren liefert nun für dieses einfache Beispiel gesamte Kosten von 1.300 €. Man erhält diesen Wert, indem man dreimaliges Rüsten für den Betrachtungszeitraum berücksichtigt, was Kosten von 600 € ergibt und Lagerkosten, die aus der Tabelle entnommen werden können: K_L = 72+160+76+160+80+152 = 700 €.

3.2.4.3 Stückkostenverfahren

Das Stückkostenverfahren ist wie das Kostenvergleichsverfahren ein dynamisches, allerdings werden beim Stückkostenverfahren die auf die *Losgröße bezogenen Kosten* betrachtet. Das Verfahren bricht dann ab, wenn die Stückkosten (aus Rüsten und Lagern) durch Hinzunahme des Bedarfs einer weiteren Periode wieder zu steigen beginnen, d.h. das Abbruchkriterium

$$\frac{K(m+1)}{D(m+1)} > \frac{K(m)}{D(m)}$$

dann erfüllt ist. *D* entspricht der gesamten Losgrößenmenge, die sich über den Zeitraum vom aktuellen Zeitpunkt bis *m* bzw. *m+1* ergibt. *m* ist ein Index für eine in der Zukunft liegende Periode.

Die Kosten pro Stück (*k*) bei diesem Verfahren werden bestimmt durch:

$$k_{i,t} = \frac{K_R + c_L \cdot \sum_{m=i}^{t} (m-i) \cdot d_m}{\sum_{m=i}^{t} d_m}$$

Wenn man dieses Verfahren für die gleichen Bedarfe und die gleichen Rüstkosten bzw. den gleichen Lagerkostensatz wie im Kostenvergleichsverfahren anwendet, sieht das Ergebnis folgendermaßen aus:

Die Stückkosten in der Woche 10 betragen 0,667 €, weil die Rüstkosten für diese Periode (200 €) durch den Bedarf dieser Woche (300 Stück) geteilt werden. Schreitet man voran und nimmt den Bedarf für die Folgewoche 11 hinzu, um ihn bereits in Woche 10 zu produzieren, so teilt man die Summe aus Rüstkosten für die Losauflage in Woche 10 (200 €) und Lagerkosten für das Material, das erst in Woche 11 benötigt wird (0,20 € x 360 Stück) durch den Bedarf der beiden Wochen 10 und 11 (660 Stück). Dieses Vorgehen setzt man fort, bis durch Hinzunahme des Bedarfs einer weiteren Woche die Kosten pro Stück wieder zu steigen beginnen. Dieses Vorgehen ist in Abbildung 77 dargestellt. So wie beim Kostenvergleichsverfahren ist dies der Indikator (= Abbruchkriterium) dafür, dass man ein neues Los auflegen muss.

Woche	10	11	12	13	14	15	16	17	18
Nettobedarf d	300	360	400	340	380	400	350	400	380
Rüstkostensatz c_R [€]	200	200	200	200	200	200	200	200	200
Stückkosten $k_{i,t}$ [€/Stk]	0,667			0,588		0,500		0,500	
Stückkosten $k_{i,t}$ [€/Stk]	0,412			0,383		0,360		0,354	
Stückkosten $k_{i,t}$ [€/Stk]	0,408			~~0,389~~		~~0,374~~			
Stückkosten $k_{i,t}$ [€/Stk]	~~0,454~~								
Losgröße		1060		720		750		780	

Abbildung 77: Das Stückkostenverfahren an einem Beispiel

Die gesamten Kosten für Rüsten und Lagern für den Betrachtungszeitraum lassen sich bestimmen, indem man die Anzahl der Wochen zählt, in denen gerüstet wird und dann noch die Lagerkosten ermittelt: Im vorliegenden Beispiel wird vier Mal gerüstet, sodass die Rüstkosten 800 € betragen. Die Lagerkosten betragen für die Materialien, die in Woche 10 für die folgenden Wochenbedarfe gelagert werden:

- für Woche 11: 0,20 € x 360 Stück = 72 €
- für Woche 12: 0,20 € x 400 Stück x 2 = 160 €

In der gleichen Weise geht man für die Ermittlung der Lagerkosten der Bedarfe von den Wochen 14, 16 und 18 vor. Man erhält Lagerkosten von K_L = 72 + 160 + 76 + 70 + 76 = 454 € und auf diese Weise Gesamtkosten für den Beobachtungszeitraum von 1.254 €. In diesem speziellen Fall (das ist aber nicht immer so!) liefert also das Stückkostenverfahren insgesamt niedrigere Kosten als das Kostenvergleichsverfahren.

3.2.5 Durchlaufzeiten und Terminplanung

Das Beispiel in Abbildung 69 beschreibt die Materialbedarfsplanung des Produkts A unter Berücksichtigung der **Plandurchlaufzeiten** der einzelnen Aufträge bzw. unter Berücksichtigung der **Lieferzeiten** bei Beschaffungsaufträgen.

Unter Plandurchlaufzeit versteht man jene Zeit, die man für die Herstellung eines Teils vorsieht. Plandurchlaufzeiten beinhalten sowohl die reine Bearbeitungszeit als auch Pufferzeiten, die sogenannten Übergangszeiten, um Schwankungen und ungeplante Ereignisse ausgleichen zu können. Somit kann die *tatsächliche Durchlaufzeit* sowohl kürzer als auch länger sein. Der Begriff Plandurchlaufzeit bezieht sich auf jene Teile, die produziert werden, der Begriff Lieferzeit auf die Zeit zwischen Auftragserteilung (Bestellung) bei einem externen Lieferanten und der Lieferung des Materials.

Ganz allgemein setzen sich Durchlaufzeiten (ganz egal ob es sich um reale oder geplante handelt) von Produktionsaufträgen aus verschiedenen Zeitanteilen zusammen:

- Rüstzeit: jene Zeit, die benötigt wird, um eine Arbeitsstation für die Bearbeitung von Material vorzubereiten.
- Bearbeitungszeit: jene Zeit, während der tatsächlich Arbeit am Werkstück verrichtet wird.
- Transportzeit: jene Zeit, die benötigt wird für die Bewegung des Materials zur Arbeitsstation und unter Umständen auch an ihr.
- Liege- und Wartezeit: jene Zeit, in der das Material auf Bearbeitung wartet. Material, das auf seine Bearbeitung wartet, erhöht den Bestand.

Die Rüstzeit und Bearbeitungszeit gemeinsam ergeben die sogenannten **Durchführungszeit**. Die Transportzeit und Liege- bzw. Wartezeit ergeben in Summe die **Übergangszeit**, die keinen Wertbeitrag zur Entstehung des Produkts liefert, aber für die Manipulation des Materials (also aus logistischer Sicht) unvermeidbar ist. Die Übergangszeit ist für das Logistikmanagement von großer Bedeutung, weil sie in der Praxis so gut wie immer Potential zur Verringerung beinhaltet und damit die Möglichkeit besteht die gesamte Durchlaufzeit durch die Produktion zu reduzieren. Unter Wertbeitrag wird hier – ganz im Sinne des später behandelten Toyota Production Systems (TPS) – das verstanden, wofür der Kunde bereit ist zu zahlen. Die gerade zuvor genannten Zeitelemente der Durchlaufzeit sind in der nachfolgenden Abbildung 78 zu sehen.

Untersuchungen in unterschiedlichen Unternehmen haben gezeigt, dass bei der Werkstatt- und Gruppenfertigung die Übergangszeiten einen wesentlichen Anteil an der gesamten Durchlaufzeit des Arbeitsgangs in Anspruch nehmen. Überlegungen zur Reduktion der gesamten Durchlaufzeit eines Auftrags, der sich aus mehreren hintereinander folgenden Arbeitsgängen zusammensetzt, sollten daher in erster Linie auf die Reduktion der Übergangszeiten gerichtet sein! Durch gute logistische Gestaltung der Produktion lassen sich diese Zeiten deutlich reduzieren. Die Rüstzeit selbst gilt es natürlich

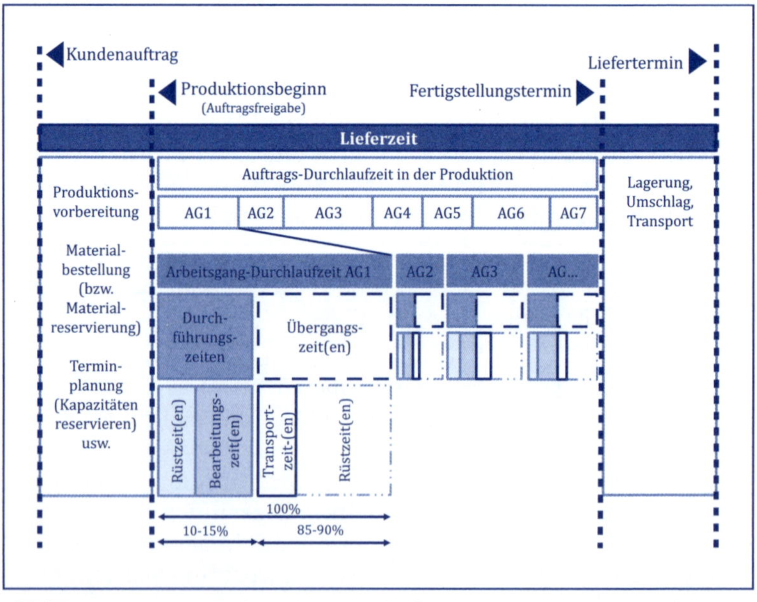

Abbildung 78: Die Aufteilung der Durchlaufzeit eines Arbeitsgangs auf die verschiedenen Zeitanteile

ebenfalls zu optimieren, vor allem dann, wenn sie lange gegenüber der eigentlichen Bearbeitungszeit ist.

Die Bestimmung von Plandurchlaufzeiten in der Einzelproduktion oder in einer Mehrfachproduktion ist durchaus schwierig, weil vielfach neue Produkte und damit auch neue Materialien zu produzieren sind für die noch keine bekannten Daten vorliegen. In diesen Fällen können Plandurchlaufzeiten entweder nur geschätzt oder von ähnlichen Materialien abgeleitet werden.

Terminplanung im logistischen Fluss einer Produktion dient zur Definition, wann ein Auftrag frühestens fertiggestellt werden kann oder wann man spätestens einen Auftrag beginnen muss, um ihn zu einem gewünschten Termin fertigzustellen.

Die bereits bei der Erklärung der Materialbedarfsplanung angewendete Art der Terminierung nennt man **Rückwärtsterminierung**. Ausgehend von einem Liefertermin in der Zukunft wird zurück (also in Richtung des gegenwärtigen Zeitpunkts) gerechnet, wann die jeweiligen Arbeitsgänge (AG...Arbeitsgang) zu beenden sind, damit der Liefertermin für das Produkt gehalten werden kann.

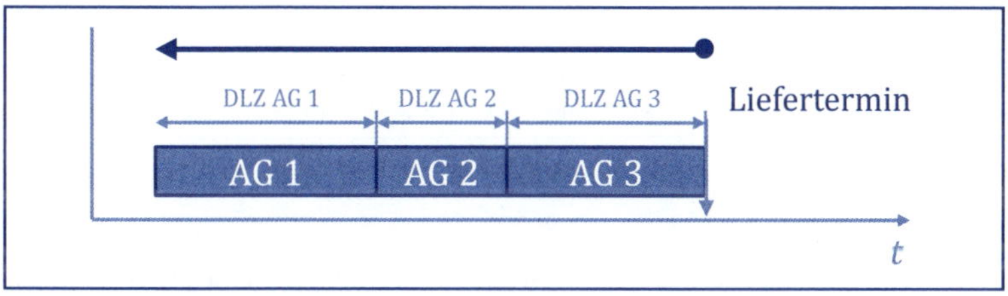

Abbildung 79: Die Rückwärtsterminierung eines Produktionsauftrags (DLZ... Durchlaufzeit)

Neben der Rückwärtsterminierung kennt man auch die Mittelpunktterminierung und die Vorwärtsterminierung. Die **Mittelpunktterminierung** wird vorzugsweise dann eingesetzt, wenn im Produktionsprozess Engpässe auftreten und diese bekannt sind.

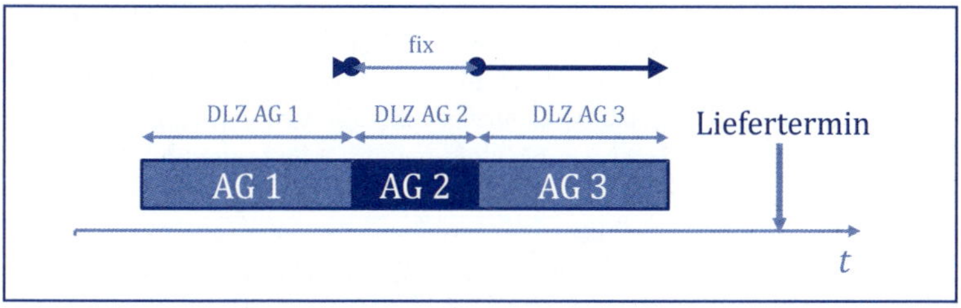

Abbildung 80: Die Mittelpunktterminierung eines Produktionsauftrags bei bekanntem Engpass (Arbeitsgang 2)

Eine Engpass-Arbeitsstation begrenzt die Kapazität der gesamten Produktionskette. Unter Engpass versteht man in der Produktion jenen Arbeitsgang, der die mögliche, zur Verfügung stehende Kapazität voll ausnutzt. Arbeitsgänge vor und hinter diesem Engpassarbeitsgang haben hingegen eine Auslastung, die unter ihrer möglichen Kapazität liegt. Engpässe sind, damit keine Produktionskapazität im Unternehmen verloren geht, grundsätzlich immer voll auszulasten. Damit sind diese Engpässe auch die entscheidenden Stellen im Produktionsdurchlauf und sie sind daher Kern der Terminplanung.

Eine Vorwärtsterminierung hingegen bestimmt vom aktuellen Zeitpunkt ausgehend, wann das Produkt frühestens fertig gestellt sein kann. Diese Art der Terminierung ist dann sinnvoll, wenn Kunden eine Bestätigung ihres gewünschten Liefertermins fordern.

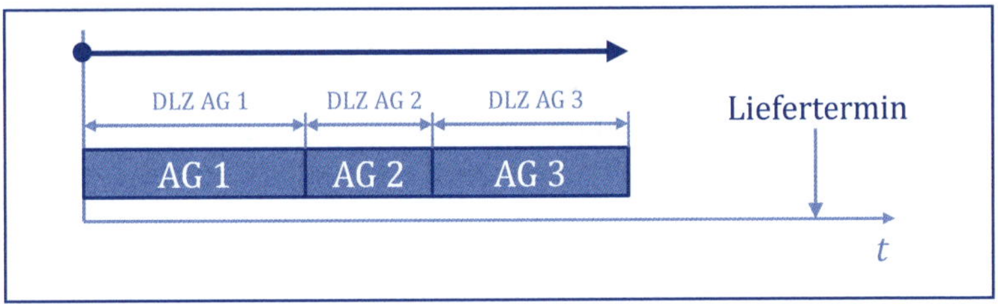

Abbildung 81: Die Vorwärtsterminierung eines Produktionsauftrags

Beispiele:
Wenn wir mit unserem Auto zu einem bestimmten Ort fahren, um dort einen Termin wahrnehmen zu können, so führen wir implizit eine Rückwärtsterminierung durch: wir errechnen, wann wir spätestens abfahren müssen, um zeitgerecht anzukommen.

Ruft uns hingegen ein Freund an, der in einem Nachbarort gerade jetzt Unterstützung von uns braucht, so werden wir auf seine Frage, wann wir denn bei ihm sein können, eine Vorwärtsterminierung durchführen: wir blicken auf die Uhr und aufgrund unserer Erfahrung können wir sagen, dass wir 20 Minuten später bei ihm sind.

Wer von uns ist nicht schon mit dem Auto in den Urlaub gefahren und dann im Stau gestanden! Mautstellen, Tunnels, Baustellen sind neben unvorhersehbaren Ereignissen wie Unfällen häufige Stauverursacher. In diesem Fall können wir eine Mittelpunktterminierung machen. Wir vermuten aufgrund unserer vergangenen Erfahrungen, dass um 5.30 Uhr in der Früh die Staugefahr bei der Mautstelle gering sein wird. Daher machen wir von dieser Mautstelle ausgehend eine Rückwärtsterminierung, um zu wissen, wann wir bei erwartetem Verkaufsaufkommen spätestens zuhause starten müssen. Eine Vorwärtsterminierung ab der Durchfahrt durch die Mautstelle lässt uns eine Aussage darüber treffen, wann wir am Zielort eintreffen werden.

3.2.6 Kapazitätsplanungen in der Produktion

Die Materialbedarfsplanung (MRP) erfolgt ohne Berücksichtigung vorhandener Kapazitäten. Wir können nach abgeschlossenem MRP Lauf nicht sagen, ob diese Planung auch umsetzbar ist. Darum müssen wir in einem nächsten Schritt die vorhandenen Kapazitäten gegen den Plan von MRP prüfen. Wir wollen dabei feststellen, ob die für die jeweiligen Zeitpunkte geplanten Produktionstermine mit den vorhandenen Ressourcen (bzw. Kapazitäten) auch eingehalten werden können.

Eine Möglichkeit dazu besteht darin, dass wir die zur Erzeugung des Produkts erforderlichen Arbeitsgänge in ein Gantt-Chart eintragen, womit sich auf Basis der Plandurchlaufzeiten ein Bild wie in Abbildung 82 ergibt. A bis H sind die einzelnen Arbeitsgänge, die zur Erstellung des Produkts erforderlich sind. Wir erkennen, dass einzelne Arbeitsgänge parallel ablaufen.

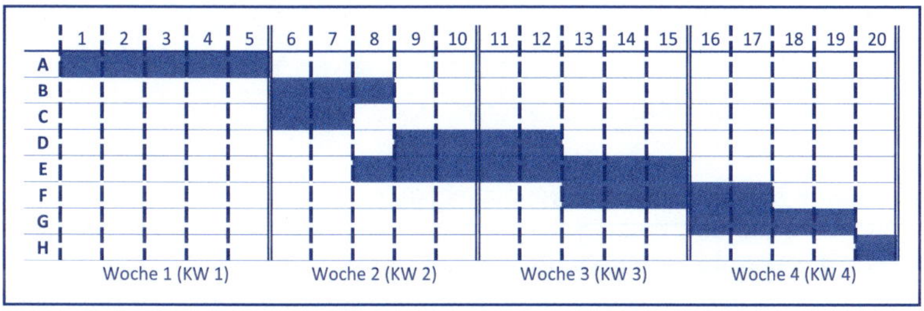

Abbildung 82: Beispiel für die Kapazitätsbestimmung eines Produktionsauftrags in Woche 3 (KW3)

Man sieht an dieser graphischen Darstellung leicht, dass beispielsweise die Arbeitsgänge D, E und F Kapazitäten im selben Produktionsbereich (die Arbeitsgänge D, E und F sind unterschiedliche, die jedoch Kapazitäten im gleichen Fertigungsbereich belegen) benötigen. Die einzelnen Balken stellen im Gantt-Chart die Plandurchlaufzeiten dar. Sie enthalten damit sowohl die Durchführungszeit als auch die Übergangszeit, die geplanterweise vorgesehen sind. Wann die tatsächliche Bearbeitung (die natürlich nur einen Bruchteil der geplanten Durchlaufzeit für den Arbeitsgang einnimmt) stattfindet, ist zum Zeitpunkt der Planung nicht bekannt.

Daher darf man auch die (stückzahlunabhängige) Rüstzeit proportional auf die einzelnen Arbeitstage als Teil der Durchführungszeit aufteilen und kann damit den *Erwartungswert* des Kapazitätsbedarfs vom betreffenden Arbeitsgang in einer bestimmten Woche bestimmen.

Beispiel:
Ein Beispiel mit Zahlen demonstriert nun die Bestimmung der Kapazitätsnachfrage von Woche 3 aus der Abbildung 82. Folgende Rahmenparameter sind gegeben:

AG D: RZ = 50 min; BZ = 0,8 min / Stk.

AG E: RZ = 130 min; BZ = 1,5 min / Stk.

AG F: RZ = 70 min; BZ = 1 min / Stk.

wobei AG für Arbeitsgang steht, RZ für Rüstzeit und BZ für Bearbeitungszeit pro Stück. Die Gesamtmenge des Produktionsauftrags, der die oben gezeigten Arbeitsgänge umfasst, beträgt 1.000 Stück. Aus den Rahmenparameter für die Arbeitsgänge D bis F ergeben sich damit Durchführungszeiten (DFZ) von

AG D: DFZ = 850 min

AG E: DFZ = 1.630 min

AG F: DFZ = 1.070 min

mit der Beziehung:

$$DFZ = RZ + BZ \cdot 1000$$

Um eine Grobkapazitätsabschätzung durchzuführen, gehen wir davon aus, dass die Bearbeitung (für die Dauer der DFZ) irgendwann im Rahmen der vorgesehenen Plandurchlaufzeit stattfinden wird. Weil wir es nicht genau wissen, verteilen wir die DFZ gleichmäßig auf die gesamte Plandurchlaufzeit (wir rechnen also mit einem gewissen Erwartungswert für die Kapazitätsnachfrage – KNF) und erhalten damit für die Kalenderwoche 3:

AG D: KNF = 2 / 4 * 850 min = 425 min

AG E: KNF = 5 / 8 * 1.630 min = 1.018,75 min

AG F: KNF = 3 / 5 * 1.070 min = 642 min

Damit ergibt sich in Summe für die Woche 3 eine erwartete Kapazitätsnachfrage von 2.085,75 min.

In den meisten Fällen erfolgen verschiedene Produktionsaufträge parallel, sodass die vorhandenen Kapazitäten für diese in bestimmten Wochen gleichzeitig reichen müssen. Wenn wir nun die Kapazitätsnachfrage der verschiedenen Aufträge an einer bestimmten Arbeitsstation für jede Woche addieren, könnte sich ein Bild wie in Abbildung 83 ergeben.

Vergleicht man nun den zeitlichen Verlauf des Kapazitätsangebotes mit der Nachfrage, erkennt man, in welchen Zeiträumen eine Überlast entsteht und in welchen Zeiträumen noch freie Kapazitäten

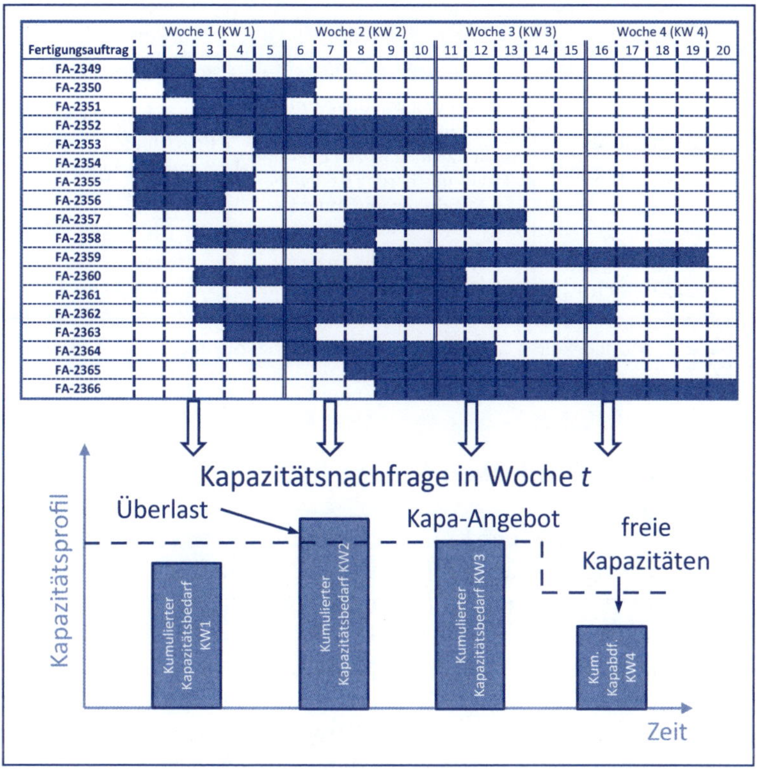

Abbildung 83: Die kumulierte Kapazitätsnachfrage an einer Arbeitsstation

zu finden sind. Das zur Verfügung stehende Kapazitätsangebot an dieser betrachteten Arbeitsstation ist nicht immer gleich groß, weil es etwa Zeiten gibt, zu denen geplante Wartungs- und Reparaturarbeiten an der Arbeitsstation durchgeführt werden oder auch die Mitarbeiter auf Urlaub sind. Eine zu hohe Kapazitätsnachfrage in gewissen Zeitabschnitten kann man nun dadurch beeinflussen, dass man beispielsweise Aufträge vorzieht. Dieses Vorziehen (oder *Umterminieren*) einzelner Aufträge muss sich natürlich in der Materialbedarfsplanung für das jeweilige Produkt wiederfinden. Neben dem Vorziehen von Aufträgen stehen natürlich noch andere Möglichkeiten zur Verfügung, mit der man die Kapazität an den Bedarf anpassen kann, die auszugsweise in Tabelle 5 gezeigt sind.

	bei Überlast	bei Unterauslastung
Anpassung Kapazitätsangebot	Anordnung von Überstunden, zusätzliche Schichten, Verlagerung von Spitzenbedarf zu Lieferanten, Aktivierung bereits steillgelegter Maschinen und Anlagen	Kurzarbeit, Abbau von Überstunden, Stilllegen von Maschinen und Anlagen
Anpassung Kapazitätsnachfrage	zeitliche Verlegung von Aufträgen, Losverkleinerung	diverse Marketingmaßnahmen

Tabelle 5: Möglichkeiten zur Anpassung von Kapazitätsangebot und -nachfrage

3.3 Toyota Production System (TPS)

MRP ist ein klassisches Konzept für die Planung von Einzelteilen und Fertigungsaufträgen auf Basis von Primärbedarfen im Produktionsplan. Bei all seiner Beliebtheit weist das Konzept von MRP einige Schwächen auf. Als Beispiel wollen wir hier anführen:

- Vorgabe für jede einzelne Arbeitsstation: MRP gibt jeder einzelnen Arbeitsstation auf Basis der Kundenaufträge exakte Fertigungs- und Montageaufträge vor. Diese Vorgaben sind dabei unabhängig vom tatsächlichen Bedarf der nachfolgenden Arbeitsstation. Wenn eine Arbeitsstation beispielsweise wegen eines Maschinendefekts steht, produzieren die vorgelagerten Arbeitsstationen trotzdem die Halbfertigprodukte, die durch MRP vorgegeben werden – und sie bilden dann einen WIP-Bestand, bis die nachfolgende Arbeitsstation wieder arbeitsbereit ist und diese Halbfertigprodukte benötigt.
- Bedarfe in der Vergangenheit: MRP führt Rückwärtsterminierungen durch, um die Bedarfe an Einzelteilen und Fertigungsaufträgen zu definieren. Dieses Konzept funktioniert nur dann, wenn alle Bestell- bzw. Startzeitpunkte für Aufträge in der Zukunft liegen. In der Praxis ist das aber leider häufig nicht der Fall, sodass sich Bestell- bzw. Startzeitpunkte ergeben, die in der Vergangenheit sind. Mit anderen Worten: man hätte schon längst bestellen müssen oder mit den Fertigungsaufträgen beginnen müssen! Die Ursache dafür kann darin liegen, dass keine eingefrorenen Zonen (*frozen zones*) berücksichtigt werden. Das sind Zeiträume vom Augenblick des Planungslaufs in die Zukunft, in der sich die Primärbedarfe aus dem Produktionsplan nicht ändern dürfen. Die Kunden müssen respektieren, dass beispielsweise zwei Wochen vor Produktionsbeginn keine Mengen-, Termin- oder Produktänderungen mehr akzeptiert werden. Viele Unternehmen schaffen es

jedoch nicht mit entsprechender Konsequenz diese Forderungen bei ihren Kunden durchzusetzen. Die Folge davon ist, dass Druck auf die Lieferanten aufgebaut wird, um Lieferzeiten zu verkürzen, dass in der eigenen Produktion Überstunden angeordnet werden müssen, um eine höhere Kapazität zu erzielen oder dass permanent umterminiert wird, um die für den dringenden Kundenauftrag erforderlichen Produktionsaufträge vorzuziehen. Es entsteht Durcheinander und Chaos in der Produktion mit der Folge, dass die Liefertermintreue insgesamt sinkt, Bestände ansteigen und auch die durchschnittliche Durchlaufzeit länger wird.

- Instabilität in der Planung: Kleine Änderungen bei den Primärbedarfen können unter ungünstigen Rahmenbedingungen zu großen Schwankungen bei den Materialbedarfen führen. Die Ursache dafür liegt in der Einstellung der Planungsparameter wie z.B. der geforderten Losgröße oder Sicherheitsbeständen.

Das Toyota Production System geht einen anderen Weg. Toyota verfolgt die Philosophie, dass nur produziert wird, wofür tatsächlich ein Kundenauftrag besteht. Diese Kundenaufträge ziehen gewissermaßen die erforderlichen Materialien und Halbfertigprodukte aus der Produktion, man spricht auch von einem Pull-System oder einer Pull-Steuerung – im Gegensatz zu MRP als Planungslogik, die ein Push-System repräsentiert. Planung im klassischen Sinn ist in der TPS Philosophie gar nicht erforderlich. Man muss nur schnell und agil genug sein, um die eintreffenden Kundenaufträge erfüllen zu können. Die Kundenaufträge selbst lösen dann Materialbedarfe für die vorgelagerten Arbeitsstationen aus, die dann per Just-in-time oder Kanban die abrufende Arbeitsstation versorgen. Abbildung 84 stellt diese beiden unterschiedlichen Ansätze von MRP und TPS grafisch gegenüber.

Wir sprechen in diesem Zusammenhang bei MRP von einem Push-System und bei TPS von einem Pull-System. Wir haben bereits in einem früheren Kapitel erläutert, dass das Pull-System vergleichbar

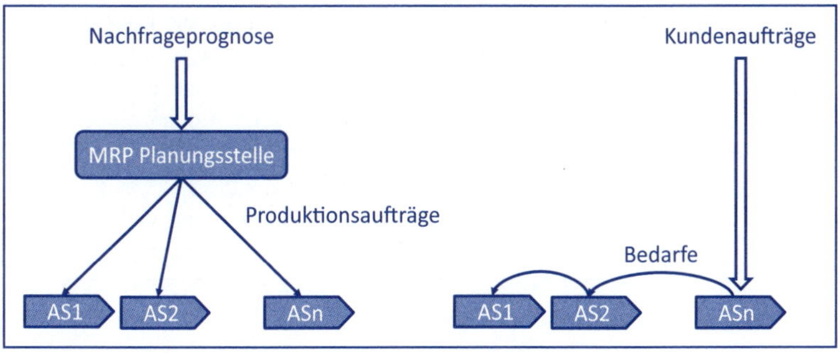

Abbildung 84: Ein Vergleich von MRP (links) und TPS (rechts)

ist mit einem Supermarktregal, das wir alle als Konsumenten kennen. Wenn Ware aus dem Regal entnommen wird, ist das bei Unterschreitung eines bestimmten Mindestwarenbestands das Signal, dass wieder nachgeliefert werden muss. Ganz ähnlich funktioniert TPS, allerdings kann die erfolgreiche Umsetzung von TPS nicht ausschließlich alleine durch Anwendung einzelner Werkzeuge oder Methoden gelingen, sondern es gilt, die gesamte Philosophie hinter dem Konzept von TPS zu verstehen und zu implementieren, die wir nachfolgend vorstellen werden.

Das Toyota Production System ist eng mit der Geschichte des japanischen Automobilherstellers Toyota verknüpft und beruht auf dem Konzept, Verschwendung in der Produktion zu vermeiden und die gesamte Produktion an den Wünschen und Erwartungen des Kunden auszurichten.

Anfang der 1950-Jahre steckte die japanische Industrie nach den Zerstörungen des Zweiten Weltkriegs in einer tiefen Krise. Die Produktivität war um ein Vielfaches geringer als jene in den USA. Toyota sandte zwei Mitarbeiter, Eiji Toyoda und Taiichi Ohno in die Vereinigten Staaten von Amerika zu den Ford-Werken nach Detroit um zu studieren, wie Ford seine Automobile produzierte. Ford hatte gut 40 Jahre davor eine Revolution mit der Einführung der Massenproduktion eingeleitet. Durch den Besuch bei Ford sollten Rückschlüsse gefunden werden, wie Toyota Autos effizienter bauen könnte. Wie die beiden Japaner feststellten, waren die Verhältnisse allerdings nicht nach Japan übertragbar, weil die amerikanische Automobilindustrie vor allem Fahrzeuge in großer Stückzahl erzeugte. Japan hatte nach dem Krieg mit ganz anderen Bedingungen zu kämpfen als dies am amerikanischen Markt der Fall war: Japan war eine in sich geschlossene Marktwirtschaft, die nach dem Krieg in Trümmern lag und Japan hatte eine sehr hohe Bevölkerungs- und Bebauungsdichte in den urbanen Gebieten. Toyota produzierte zu dieser Zeit auch viele unterschiedliche Modelle für eine eher begrenzte Anzahl an Kunden – ganz anders, als das bei Ford in den USA der Fall war. Dass eine Kopie der automobilen Produktion aus den USA nach Japan nicht möglich war, erkannten Toyoda und Ohno rasch und passten folglich die Erfahrungen aus der amerikanischen Fahrzeugindustrie an die Besonderheiten Japans an um daraus das Toyota Production System *(TPS)* zu entwickeln, mit dem zuerst Toyota und dann später die ganze japanische Automobilindustrie eine nie da gewesene Konkurrenzfähigkeit erreichen sollte. Die Ideen und Philosophien hinter diesem Produktionskonzept waren so bestechend, dass in Folge die gesamte Automobilindustrie weltweit und viele andere Industrien ebenfalls begannen diese Konzepte zu implementieren.

Durch den hohen Wettbewerbsdruck ist heutzutage beinahe jedes produzierende Unternehmen in der Serienfertigung gezwungen auf Elemente des TPS zurückzugreifen. *Lean Production*, ein Konzept, das in der deutschen Sprache manchmal als „schlanke Produktion" bezeichnet wird, ist dem TPS sehr ähnlich. Es wurde ab Anfang bzw. Mitte der 80er Jahre des 20. Jahrhunderts beschrieben und bezeichnet die Übertragung der Methoden des TPS in die angloamerikanische Produktionswirtschaft, wobei hier besonders auf die Errungenschaft der Massenproduktion zu Beginn des 20. Jahrhunderts Rücksicht genommen wurde.

Das Herzstück des TPS ist die Eliminierung nicht werthaltiger Elemente – im japanischen *Muda* genannt. Neben der Eliminierung dieser *Verschwendung* (*Muda*) ist die Vermeidung von *Überlastung* (*Muri*) und *Unausgeglichenheit* (*Mura*) für eine „schlanke Produktion" von besonderer Bedeutung. Alle drei genannten Elemente – *Muda, Muri* und *Mura* – stehen in Abhängigkeit zueinander.

TPS ist deutlich mehr als die Sammlung von verschiedenen Methoden, Konzepten oder Vorgehensweisen. TPS ist eine ganzheitliche Philosophie, die von den Mitarbeitern verinnerlicht und gelebt wer-

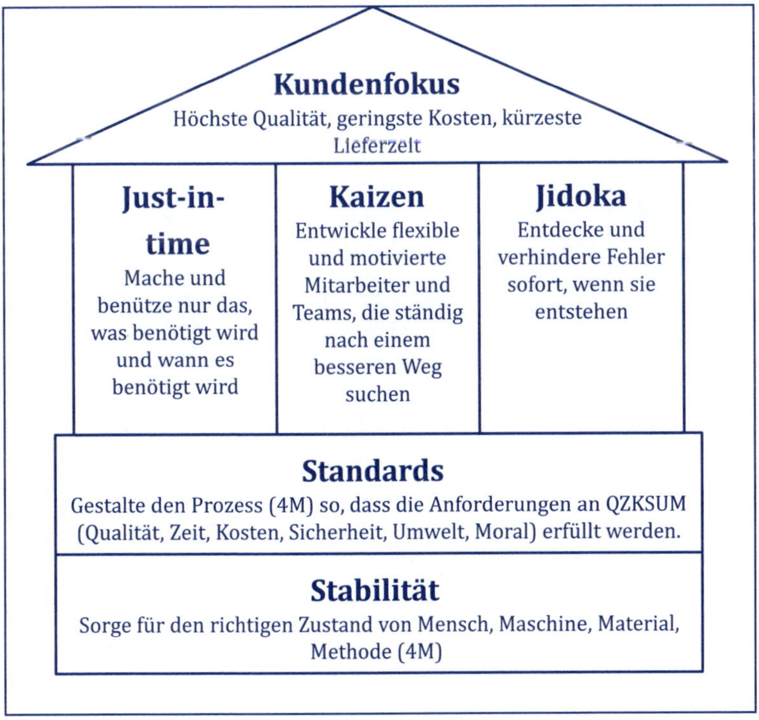

Abbildung 85: Das TPS, symbolisiert durch ein Haus

den muss. Damit das Zusammenspiel der einzelnen Methoden, von *Muda*, *Muri* und *Mura* verständlich gemacht werden kann, wählt man üblicherweise die Darstellung in Form eines symbolisierten Hauses. So wie ein jedes Haus ein solides Fundament braucht, eine starke Struktur und ein Dach, damit es dauerhaft seinen Bewohnern Geborgenheit und Schutz bieten kann, so lässt sich in Analogie auch das TPS sehen.

Wir werden nun nachfolgend die wichtigsten Bauelemente dieses Toyota-Hauses ansehen.

3.3.1 Kundenfokus

Ein Kernprinzip von Toyota besteht darin, den Kunden im Mittelpunkt aller geschäftlichen Aktivitäten zu sehen. Toyota richtet alle Aktivitäten an den Wünschen seiner Kunden aus. Aus der Sicht des Logistikmanagements geht es darum, die Kundenanforderungen richtig zu interpretieren und Versprechen gegenüber dem Kunden bedingungslos einzuhalten. Wenn der Kunde am Mittwoch in der nächsten Woche 100 Stück vom Produkt A bestellt und ihm diese auch zugesagt worden sind, so wird er diese bekommen: nicht mehr, aber auch nicht weniger; nicht früher und schon gar nicht später.

Beispiel:
Wenn wir für unser Mittagessen eine Salami-Pizza beim Lieferservice für 12.30 Uhr bestellen, so werden wir nicht zufrieden sein, wenn...
- der Lieferservice uns die Pizza erst um 13.15 Uhr bringt
- statt der Salami-Pizza eine Pizza mit Sardellen bringt, selbst wenn sie vielleicht die beste Sardellen-Pizza ist, die wir jemals gegessen haben
- die Pizza bei Anlieferung bereits kalt ist.

Wie wir leicht aus unseren persönlichen Erfahrungen ableiten können, geht es darum, genau diese Ware zu bekommen, die wir uns vorstellen und die wir bestellt haben.

Wie wir gerade gesehen haben, geht es vor allem um das Thema Qualität, das in verschiedener Art in Erscheinung tritt:

- zum einen die Produktqualität: darunter ist zu verstehen, dass die Salami-Pizza nur hochwertige Zutaten enthält und auch dem entspricht, was sie vorgibt zu sein (also: eine Salami-Pizza und keine andere).
- zum anderen die logistische Qualität, die dafür sorgt, dass die Bestellung auch genau in der Weise abgewickelt wird, wie der Kunde es sich vorgestellt hat und wie ihm dies auch bestätigt wurde.

Qualität ist ein leitendes Thema des Toyota Production Systems und wie wir in Folge auch noch sehen werden unabdingbar, um die anderen Prinzipien von TPS überhaupt erst zu ermöglichen.

Toyota und sein Produktionssystem gehen von einer bedingungslosen Orientierung an den Kundenwünschen aus. Um konkurrenzfähig zu sein und vor allem zu bleiben, ist auch der Fokus auf die Kosten der Produktherstellung wesentlich. Dann können neben der Produkt- und Logistikqualität auch die Preise so gestaltet werden, dass Toyota Produkte am Markt erfolgreich sind. Wettbewerbsfähige Preise haben unmittelbar auch mit den Kosten für die Produkterzeugung zu tun. Diese Herstellkosten sind immer dann niedrig, wenn es gelingt, alles zu vermeiden, wofür der Kunde nicht bereit ist zu zahlen. Toyota nennt im Umkehrschluss alle Aktivitäten, die nicht unmittelbar dem Kundennutzen dienen, Verschwendung und hat 7 verschiedene Arten der Verschwendung identifiziert, die vermieden werden müssen:

- **Überproduktion:** Verschwendung entsteht, weil zu viel Material zu früh produziert wird.
- **Unnötige Transporte:** Verschwendung entsteht, wenn Material transportiert wird ohne dabei Wert zu schaffen. Schlecht abgestimmte Materialflüsse in Produktionsunternehmen, die ein zwischenzeitliches Einlagern und späteres Auslagern der Materialien und Halbfertigprodukte erfordern, fallen in diese Kategorie.
- **Unnötige Bewegungen:** Verschwendung entsteht, wenn Arbeitsplätze nicht ausreichend ergonomisch gestaltet sind, sodass Mitarbeiter schwere Lasten kontinuierlich heben oder unnötige Bewegungen ausführen müssen, um Materialien zu greifen.
- **Wartezeiten:** Verschwendung entsteht, wenn Mitarbeiter warten müssen, weil beispielsweise Material nicht verfügbar ist oder Maschinen ausfallen.
- **Ungeplante Produktionsausfälle und Nacharbeit:** Ungeplante Produktionsausfälle führen zu Wartezeiten für die Mitarbeiter und Störungen im Materialfluss und können in weiterer Folge die Lieferzusagen an die Kunden negativ beeinflussen. Nacharbeit ist durch Anwendung entsprechender Qualitätsmethoden während der Produktion bereits zu vermeiden. Nacharbeit verursacht generell Zusatzaufwendungen, für die der Kunde nicht bereit ist zu zahlen und sie kann ebenfalls Lieferzusagen an die Kunden negativ beeinflussen.
- **Schlechte oder nicht abgestimmte Prozesse:** Führen zu ungleichmäßiger Auslastung an den Arbeitsstationen, zu Wartezeiten, zu unnötigen Transporten oder auch zu hohen Lagerbeständen.
- **Zu hohe Lagerbestände:** Benötigen Platz zur Lagerung, binden Personal und Ressourcen und erzeugen keinen Wert für die Kunden.

TPS geht davon aus, dass gerade die letzte Verschwendungsart – zu hohe Bestände – besonders kritisch ist, weil diese andere Prozessschwächen verdeckt (siehe dazu auch Abbildung 5 aus Abschnitt 2.1.1). Ein sukzessives Absenken der Bestände führt dazu, dass diese Prozessschwächen gewissermaßen an die Oberfläche kommen, erkannt und dann auch beseitigt werden können. So könnten Bestände dazu beitragen, dass eine Arbeitsstation mit höherer Produktionsrate arbeitet als die ihr folgende. Bestände zwischen diesen beiden Arbeitsstationen verdecken das eigentliche Problem der nicht abgestimmten Arbeitsprozesse.

3.3.2 Just-in-time

Wie bereits zuvor erwähnt ist Just-in-time (JIT) das elementare Versorgungskonzept von TPS. JIT ist sehr eng verknüpft mit der Vermeidung von Verschwendung und mit den Begriffen *Mura* und *Muri*. Ungeplante Variabilität im Sinne von Produktionsschwankungen stört einen geordneten und strukturierten Produktionsablauf und führt natürlich auch zu Überlastung sowohl von Mitarbeitern als auch von Anlagen. Geplante Variabilität im Materialfluss kann durch Abstimmung der Produktion und der Taktzeit, Nachfrageglättung und der Fähigkeit, den sogenannten *One-Piece-Flow* zu realisieren, erreicht werden.

3.3.2.1 Taktzeit und Taktabstimmung

Die Taktzeit ist jene Zeit, die an einer Arbeitsstation für die Verrichtung von Tätigkeiten zur Verfügung steht. Die mögliche Länge der Taktzeit wird durch die Kundennachfrage bestimmt. Während der Taktzeiten werden an den Arbeitsstationen die ihnen zugewiesenen Arbeitsgänge durchgeführt. Die Summe aller Arbeitsgänge an einer Arbeitsstation kann daher maximal die Länge der Taktzeit betragen. Ist die Summe der Arbeitsgänge geringer als die Taktzeit, so bleiben an der jeweiligen Arbeitsstation Pufferzeiten, bevor das Material im nächsten Takt an der folgenden Arbeitsstation weiter bearbeitet wird.

$$Taktzeit = \frac{Arbeitszeit}{Nachfragemenge}$$

Beispiel:
In einem Produktionsunternehmen wird einschichtig (= 8 Stunden) gearbeitet. Pro Arbeitstag sollen 60 Produkte erzeugt werden. Daraus können wir nun die erforderliche Taktzeit errechnen:

$$\textbf{Taktzeit} = \frac{8h \cdot 60min}{60} = 8min$$

Das ist nun die Zeit, die an einer Arbeitsstation für die Verrichtung von Arbeitsgängen zur Verfügung steht. Alle funktional erforderlichen Arbeitsgänge zur Erzeugung des Produkts müssen nun einzelnen Arbeitsstationen in der richtigen Reihenfolge zugeordnet werden.

Der Materialfluss im Sinne von TPS ist so zu gestalten, dass er möglichst stetig erfolgen kann. Das gelingt dann in einem zufriedenstellenden Maße, wenn die zur Verfügung stehenden Taktzeiten möglichst gut und gleichmäßig ausgenutzt werden. Die nachfolgende Abbildung zeigt, wie Materialflussglättung dazu beitragen kann, dass Kapazitäten weder überlastet noch zu gering ausgenutzt werden.

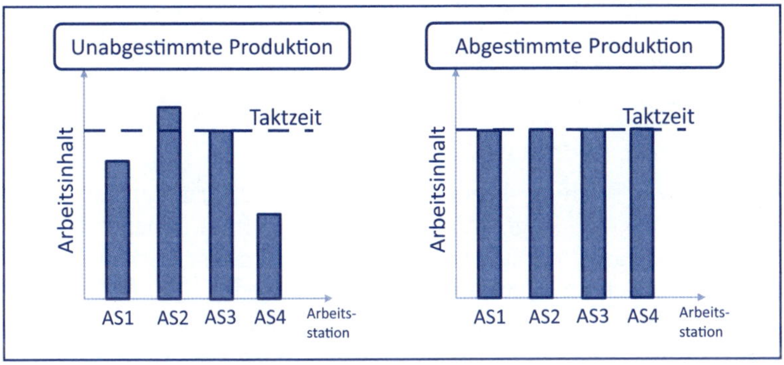

Abbildung 86: Taktabstimmung in der Produktion

Eine besondere Bedeutung bekommt in diesem Zusammenhang die Taktzeitabstimmung. Wir müssen in der Realität davon ausgehen, dass auf einer Produktionslinie und damit auch auf einzelnen Produktionsanlagen unterschiedliche Produkte gefertigt werden. Die Kunst besteht nun darin, das Produkt- und Prozessdesign so zu gestalten, dass für den Kunden unterschiedliche Produkte durch Variantenbildung erzeugt werden können und damit eine Erstellung auf ein und derselben Produktionslinie möglich ist. Taktabstimmung bedeutet nun, durch geschicktes Einplanen der Kundenaufträge dafür zu sorgen, dass trotz unterschiedlicher Materialien und Abläufen die Taktzeiten eingehalten und bestmöglich ausgenutzt werden.

3.3.2.2 Nachfrageglättung

Die Nachfrage unterliegt Schwankungen. Durch Anwendung einer Produktionsstrategie, die eine Mischung aus Emanzipation und Synchronisation darstellt, lässt sich eine variable Nachfrage dadurch glätten, dass zum einen die Kapazität unterschiedlich eingestellt wird und zum anderen Produkte auf Lager gefertigt werden bzw. von dort ausgeliefert werden, wie dies in Abbildung 87 zu sehen ist.

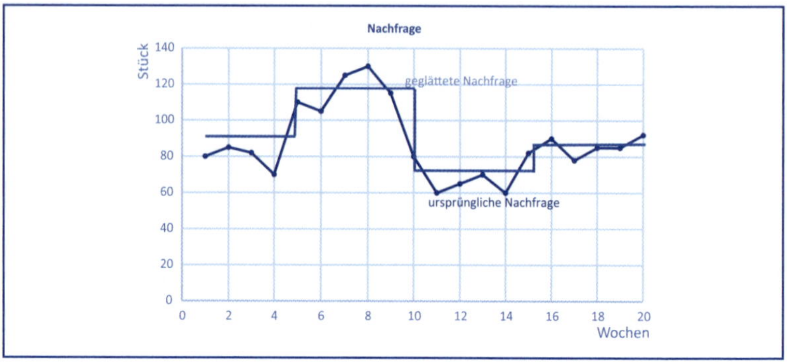

Abbildung 87: Glättung der Nachfrage

3.3.2.3 One-Piece-Flow

Wenn unterschiedliche Produkte oder auch nur Varianten von einem Grundprodukt gefertigt werden sollen, denkt man üblicherweise in Losen. Die Frage stellt sich nun, wie groß die Lose sein sollen, sodass Kundenwünsche möglichst gut abgebildet werden können bzw. was ein vertretbares Maß für den Rüstaufwand ist. *One-Piece-Flow* ist ein Konzept, das von der Losgröße 1 ausgeht: jedes Produkt auf einer Anlage, in einem Materialfluss ist anders als das zuvor produzierte.

Neben einer Logistik, die es ermöglicht, die erforderlichen Materialien rechtzeitig und in der geforderten Menge zur Verfügung zu stellen, müssen auch Rüstzeiten drastisch reduziert werden. Wir kennen in diesem Zusammenhang den Begriff SMED (*Single Minute Exchange of Dies*), der technische und organisatorische Maßnahmen zur kontinuierlichen Reduktion der Rüstzeiten beinhaltet. Um Rüstzeiten gering zu halten, kann es sinnvoll sein bereits das Werkzeug vorzubereiten und zu justieren während parallel noch eine andere Produktion läuft. Wenn etwa Löcher in Materialien mit unterschiedlichem Durchmesser gebohrt werden müssen, kann der größere Bohrer bereits in einem Spannfutter vorbereitet werden, während die Maschine noch das kleine Loch bearbeitet. Alternativ dazu bietet sich vielleicht auch die Gelegenheit überhaupt ein Mehrfachspannfutter einzusetzen, das gleich mehrere unterschiedliche Bohrer spannt und vorbereitet und dann für die jeweils geforderten Lochdurchmesser einfach in die richtige Position gebracht wird, um sofort einsatzbereit zu sein.

3.3.3 Kaizen

Neben standardisierten Prozessen stellt der Wunsch nach ständiger (Prozess-)Verbesserung ein zentrales Element von TPS dar, was mit dem Begriff Kaizen ausgedrückt wird. Es geht nicht darum nur große Ideen umzusetzen, sondern vor allem die kleinen, die die Mitarbeiter bei ihrer täglichen Arbeit behindern. Der Vorteil einer kleinen Verbesserung gegenüber großen ist darin zu sehen, dass eine solche oft viel schneller umzusetzen und zu implementieren ist.

TPS kennt keinen Endzustand für Verbesserungen, sondern geht davon aus, dass diese Verbesserungsbestrebungen laufend fortgesetzt werden müssen.

Jeder Mitarbeiter ist dafür verantwortlich, dass er Verbesserungsmöglichkeiten in seinem Aufgabenbereich erkennt und diese mit seinem Vorgesetzten bespricht. Es geht vorrangig darum, erkannte Verbesserungschancen zu nutzen, unabhängig davon, welche Kosten durch die Verbesserung eingespart werden können. Die Einbindung von Mitarbeitern in Kaizen ist deswegen erforderlich, weil sie es sind, die eine Tätigkeit jeden Tag ausüben und damit am besten erkennen können, wo sich Verbesserungspotential verbirgt. Wenn ein Mitarbeiter täglich die Gehäuse von einem Fahrzeugscheinwerfer zusammenschraubt, dann wird am ehesten er es bemerken, dass eine Schraube nur schwer mit seinem Werkzeug zu erreichen ist und diese entweder ganz entfallen könnte oder anders positioniert werden sollte. Mitarbeiter müssen ihre tägliche Routine verlassen können und die Fähigkeit entwickeln, permanent nach Prozessverbesserungen zu suchen. Auch Prämiensysteme als Anreiz für die Mitarbeiter sind üblich, wobei es wichtig ist, dass die mit den Prämien verbundenen Verbesserungsideen rasch und unbürokratisch umgesetzt werden.

3.3.4 Jidoka

In klassischen, traditionellen Produktionsprozessen wird häufig ein Produkt erzeugt, in dem es den gesamten Materialfluss durchläuft, um am Ende bei der Qualitätsprüfung durchzufallen, weil es nicht den Qualitätsanforderungen entspricht. Dann muss es entweder nachgearbeitet werden oder es wird überhaupt verschrottet. Beide Varianten verschwenden Wert im großen Stil, kosten Kapazität in der Produktion und sind – zumindest aus der Sicht von Toyota – in jedem Fall zu vermeiden. Darum findet beim TPS während des gesamten Produktionsprozesses eine permanente Überprüfung der Qualität statt. Zum einen ist das durch eine hohe Automatisierung mit *In-Process-Control* möglich, zum anderen ist jeder einzelne Mitarbeiter gefordert, seine Arbeit absolut hochqualitativ auszuführen und mangelnde Qualität sofort abzustellen. Ein wesentlicher Aspekt in diesem Zusammenhang besteht auch darin, dass Mitarbeiter nicht nur ermächtigt, sondern sogar verpflichtet sind, mangelnde Qualität zu melden. Das kann nur gelingen, wenn die Kultur im Unternehmen und speziell in Produktion und Logistik dieses Verhalten unterstützt und keine Sorge vor nachteiligen Konsequenzen bestehen. Ansonsten wird eher das Vertuschen von Qualitätsmängeln vorherrschen. Bekannt sind in diesem Zusammenhang auch Erzählungen von Reißleinen oder Bändern, die sich entlang des Materialflusses befinden und mit denen durch Ziehen die gesamte Produktion zum Stillstand gebracht wird. Jeder Mitarbeiter, der mangelhafte Materialien oder mangelhaft ausgeführte Arbeitsschritte entdeckt, darf bzw. muss diese bedienen. Solange die Ursache, die zum Qualitätsproblem geführt hat, nicht entdeckt und abgestellt ist, steht das Band. Der dadurch verursachte Produktionsausfall ist zwar kurzfristig dramatisch, langfristig ist das jedoch die beste Möglichkeit, um die Null-Fehler-Strategie zu realisieren und den Kunden vor mangelhaften Produkten zu bewahren.

3.3.5 Standards

Standards legen fest, wie Prozesse und Abläufe ausgeführt werden müssen. Sie sorgen dafür, dass die Ausführung von Aktivitäten nicht abhängig von einzelnen Mitarbeitern ist und somit auch Variabilität reduziert wird. Standards werden dokumentiert und am Arbeitsplatz hinterlegt, sodass jedem Mitarbeiter klar ist, wie die Arbeit zu verrichten ist. Standards helfen auch dabei neue Mitarbeiter einzuschulen. Wenn durch Kaizen bestehende Prozesse verbessert werden, so müssen nach der Prozessverbesserung diese in einen neuen Standard überführt werden. In diesem Zusammenhang ist auch der PDCA (*Plan-Do-Check-Act*) Zyklus zu sehen, der eine Analogie

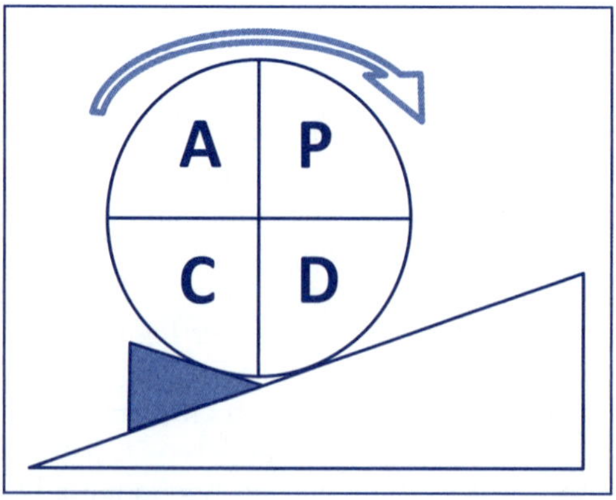

Abbildung 88: Der PDCA Zyklus

zu einem Rad darstellt, das auf einer schiefen Ebene ständig weiter nach oben bewegt wird. Die Bewegung nach oben entspricht einer Verbesserung, um ein höheres Niveau zu erreichen, der Keil unter dem Rad symbolisiert die Standardisierung, die dafür sorgt, dass neue Prozesse eben zur neuen Arbeitsweise erhoben werden und der gleichzeitig verhindert, dass die Mitarbeiter oder Prozesse wieder in alte Gewohnheiten zurückfallen.

Eine Methode zur Unterstützung der Standardisierung ist auch *Poka-Yoke*. Sie verhindert durch entsprechende Ausführung der Arbeitsstation und der zur Verfügung stehenden Werkzeuge und Arbeitsmittel, dass überhaupt Fehler begangen werden können.

Auch in unserem täglichen Leben begegnen uns Lösungen nach dem *Poka-Yoke* Prinzip, die uns vor vielleicht teuren Fehlern bewahren. So manchem könnte es schon passiert sein, dass man an der Tankstelle Benzin anstatt Diesel in den Fahrzeugtank füllen wollte. Fehlbetankungsschutzeinrichtungen verhindern üblicherweise, dass der Zapfhahn eingeführt werden kann. Das ist ein Prinzip von *Poka-Yoke*, damit mögliche Fehler erst gar nicht entstehen können. Umgekehrt verhindert der größere Durchmesser des Diesel-Zapfhahns, dass man Diesel in ein benzingetriebenes Fahrzeug füllen kann.

Ganz ähnlich wird dieses Prinzip auch in vielen Produktionsstätten angewendet, wenn etwa Behälter mit Material am Arbeitsplatz erst dann geöffnet werden können, wenn die erforderliche Position vom Arbeitsplan abgescannt wird. Dann öffnet sich der Behälter mit dem erforderlichen Material, alle anderen bleiben geschlossen.

3.3.6 Stabilität

Stabilität ist ein wesentliches Fundament des TPS. Es sorgt zum einen dafür, dass Mitarbeiter ausreichend Schulung und Training erhalten, um ihre Tätigkeiten ausführen zu können. Gleichzeitig haben sie auch die entsprechende Qualifikation, um ihre Arbeiten verantwortungsvoll ausführen zu können und sie wissen um ihren Anteil an Qualität. Toyota hat über viele Jahrzehnte sein Management fast ausschließlich aus dem eigenen Personal besetzt, weil das Prinzip verfolgt wurde, dass nur jene Personen ins Management kommen sollten, die ausreichend genau wussten, wie die Produktionsprozesse ablaufen: Detailkenntnisse aus dem Materialfluss, aus den Arbeitsprinzipien, aus Logistik und Qualität waren eine Voraussetzung für Führungsaufgaben. Vorgesetzte sind Mentoren ihrer Mitarbeiter mit der Aufgabe, diese auch weiter zu qualifizieren.

In dem Zusammenhang ist auch das *5-S Prinzip* zu sehen, das Sauberkeit am Arbeitsplatz beschreibt. Es umfasst fünf Begriffe, die mit Sauberkeit in Beziehung (Selektieren, Systematisieren, Sortieren, Säubern, Selbstdisziplin) stehen und die in der japanischen Sprache ebenfalls alle mit dem S-Laut beginnen, was den Namen erklärt. Es geht darum, dass nur saubere Arbeitsplätze Qualität in der Arbeit ermöglichen. Am Arbeitsplatz darf nur das Werkzeug vorhanden sein, das unmittelbar für die Ausführung der Tätigkeiten erforderlich ist. Wenn es gerade keine Verwendung hat, so ist es auf klar definierten Bereichen zu verwahren. Dadurch ist auch auf einen Blick zu erkennen, ob etwa ein Werkzeug fehlt. Wir kennen das alle, wenn wir beim Telefonieren zuhause oder an unserem Arbeitsplatz schnell einen Kugelschreiber für eine Notiz benötigen und dann erst lange suchen müssen, bis wir einen finden. Und der schreibt dann gerade nicht! Genau diesen Prozessschwächen soll 5-S vorbeugen.

Genauso ist das Reinigen des Arbeitsplatzes und des Werkzeugs Teil der Aufgabe jedes Mitarbeiters und darf nicht delegiert werden. Toyota sieht das Reinigen als Teil der Qualitätssicherung, weil bereits beim Reinigen Mängel an der Maschine oder am Werkzeug erkannt werden können.

Zusammenfassend sei nun erwähnt, dass TPS und speziell das damit verbundene Versorgungsprinzip von JIT bzw. auch JIS eine Alternative zum häufig eingesetzten MRP darstellt. Es ist ein Pull-System, bei dem nur an einer Stelle im Materialfluss die Kundenaufträge ankommen und das dann ausgehend von deren Bedarfen weiterhin selbständig läuft. Zusätzliche Planungsaktivitäten sind prinzipiell nicht erforderlich. Ein wesentliches Element in der Umsetzung davon stellt JIT dar, das zu seinem erfolgreichen Funktionieren eine ganze Reihe von Voraussetzungen benötigt, die im Wesentlichen ihren Ursprung im TPS haben.

3.4 Logistische Zusammenhänge in der Produktion

Die Produktionsplanung und -steuerung (die sich im Wesentlichen aus der Fertigungs- und der Montagesteuerung zusammensetzt) muss einander widerstrebende Anforderungen lösen: der Bestand in einer Produktion (WIP) soll möglichst gering sein bei gleichzeitig hoher Flexibilität, um auf Kundenanforderungen reagieren (was durch eine kurze Durchlaufzeit zum Ausdruck kommt) und Lieferterminzusagen an Kunden einhalten zu können. Zusätzlich haben Produktionsleute die Verantwortung für eine möglichst gleichmäßige und kostenmäßig angepasste Auslastung der Maschinen, Anlagen und des Personals. Diese einander widersprechende Aufgaben zusammen zu bringen, gleicht der Quadratur eines Kreises und ist als Spannungsfeld in Abbildung 89 dargestellt.

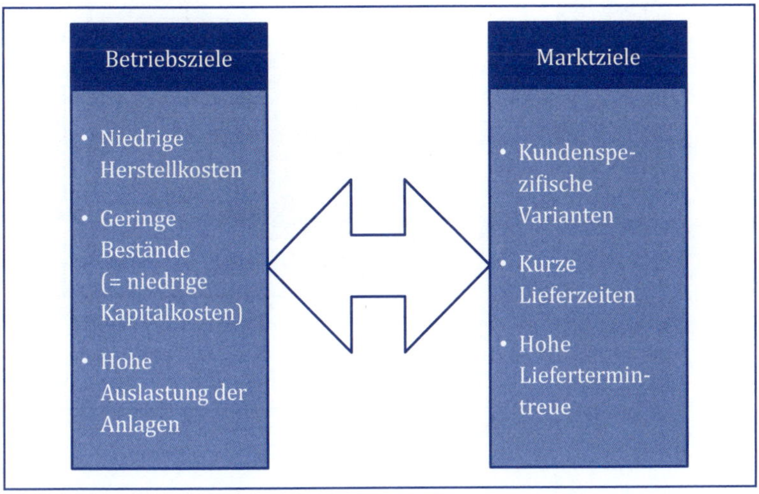

Abbildung 89: Gegensätzliche Anforderungen an die Produktionsplanung und -steuerung

Aus logistischer Sicht sind besonders die **Durchlaufzeit** und damit die Lieferzeit und die **Liefertermintreue** jene Kennzahlen, die für Kunden von hoher Relevanz sind. Der **Bestand** hingegen ist im Wesentlichen für die eigene Unternehmensführung von Bedeutung, denn mit Bestand geht Kapitalbindung einher. **Auslastung** der Produktion interessiert die Kunden primär nicht, sondern bedeutet für das erzeugende Unternehmen die Möglichkeit seine Herstellkosten zu reduzieren. Diese vier Parameter nennt man die Kenngrößen der Fertigung.

Die Optimierung dieser vier unterschiedlichen Parameter erfordert Kompromisse, weil ihre gleichzeitige Verbesserung eben nicht möglich ist.

Der Zusammenhang dieser vier Parameter kann durch das Trichtermodell der Fertigung gut beschrieben werden, das wir nachfolgend kurz und vereinfacht darstellen wollen. Die Grundannahme in diesem Modell besteht darin, dass eine Arbeitsstation im Unternehmen durch einen gedachten Trichter symbolisiert werden kann, wie dies auf der linken Seite in Abbildung 90 zu sehen ist.

Was hat dieser Trichter nun mit einer Arbeitsstation zu tun? Im oberen Bereich des Trichters befindet sich Rohmaterial, das vor der Arbeitsstation auf seine Bearbeitung wartet. Die in Abbildung 90 unterschiedlich groß dargestellten Kreise symbolisieren die einzelnen

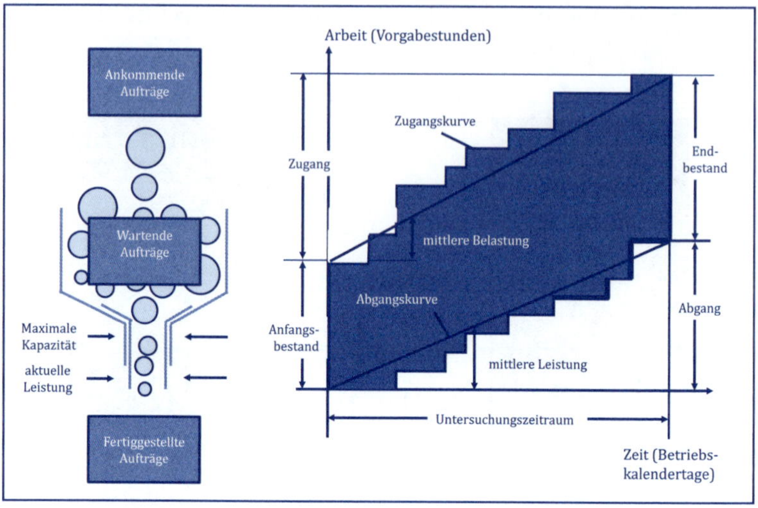

Abbildung 90: Das Trichtermodell der Fertigung

Arbeitsaufträge, die zur Bearbeitung freigegeben werden. Je mehr Aufträge freigegeben werden, desto höher liegen diese im Zugangsbereich des Trichters und desto mehr Bestand befindet sich also vor der eigentlichen Arbeitsstation. Der Durchmesser des Trichterhalses entspricht der Kapazität der Arbeitsstation, also der maximal möglichen Auslastung. Eine Veränderung des Trichterhalses in unserem Modell entspricht einer Veränderung der Auslastung in der Realität und sie bestimmt, wieviel Arbeitsinhalt der wartenden Aufträge nun an der Arbeitsstation selbst in einer bestimmten Zeit fertiggestellt werden kann.

Diese Zusammenhänge sind nun auf der rechten Seite der Abbildung 90 in Form einer grafischen Darstellung zu finden. Auf der x-Achse (Abszisse) ist die Zeit aufgetragen, wobei hier der Fokus auf eine Planperiode gerichtet ist. Auf der vertikalen Achse, der y-Achse (Ordinate) wird dagegen der Arbeitsinhalt aller Aufträge aufgetragen, die sich vor der Arbeitsstation befinden. Arbeit wird in der Fertigung in aller Regel durch aufzuwendende Arbeitszeit (das nennt man auch Arbeitsinhalt) gemessen, daher ist auch die Dimension der vertikalen Achse Zeit. Die untere, stark ausgezogene, treppenartige Kurve ist die sogenannte *Abgangskurve*, die obere, ebenfalls stark dargestellte treppenartige Kurve, die sogenannte *Zugangskurve* von Aufträgen zur Arbeitsstation. Die Kurven sind jeweils unregelmäßig stufenförmig, weil Aufträge nicht kontinuierlich zugehen, sondern nur zu diskreten Zeitpunkten oben am Trichter ankommen. Entsprechend werden auch Aufträge komplett abgeschlossen, bevor sie die Arbeitsstation verlassen, was die ebenfalls stufenförmige Abgangskurve erklärt.

Glättet man nun die Zugangskurve und die Abgangskurve durch jeweils eine Gerade, so erhält man den mittleren Zugang und den mittleren Abgang während der Planperiode. Wenn diese beiden gemittelten Geraden nicht parallel zueinander verlaufen (so wie dies in Abbildung 90 der Fall ist), so wird entweder Arbeitsinhalt aufgebaut oder abgebaut. Der mittlere Bestand lässt sich als vertikaler Abstand zwischen der Zugangs- und der Abgangskurve ablesen. Die mittlere Durchlaufzeit entspricht dem horizontalen Abstand zwischen der Zugangs- und der Abgangskurve. Ist nun auch bekannt, welche Kapazität die Arbeitsstation während der Planperiode aufweist und trägt diese ebenfalls als Gerade in die Grafik ein, so kann man aus dem Steigungsverhältnis der mittleren Abgangskurve und der Kapazitätsgeraden die mittlere Auslastung der Arbeitsstation bestimmen.

Der Verlauf der Zugangs- und Abgangskurve ist deswegen nicht deckungsgleich, weil Aufträge vor der unmittelbaren Bearbeitung umgereiht oder auch geteilt werden können.

Diese Überlegungen erklären nun drei (Bestand, Auslastung, Durchlaufzeit) der vier Kenngrößen der Fertigung. Für die Liefertermintreue, eine wichtige logistische Kenngröße reicht eine mittlere Betrachtung alleine nicht aus, sondern es ist erforderlich, die Aufträge einzeln zu betrachten. Aufträge werden üblicherweise durch die Betriebsdatenerfassung (BDE) dokumentiert. Sie werden erfasst, wenn sie an der Arbeitsstation ankommen und melden sich dann nach ihrer Fertigstellung wieder von der Arbeitsstation ab. Damit lässt sich zum einen die individuelle Durchlaufzeit (und nicht nur die mittlere) bestimmen und zum anderen der tatsächliche Liefertermin mit einem SOLL-Liefertermin vergleichen. Damit lässt sich aus der Vielzahl der einzelnen Aufträge eine mittlere Liefertermintreue bestimmen.

Die erwähnten Zusammenhänge zwischen Bestand und mittlerer Durchlaufzeit, mittlerer Auslastung der Bearbeitungsstation und mittlerer Lieferterminabweichung werden durch die Wiendahl-Kurven (benannt nach dem Entdecker dieser Zusammenhänge) beschrieben, die man auch die Betriebskennlinien der Fertigung nennt.

Aus diesen Kurven ist nun ersichtlich, dass es kein eindeutig definiertes Bestandsniveau gibt, bei dem Auslastung, Durchlaufzeit und Termintreue *gemeinsam* optimal sind. Wir können nur – so wie dies in Abbildung 91 der Fall ist – einen Bereich für den Bestand angeben, der einen bestmöglichen Kompromiss für die drei anderen Kenngrößen der Fertigung ermöglicht.

Die Auslastung steigt gemäß Wiendahl mit zunehmendem Bestand linear an, um dann abzuknicken, in ein Sättigungsverhalten überzugehen und sich asymptotisch der 100 % Grenze zu nähern. Dieser

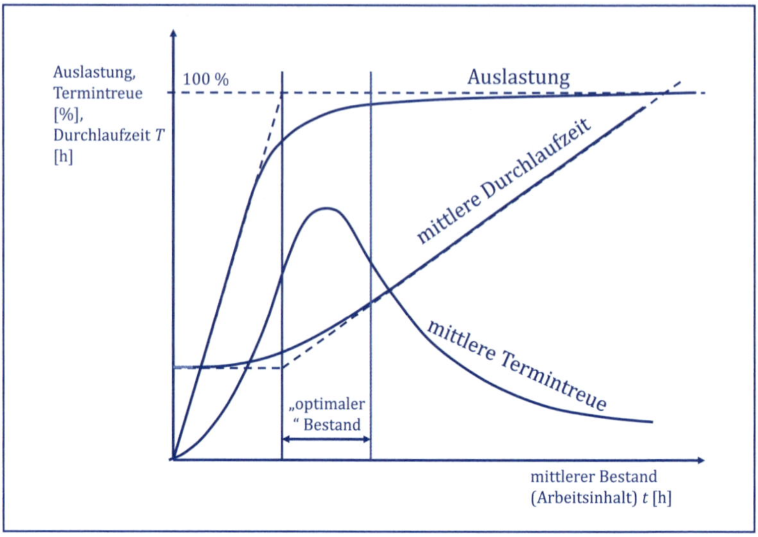

Abbildung 91: Betriebskennlinien der Fertigung für den Zusammenhang zwischen Bestand, mittlerer Durchlaufzeit, mittlerer Auslastung und mittlerer Termintreue

Zusammenhang ist recht leicht zu erklären: Ist zu Beginn unserer Betrachtungen kein Bestand vorhanden, so läuft die Maschine leer. Nimmt er zu, so wird die Auslastung kontinuierlich größer, wobei es sich zu Beginn um einen linearen Zusammenhang handelt. Bei einer bestimmten Bestandshöhe ist jedoch die Kapazitätsgrenze der Maschine erreicht (die Auslastung beträgt 100 %), sodass jede weitere Erhöhung der Arbeitsinhalte vor der Maschine nur zu einem Anwachsen der Bestände führt, nicht jedoch die Auslastung steigert (weil sie bereits den maximal möglichen Wert erreicht hat).

Beispiel:
Diese Zusammenhänge lassen sich leicht in unser tägliches Leben übertragen – am Beispiel von Supermarktkassen. Wenn gerade kein Kunde im Supermarkt ist, hat die Person an der Kasse nichts zu tun und wartet. Sie stellt eine Arbeitsstation dar. Aus wirtschaftlicher Sicht handelt es sich um Verschwendung von Kapazität. Kommen nun Kunden zur Kasse, wird die Auslastung der Kassierperson und die des Förderbandes im Durchschnitt kontinuierlich steigen, obwohl nach wie vor Phasen des Leerlaufs enthalten sind (nämlich dann, wenn gerade kein Kunde da ist). Je mehr Kunden an der Kasse bedient werden müssen, desto größer wird die durchschnittliche Auslastung der Kasse werden. Irgendwann kommt der Zeitpunkt, zu dem bereits eine Schlange an der Kasse ansteht (also sich zusätzlicher Bestand bildet) und diese Schlange schneller wächst, als die

Kunden „abgefertigt" werden können. Die Auslastung ist dann maximal, wenn auch niemals 100% (weil z.B. Geld oder Papier in die Kasse nachgefüllt werden müssen und diese Zeit nicht für den Bezahlvorgang zur Verfügung steht).

Die Betriebskennlinien zeigen uns, dass die Durchlaufzeit niemals null wird – selbst, wenn sich gar kein Bestand vor der Arbeitsstation befindet. Das ist auch leicht damit zu erklären, dass jede Operation in der Arbeitsstation an sich Zeit benötigt – nämlich die Durchführungszeit. Lediglich die Übergangszeiten sind in diesem Fall null.

Beispiel:
Übertragen auf unser vorheriges Beispiel vom Supermarkt ist die Durchführungszeit jene Zeit, die die Kassierperson benötigt, um die Waren der Kunden über die Kasse zu ziehen und den Bezahlvorgang abzuschließen.

Auch die mittlere Termintreue steigt mit zunehmendem Bestand anfänglich stark an, um ihren höchsten Wert im Bereich des optimalen Bestands zu erreichen und fällt bei weiter steigendem Bestand dann wiederum steil ab. Dabei ist unter Termintreue zu verstehen, wie gut die Arbeitsstation zugesagte Liefertermine einhalten kann: zu frühe Lieferungen (die bei geringem Bestand vor der Arbeitsstation auftreten) als auch zu späte Lieferungen (bei zu hohem Bestand vor der Arbeitsstation) reduzieren die Termintreue.

Umgelegt auf Fragestellungen in der Praxis lässt sich daraus schließen, dass es in jedem Fall sinnvoll ist, Bestände vor Bearbeitungsstationen gering zu halten. Es ist ein weit verbreiteter Trugschluss zu glauben, dass höhere Bestände automatisch mehr Auslastung und kürzere Durchlaufzeiten erzeugen nach dem Motto: „Je mehr ich in mein System hineinpresse, desto mehr kommt hinten heraus". Im Gegenteil: es gibt eben eine optimale Menge von Beständen, bei denen sich Auslastung, Liefertermintreue und Durchlaufzeit gleichzeitig als günstig ergeben.

3.5 Beschaffungsmanagement in der Produktion

In den Abschnitten zuvor haben wir uns ausführlich mit den logistischen Abläufen und Zusammenhängen innerhalb von Produktionsunternehmen beschäftigt. Neben diesen unternehmensinternen Aktivitäten brauchen Produktionsunternehmen natürlich auch Material von Lieferanten. Den Informations- und Materialfluss zu und von diesen optimal aus der Sicht des beschaffenden Unternehmens zu gestalten, ist Aufgabe des Beschaffungsmanagements.

Beschaffungsmanagement sorgt in Unternehmen dafür, dass Materialien und Dienstleistungen von anderen Unternehmen (Lieferanten) gekauft werden, die für das eigene Unternehmen benötigt werden. Jedes Unternehmen betreibt Beschaffungsmanagement: Produktionsunternehmen, Handelsunternehmen, Logistikdienstleister und auch alle anderen, weil Unternehmen eben nicht alle Leistungen selbst erzeugen können. Wir wollen uns aber hier auf das Beschaffungsmanagement für die Produktion von Unternehmen konzentrieren und speziell betrachten, welche Bedeutung der Logistik im Rahmen der Beschaffung zukommt.

Obwohl viele Methoden des Beschaffungsmanagement für alle Unternehmen ähnlich sind, sind doch die folgenden Unterschiede zwischen Produktions-, Handels- und Logistikdienstleistungsunternehmen festzumachen:

- Produktionsunternehmen benötigen vornehmlich (natürlich nicht ausschließlich) Materialien, die als Rohstoffe oder Teile in die Produkte eingehen. Kurz gesagt: die Fähigkeiten der Lieferanten sind entscheidend, ob Unternehmen letztlich die vom Kunden gewünschte Qualität und logistische Leistung erzielen können und auch akzeptable Kosten in der Herstellung erzielen.
- Bei Handelsunternehmen gibt es verständlicherweise keine Produktion. Einkäufer, das sind die Personen, die im Beschaffungsmanagement arbeiten, sind dafür verantwortlich, dass jene Produkte zu wettbewerbsfähigen Preisen in den Regalen verfügbar sind, die die Konsumenten wünschen. Einkäufer in Handelsunternehmen sind im Gegensatz zu jenen in der Produktion gleichzeitig *Commodity Manager*: sie sind dafür verantwortlich, dass ihre Produkte nicht nur verfügbar sind, sondern auch beworben und tatsächlich von den Kunden gekauft werden. Ihre Rolle ist somit eine andere als diejenige der Einkäufer in Produktionsunternehmen.
- Logistikdienstleister kaufen auch ein, aber vornehmlich andere Dienstleistungen oder Anlagen und Investitionsgüter (z.B. Fahrzeuge). Beschaffungsmanagement dient daher im Wesentlichen einem effizienten Betrieb des eigenen Unternehmens. Diese Form des Beschaffungsmanagements zur Aufrechterhaltung der eigenen Aktivitäten finden wir in allen anderen Unternehmen ebenfalls. Beschaffungsmanagement dieser Art sorgt dafür, dass die Unternehmen effizient arbeiten können, um ihrem eigentlichen Unternehmenszweck nachzukommen.

Generell ist in vielen Branchen und Industrien eine zunehmende Konzentration der Ressourcen auf das eigentliche Kerngeschäft festzustellen. Diese Konzentration reduziert in produzierenden Unternehmen jedenfalls die Produktionstiefe, sodass mehr Materialien von Lieferanten gekauft werden müssen. Dieser Schritt hat auch zur Folge, dass die Fixkosten im eigenen Unternehmen reduziert werden, weil man Arbeitsschritte an Lieferanten übergibt (sie auslagert oder outsourct), die dann als Materialien oder Dienstleistungen zugekauft werden. In Folge werden die Fixkosten zu variablen Kosten, weil nur das bezahlt wird, was tatsächlich bestellt und geliefert wird.

Die Fähigkeit diese Anforderungen professionell zu erfüllen, wurde von Unternehmen in den letzten Jahrzehnten als Wettbewerbsvorteil erkannt und entsprechend sukzessive verbessert und professionalisiert. Damit steigt das Einkaufsvolumen in Relation zum Umsatz kontinuierlich an (man kauft, anstatt selbst zu produzieren) und die Unternehmen haben eine immer größere Zahl an Lieferanten zu managen. Mehr Lieferanten mit höherwertigeren Produkten bedeuten unter anderem auch signifikant steigende Anforderungen an die Logistik zwischen Anbietern und Abnehmern. Je besser diese logistischen Anforderungen gestaltet und gemanagt werden, desto eher werden sie zu echten Wettbewerbsvorteilen für das beschaffende Unternehmen!

Im Regelfall gestaltet der Kunde, also das abnehmende Unternehmen, diese Zusammenarbeit. Aus diesem Grunde wird in den nachfolgenden Kapiteln auch primär die Sichtweise des *Abnehmers* eingenommen und aus dieser Position heraus werden Ansätze und Methoden zur Gestaltung und Optimierung der Abnehmer-Lieferanten-Beziehung vorgestellt – speziell jene, die besondere Bedeutung für das Logistikmanagement haben.

Wie bereits an anderer Stelle erwähnt, vollzieht sich in vielen Unternehmen ein Wandel, der den allgemeinen Trends nach Schnelligkeit, weiterer Kostenreduktion und vor allem Flexibilität folgt. Dabei fordert die Dynamik der Märkte eine hohe Anpassungsfähigkeit der Unternehmen bei gleichzeitig großer Stabilität und Verlässlichkeit. Diese Anforderungen gelingen nur dann, wenn auch die Lieferanten entsprechend unterstützen.

Praxis und Literatur zeigen, dass für diese Aufgaben und Aktivitäten zwischen eigenem, beschaffendem Unternehmen und Lieferanten nicht nur eine Nomenklatur vorliegt, sondern mehrere, wie z.B.: Einkauf, Materialwirtschaft, Versorgungsmanagement, Disposition, Beschaffungslogistik oder einfach nur Beschaffung. Alle diese Begriffe finden Verwendung und werden teilweise synonym, teilweise aber auch in unterschiedlicher Bedeutung, manchmal sogar widersprüchlich angewendet.

Eine mögliche, hierarchische Ordnung der Begriffe, die wir in diesem Buch verwenden wollen, sieht den Begriff **Beschaffungsmanage-**

ment als Klammer über die Funktionen des **strategischen** und des **operativen Einkaufs** bzw. der **Beschaffungslogistik**.

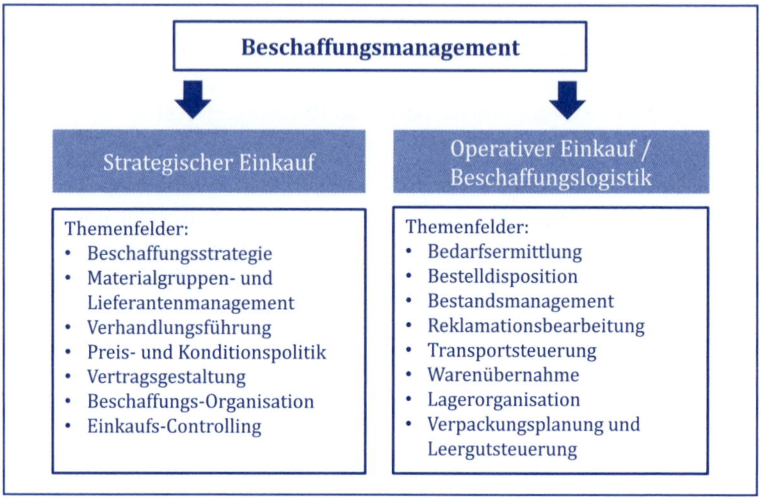

Abbildung 92: Aufgaben im Einkauf und Strukturierung des Beschaffungsmanagements

Wie aus Abbildung 92 zu erkennen ist, finden sich in den Hauptaktivitäten des Einkaufs, den man meist auch als strategischen Einkauf bezeichnet (links dargestellt), auf den ersten Blick scheinbar wenige, die unmittelbar einem logistischen Material-, Informations- oder Finanzfluss zuzuordnen sind. Trotzdem bildet der Einkauf als unternehmerische Funktion mit seinen Aktivitäten die Basis und die Unterstützung dafür, dass Materialien von den Lieferanten in das Unternehmen kommen und die richtigen Informationen ausgetauscht werden. Die Hauptaktivitäten des strategischen Einkaufs liegen

- in der Analyse der Beschaffungsmärkte und der strategischen Lieferantenauswahl, unter anderem durch Berücksichtigung logistischer Aspekte,
- in Verhandlungen mit Lieferanten und der anschließenden Vergabe von Aufträgen und
- in der Gestaltung der Lieferanten-Abnehmer-Beziehung.

Alle drei genannten Punkte haben eine wesentliche Beziehung zur Logistik. Eine umfassende Analyse der Beschaffungsmärkte muss auch definieren, wie die benötigten Produkte zum Unternehmen gelangen. Nur auf die Preise zu achten, greift definitiv zu kurz! Das gilt ganz besonders unter dem Aspekt, dass Unternehmen immer stärker gefordert sind auf die Nachhaltigkeit in ihren Lieferketten zu achten. Ein wesentliches Element der Nachhaltigkeit in der Logistik ist der Ausstoß von CO_2 Emissionen in der Lieferkette.

Während der Einkauf als Bindeglied zwischen dem eigenen Unternehmen und den Lieferanten sowie dem gesamten Beschaffungsmarkt agiert und für die strategische Gestaltung der Beziehung zwischen Lieferanten und Unternehmen verantwortlich ist, liegt die operative Bereitstellung der Güter und Materialien im Aufgabenbereich der Beschaffungslogistik. Abbildung 92 verbindet auf der rechten Seite die Aufgaben des operativen Einkaufs und der Beschaffungslogistik. Die Aufgaben dieser beiden Funktionen sind üblicherweise unterschiedliche: während der operative Einkauf sehr eng mit dem strategischen Einkauf in Beziehung steht und dafür sorgt, dass die vertraglichen Vereinbarungen auch umgesetzt werden können, kümmert sich die Beschaffungslogistik eher um den Materialstrom von den Lieferanten über die Spediteure bis ins Wareneingangslager. Die Darstellung vereint trotzdem diese Aufgaben, weil gerade in der Praxis nicht immer eine klare Unterscheidung getroffen wird und viele Personen in diesem Umfeld sowohl die eine als auch die andere Aufgabe wahrnehmen.

Beispiel aus der Praxis:
Die große, strategische Bedeutung des Einkaufs und des gesamten Beschaffungsmanagements wurde etwa Mitte der Achtziger Jahre des 20. Jahrhunderts erkannt. Damals begannen große Automobilunternehmen, wesentliche Teile des Fahrzeugs nicht mehr selbst zu fertigen, sondern von Lieferanten zuzukaufen. Teilweise wurden zu dieser Zeit Abteilungen des eigenen Unternehmens in eigene Gesellschaften ausgegliedert, die dann ihre Rolle als (später globale) Lieferanten für die Automobilindustrie entdeckt und sukzessive ausgebaut haben. Manche der bekannten Namen der Automobilindustrie sind durch dieses Vorgehen entstanden bzw. erst groß geworden (z.B. Denso, Delphi, Magneti Marelli, Valeo oder auch Teile von Bosch). Durch den Umstand, dass nun immer mehr Wertschöpfung durch externe Lieferanten erbracht wurde, waren die Automobilhersteller gezwungen, ihren Einkauf zu professionalisieren. Dieser Trend hat dann natürlich auch auf andere Branchen übergegriffen, obwohl er bei so manchen (meistens kleineren) Unternehmen teilweise heute noch nicht zur Gänze angekommen ist und die Professionalität des Einkaufs zu wünschen übriglässt.

Dass die Qualifikation der Einkäufer manchmal nicht den Anforderungen entspricht, kommt aus einer Zeit, als der Einkauf noch eine sehr geringe Bedeutung für die Unternehmen hatte. Lieferanten waren bereits durch die Entwickler und Konstrukteure ausgewählt, die Preise ebenfalls schon festgelegt und dem Einkauf blieb nur mehr die administrative Arbeit um eine entsprechende Bestellung dem Lieferanten zu schicken. Dieses Bild hat sich in vielen Unternehmen deutlich gewandelt in der Weise, dass der Einkauf zu einer wesentlichen Managementfunktion geworden ist und auch eine entsprechende Qualifikation der Mitarbeiter voraussetzt.

3.5.1 Beschaffungsmanagement und logistische Anforderungen

Die Aufgaben des Beschaffungsmanagements müssen in hohem Maße die logistischen Anforderungen berücksichtigen:

- **Sicherung der Verfügbarkeit:** Wie bereits erwähnt übernimmt der Einkauf wesentliche Aufgaben zur Sicherstellung der Material- und Informationsflüsse an der Schnittstelle zwischen eigenem Unternehmen und Lieferanten. Aus Sicht der Logistik hat das Beschaffungsmanagement insgesamt dafür zu sorgen, dass die Kundenanforderungen für die Lieferanten übersetzt und letztlich umgesetzt werden: Termine müssen verlässlich eingehalten werden, die geforderte Flexibilität ist von den Lieferanten zu gewährleisten und kurze Lieferzeiten zwischen Abnehmer und Lieferanten sind sicherzustellen. Wenn diese Bedingungen nicht erfüllt sind, helfen auch die besten Preise der Lieferanten nichts!
- **Sicherung der Qualität:** Neben der Erfüllung logistischer Anforderungen (das ist Prozessqualität) muss das Beschaffungsmanagement dafür sorgen, dass die Produktqualität den Kundenanforderungen entspricht. Schlechte Qualität oder fehlerhafte Produkte haben immer Störungen im logistischen Fluss zur Folge: Teile müssen aussortiert werden, Liefertermine zum Kunden sind gefährdet, geplante Reihenfolgen in der Abarbeitung von Aufträgen müssen verändert werden – wiederum mit Auswirkung auf andere Aufträge – und teure Nacharbeit vor Versendung zum Kunden ist erforderlich.
- **Optimierung der Beschaffungskosten:** Die Optimierung der Beschaffungskosten ist eine Kernaufgabe der Funktion Einkauf. Unternehmen können langfristig nur dann erfolgreich sein, wenn es ihnen gelingt, ihre Kosten unter Kontrolle zu halten. Der Ausdruck „Optimierung der Beschaffungskosten" weist nun schon darauf hin, dass nicht der Preis des zugekauften Produktes im Vordergrund stehen darf, sondern die mit seinem Bezug in Verbindung stehenden Kosten. An dieser Stelle wird nun auch wieder klar, dass die niedrigsten Preise eines Anbieters wenig Wert haben, wenn im Gegenzug die Qualität des Produktes mangelhaft oder nicht zuverlässig ist bzw. großer logistischer Aufwand betrieben werden muss, um es zu beziehen.
- **Optimierung der Prozesskosten:** Eine bedeutende Aufgabe des Beschaffungsmanagements liegt in der kontinuierlichen Verbesserung der Prozesskosten zwischen eigenem Unternehmen und

Lieferanten. Wenn diese Prozessoptimierung mit Ernsthaftigkeit betrieben wird und gelingt, dann steht einem friktionsfreien logistischen Fluss nichts im Weg!

Zusammenfassend lässt sich feststellen, dass das Beschaffungsmanagement nur in enger Zusammenarbeit mit dem Logistikmanagement gut funktionieren kann.

3.5.2 Eigenfertigung versus Fremdbezug – Make-or-Buy

Die Entscheidung über *make* (Eigenfertigung) oder *buy* (Fremdbezug) legt fest, ob bestimmte Waren oder Dienstleistungen am Markt beschafft oder im Unternehmen selbst erstellt werden. Der MoB-(*Make-or-Buy*) Entscheidungsprozess beeinflusst damit die Wertschöpfungstiefe eines Unternehmens und in weiterer Folge auch die Komplexität des Logistikmanagements mit den Lieferanten: behält das Unternehmen einen hohen Wertschöpfungsanteil, so wird nur wenig zugekauft und die logistische Gestaltung der Beziehung zu Lieferanten ist im Verhältnis einfach.

In vielen Branchen ist besonders seit den 90er Jahren des vorigen Jahrhunderts eine zunehmende Tendenz zur Verlagerung ehemals unternehmenseigener Aktivitäten zu Lieferanten und Dienstleistern erkennbar. Dieser Trend ist ungebrochen, wenngleich er sich in den letzten Jahren verlangsamt hat und es auch bereits einzelne Beispiele für Rückverlagerungen vom Lieferanten wieder ins eigene Unternehmen gibt.

Als Gründe für die Verlagerung von zuvor selbst erbrachten Leistungsanteilen zu Lieferanten sind in erster Linie zu nennen:

- Eine Unternehmensstrategie, welche sich auf das Kerngeschäft fokussiert *(„do what you can do best and outsource the rest“)*, häufig auch als Folge eines zunehmenden Wettbewerbs- und Kostendrucks. Damit ist gemeint, dass sich viele Unternehmen eben in Folge des Kostendrucks auf ihre Kernkompetenzen besinnen und andere Aktivitäten im Rahmen der Leistungserstellung an Lieferanten vergeben, die eine höhere und spezialisiertere Kompetenz dafür aufweisen.
- Die zunehmende Varianten- und Teilevielfalt. Übernehmen Lieferanten Teile der Produktion (z.B. für einzelne Varianten), so kann dies ein erfolgreicher Ansatz zur Komplexitätsreduktion sein.
- Die Umwandlung von Fixkosten (z.B. für Maschinen, Anlagen, Personal) in variable Kosten (der Lieferant übernimmt die Fixkosten und trägt damit das Risiko von ihrer Auslastung).
- Strategien im Einkauf wie *Modular Sourcing*, Standardisierung und Plattformstrategien in Verbindung mit leistungsfähigen Lieferan-

ten erleichtern die Vergabe von Teilen, Systemen und ganzen Fertigprodukten.
- Die von einem bestimmten Lieferanten bezogene Komponente kann auch für das Endprodukt einen Werbewert haben und das Image des Endproduktes erhöhen, z.B. *„Intel inside"*.

Make-or-Buy Entscheidungen sind – abgesehen von kurzfristigen und meist auch zeitlich begrenzten Verlagerungen aufgrund von Kapazitätsengpässen – strategische Entscheidungen mit oft weitreichenden Konsequenzen. Damit erfordern MoB-Entscheidungen eine detaillierte und strukturierte Abwägung aller damit verbundenen Chancen und Risiken. Sieht man sich diese möglichen Chancen oder Risiken für Unternehmen näher an, so stellt man folgendes fest: MoB-Entscheidungen...

- bringen für das Unternehmen oftmals große Veränderungen mit sich, weil auch das Geschäftsmodell an sich umgestaltet wird. In weiterer Folge betreffen diese Veränderungen sehr häufig auch die Mitarbeiter des Unternehmens, wenn Teile der Leistungserstellung zukünftig von Dritten erbracht werden. Mitarbeiter müssen ihr bisheriges Unternehmen verlassen.
- können die Kostenstruktur und Produktqualität nachhaltig beeinflussen. Fixe Kosten in der Kalkulation eines Produktes werden durch den Zukauf zu variablen Kosten. Nicht zufriedenstellende Produktqualität oder auch mangelnde logistische Erfüllung der Anforderungen führen hingegen in Folge zu steigenden Kosten.
- können die Außendarstellung und -wirkung des Unternehmens beeinflussen. Wenn Unternehmen beispielsweise jahrzehntelang in ihrer Außendarstellung den hohen Anteil an eigener Wertschöpfung (vielleicht noch verbunden mit der Betonung auf *„Made in Germany"*, *„Made in Austria"* oder *„Made in Europe"*) hervorgestrichen haben und nun wesentliche Produktkomponenten aus Asien beziehen, können sich daraus Glaubwürdigkeitsprobleme und Imageschäden ergeben.
- haben in aller Regel längerfristigen Charakter und sind nur schwer umkehrbar.

Neben Kostenaspekten stehen häufig Entscheidungen über Kompetenzen im Zentrum der Betrachtung. Wenn es in diesem Zusammenhang um Entscheidungsunterstützung bezüglich der Handlungsalternativen geht, kann ein einfaches *Make-or-Buy* Portfolio helfen. In dem Portfolio wird die strategische Bedeutung des Untersuchungsobjektes (Material oder Produktionsprozess) auf der Vertikalen und die vorhandene Eigenkompetenz im Vergleich zu den in Frage kommenden Lieferanten auf der horizontalen Achse eingetragen.

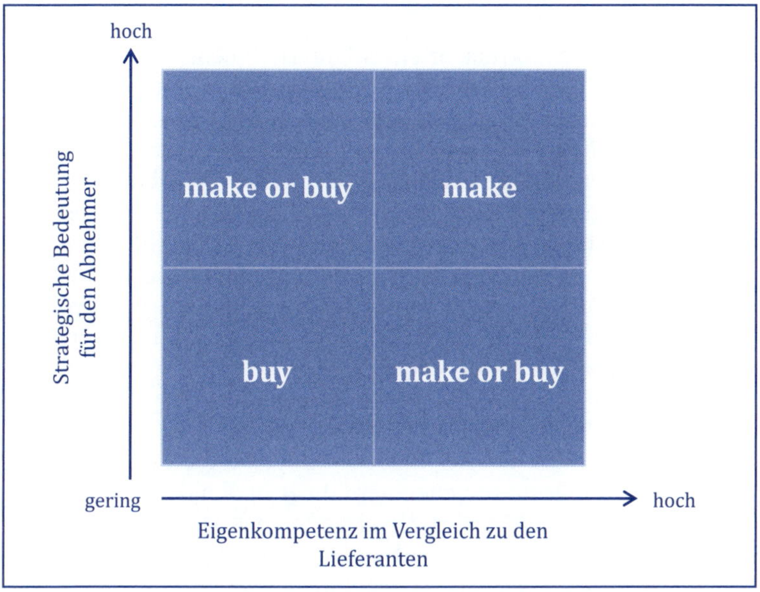

Abbildung 93: Portfolio als Entscheidungsgrundlage für Make-or-Buy

Ist die strategische Bedeutung des betrachteten Teils hoch und hat das Unternehmen eine hohe Eigenkompetenz für seine Leistungserbringung, spricht grundsätzlich viel für *make*. Ist die strategische Bedeutung hingegen gering und gibt es im Unternehmen auch keine höhere Kompetenz in der Leistungserstellung gegenüber den in Frage kommenden Lieferanten, spricht grundsätzlich wenig oder nichts gegen ein *buy*.

Der Begriff Kompetenz oder Kernkompetenz, der im Zentrum der Überlegung steht, kann umschrieben werden mit der Fähigkeit des eigenen Unternehmens, etwas Einzigartiges zu besitzen oder zu können, das einen echten Vorteil gegenüber dem Wettbewerb bietet. Kernkompetenzen müssen natürlich auch einen besonderen Kundennutzen darstellen und schwer imitierbar sein. Das ist meistens dann gegeben, wenn diese Kernkompetenzen über längere Zeit als Folge kollektiver Lernprozesse entstanden sind und damit auch nicht leicht kopiert werden können.

Wenn es um Entscheidungen in Hinblick auf Make-or-Buy geht und die Frage beantwortet ist, inwieweit es sich um verlagerbare Arbeitsschritte handelt, so sind auch die nachfolgend erwähnten Kriterien zu berücksichtigen.

3.5.2.1 Autonomie und Marktmacht

Die bestehende Marktmacht eines Unternehmens bzw. der Zulieferanten spielt eine wesentliche Rolle bei allen Überlegungen hinsichtlich möglicher Vergabe von Arbeitsschritten an Dritte. Hat der potentielle Lieferant eine große Marktmacht, so mag damit zwar eine hohe Kompetenz für die Erbringung der Leistung verbunden, allerdings die sichere Versorgung gefährdet sein: einfach deswegen, weil die eigene Position zu schwach ist, um wesentliche Anforderungen durchzusetzen. Generell ist daran zu denken: Abhängigkeit entsteht, wenn Lieferanten Arbeitsprozesse übernehmen, die Kompetenz dafür im eigenen Unternehmen verlorengeht und wenige alternative Lieferanten zur Verfügung stehen.

3.5.2.2 Kosten in Folge der MoB Entscheidung

Ein Hauptkriterium bei der Entscheidung, ob die Leistung selbst erstellt oder an Dritte vergeben wird, liegt in den damit verbunden Kosten. Man vergleicht also die erwarteten Kosten, die mit einer Beschaffung bei Lieferanten verbunden sind mit jenen, die die Leistungserstellung im eigenen Unternehmen erzeugt.

Die Praxis zeigt, dass dieser Kostenvergleich nicht wirklich einfach durchzuführen ist. In den allermeisten Fällen ist es unklar, wie hoch die Kosten tatsächlich sind, die mit einer externen Beschaffung verbunden sind:

- Ist die Qualität der Teile wirklich so perfekt, wie es der Lieferant verspricht?
- Ist der Lieferant bei seinen Lieferungen dann tatsächlich so zuverlässig und flexibel, wie er es angibt zu sein?
- Wie lange ist der Transportweg und wie stabil ist die Versorgung? Wie hoch sind die zusätzlich erforderlichen Bestände, um die laufende Versorgung garantieren zu können?
- Und vieles mehr.

Sind diese Punkte nicht erfüllt, fallen plötzlich Zusatzkosten an, die nicht kalkuliert wurden und die Entscheidungsgrundlage gänzlich verzerren können.

Beispiel:
Viele von uns haben schon einmal ein gebrauchtes Fahrzeug, einen gebrauchten Computer, ein gebrauchtes Handy oder andere gebrauchte Gegenstände erworben. Wir alle wissen, dass man natürlich in diese Produkte nicht hineinsehen kann, oft nur nach dem Äußeren urteilen kann und sich auf das Wort des Verkäufers verlassen muss in der Hoffnung, dass nicht später die (teuren) Überraschungen folgen. Ganz ähnlich verhält es sich bei der Verlagerung von Prozessen an externe Lieferanten, die sich natürlich in der Phase der Angebotsverhandlung im besten Licht zeigen.

Auch die Bestimmung der Kosten im eigenen Unternehmen durch Auslagerung von Arbeitsprozessen sind nicht einfach zu ermitteln:

- Was passiert mit den Arbeitnehmern? Wie hoch sind Kosten für Abfertigungen oder Kündigungen?
- Was passiert mit den vorhandenen Maschinen und Anlagen?
- Erlaubt die bisher angewendete Kostenrechnungsmethodik überhaupt eine so detaillierte Bestimmung der Kosten? In diesem Fall wäre eine Prozesskostenrechnung erforderlich, die in den allermeisten Unternehmen gar nicht vorhanden ist.
- Wie hoch sind die Kosten, die für die Betreuung des neuen Lieferanten dazu kommen (Dienstreisen, Qualitätsprüfungen, Sondermaßnahmen in der Logistik, um die Versorgung aufrecht zu erhalten, etc.)?

3.5.2.3 Methoden der Entscheidungsfindung

In aller Regel wird zur Entscheidungsfindung ein statisches oder dynamisches **Investitionsrechnungsverfahrens** (Kostenvergleichsrechnung, Gewinnvergleichsrechnung, Kapitalwertmethode, etc.) angewendet.

Allerdings sind bei Anwendung der Investitionsrechnungsverfahren noch eine Reihe von Restriktionen zu beachten. Die auf Kosten- oder Gewinnvergleichen basierenden Verfahren sind nur bei qualitativ gleichwertigen Alternativen ausreichend. Gerade, wenn es um die Entscheidung geht, ob Teile der Wertschöpfung selbst oder fremd erbracht werden sollen, wird man es selten mit qualitativ gleichwertigen Alternativen zu tun haben, sodass ein Investitionsrechnungsverfahren mit einem rein quantitativen Output zu kurz greift.

Ergänzend zu Investitionsrechnungsverfahren bzw. wenn die Anwendungsvoraussetzungen für deren Einsatz fehlen, bietet sich zur Entscheidungsfindung der Einsatz der **Nutzwertanalyse** an. Dabei werden die im Vorfeld zu definierenden Beurteilungskriterien so gewichtet, dass Sie den vom Unternehmen angestrebten Nutzen repräsentieren. Die jeweilige Entscheidungsalternative (meistens Eigenfertigung oder Fremdbezug) wird für jedes Kriterium mit Punkten bewertet (meist auf einer Skala von 1 bis 10, wobei 10 der besten Bewertung entspricht), die dann mit der Gewichtung des Kriteriums multipliziert werden. Die Gewichtung entspricht der Bedeutung des Kriteriums bei der Entscheidung. Es ist eben hier entscheidend, dass qualitative Kriterien in quantitativ messbare überführt werden (z.B. durch die oben erwähnte Skalierung). Die Entscheidungsalternative mit der höchsten Gesamtpunktezahl verspricht den größten Nutzen.

Die Nutzwertanalyse ist generell eine sehr hilfreiche Methode zur Entscheidungsfindung zwischen unterschiedlichen Alternativen. Dabei liegt der Vorteil nicht in der exakten, mathematischen Be-

Kriterium	Gewichtung [%]	Lieferant A Punkte (Skala) 1...10	Lieferant A gewichtet	Lieferant B Punkte (Skala) 1...10	Lieferant B gewichtet	Lieferant C Punkte (Skala) 1...10	Lieferant C gewichtet
Logistische Leistungsfähigkeit							
Termintreue	15	10	1,50	9	1,35	10	1,50
Lieferzeit	10	7	0,70	7	0,70	10	1,00
Lieferflexibilität	5	6	0,30	7	0,35	6	0,30
Risiken in der Lieferkette	15	6	0,90	8	1,20	3	0,45
Qualität							
Ausschuss in Produktion	15	8	1,20	8	1,20	6	0,90
Kosten							
Willen zu gemeinsamen Kostensenkungsprogrammen	10	5	0,50	7	0,70	8	0,80
Akzeptanz von Zielpreisen	10	8	0,80	8	0,80	6	0,60
Soft Facts							
Erreichbarkeit	5	10	0,50	3	0,15	6	0,30
Kompetenz im Auftreten der Mitarbeiter	5	8	0,40	10	0,50	5	0,25
proaktives Verhalten	10	8	0,80	8	0,80	4	0,40
Summen	**100**		**7,60**		**7,75**		**6,50**

Abbildung 94: Beispiel für eine Nutzwertanalyse

stimmung des Nutzens, sondern vielmehr in der Notwendigkeit, sich ganzheitlich mit den entscheidungsrelevanten Aspekten auseinandersetzen zu müssen.

Ein wesentliches Qualitätsmerkmal in der Anwendung von Nutzwertanalysen liegt darin begründet, dass sowohl die Festlegung und Gewichtung der Entscheidungskriterien als auch die Bewertung der Alternativen selbst nicht durch eine einzelne Person, sondern im Team erfolgt. Damit lässt sich vermeiden, dass Präferenzen einzelner Personen für eine der beiden Alternativen zu stark hervortreten. Zusätzlich sorgt die Diskussion über die Bewertung eines Kriteriums dafür, dass alle beteiligten Personen eine umfassendere Sicht auf die Beurteilung bekommen. Damit ist sichergestellt, dass die finale Entscheidung auf eine deutlich breitere Basis im Unternehmen gestellt und die Akzeptanz entsprechend höher ist.

Weitreichende *Make-or-Buy* Entscheidungen sind oft mit einem großen Kosten- und Unternehmensrisiko verbunden. Um den komplexen Entscheidungsprozess kalkulierbar und transparent zu gestalten, kann der *Total-Cost-of-Ownership*-Ansatz (TCO Ansatz) eine wertvolle und aussagefähige Entscheidungshilfe darstellen.

Dabei liefern TCO-Analysen den Wirtschaftlichkeitsvergleich von Verlagerungen, indem die gesamte Wertschöpfungskette beider Alternativen (Eigenfertigung versus Fremdbezug) untersucht und Lebenszyklusbetrachtungen mit einbezogen werden. Gerade bei dieser TCO Analyse spielen logistische Kriterien (z.B. Transportkosten, Lagerhaltung, Verfügbarkeiten, Flexibilität, Zuverlässigkeit der Lieferanten) eine entscheidende Rolle, was die finale Entscheidung zwischen den beiden Alternativen betrifft. Gesamtkostenanalysen zeigen Kostendifferenzen zwischen Eigen- und Fremdbezug in den einzelnen Kostenblöcken auf und liefern damit auch wertvolle Hinweise auf mögliche Optimierungspotentiale. Neben direkten Kostenfaktoren (Materialkosten, Fertigungslohnkosten, Abgabepreis des Lieferanten, etc.) werden auch indirekte Kostenfaktoren (z.B. notwendige Lieferantenunterstützung, Qualitäts- und Nacharbeitskosten, Mehrkosten durch Termin- und Mengenabweichung) berücksichtigt, allerdings ist die Bewertung dieser Kosten in der Praxis oft alles andere als einfach, wie bereits erwähnt wurde.

TCO-Analysen zur Entscheidung zwischen Eigenfertigung und Fremdbezug sind aufwändig und zeitintensiv, vermitteln aber bei methodengerechter Durchführung ein umfassendes und aussagefähiges Bild und sind daher vor allem bei weitreichenden MoB-Entscheidungen empfehlenswert.

Neben der Unterstützung bei MoB-Entscheidungen, werden TCO-Analysen auch bei Auswahlentscheidungen für neue Lieferanten oder für die kontinuierliche Überprüfung der Performance bestehender Lieferanten eingesetzt. Der Preis für das Produkt oder die Dienstleistung alleine ist definitiv nicht ausreichend, um darüber zu urteilen, ob der Lieferant „gut“ oder „schlecht“ ist.

Beispiel:
Wenn wir uns ein neues Fahrzeug kaufen wollen, so vergleichen wir üblicherweise auch nicht nur den Anschaffungspreis – zumindest dann nicht, wenn wir das Auto als Gebrauchsgegenstand sehen und nicht ausgesprochene Autoliebhaber sind. Was meistens mit in die Auswahlüberlegungen einfließt, sind Fragen zum Verbrauch des Fahrzeugs, zu erwarteten Servicekosten, zu Kosten für Versicherung und Steuer und wohl auch zum erwarteten Wiederverkaufswert. Wir machen also auch in unserem täglichen Leben ganz unbewusst TCO-Entscheidungen!

So wie das kleine Beispiel zuvor zeigt, ist es auch im unternehmerischen Kontext entscheidend mehr als nur den reinen Anschaffungspreis von Materialien oder Teilen zu sehen. In vielen Fällen unterscheidet man den Begriff der TLC (*Total landed costs*) und der TCO voneinander. TLC sind jene Kosten, die man zu zahlen hat, um ein Produkt zu kaufen und es dorthin geliefert zu bekommen, wo man es verwenden möchte:

$$\begin{aligned} TLC = Preis + \sum(&Transport + Verzollung + Versicherung \\ &+ andere\ Kostenarten\ für\ die\ Logistik) \end{aligned}$$

Die TCO gehen weiter und betrachten die gesamten Kosten, die mit der Anschaffung, der Nutzung und eventuell der Entsorgung des verbrauchten Produkts in Beziehung stehen.

$$\begin{aligned} TCO = TLC + \sum(&Kosten\ für\ den\ Besitz\ bzw.\ Betrieb \\ &des\ Produkts + Entsorgungskosten) \end{aligned}$$

Die TCO kann man in drei wesentliche Bereiche unterteilen:

- Vor-Transaktionskosten
- Transaktionskosten
- Nach-Transaktionskosten

Unter Transaktionskosten sind all jene Kosten zu verstehen, die mit einer Transaktion, in diesem Fall der Beschaffung des betrachteten Produkts, direkt in Beziehung stehen. Dazu gehören neben dem Preis, den Prozesskosten für die Bestellung und der Zahlungsabwicklung einige logistikrelevante Komponenten wie z.B.

- der Transport/die Lieferung des Produkts
- Zölle und Steuern
- die Versicherung der Ware am Transport
- die Durchführung der Wareneingangskontrolle
- etwa Rücklieferungen.

In der Vor-Transaktionsphase, die alle Aktivitäten umfasst bevor es zu einer finalen Lieferantenauswahl und der Bestellung kommt, muss ebenfalls das Logistikmanagement mitwirken. Es muss eine logistische Bewertung der Lieferanten vornehmen, logistische Prozesse und Anforderungen im Vorfeld mit den Lieferanten verhandeln, unter Umständen auch zum Zwecke einer Vorqualifizierung zum Lieferanten reisen und vieles mehr.

Auch in der Phase nach einer durchgeführten Transaktion spielt die Logistik eine wesentliche Rolle, wenn es etwa darum geht, Sonderlieferungen zu organisieren, falls die Qualitätsmängel so groß werden, dass nachgeliefert werden muss. Und auch die Entsorgung von nicht mehr benötigtem Material fällt in die Verantwortung der Logistik.

Die Schwierigkeit dieser Berechnungen liegt in der Praxis vor allem darin begründet, dass im Vorhinein Kosten bewertet werden müssen, die erst im Nachhinein auftreten könnten und deren Höhe nicht bekannt sind. Wenn durch den neuen Lieferanten so große Versorgungsprobleme auftreten, dass zwei weitere Personen für ihre Behebung eingestellt werden müssen, sind die Kosten natürlich wesentlich höher, als wenn ab und zu ein Sondertransport organisiert werden muss.

3.5.3 Logistik und Einkauf in frühen Produktentwicklungsphasen

Während der Entwicklung von Produkten (in Abbildung 95 dargestellt am Beispiel der produzierenden Industrie) wird durch

- das technische Konzept,
- die Auswahl von Technologien und
- damit folgend durch die Festlegung von (möglichen) Lieferanten

ein Großteil der späteren Herstellkosten des Produktes bestimmt. Dieser Umstand ist in Abbildung 95 durch die dunkleren Balken dargestellt.

Mit anderen Worten: die Entwicklungs- oder Konstruktionsabteilung bestimmt durch die Auswahl bestimmter Technologien und Komponenten ca. 70 % der späteren Kosten. Die übrigen 30 % der Kosten entstehen unter anderem dadurch, dass während der Entwicklungsphase bereits festgelegt wird, welche Produktionsverfahren zur Anwendung kommen sollen.

Geht das Produkt nach der Entwicklung in die Fertigung über, so werden für viele Produkte – unter anderem auch für das in in der

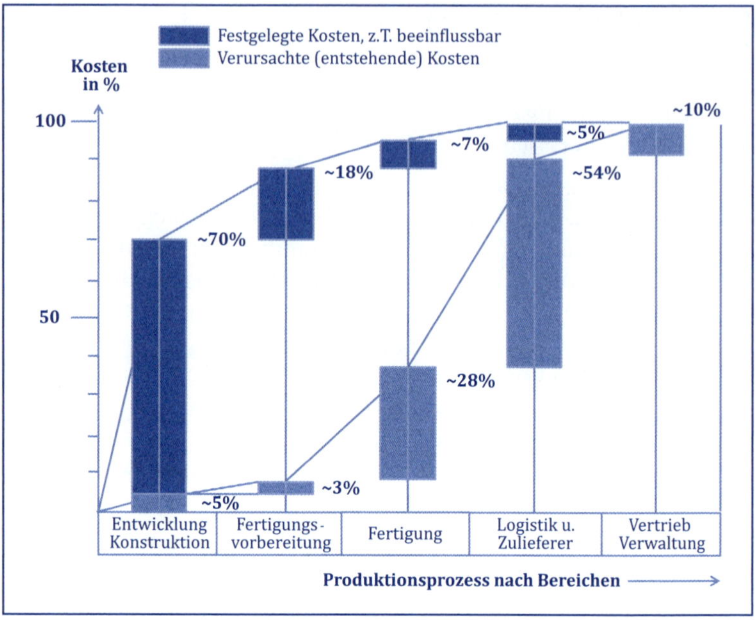

Abbildung 95: Die Diskrepanz zwischen Herstellkosten in der Serie und deren Beeinflussbarkeit

Abbildung exemplarisch gewählte Produkt – die Herstellkosten maßgeblich durch die Kosten der zugekauften Materialien bestimmt (in Abbildung 95 heller dargestellt); letztlich durch Kosten, für die der Einkauf verantwortlich ist.

Gelingt es eben nicht schon während der Entwicklungsphase – also vor Beginn der laufenden Produktion – die Konstruktion so zu beeinflussen, dass neben einer soliden Lieferantenauswahl Logistikaspekte (wie: geographische Lage der Lieferanten, Erfüllung der Anforderung aus dem Lieferkettensorgfaltspflichtengesetz, gewählte Transportmodi, zugesagte Lieferflexibilität, Bereitschaft zu VMI Lagern, etc.) ausreichend mitberücksichtigt werden, so wird es später – während der laufenden Herstellung des Produktes – kaum mehr gelingen, die Herstellkosten nachhaltig zu reduzieren: Lieferanten gewähren dann vielleicht noch kleine Rabatte und Preisnachlässe im geringen einstelligen Prozentbereich und die eigene Produktion ist angehalten, sogenannte Rationalisierungspotentiale zu finden – die ganz großen Durchbrüche zur Reduktion der Herstellkosten bleiben meist aber aus.

3.5.4 Logistische Leistungsvereinbarungen

Geschäftsbeziehungen zwischen rechtlich eigenständigen Unternehmen erfordern vertragliche Vereinbarungen. Üblicherweise werden Verträge in schriftlicher Form abgeschlossen, doch kann dies auch in anderer (z.B. mündlicher) Form geschehen.

In vielen Fällen ist es zwischen Unternehmen üblich, neben einem generellen Rahmenvertrag, der alle juristischen Elemente (z.B. Gerichtsstand, anwendbares Recht, Gültigkeitsdauer der Vereinbarung) regelt, zusätzliche Vertragsteile zu gestalten, die speziell auf logistische Anforderungen des Kunden und die Verpflichtung des Lieferanten zu ihrer Erfüllung eingehen. Bei kleineren, unwesentlicheren Beschaffungen reicht es häufig, einen oder mehrere Absätze zu den logistischen Erwartungen an den Lieferanten und die Schnittstellengestaltung beizufügen. Wenn es sich um wichtige Teile oder komplexere logistische Beziehungen handelt, werden häufig spezifische logistische Leistungsvereinbarungen geschlossen, die man oft auch als *Service Level Agreements* (SLA) bezeichnet.

3.5.4.1 Elemente einer logistischen Leistungsvereinbarung

Die Elemente, die in logistischen Leistungsvereinbarungen (oder SLAs) festgehalten werden, können sehr unterschiedlich sein und hängen von der Art der Geschäftsbeziehung ab. Üblicherweise wird man in einer Leistungsvereinbarung regeln, welche Erwartungen der Kunde an den Lieferanten hat und das mit sogenannten KPIs (*Key Performance Indicators*) festschreiben. Das können beispielsweise die Liefertermintreue sein (vor allem sinnvoll bei einer regelmäßigen Belieferung) oder die Flexibilitätsanforderungen (z.B. Veränderung der Mengen um +/– 10 % bis zu einem definierten Zeitpunkt vor der Lieferung), aber auch ganz einfach administrative Vereinbarungen. So ist es für einen gleichmäßigen und harmonischen logistischen Ablauf erforderlich zu definieren, in welcher Verpackung angeliefert wird, wo (z.B. an welchem Werkstor) die jeweilige Ware anzuliefern ist oder auch zu welchen Zeiten angeliefert werden darf. Durch die Festlegung von Anlieferzeiten für die einzelnen Lieferanten verhindert man Staus und unnötige Wartezeiten beim Empfang der Ware.

Im Gegensatz zu diesen administrativen Vereinbarungen werden die Erwartungen des Kunden an den Lieferanten in aller Regel auch mit Zielwerten hinterlegt. So ist in diesem Zusammenhang dann geregelt, dass der Lieferant z.B. eine Liefertermintreue von mehr als 95 % pro Monat zu erzielen hat. Die Auswertung der Daten und die Vereinbarung von möglichen Maßnahmen zur Behebung einer unzureichenden Performance erfolgt dann in Folge gemeinsam mit dem Einkauf, der für die Pflege der Beziehung zwischen eigenem Unternehmen und Lieferanten verantwortlich ist.

Gerade die Messung einer Liefertermintreue, die in der Praxis von sehr vielen Unternehmen durchgeführt wird, weist durchaus ihre Tücken auf. So ist es wichtig zu vereinbaren, was genau unter einer pünktlichen Lieferung zu verstehen ist. Bezieht sich Pünktlichkeit auf einen definierten Liefertag, gar auf ein bestimmtes Zeitfenster an diesem Tag oder ist es ausreichend, wenn der Lieferant innerhalb eines Fensters von einer Woche um den gewünschten Termin liefert? Bestehen hier zwischen Lieferant und Kunde unterschiedliche Vorstellungen oder Erwartungen, so sind spätere Konflikte vorprogrammiert. Genauso muss im Vorfeld geklärt werden, wogegen der tatsächliche Liefertermin gemessen wird. Ist das Messkriterium der *gewünschte* Liefertermin des Kunden, so werden die Ergebnisse sicherlich schlechter sein, als bei einer Messung gegenüber einem *vereinbarten* Liefertermin.

In manchen Branchen und für manche Produkte kann es sinnvoll sein, die Liefertermintreue gegen *gewünschte* Liefertermine zu messen. Ein gewünschter Liefertermin ist der vom Kunden erstgenannte Termin. Dieser ist in aller Regel früher und für den Lieferanten auch fordernder als ein *vereinbarter* Liefertermin, der eben – wie der Name schon sagt – aus einer Vereinbarung zwischen Lieferanten und Kunde hervorgeht. Ein gewünschter Liefertermin zeigt in einem viel deutlicheren Maß die Flexibilitätsfähigkeit eines Lieferanten, muss aber nicht immer sinnvoll sein.

Logistische Leistungsvereinbarungen stellen eben die Zusammenfassung dieser logistischen Anforderungen dar. Natürlich gibt es diese logistischen Leistungsvereinbarungen auf beiden Seiten des Unternehmens, zu den Lieferanten wie auch zu den Kunden.

3.5.4.2 Konsignationslagervertrag

Ein Konsignationslagervertrag regelt die Bedingungen bezüglich der Errichtung und den Betrieb eines Konsignationslagers. Dabei stellt der Abnehmer dem Lieferanten eine definierte Fläche für die Lagerung des zu liefernden Materials zur Verfügung. Die Lieferung erfolgt in das Konsignationslager, erst mit Entnahme aus dem Lager geht das Eigentum auf den Kunden über. Dementsprechend werden nur die entnommenen Materialien durch den Lieferanten in Rechnung gestellt.

Häufig finden sich in Konsignationslagerverträgen ergänzend zur oben genannten Form des Eigentumsüberganges auch Einschränkungen, sodass der Eigentumsübergang jedenfalls nach einer vereinbarten Frist (etwa 6 Monate) erfolgt.

	Konsignationslager aus Sicht des Lieferanten	Konsignationslager aus Sicht des Abnehmers/des Kunden
Vorteile	• Verantwortlich für die eigene Transportplanung und -steuerung und damit auch für die Ressourcenplanung • Transparenz hinsichtlich der Lagerentnahmen des Kunden (und damit seiner Bedarfe) • Möglichkeiten zur Transportoptimierung • Entlastung der eigenen Lagerplätze • Standardisierter Zahlungsmodus	• Verbesserte Versorgungssicherheit • Direkte Zugriffsmöglichkeit auf das Material durch Lager vor Ort • Vereinfachter administrativer Ablauf, weil der Lieferant das Lager entsprechend vereinbarter Mindest- und Maximalbestände steuert • Bezahlung erfolgt erst nach Entnahme aus dem Konsignationslager (bzw. nach vereinbarter Frist) • Geringere Kapitalbindungskosten
Nachteile	• Doppelte Lagerhaltung (eigenes Lager und Konsignationslager) • Höherer Koordinations- und Steuerungsaufwand • Kapitalbindungskosten für das Konsignationslager • Obsoletrisiko, sofern nicht entsprechend geregelt	• Der eigene Lagerbereich muss Dritten zugänglich gemacht werden

Tabelle 6: Mögliche Vor- bzw. Nachteile von Konsignationslagerverträgen

3.5.4.3 Incoterms

Incoterms sind international übliche, aber freiwillige Vereinbarungen zwischen Handelspartnern, die vom International Chamber of Commerce (ICC)[9] mit Sitz in Paris veröffentlicht werden. Sie werden in gewissen zeitlichen Abständen überarbeitet und erneuert. Es existieren aktuell 11 unterschiedliche Incoterms, die die Art und Weise regeln, wie der Transport von Gütern erfolgt. Vier von diesen Incoterms sind dem Schiffstransport vorbehalten, sieben sind für alle Transportarten anwendbar.

Beispiel:
Ein Incoterm könnte beispielsweise lauten: *DDP Wehrgrabengasse 1–3, 4400 Steyr, Incoterm 2020.* DDP steht für *Delivery Duty Paid* und bedeutet, dass der Lieferant das Risiko des Transports trägt, den Transport bis zur benannten Adresse in Steyr organisiert und bezahlt, die Ware für die Ausfuhr aus seinem Land freimachen muss und sich auch um die Einfuhrdokumente nach Österreich kümmert.

Alle Incoterms werden mit 3 Buchstaben abgekürzt, die dem jeweiligen Leistungsort vorangestellt werden. Nachstehend sollte auch noch angeführt werden, auf welche Ausgabe der Incoterms man sich bezieht (im Beispiel im Kasten eben auf die Incoterms 2020). Je

[9] www.iccwbo.org

genauer der Leistungsort bezeichnet wird, desto eher sind Missverständnisse ausgeschlossen!

Die Incoterms regeln die Verteilung von Pflichten, Kosten und Risiko im Warenhandel. Unter Pflichten ist zu verstehen, wer von den beiden Vertragspartnern für die Verzollung und die entsprechende Bereitstellung der Dokumente verantwortlich ist sowie für die Be- und Entladung der Waren. Gerade der letztere Punkt hat nicht nur eine Bedeutung aus Kostensicht, sondern birgt auch Risiko. Wenn dem Staplerfahrer die Ware herabfällt und dabei beschädigt wird, so gibt der gewählte Incoterm darüber Auskunft, wer den Schaden zu begleichen bzw. zu ersetzen hat. Unter Kosten ist zu verstehen, wer den Transport vom Versender zum Empfänger (also vom Lieferanten zum Kunden) zu zahlen hat. Diese Kosten beinhalten zum einen die Transportkosten selbst, zum anderen aber auch etwaige Lagerungskosten in Häfen oder auf Flughäfen. Das Risiko zeigt sich in der Gefahr der Beschädigung, der Verschlechterung der Ware oder gar ihres Verlusts.

Obwohl die Incoterms aus dem internationalen Warenhandel stammen, sollten sie auch bei lokalen Geschäften angewendet werden. Aus logistischer Sicht haben Incoterms eine besondere Bedeutung, weil sie eben regeln, wer den Transport oder auch den Zoll bezahlt und auch für die Organisation verantwortlich ist.

Die Incoterms selbst sind in aller Regel Gegenstand des Hauptvertrags zwischen den beiden Geschäftspartnern und nicht nur in der logistischen Leistungsvereinbarung geregelt. Zusätzlich wird bei jeder einzelnen Bestellung (oder Lieferabruf), die sich auf diesen Hauptvertrag bezieht, der Incoterm ausgewiesen.

3.5.5 Lieferantenmanagement und die Rolle der Logistik

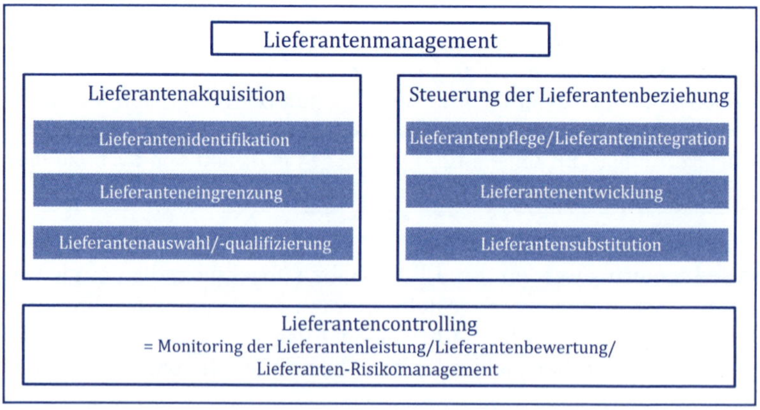

Abbildung 96: Elemente des Lieferantenmanagements

Lieferantenmanagement dient dem Aufbau und der kontinuierlichen Weiterentwicklung der Lieferanten eines Unternehmens. Gutes Lieferantenmanagement ist eine Maßnahme, um einem Unternehmen einen nachhaltigen Wettbewerbsvorteil zu verschaffen. Wettbewerbsvorteil bedeutet in diesem Zusammenhang, dass

- der Bezug von Dienstleistungen oder Teilen geringe TCO zur Folge hat,
- Lieferanten nicht bloß als „Ausführende" der geforderten Leistungen gesehen werden, sondern dass deren Kompetenz in jeder Hinsicht intensiv genutzt wird,
- die jeweiligen Lieferanten dem eigenen Unternehmen logistische Vorteile in der Geschäftsbeziehung ermöglichen (z.B. durch größere Flexibilität in der Belieferung, in Zuverlässigkeit der Lieferung, in der Ermöglichung von elektronischer Anbindung, etc.),
- Risiken in der Versorgung ganz bewusst betrachtet und reduziert werden.

Ein gezielt eingesetztes Lieferantenmanagement ermöglicht es, Beschaffungsrisiken zu identifizieren und diesen entgegenzuwirken sowie externe Erfolgspotentiale zu erschließen. Dabei fokussiert sich das **strategische Lieferantenmanagement** auf die Ausrichtung der Lieferanten-Abnehmer-Beziehung zur Sicherung des Unternehmenserfolgs. Wesentliche Bausteine hierfür sind der Aufbau, die Pflege sowie die Generierung von Potenzialen am Beschaffungsmarkt, die Identifikation und Nutzung des Innovationspotenzials der Lieferanten und die Optimierung der Faktoren Zeit, Kosten und Qualität.

Das **operative Lieferantenmanagement** unterstützt die Umsetzung und Kontrolle der strategischen Ziele durch eine geeignete Maßnahmenplanung.

Sowohl das strategische als auch das operative Lieferantenmanagement sind in der Verantwortung des Einkaufs, der es auch betreibt. Damit er das kann, braucht er zur Unterstützung auch andere Funktionen im Unternehmen. Natürlich wirkt auch die Logistik intensiv im Lieferantenmanagement mit. Sie ist sowohl in die strategische als auch in die operative Arbeit des Lieferantenmanagements involviert, wobei die Rollen natürlich unterschiedliche sind.

Wie man aus der Abbildung 96 erkennen kann, teilt man Lieferantenmanagement üblicherweise in solche Aktivitäten, die der Auswahl der richtigen Lieferanten dienen und solche, die zur Anwendung kommen bei bereits bestehenden Lieferanten. An dieser Stelle wollen wir die verschiedenen Elemente gar nicht näher beleuchten, sondern vor allem auf den Aspekt des Lieferantencontrollings eingehen, weil dort die Logistik maßgeblich zur Verbesserung der Beziehung zu den Lieferanten beitragen kann.

Auch ein sorgfältig ausgewählter und im Rahmen der bisherigen Geschäftsbeziehung guter und leistungsfähiger Lieferant kann im Laufe der Zeit zum Problemlieferanten werden, wenn seine Leistungsfähigkeit oder -bereitschaft schwindet oder wenn sich die Anforderungen des Abnehmers verändern und der Lieferant diesen Veränderungserfordernissen nicht oder nur unzureichend gerecht werden kann.

Diesem Umstand wird durch Lieferantencontrolling begegnet, das die Leistungsfähigkeit und -bereitschaft von Lieferanten anhand definierter Bewertungskriterien laufend bzw. in periodischen Zeitabständen evaluiert. Werden festgesetzte Zielwerte nicht erreicht bzw. unterschritten, so wird der Lieferant aufgefordert, entsprechende Maßnahmen zu setzen, um den vereinbarten Sollzustand wieder herzustellen.

Drei voneinander abgrenzbare Themenfelder sind im Rahmen des Lieferantencontrollings zu unterscheiden:

- Laufende Überwachung der Lieferantenleistung
- periodische Lieferantenbewertung
- Lieferanten-Risikomanagement

Lieferantencontrolling bildet die Basis für eine ziel- und strategiekonforme Entwicklung und Pflege der Lieferantenbeziehung. Damit unterstützt Lieferantencontrolling eine kontinuierliche Verbesserung und weist damit Parallelen zum japanischen „Kaizen“ und dem *continuous improvement* im Sinne des *Lean Managements* bzw. des TPS auf.

Die laufende Überwachung und Dokumentation der Lieferantenleistung sollte möglichst automatisiert im Rahmen der üblichen, kontinuierlichen Geschäftstätigkeit erfolgen, was in den meisten Fällen im Wareneingang der Fall ist. In aller Regel werden bei der Warenübernahme die Liefermenge und der Liefertermin der jeweiligen Lieferung (damit also logistische Leistungskennzahlen) im ERP, Bestell- oder Warenwirtschaftssystem des Unternehmens erfasst und mit den Bestelldaten verglichen. Damit lassen sich eventuelle Mengen- oder Terminabweichungen ohne manuellen Zusatzaufwand feststellen, wobei auf diese Weise die logistische Performance der Lieferanten sehr einfach dokumentiert wird.

Im Gegensatz zum laufend durchgeführten Monitoring der Lieferantenleistung stellt die Lieferantenbewertung eine in größeren periodischen Zeitabständen durchgeführte Analyse und Darstellung der Lieferantenleistung dar, meist auch in umfangreicherer Form. Ziel einer Lieferantenbewertung ist es, die Leistung von Lieferanten nach einem standardisierten Ablauf zu messen, um Risiken zu erkennen, Schwächen und Kosten zu verringern und Stärken zu fördern.

Eine strukturiert und konsequent betriebene Lieferantenbewertung ermöglicht damit

- die Schaffung von Transparenz über das Leistungsvermögen der Lieferanten
- dem Lieferanten ein kritisches Feedback zu seiner eigenen Leistungsfähigkeit zu geben
- die gezielte Auswahl von Lieferanten
- die objektive, nachvollziehbare Einordnung eines Lieferanten in ein Lieferanten-Portfolio.

Die Durchführung von Lieferantenbewertungen kann durchaus aufwändig sein und sollte auch dem Ziel dienen, eine einheitliche Sicht im Unternehmen zu einem Lieferanten zu erzielen. Daher macht es Sinn, Lieferantenbewertungen cross-funktional über die verschiedenen Abteilungen durchzuführen. Der strategische Einkauf veranlasst die Durchführung der Lieferantenbewertung und ist auch die Schnittstelle zu den Lieferanten und bindet für die operative Durchführung verschiedene andere Funktionen, wie eine Qualitätsabteilung, die Produktion, die Entwicklung und natürlich auch die Logistik mit ein. Die Logistik bringt die Erwartungen und die aktuelle Performance des Lieferanten aus logistischer Sicht ein, wie z.B. die Liefertermintreue, die Lieferflexibilität oder die Angemessenheit der Verpackung ein. Nicht alle Lieferanten eines Unternehmens werden bewertet, sondern nur jene, die von größerer strategischer Bedeutung sind. Natürlich müssen die Bewertungen, die gegen vorgegebene Ziele gemessen werden, dann auch dem Lieferanten kommuniziert werden, wobei diese dann gefordert sind, Verbesserungsmaßnahmen auf den Tisch zu legen. Der Einkauf und die Fachabteilungen prüfen dann die Umsetzung und Zweckmäßigkeit dieser Verbesserungsmaßnahmen. Wenn Unternehmen diese Art der Lieferantenbewertung kontinuierlich und konsequent durchführen, so führt das zu deutlich besseren Beziehungen zwischen Kunden und Lieferanten!

Lieferanten-Risikomanagement als Ansatz zur strukturierten, methodischen Identifizierung und Bewertung von Beschaffungsrisiken ist in vielen Unternehmen vor allem seit der Wirtschaftskrise 2008/09 ein auch tatsächlich gelebtes Element des Lieferantenmanagements, das seit dem Jahr 2020 durch die globale Covid-19 Pandemie wieder an Aktualität gewonnen hat.

Beispiel:
Die globale Covid-19 Pandemie seit dem Frühjahr 2020 hat vielen Unternehmen in Europa eindringlich vor Augen geführt, wie volatil und verletzlich internationale Lieferketten sind, was durch Ausbruch des Kriegs in der Ukraine 2022 nochmals verschärft wurde. Nach anfänglichen Auftragseinbrüchen hat sich die Nachfrage in vielen Branchen rasch wieder erholt, um nur kurz darauf zu erkennen, dass Materialien, Rohstoffe oder

Produkte nicht in der gewünschten Menge verfügbar sind: Verzerrungen und Verwerfungen am Weltmarkt wie auch rigide und drastische Reaktionen der chinesischen Regierung auf einzelne Coronafälle haben dazu beigetragen, dass Unternehmen aufgrund fehlender Teile nicht wie gewünscht produzieren konnten. Zusätzlich erschwert wird die Situation durch den massiven Anstieg (und die damit auch verbundene Knappheit) der Energiekosten in Folge des Ukraine-Kriegs. Lieferketten, wie sie noch vor wenigen Jahren relativ stabil existiert haben, sind aktuell höchst volatil. Das Risiko ist massiv gewachsen!

Im Einkauf werden zur Lieferantenrisikobewertung vielfach ähnliche Methoden und Systeme angewendet, wie auch in anderen Bereichen der Unternehmensführung.

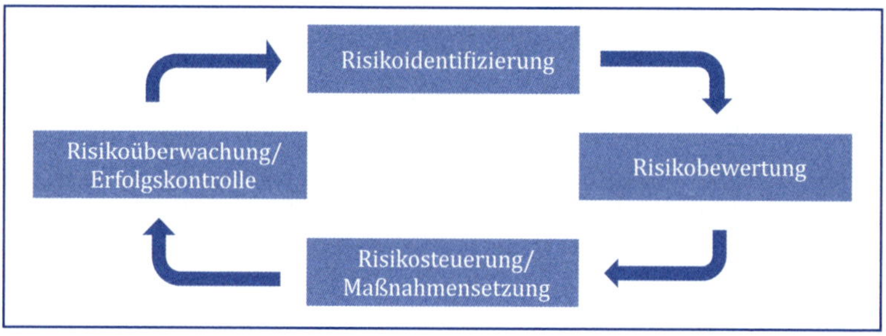

Abbildung 97: Regelkreis des Risikomanagements in der Lieferantenbeziehung

Wie in Abbildung 97 dargestellt, ist Lieferanten-Risikomanagement als periodisch oder kontinuierlich stattfindender Prozess zu verstehen. Ausgehend von der Identifikation potentieller Beschaffungsrisiken (*Risikoidentifizierung*) erfolgt die Bewertung der identifizierten Risiken (*Risikobewertung*). Im Rahmen der *Risikosteuerung* erfolgt die Festlegung und Umsetzung von Maßnahmen, welche geeignet scheinen, das potentielle Beschaffungsrisiko zu vermeiden bzw. zu entschärfen. Die *Risikoüberwachung* in Form einer Erfolgskontrolle beendet den dargestellten Regelkreis – zumindest dann, wenn im Rahmen einer neuerlich stattfindenden Risikoanalyse das vormalige Beschaffungsrisiko nicht mehr länger als solches erkannt wird und somit als beseitigt betrachtet werden kann. Gerade die Logistik zwischen Lieferanten und dem eigenen Unternehmen stellt in vielen Fällen eine wesentliche Quelle für mögliche Risiken dar, sodass das Logistikmanagement ganz eng in den Prozess des Risikomanagements eingebunden sein muss!

3.5.6 Die Auswirkung von Beschaffungsstrategien auf die logistische Performance

Der Begriff Beschaffungsstrategie beschreibt die Art und Weise, die der Einkauf für die kostenoptimale Versorgung des eigenen Unternehmens mit Materialien wählt. Um die Komplexität der vielen unterschiedlichen Materialien aus Einkaufssicht strategisch in den Griff zu bekommen, nutzt man für die Entwicklung der Einkaufsstrategien sinnvollerweise Materialgruppen. Materialgruppen umfassen jene Materialien oder Dienstleistungen, die aus Einkaufssicht einen ähnlichen Lieferantenmarkt haben.

Einkaufsstrategien sind üblicherweise von folgenden Faktoren abhängig:

- **Häufigkeit des Bezugs:** Handelt es sich um einen Einmalbezug oder eine dauerhafte Belieferung?
- **Schwankungsbreite des Bedarfs:** Hat man es eher mit einem konstanten Bedarf zu tun oder mit einem, der Schwankungen unterworfen ist?
- **Vorhersagegenauigkeit des Bedarfs:** Kann der Bedarf mit einer akzeptablen Genauigkeit prognostiziert werden?
- **Know-How des Lieferanten:** Handelt es sich um einen Lieferanten, der Know-How in die Beziehung einbringt oder eher um eine „verlängerte Werkbank", also einen Lieferanten, der Vorgaben bloß ausführt, also Spezifikationen des Kunden umsetzt?
- **Zeitlicher Druck:** Steht man als Abnehmer unter zeitlichem Druck einen neuen Anbieter zu finden oder findet die Suche im Rahmen eines kontinuierlichen Prozesses zur Verbesserung der Lieferantenbasis statt?
- **Materialwert:** Welchen Anteil an den Herstellkosten macht das betrachtete Material aus?
- **Komplexität des zu beziehenden Objekts:** Vergibt man einfache, standardisierte Teile oder hochkomplexe Systeme, die ihrerseits aus einer ganzen Reihe von Bauteilen bestehen?
- **Substituierbarkeit des zu beziehenden Objekts:** Kann der betrachtete Teil oder die Dienstleistung gleichwertig durch einen anderen Teil oder eine andere Dienstleistung ersetzt werden?
- **Konkurrenz unter Lieferanten:** Stehen zwei oder mehrere Lieferanten in einer engen Konkurrenzsituation und lässt sich dieses Konkurrenzverhältnis zum eigenen Nutzen verwenden?
- **Berücksichtigung von Anliegen des Verkaufs:** Besteht der eigene Kunde auf einem bestimmten Lieferanten oder ist der Lieferant gar gleichzeitig ein Kunde (z.B. auch in einem anderen Bereich)?
- **Local content**: Erfordert die Produktion in einem Land die lokale Beschaffung von Teilen in diesem (in manchen Ländern geben

Regierungen vor, dass z.B. für Steuerbegünstigungen, ein gewisser Wertanteil in diesem Land gekauft werden muss)?

Erfolgreiche Unternehmen setzen eine Vielzahl unterschiedlicher Beschaffungsstrategien ein, weil eben auch die Materiagruppen völlig verschieden sind. Welche der einzelnen Beschaffungsstrategien sinnvoll anwendbar ist, hängt – wie gerade beschrieben – von vielen Faktoren ab. So gesehen lassen sich auch keine Pauschalaussagen hinsichtlich einer „besseren" oder „weniger gut geeigneten" Beschaffungsstrategie treffen.

In der Praxis und auch in der Literatur trifft man auf verschiedene „Standard"-Strategien, die natürlich unterschiedliche Vor- bzw. Nachteile aufweisen, nicht beliebig eingesetzt werden können, sondern entsprechend situativ anzuwenden sind.

Wir wollen an dieser Stelle nur einzelne Beschaffungsstrategien herausgreifen, die auch eine besondere Bedeutung für die Logistik darstellen. Wer von den Lesern an umfassenderer Darstellung interessiert ist, sollte sich an eine der im Literaturverzeichnis genannten Quellen wenden.

Single Sourcing bezeichnet die Beschaffung eines bestimmten Materials bei nur einem einzigen Lieferanten. Damit ist in vielen Fällen eine enge partnerschaftliche Zusammenarbeit zwischen Lieferanten und Abnehmern verbunden, was aber natürlich umgekehrt nicht gleichzeitig bedeutet, dass der betreffende Lieferant nur einen einzigen Kunden hat! Single Sourcing kann somit auch zu einer Abhängigkeit des Unternehmens von Lieferanten führen. Gerade in Zeiten von Covid-19 und dem Ukraine-Krieg ist vielen Unternehmen deutlich geworden, wie hoch das Risiko einer Single Sourcing Strategie sein kann! Der große Vorteil besteht aber darin, dass die gesamte benötigte Menge an einen Lieferanten vergeben wird und damit bestmögliche Einkaufskonditionen (z.B. Preise) erzielt werden können. Gerade in Phasen einer gemeinsamen Produktentwicklung können sich sowohl Lieferant als auch Abnehmer voll aufeinander konzentrieren.

Auswirkungen auf die Logistik: Single-Sourcing Strategien für den Kauf von wichtigen Produkten ermöglichen eine optimale Gestaltung der logistischen Beziehung zwischen den Partnern, weil es sich üblicherweise auch um langfristige Beziehungen handelt. Vielfach kommt Single-Sourcing bei hochwertigen Teilen und großen Mengen zum Einsatz, die gerne über JIT oder JIS versorgt werden. Hohe Lieferzuverlässigkeit und Flexibilität sind bei Single-Sourcing Strategien Kern der Beziehung. Single-Sourcing führt auch zu einer Vereinfachung bei der Anlieferung, weil nur ein einziger Lieferant bzgl. Anlieferzeiten und -orten zu koordinieren ist.

Multiple Sourcing ist hingegen eine Strategie, bei der Material – oftmals zeitgleich, fallweise aber auch zeitlich voneinander abgegrenzt – bei zwei oder mehreren Lieferanten gekauft wird, die zueinander im Wettbewerb stehen. Dabei wird einem der Lieferanten häufig ein höheres Beschaffungsvolumen als dem oder den anderen gewährt (z.B. im Verhältnis 60:40, man spricht auch von *Quoten*). Multiple Sourcing ist eine Beschaffungsstrategie, bei welcher die Versorgungssicherheit des Unternehmens im Fokus steht und trotzdem ein Wettbewerb zwischen den Lieferanten aufrecht bleiben soll. Aus Einkaufssicht ist der Vorteil von Multiple Sourcing gegenüber Single Sourcing eben der konstante Wettbewerb (sowohl bei kommerziellen Konditionen als auch in der technisch-fachlichen Kompetenz) zwischen den Lieferanten. Der große Nachteil besteht darin, dass die Einkaufspreise meist schlechtere sind (weil jeder Lieferant nur ein kleineres „Stück des gesamten Kuchens“ bekommt), die exakte technische Abstimmung schwierig ist, sodass die Teile wirklich in austauschbarer Weise verwendet werden können und Werkzeugkosten (häufig bezahlen die Kunden die Werkzeuge, die bei den Lieferanten für die Produktion der Teile stehen) mehrfach bezahlt werden müssen.

Auswirkungen auf die Logistik: Der Aufwand für die logistische Abwicklung mit zwei oder mehreren Lieferanten ist natürlich deutlich höher als mit nur einem Anbieter. Verträge und Vereinbarungen müssen mit den Partnern in gleicher Weise geschlossen werden und alle Lieferanten müssen die Wünsche des Kunden in gleicher Weise verstehen und dann auch umsetzen können.

Beim **Local Sourcing** werden Waren und Dienstleistungen aus dem näheren Umfeld des abnehmenden Unternehmens bezogen. Tendenziell kann man beobachten, dass die Wahrscheinlichkeit, einen Lieferanten aus dem regionalen Umfeld zu wählen umso größer ist, je geringer die Kenntnis der Einkäufer über den relevanten Beschaffungsmarkt ist. Local Sourcing ist allerdings auch eine Einkaufsstrategie, die die Risiken globaler Versorgung reduzieren hilft. Viele Unternehmen haben in den vergangenen Jahrzehnten den Schritt zu globalem Einkauf getan und beziehen so manche ihrer erforderlichen Materialien und Teile aus fernen Ländern. Gerade die Covid-19 Pandemie hat aber, so wie auch einzelne Ereignisse in den Jahren davor, den Unternehmen gezeigt, wie anfällig globale Lieferketten für Störungen sind. Local Sourcing kann natürlich mit Multiple Sourcing für ein Material, einen Teil, eine Komponente oder auch ein Modul kombiniert werden.

Immer wieder findet man in der Praxis die Situation, dass Local Sourcing unbewusst über die Jahre entstanden ist und sich in Folge gewisse „Haus- und Hoflieferanten“ herausgebildet haben. Es besteht damit eine gewisse Gefahr, dass das abnehmende Unternehmen weder die besten Konditionen erhält noch die besten Lieferanten für seine Teile oder Dienstleistungen hat, weil sich einfach der Markt schon weiterentwickelt hat, diese Entwicklung durch die Fixierung auf die bestehenden Lieferanten aber übersehen wird. Local Sourcing bietet allerdings den Vorteil der räumlichen Nähe, die eine etwaige Problemlösung oder technische Abklärungen sehr einfach machen.

Local Sourcing ist durch Covid-19 wieder deutlich populärer geworden und auch durch die zunehmend strengen Umweltauflagen für Unternehmen. Der EU Green Deal fordert von Unternehmen wie von der Gesellschaft insgesamt signifikante Reduktionen der umweltschädlichen Emissionen. Damit werden zukünftig Transporte noch teurer als sie das durch die Knappheit in Folge von Covid-19 ohnehin schon geworden sind.

<u>Auswirkungen auf die Logistik:</u> Local Sourcing kann mit JIT als Anlieferkonzept verbunden sein, wenn es sich um hochwertige und regelmäßig erforderliche Teile handelt. JIT erfordert räumliche Nähe zwischen Lieferanten und Abnehmern, damit es erfolgreich funktioniert. Denn nur so können Unwägbarkeiten in der Logistik (z.B. Stau auf der Straße oder Schnee am Transportweg) so weit reduziert werden, dass die Zuverlässigkeit der JIT Belieferung gegeben ist.

Unter **Global Sourcing** hingegen wird der weltweite Bezug von Gütern oder Dienstleistungen verstanden.

Global Sourcing umfasst die systematische Analyse und Nutzung des weltweiten Beschaffungsmarkts, hat eine starken strategischen Fokus und kann nicht von heute auf morgen im Unternehmen konzipiert und eingeführt werden, sondern ist eine mittel- bis langfristige Investition in die Wettbewerbsfähigkeit eines Unternehmens.

Durch Global Sourcing können die Beschaffungsmöglichkeiten gezielt erweitert und die sich dadurch ergebenden Chancen und Möglichkeiten genutzt werden.

Allerdings ist auch darauf hinzuweisen, dass gerade bei Global Sourcing Entscheidungen Anspruch und Wirklichkeit in der betrieblichen Praxis häufig weit auseinanderklaffen. Nicht selten fallen die ursprünglich erwarteten großen Preis- und Kostenvorteile in der Realität (und unter objektiver Berücksichtigung aller auftretenden Kostenfaktoren – Stichwort: TCO-Beurteilung) weit geringer aus als anfangs kalkuliert oder verwandeln sich sogar in ihr Gegenteil! Auch die anfallenden Transaktionskosten zur laufenden Abstimmung oder zur Kommunikation und Beseitigung etwaiger Qualitätsmängel werden oftmals unterschätzt.

<u>Auswirkungen auf die Logistik:</u> Die Lieferantenauswahl bei Global Sourcing muss neben dem Einstandspreis (das ist der Einkaufspreis

incl. Frachtkosten, Zölle, Versicherung etc.) auch die logistische Leistungsfähigkeit des Lieferanten berücksichtigen. Generell empfiehlt sich der Einsatz von TCO-Kostenanalysen, um die voraussichtlichen Kosten während der gesamten Bezugsdauer zu bestimmen und bei Global-Sourcing-Vergabeentscheidungen zu berücksichtigen. In Deutschland müssen alle Unternehmen ab einer gewissen Größe ab dem Jahr 2023 die Einhaltung des Lieferkettensorgfaltspflichtengesetzes nachweisen. Dieses Gesetz verpflichtet deutsche Unternehmen bei ihren Lieferanten die gleichen Vorgaben in Hinblick auf Arbeitssicherheit und menschenrechtlicher Standards einzuhalten wie bei sich selbst. Dieses Gesetz gilt vorerst nur in Deutschland, allerdings sind ähnliche Gesetze bereits in anderen europäischen Ländern in Kraft und es ist geplant auf EU Ebene gesamthaft diese Vorgaben umzusetzen.

Auch die aus Gründen der erforderlichen Transportlaufzeit (die Transportdauer vom Lieferanten zum Abnehmer beträgt oft mehrere Wochen) stark eingeschränkte Möglichkeit des Lieferanten, kurzfristig auf Mengen-, Termin- oder Ausführungsänderungswünsche des Abnehmers reagieren zu können, ist bei Global-Sourcing-Entscheidungen zu berücksichtigen. Risiken in der Versorgung durch räumlich weit entfernt befindliche Lieferanten nehmen auf jeden Fall zu!

3.6 Ausgewählte Literatur zu Kapitel 3

Arnolds, Hans et.al. (2013): Materialwirtschaft und Einkauf: Grundlagen – Spezialthemen – Übungen; 12. akt. und überarb. Aufl., Springer Gabler.

Kistner, Klaus-Peter; Steven, Marion (2001): Produktionsplanung – mit 33 Tabellen; 3. vollst. überarb. Auflage, Physica-Verlag.

Liebetruth, Thomas (2016): Prozessmanagement in Einkauf und Logistik – Instrumente und Methoden für das Supply Chain Process Management; Springer Gabler.

Jodlbauer, Herbert (2007): Produktionsoptimierung: Wertschaffende sowie kundenorientierte Planung und Steuerung; Springer.

Nyhuis, Peter; Wiendahl, Hans-Peter (2012): Logistische Kennlinien – Grundlagen, Werkzeuge und Anwendungen; 3. Auflage, Springer.

Schuh, Günther (Hrsg.) (2006): Produktionsplanung und -steuerung: Grundlagen, Gestaltung und Konzepte; 3. Völlig neu bearbeitete Auflage, Springer.

Slack, Nigel; Chambers, Stuart; Johnston, Robert (2007): Operations Management; Financial Times Prentice Hall.

Thonemann, Ulrich (2015): Operations Management – Konzepte, Methoden und Anwendungen; 3. Aufl., Pearson.

Wannenwetsch, Helmut (2021): Integrierte Materialwirtschaft, Logistik, Beschaffung und Produktion. Supply Chain im Zeitalter der Digitalisierung; 6. Aufl., Springer Vieweg.

Weigel, Ulrich; Rücker, Marco (2013): Praxisguide Strategischer Einkauf – Know-How, Tools und Techniken für den globalen Beschaffer; Springer Gabler.

Zäpfel, Günther (2001): Grundzüge des Produktions- und Logistikmanagement. 2., unwesentlich veränd. Aufl., Oldenbourg.

4 Logistikmanagement als Bindeglied zwischen Unternehmen

Ein wesentlicher Teil logistischer Aktivitäten spielt sich in unserer Wirtschaft zwischen verschiedenen Unternehmen ab. Waren, die von einem Unternehmen produziert werden, müssen zum nächsten Unternehmen gelangen, das diese weiter veredelt und am Ende dieser umfangreichen Netzwerke von Unternehmen, durch die sich Waren bewegen, stehen wir als Konsumenten oder wiederum andere Unternehmen.

Zwischen den Unternehmen befinden sich Logistiknetzwerke mit Material- als auch mit Informationsflüssen, so wie wir das bereits in den Kapiteln zuvor kennengelernt haben. Auch Finanzflüsse sind ein wichtiges Thema, weil von ihrer effizienten Gestaltung die Finanzierung der einzelnen Unternehmen und damit letztlich das Funktionieren der gesamten Logistikketten abhängt.

Dieses vorliegende Buch behandelt die erforderlichen Aufgaben und Aktivitäten des Logistikmanagements, damit diese logistischen Netzwerke funktionieren können. Logistikmanagement ist Aufgabe der einzelnen Unternehmen in diesen Netzwerken. Die Unternehmen müssen für sich diese Flüsse optimieren. Das beginnt damit, dass Lieferanten durch die Funktion des Einkaufs bestmöglich in die logistischen Flüsse, Aufgaben und Aktivitäten des Logistikmanagements eingebunden werden müssen. Das ist die *upstream*-Betrachtung der Unternehmen, der wir uns bereits ausführlich in Abschnitt 3.5 gewidmet haben.

Auf der *downstream*-Seite des Unternehmens, der Anbindung des eigenen Unternehmens zu den Kunden, ist die Sache ein wenig differenzierter zu sehen. Anders als auf der Beschaffungsseite haben Unternehmen bei der Auswahl ihrer Kunden nicht ganz so freie Hand wie auf der Beschaffungsseite und vor allem fehlt ihnen meistens die Möglichkeit, diese Kundenseite nach ihren Wünschen zu managen, zu gestalten und zu optimieren. Aus Sicht des Logistikmanagements müssen wir daher davon ausgehen, dass die Kunden ihre logistischen

Anforderungen vorgeben und wir durch Logistikmanagement diese bestmöglich erfüllen müssen. Dies ist Aufgabe der Distributionslogistik, die sich mit Möglichkeiten zur Belieferung von Kunden in einer Weise beschäftigt, dass diese zufrieden sind und zum anderen für das versendende Unternehmen effizient sind.

Der Materialfluss zwischen Unternehmen wird im Wesentlichen durch Transportieren und Lagern sichergestellt. Im Rahmen dieses Kapitels werden wir uns näher ansehen, welche Möglichkeiten es für den Warentransport gibt und auch, wie und wo die verschiedenen Verkehrsträger ihre besonderen Stärken ausspielen können. Diese Transport- und Lagerungsaufgaben, die natürlich beide auch mit Kommunikation, Planung und Informationsflüssen eng verbunden sind, werden meistens von Unternehmen übernommen, die wir als Spediteure bezeichnen. Sie sind sozusagen die Akteure, die für die globalen Materialströme sorgen. Immer seltener organisieren und übernehmen Industrieunternehmen diese Transporte mit eigenen Fahrzeugen, obwohl der eigene Fuhrpark gerade im Handel immer noch ein großes Thema ist.

4.1 Material- und Warenflüsse zwischen Unternehmen

Damit Material fließen kann (also einen tatsächlichen – einen physischen – Materialfluss darstellt), braucht es die Prozesse des **Transportierens**, des **Umschlagens** und des **Lagerns** sowie die für die Umsetzung erforderlichen Anlagen, Hilfsmittel und Fahrzeuge. Den Transport kann man noch weiter in einen zwischenbetrieblichen und einen innerbetrieblichen Transport teilen, die beide unterschiedliche Anforderungen an die Transporthilfsmittel stellen. Im Umfeld der Lagerung ist zwischen der **Lagertechnik** und der **Lagerorganisation** zu unterscheiden. Als Umschlagen oder Umgruppieren wird meist die räumliche und inhaltliche Veränderung der logistischen Einheit (*Handling Unit*) gesehen, die mit dem Begriff des Kommissionierens bezeichnet wird.

4.1.1 Der zwischenbetriebliche Transport

Die Beförderung von Gütern zwischen Unternehmen oder zwischen den Standorten von Unternehmen kann auf zwei Arten erfolgen:

- als Werkverkehr oder
- als gewerblicher Güterverkehr.

Werkverkehr liegt vor, wenn ein Unternehmen die erforderlichen Materialien zum Unternehmen, zwischen seinen Standorten (dazu zählen auch Baustellen) oder die verkauften Produkte zu seinen Kunden mit *eigenen* Fahrzeugen und *eigenem* Personal transportiert. Für den Werkverkehr ist keine eigene gewerberechtliche Genehmigung für gewerbsmäßige Güterbeförderung erforderlich. Werkverkehr ist in der Gewerbeordnung als Nebenrecht von Unternehmen verankert (in Österreich: Güterbeförderungsgesetz § 10 und § 11). Allerdings dürfen keine Waren entgeltlich für andere Auftraggeber befördert werden.

Viele Handels- und Produktionsunternehmen verfügen über keinen eigenen Fuhrpark, sondern kaufen den Transport als Dienstleistung zu. Die Unternehmen, die solche Transportaufgaben übernehmen sind jene des Güterbeförderungsgewerbes, zu denen Speditionsbetriebe und Frachtführer (oft auch als Frächter bezeichnet) zu zählen sind.

Die Hauptaufgabe des Spediteurs ist die Organisation des Gütertransports vom Verlader (das ist das Unternehmen, das die Warensendung aufgibt) bis zum Empfänger. Dabei wird erwartet, dass der Spediteur über die Prozesse, Beförderungsbedingungen und die Preisgestaltung der einzelnen Verkehrsträger national und international Bescheid weiß. Die konkrete Durchführung des Transports ist Aufgabe des Frächters, der von Spediteuren beauftragt wird.

Wir wollen uns in Folge dem Begriff des Verkehrsträgers zuwenden. Dieser ist im Allgemeinen nicht scharf abgegrenzt. Üblicherweise wird damit die Verkehrsinfrastruktur bezeichnet, die für den Einsatz eines bestimmten Verkehrs- oder Transportmittels vorhanden sein muss, damit überhaupt eine Transportdienstleistung durch die Logistik erbracht werden kann. Im Transportbereich werden verschiedene Verkehrsträger unterschieden, von denen wir die wichtigsten näher behandeln wollen. Diese Verkehrsträger sind:

- Die Straße
- Die Schiene
- Der Luftraum
- Der Wasserweg (mit Binnenwasserstraßen und Hochsee)
- Die Pipeline

Manches Mal werden unter Verkehrsträger jedoch auch Verkehrsmittel verstanden, die wir hier jedoch davon trennen wollen. **Verkehrsmittel** (oder **Transportmittel**) sind jene technischen Vorrichtungen, die dem Transport und dem Umschlag von Gütern oder der Beförderung von Personen dienen. Typische Verkehrsmittel im Güterverkehr sind der LKW für den Transport auf der Straße, die Eisenbahn für den Schienentransport oder das Schiff für die Binnen- oder Hochseeschifffahrt.

Betrachtet man diese verschiedenen Zusammenhänge zwischen Verkehrsinfrastruktur und Verkehrsmittel, so lassen sich diese auch in Klassen zusammenfassen, die in einer klaren Beziehung zueinander-

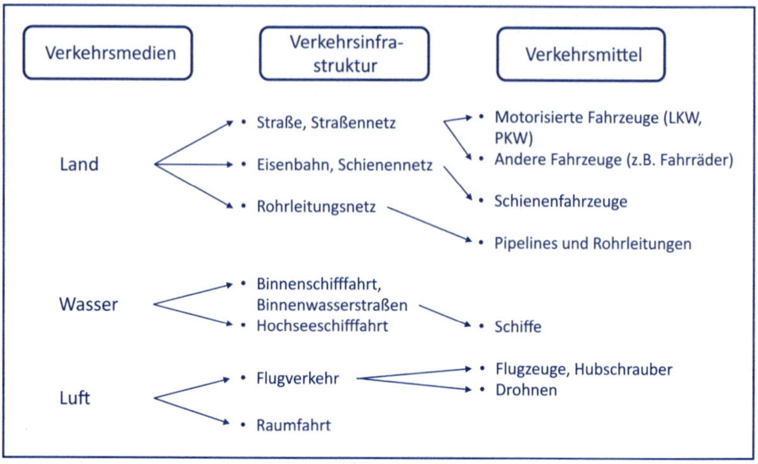

Abbildung 98: Der Zusammenhang zwischen den verschiedenen Begriffen im Verkehr

stehen, wobei Verkehrsmedien die physikalischen Medien sind, in bzw. auf denen sich die Verkehrsmittel bewegen.

Wir werden in weiterer Folge die wichtigsten Verkehrsträger Straße, Schiene, Luftraum und (Binnen-) Wasserstraße näher betrachten. Jeder dieser Verkehrsträger bietet unterschiedliche Qualitäten, die sich nach verschiedenen Kriterien bewerten lassen (Abbildung 99). Diese Ausprägungen fasst man unter dem Begriff **Verkehrswertigkeit** zusammen. 0 bedeutet in der nachfolgenden Darstellung, dass das jeweilige Kriterium gar nicht zutreffend ist, 100 hingegen, dass der jeweilige Verkehrsträger es perfekt erfüllt.

Unter **Massenleistungsfähigkeit** eines Verkehrsträgers versteht man die Möglichkeit, auf diesem große Mengen eines Produkts zu niedrigen Kosten zu transportieren. **Netzbildungsfähigkeit** hingegen beschreibt, ob es der Verkehrsträger ermöglicht, flächendeckende Transporte anzubieten, also Versender und Empfänger einfach zu erreichen. **Berechenbarkeit** ist die zeitliche Zuverlässigkeit auf dem jeweiligen Verkehrsträger. Die anderen dargestellten Kriterien sollten für die Leser selbsterklärend sein.

4.1.1.1 Verkehrsträger Straße

Der Verkehrsträger Straße mit dem LKW als Transportmittel ist zumindest in Mitteleuropa der mit Abstand wichtigste Verkehrsträger. Er hat die bei weitem höchste Netzdichte (darunter versteht man die Kombination aus Unternehmen und Verkehrsverbindungen) und bietet die beste Anbindung für alle Unternehmen an die Verkehrsinfrastruktur. Jedes Unternehmen hat zumindest einen Straßenanschluss und kann

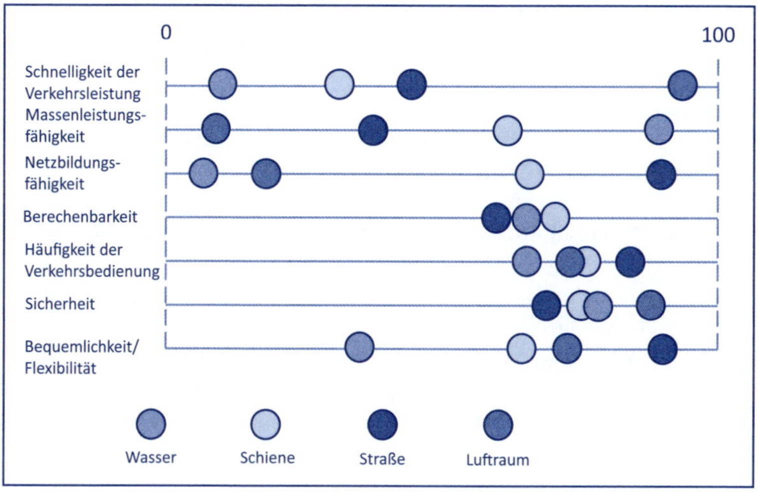

Abbildung 99: Verkehrswertigkeit der Verkehrsträger, bewertet nach wichtigen Parametern

daher den LKW als Verkehrsmittel nutzen. Was noch für die Straße als Verkehrsträger zählt, ist ihre – zumindest im Vergleich zu den anderen Verkehrsträgern – leichtere und schnellere Erweiterbarkeit.

Der Verkehrsträger Straße erlaubt eine unmittelbare Haus-zu-Haus Versorgung mit Waren ohne Umschlag, was kurze Lieferzeiten ermöglicht. Ein seltener oder gar kein Umschlag von Waren senkt gleichzeitig das Risiko von Beschädigungen der Waren. Viele Kunden aus der Wirtschaft schätzen außerdem am Straßenverkehr und am damit verbundenen LKW-Transport, dass der Fahrer persönlich für die Ware und den sicheren Transport verantwortlich ist.

Natürlich ist der Verkehrsträger Straße auch mit einer Reihe von Nachteilen behaftet:

- Der LKW an sich birgt ein eher ungünstiges Verhältnis von Eigengewicht zu möglicher Nutzlast und kann generell nur eine beschränkte Menge an Waren laden.
- Im Vergleich zu anderen Verkehrsträgern ist das Verkehrsaufkommen auf der Straße hoch, womit ungeplante Verzögerungen aufgrund von Staus auftreten können und entsprechende Unfallgefahren verbunden sind.
- Der Verkehrsträger Straße ist stark Witterungseinflüssen ausgesetzt, sodass zeitkritische Transporte (z.B. eine JIT oder JIS Belieferung einer Produktion) über größere Entfernungen auf der Straße kaum mit ausreichender Zuverlässigkeit zu realisieren sind – man denke nur an Schneefall im Winter und die damit verbundenen Behinderungen im Straßenverkehr!

- Und zu guter Letzt verursacht der Transport von Waren auf der Straße erhebliche umweltschädigende Emissionen. Statistiken zeigen, dass trotz aller Bemühungen der EU und der einzelnen Nationalstaaten zur Reduktion der CO_2-Emissionen, diese im Transportbereich über die letzten 30 Jahre praktisch unverändert geblieben sind! Will die EU die im Rahmen des Green Deals festgelegten Grenzwerte für klimaschädliche Emissionen tatsächlich bis 2030 erreichen, so ist gerade die Transportlogistik massiv gefordert, ihre Emissionen drastisch zu reduzieren! Es wird notwendig sein, den komfortablen Transport von Waren per LKW in den nächsten Jahren sukzessive auf andere Verkehrsträger zu verlagern, die Transportmengen insgesamt zu verringern und Maßnahmen zur weiteren Reduktion von klimaschädlichen Emissionen zu setzen! Die ersten Alternativen zu klassischen dieselgetriebenen LKWs zeigen sich bereits am Horizont (z.B. Wasserstoff als Treibstoff oder wiederaufladbare Batterien als Speicher für elektrischen Strom) und könnten in Zukunft dazu dienen, die negativen Umweltauswirkungen von LKWs deutlich zu reduzieren.

Die Gesamtheit der Fahrzeuge, die bei einem Frächter oder im Werkverkehr zum Einsatz kommen, bezeichnet man als Flotte oder Fuhrpark. Das dazugehörige Flottenmanagement ist eine wesentliche logistische Aufgabe in den Unternehmen:

- Strategische Aufgabenplanung im Flottenmanagement: unter die strategischen Aufgabenstellungen im Flottenmanagement fällt bei einem Flottenbetreiber die Identifikation der möglichen Kunden und die entsprechende Dimensionierung des Fuhrparks (Art der Fahrzeuge, Anzahl der Fahrzeuge, Standorte, etc.).
- Taktische Aufgabenplanung im Flottenmanagement: Darunter ist die Planung der Betriebsabläufe im Fuhrpark zu verstehen und die Gestaltung der Schnittstellen zu den Kunden. In dieser Planungsebene wird entschieden, wie und auf welche Weise die Kunden versorgt werden (z.B. Kunde vereinbart die Abholung und den Transport der Ware mit Ganz-LKW, Milk-Run Vereinbarung mit Kunde, etc.).
- Operative Planung im Flottenmanagement: in dieser untersten und zeitlich kurzfristigsten Planungsebene geht es um die tägliche Verplanung der Fahrzeuge für die Erfüllung der anstehenden Transportaufträge. Darunter fällt selbstverständlich auch die kurzfristige Personalplanung, die dafür sorgen muss, dass Fahrer zur Erfüllung der Transportaufträge verfügbar sind.

Im Straßengüterverkehr kommt eine Vielzahl unterschiedlicher Fahrzeuge zum Einsatz, die meist unter dem Begriff Lastkraftwagen (LKW) zusammengefasst werden. Dabei liegt der Unterschied meist nicht am Fahrzeug selbst, sondern an seinem Aufbau. Neben fixen

Aufbauten ist der Wechselaufbau (WAB) – auch Wechselbrücke genannt – sehr weit verbreitet. Der große Vorteil eines WABs ist die Entkoppelung des LKW-Zugfahrzeugs vom Vorgang der Be- bzw. Entladung. Damit können teure Stehzeiten vermieden werden, weil der LKW nur seinen vollen WAB abstellen und einen leeren oder einen anderen vollen WAB aufnehmen muss. Dieses „Umwaben" dauert nur wenige Minuten.

Abbildung 100: LKW-Zugfahrzeug mit WAB (oben: LKW-Zugfahrzeug mit abgestelltem WAB; unten: LKW-Zugfahrzeug, beladen mit WAB)

4.1.1.2 Verkehrsträger Schiene

Die Bahn bezeichnet man als ein spurgebundenes Verkehrsmittel, weil sie auf dem Verkehrsträger Schiene fährt. Allerdings ist der Schienenabstand in Europa nicht einheitlich geregelt, was den Transport von Waren über die Landesgrenzen hinweg erschwert – speziell in den osteuropäischen Raum.

Gleich wie beim Verkehrsträger Straße erfordert der Transport auf der Schiene eine entsprechende Netzdichte. Anders als bei der Straße haben allerdings viele Unternehmen keinen direkten Bahnanschluss, sodass die Ware erst auf der Straße zum nächsten Umschlagspunkt gebracht werden muss, wo von der Straße auf die Schiene umgeladen wird. Diese Nutzung mehrerer Verkehrsträger am Transportweg nennt man **Multimodalität**. Die Bahn bietet im Gegensatz zum Transport der Ware auf der Straße eine hohe Massenleistungsfähigkeit. Darunter versteht man, dass man auf einfache Art und Weise große Mengen und Gewichte von Waren mit einem Zug (das ist die Kombination aus einer Lokomotive oder auch aus mehreren zur Erhöhung der Zugkraft und einer entsprechenden Anzahl von Waggons) bewegen kann. Außerdem ist die Bahn ein ökologisch nachhaltigeres Verkehrsmittel, speziell dann, wenn der Strom für den Betrieb – so wie in Österreich – vornehmlich aus nachhaltiger Erzeugung stammt. Nachteilig bei Bahntransporten wirkt sich die generelle Beschränkung auf die vorhandene Schieneninfrastruktur aus, die noch dazu über mehr oder weniger fix definierte Fahrpläne organisiert ist. Hohe Flexibilität wie beim Straßengüterverkehr ist beim Schienenverkehr nicht gegeben. Schienentrassen sind in ihrer verfügbaren Kapazität beschränkt und müssen zusätzlich auf vielen Strecken zwischen Personen- und Güterverkehr geteilt werden.

Die Bahn zeichnen jedenfalls niedrige Stückkosten beim Transport der Waren aus, wobei aber die Fixkosten des Verkehrsträgers Bahn sehr hoch sind (anders als beim LKW). Nachteilig im Bahnverkehr wirkt sich die niedrige Flexibilität aus, die dem Umstand geschuldet ist, dass…

- nur wenige Unternehmen eine direkte Bahnanbindung haben
- jeder Waggon erst zu einem Zug mit anderen Waggons und eventuell Lokomotive(n) zusammengefasst werden muss
- die vorhandene Bahninfrastruktur deutlich mehr Beschränkungen aufweist als der Verkehrsträger Straße
- Güterverkehr den Nachrang gegenüber Personenverkehr hat und außerdem an Fahrpläne gebunden ist.

Üblicherweise wird die Infrastruktur für die Bahn (Bahntrassen) von sogenannten **Eisenbahninfrastrukturunternehmen (EIU)** zur Verfügung gestellt und betrieben. Der Verkehrsträger Bahn selbst wird von **Eisenbahnverkehrsunternehmen (EVU)** genutzt, die über das Schienennetz ihre Leistungen erbringen. Durch die Liberalisierung des Verkehrsträgers Schiene in der Europäischen Union können die EVUs auch die EIUs im europäischen Ausland nutzen und auch im Inland ist die Erbringung der Transportleistung nicht mehr daran gebunden, dass gleichzeitig die Infrastruktur zur Verfügung gestellt werden muss (so wie dies in der Vergangenheit bei den ÖBB in Österreich der Fall war).

Den Verkehrsträger Bahn teilt man in Regional- und Fernverkehr sowie in **Haupt**- und **Nebenbahnen**. Die meisten von diesen sind im Besitz der öffentlichen Hand, es gibt allerdings auch privat geführte EVUs und auch EIUs. Ein Beispiel dafür stellt in Österreich das Unternehmen Logserv dar, das ein Tochterunternehmen des Stahlerzeugers voestalpine AG ist und sowohl für dieses Unternehmen als auch für andere Kunden Dienstleistungen im Bahntransport erbringt.

Die Produktionseinheit des Schienengüterverkehrs ist der Zug. Ein Zug besteht aus der Kombination von Lokomotive(n) und Waggons (oder Wagen). Für einen konkreten Transport braucht man die notwendige Infrastruktur (Schienen, Verschubbahnhöfe) und den Zug. Die Infrastruktur wird von einem Infrastrukturanbieter gegen Entgelt bereitgestellt, Lokomotiven und Waggons können eigene des Frächters oder angemietete sein. Direktverkehre bei Zügen sind nur für Unternehmen mit Gleisanschluss möglich, andernfalls ist ein LKW-Vorlauf bzw. Nachlauf notwendig.

EVUs bieten ihre Leistungen in Form unterschiedlicher Services an, die in Abbildung 101 gezeigt sind.

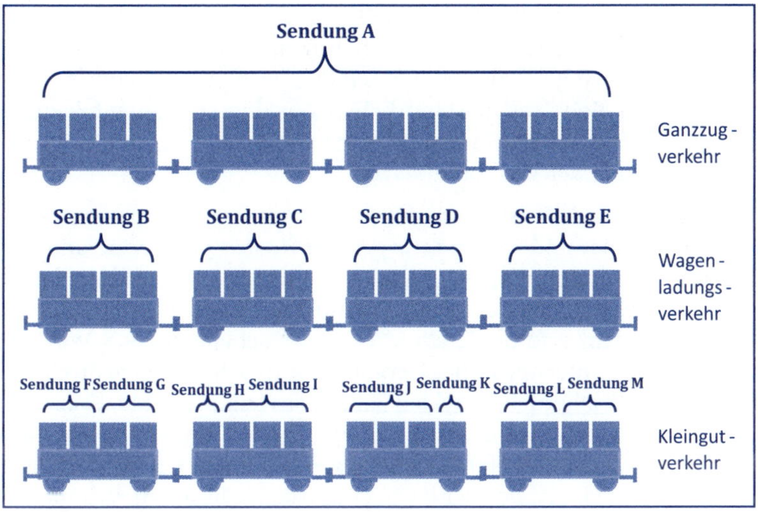

Abbildung 101: Produktgruppen des Verkehrsträgers Bahn

Ganzzugverkehre werden dann eingesetzt, wenn die Ware von ihrer Menge und dem Gewicht her einen gesamten Zug auslasten kann. Solche Züge können in Mitteleuropa Längen bis zu 700 m erreichen und eine Last von 1.000 Tonnen bewegen. Typische Nutzer für Ganzzugtransporte sind die Rohstoff- oder chemischen Industrien, die beispielsweise Eisenerz, Treibstoffe (als Massenprodukte), Düngemittel, flüssige und gasförmige Chemikalien aller Art bevorzugt mit der Bahn transportieren lassen.

Unter Wagenladungsverkehr versteht man die Zusammenstellung eines Zuges aus Waggons mit unterschiedlichen Waren, wobei die Produkte und Waren eines Kunden zumindest einen gesamten Waggon füllen. An dieser Stelle zeigt sich bereits recht deutlich der Nachteil des Verkehrsträgers Bahn gegenüber dem Verkehrsträger Straße: der Wagenladungsverkehr erfordert die Zusammenführung von Waggons von unterschiedlichen Auftraggebern, damit ein Zug ausgelastet und durchgeführt werden kann. Oft bedeutet dies die

Bereitstellung der Waggons an einem zentralen Terminal (kann auch ein Bahnhof sein), damit die Zugbildung stattfinden kann, manchmal hingegen bieten EVUs auch die Abholung der Waggons beim Kunden an.

Kleingutverkehr kommt nur dann zum Einsatz, wenn die zu versendenden Mengen nicht zur Füllung eines ganzen Waggons ausreichen. Der Kleingutverkehr hat sich aber in der Praxis kaum bewährt und kommt damit auch so gut wie gar nicht zur Anwendung.

4.1.1.3 Verkehrsträger Wasserweg

Für den globalen Handel ist das Schiff das wichtigste Transportmittel. Der größte Teil des Welthandels erfolgt auf dem Seeweg, wobei – den globalen wirtschaftlichen Zusammenhängen folgend – das größte Frachtaufkommen in Asien stattfindet, wo sich auch die größten Häfen der Welt befinden.

Das Hochseeschiff ist deswegen so beliebt, weil es massentransporttauglich ist und zudem sehr geringe Kosten pro Tonne und km der transportierten Ware verursacht. Nachteilig am Schiffstransport ist die lange Laufzeit der Waren, weswegen Waren aus dem Fernen Osten mit dem erforderlichen Vor- und Nachlauf 6 bis 8 Wochen nach Europa unterwegs sind. Gerade für sehr schnelllebige Produkte mit kurzen Produktlebenszyklen (z.B. Elektronikprodukte, Konsumelektronik, Mobiltelefone, etc.) können solche Durchlaufzeiten vom Lieferanten bis in den Handel oder zur Weiterverarbeitung in Europa kritisch lang sein. Neben der langen Laufzeit ist die damit verbundene Kapitalbindung der Ware zu beachten, die unter Umständen bei den vorhin genannten Warengruppen auch ein Obsoletrisiko in sich birgt.

Die Hochseeschifffahrt und ihre mit dem heutigen globalen Handel verbundene Bedeutung konnte aber erst nach Entwicklung und der massenhaften Verbreitung des **Containers** als standardisiertes Transportbehältnis nach dem Ende des Zweiten Weltkriegs entstehen. Abgesehen von Rohöl, das in Tankschiffen befördert wird, und anderen Massengütern (Eisenerz, Düngemittel, Baustoffe, etc.) geht der größte Teil der Waren in Containern verpackt auf die Reise über die Ozeane.

Begriffe, die mit der Schifffahrt eng verknüpft sind, sind jene des **Reeders** und des **Operators**. Reedereien sind Unternehmen, die Schiffe gewerbsmäßig betreiben (analog zu Frächtern beim Straßentransport), Operators sind Speditionsunternehmen, die Schiffe von Reedereien chartern (anmieten) für den Transport von Waren im Auftrag ihrer Kunden.

Schiffe benötigen für die Be- und Entladung Terminals in den Häfen der Welt, deren Errichtung mit entsprechenden Investitionskosten verbunden ist. Terminals dienen dem Umschlag der Waren und der Verladung der Ware auf andere Verkehrsträger, damit sie zu ihren Bestimmungsorten gelangen können.

Im Gegensatz zur Hochseeschifffahrt hat das **Binnenschiff** in Europa sicherlich noch Potential zur intensiveren Nutzung. Binnenschiffe verkehren auf Flüssen und Kanälen, wovon der Rhein-Main-Donau Kanal einer der wichtigsten in Europa ist, der die Hochseehäfen in den Niederlanden (z.B. Rotterdam) mit dem Schwarzen Meer und den dortigen Häfen verbindet.

Eine Schwäche, die eine ganz besondere Bedeutung für die Schifffahrt auf Binnengewässern hat, ist ihre Abhängigkeit vom Wasserstand bzw. auch den Gegebenheiten am Fluss. Obwohl die Donau in Österreich entlang der West-Ost-Achse ideale Möglichkeiten zur Nutzung der Binnenschifffahrt bietet, führen die jahreszeitabhängigen und auch wetterabhängigen (intensive Regentage mit Hochwasser gegenüber längeren Trockenperioden) Schwankungen des Wasserpegels zu (schwer kalkulierbaren) Einschränkungen. So hat die Donau als Korridor zwischen Passau über Linz und Wien nach Bratislava einen Anteil von ca. 20 % des Güteraufkommens auf dieser Strecke. Durch die Anbindung der Donau an Rhein und Main ergibt sich damit eine mit Schiffen befahrbare Route von Rotterdam bis zum Schwarzen Meer. 7 % des gesamten Transportaufkommens in Europa wird durch die Binnenschifffahrt erbracht, wobei einige Länder wie Deutschland, Belgien oder auch die Niederlande deutlich über diesem Durchschnittswert liegen. Auch für den Hochseehafen Rotterdam spielt die Binnenschifffahrt eine wichtige Rolle, denn mehr als 30 % der umgeschlagenen Ware werden mit dem Binnenschiff nach Zentraleuropa weitertransportiert.

4.1.1.4 Verkehrsträger Luft

Luftfrachtverkehr ist üblicherweise ein multimodaler Verkehrsträger, der eben ohne die Nutzung anderer Verkehrsträger nicht existieren kann. Luftfrachtverkehr wird entweder mit eigenen zu Frachtzwecken umgebauten Flugzeugen durchgeführt oder als kombinierter Transport von Passagieren und Waren im Frachtraum. Der Transport per Flugzeug ist oftmals ein Nebenprodukt des Passagierverkehrs, bei dem geringe Mengen an Fracht mitgenommen werden können. Daneben gibt es aber auch reine Frachtflugzeuge, die von eigenen Luftfrachtgesellschaften betrieben werden. Von steigender Bedeutung sind die sogenannten Integratoren (*Integrators*) wie beispielsweise UPS, FedEx oder DHL. Während traditionelle Luftfrachtgesellschaften als Frachtführer lediglich Airport-to-Airport Verkehre durchführen, bieten Integratoren auch den Vor- und Nachlauf an. Luftfracht ist bezogen auf das Sendungsgewicht bzw. das

Sendungsvolumen ein sehr teurer Transport, weswegen meist nur zeitkritische Waren (z.B. Ersatzteile, Post) oder wertvolle Fracht auf diesem Weg befördert werden.

Luftfrachtverkehr ist im Vergleich zu anderen Verkehrsträgern, die Waren über große Entfernungen transportieren können, sehr schnell, hat aber deutlich höhere Kosten pro kg und km. Auch die mit einem Flugzeug transportierbaren Mengen sind beschränkt, ein Nachteil, der aber durch die hohe Frequenz des Luftfrachtverkehrs reduziert werden kann. Aufgrund der kurzen Transportzeit über sehr große Entfernung eignet sich das Flugzeug speziell für den Transport von verderblicher Ware und Wertfracht. Eine ganz besondere Bedeutung hat das Flugzeug als Transportmittel während der Covid-19 Pandemie ab dem Frühjahr 2020 erlangt, als Arzneimittel, persönliche Schutzausrüstung oder auch Impfstoffe kreuz und quer über die Welt transportiert werden mussten und hoher Zeitdruck vorhanden war.

Wir wollen nun zum Verkehrsträger Straße zurückkehren, um uns anzusehen, auf welche Arten der Transport zwischen Versender und Empfänger erfolgen kann. Die nachfolgenden Überlegungen sind prinzipiell auch auf andere Verkehrsträger übertragbar, allerdings ist der LKW als Verkehrsmittel klar im Vorteil, weil so gut wie alle Verlader und Empfänger zumindest eine Straßenanbindung haben.

4.1.1.5 Ablauf des Straßengüterverkehrs

Verkehr zwischen Versender und Empfänger kann **ungebrochen** oder **gebrochen** erfolgen. Man spricht von ungebrochenem Verkehr, wenn die Ware auf ihrem Weg den Empfänger ohne Umschlag erreicht, von gebrochenem hingegen, wenn die Ware unterwegs umgeschlagen wird. Der ungebrochene Verkehr wird zusätzlich noch in die Ausprägungen Direktverkehr und Teilladungsverkehr geteilt, die nachfolgend dargestellt sind.

Beim **Direktverkehr** werden die Güter eines Verladers *ohne Umschlag* (also ungebrochen) auf direktem Weg zum Empfänger befördert. Im Straßengüterverkehr ist der Direktverkehr unter dem Begriff Komplettladungsverkehr (*Full-Truck-Load*, FTL) bekannt, im Eisenbahn-

Abbildung 102: Schematische Darstellung des Direktverkehrs

güterverkehr spricht man vom Ganzzug (*block train*), jedoch ist der Direktverkehr auf der Straße viel häufiger als jener auf der Schiene.

Werden hingegen, so wie dies in Abbildung 103 dargestellt ist, die Waren mehrerer Verlader *ohne* zusätzlichen Umschlag gesammelt, bevor sie über größere Distanzen zu unterschiedlichen Empfängern gebracht werden, so spricht man im Straßengüterverkehr von **Teilladungsverkehr** (*Less-Than-Truck-Load*, LTL), der eben die zweite Ausprägung des ungebrochenen Verkehrs darstellt. Abbildung 103 zeigt die beiden am häufigsten vorkommenden Varianten des Teilladungsverkehrs, nämlich:

- Variante 1: Ware wird von *einem* Versender an *mehrere* Empfänger geliefert (strichlierte Linie in Abbildung 103).
- Variante 2: Der LKW sammelt die Ware *mehrerer* Versender und bringt diese zu *einem* Empfänger. Wenn hier ein regelmäßiger Verkehr eingerichtet wird, so entspricht diese Variante einem Milk-Run-System (ausgezogene Linie in Abbildung 103).

Dass Ware von mehreren Versendern eingesammelt wird, um sie dann zu mehreren Empfängern zu bringen, kann vorkommen, ist allerdings in der Praxis selten zu finden – außer es handelt sich eben um ein geplantes Milk-Run System.

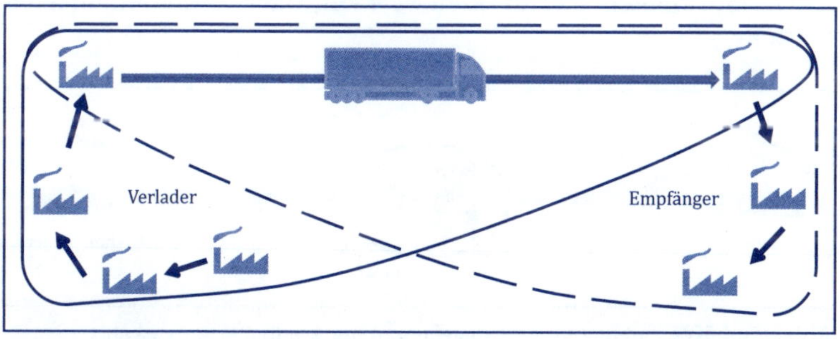

Abbildung 103: Schematische Darstellung des Teilladungsverkehrs (LTL)

In den Bereich des gebrochenen Verkehrs, den man auch **indirekten Verkehr** nennt, fällt der **Sammelgutverkehr** (*groupage service*), bei dem jedoch – im Gegensatz zum Teilladungsverkehr – die Güter abgeladen, sortiert, umgeschlagen und dann gemeinsam mit anderen Gütern in Form eines neuen Transports Richtung Zielgebiet befördert werden. Generell liegt der wesentliche Vorteil des gebrochenen Verkehrs gegenüber dem ungebrochenen in der Bündelung von Warenströmen. Direktverkehre können oftmals nicht gut ausgelastet werden, was die Kosten für den Verlader erhöht. Der Sammelgutverkehr bietet außerdem die Möglichkeit, unterschiedliche Fahrzeuge im Vor- und Nachlauf sowie im Hauptlauf einzusetzen und damit wiederum die Auslastung (und damit natürlich auch die Kosten) zu optimieren. Unter **Vorlauf** versteht man den Transport vom Versender zum Umschlagspunkt, unter **Nachlauf** jenen vom Umschlagspunkt zum Empfänger. Sowohl Vorlauf als auch Nachlauf werden als **Nebenlauf** bezeichnet, wobei häufig Fahrten zur Auslieferung und zum Einsammeln kombiniert werden. Der Transport zwischen den Umschlagspunkten wird **Hauptlauf** genannt.

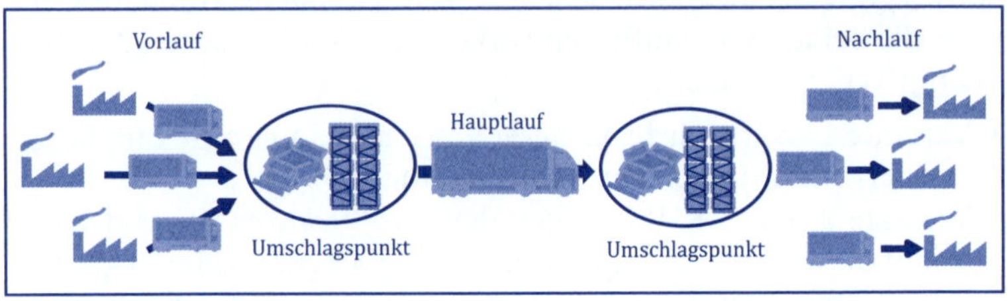

Abbildung 104: Schematische Darstellung eines Sammelgutverkehrs

Das wesentliche Unterscheidungskriterium für direkte und indirekte Verkehre ist der Umschlag. Der Umschlag kann aber nicht nur das Transportgut selbst betreffen, auch bei einem Wechsel des Verkehrsträgers liegt kein direkter Verkehr mehr vor. Man spricht dann von einem **multimodalen indirekten Verkehr**, oder vom **kombinierten Verkehr**.

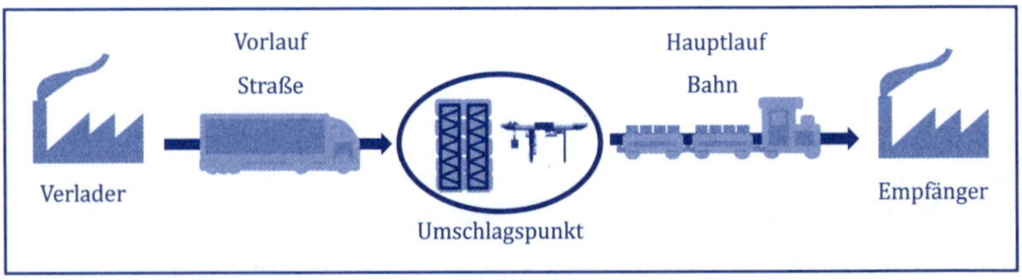

Abbildung 105: Schematische Darstellung eines kombinierten Verkehrs

4.1.1.6 Transporthilfsmittel

Die bekanntesten Transportmittel sind der **Container** und die **Euro-Palette**. Die Erfindung des uns heute bestens bekannten Containers mit 40-Fuß Länge Ende der 50er Jahre des 20. Jahrhunderts hat den globalen Welthandel auf Hochseeschiffen erst ermöglicht. Im weitesten Sinne könnte man einen Container auch als wechselbaren Aufbau bezeichnen. Die in der Seefracht weit verbreiteten 20-Fuß und 40-Fuß-Container sind für den Straßengüterverkehr aber ungeeignet. Dies hat zwei Gründe: erstens benötigt der Container einen speziellen Stapler zur Manipulation und zweitens passen seine Abmessungen nicht optimal zur **Euro-Palette**. Daher wird der Container im Vor- oder Nachlauf am LKW nur dann verwendet, wenn Seefracht notwendig ist.

Die wichtigsten **Transporthilfsmittel** sind also die Euro-Palette, der WAB (Wechselaufbau) und der Container. Eine Euro-Palette misst 120 x 80 cm und ist aus Holz gefertigt. Die Innenbreite eines Containers beträgt ca. 233 cm, die Innenbreite eines WABs ca. 244 cm. Die Innenmaße eines WABs sind, anders als jene des Containers, ideal auf die Palettenmaße abgestimmt, sodass zwei beladene Paletten nebeneinander im WAB abgestellt werden können.

Abbildung 106: Die häufigsten Transporthilfsmittel (von links: Euro-Palette, WAB und Container)[10]

In der Hochseeschifffahrt hingegen hat sich der Container durchgesetzt, wo Containerschiffe mit einer Kapazität von 20.000 TEU (*twenty-feet-equivalent-unit*; Ladekapazität eines 20-Fuß-Containers) und mehr im Einsatz sind. Der Vorteil des Containers liegt in der raschen Be- und Entladung des Schiffs.

4.1.2 Die Organisation des Logistikmanagements zwischen Unternehmen

Logistikdienstleister (LDL) sind Unternehmen, die für Ihre Kunden den Transport der Waren (unter anderem auch inklusive des Managements davon) übernehmen. Diese Dienstleistungen können durchaus unterschiedlich sein und von einem simplen Transport im Auftrag des Kunden bis hin zur Übernahme der gesamten Logistikorganisation für ein Unternehmen reichen. Man spricht im letzteren Fall auch von 3PL (*Third-Party-Logistics*) Anbietern. Auch für Handelsunternehmen kann es mitunter günstig sein auf spezifische eigene Transporte zu verzichten und die Leistungen eines externen Anbieters in Anspruch zu nehmen. Spediteure, Unternehmen die im Auftrag ihrer Kunden die Organisation und den Transport der Waren vom Verlader zum Kunden übernehmen, bieten gegenüber Eigentransport oftmals den Vorteil einer Konsolidierung und Bündelung der Warenströme über mehrere Auftraggeber hinweg und damit einer Reduktion der Kosten. Der Spediteur selbst transpor-

[10] Vgl. Rohrhofer, Graf (2013).

tiert die Ware dann entweder mit eigenem Fuhrpark oder er bedient sich seinerseits eines Frächters. Frächter sind Unternehmen, die mit eigenem Fuhrpark den Transport von Waren im Auftrag von Kunden übernehmen. Spediteure hingegen übernehmen Transportaufträge von Kunden, die komplexer sind und eventuell auch verschiedene Verkehrsträger wie Straße und Flug gemeinsam erfordern. Teilweise bieten Spediteure auch weitere Dienstleistungen für ihre Kunden, wie etwa die Lagerung oder Aufbereitung von Waren.

Die Entscheidung, ob die Organisation des Transports innerhalb eines Netzwerks ein Unternehmen selbst durchführt oder an einen spezialisierten Anbieter übergibt, ist eine strategische Make-or-Buy Entscheidung (siehe dazu auch Abschnitt 3.5.2), die im Vergabefall als **Kontraktlogistik** bezeichnet wird. Eine *Buy*-Entscheidung hat auch zur Folge – und das ist für viele Unternehmen wichtig – dass Fixkosten für die Logistik entfallen und in variable Kosten transferiert werden: man zahlt nur so viel, wie man auch in Anspruch nimmt! Damit ist auch eine Anpassung an eine veränderte Logistikanforderung (z.B. durch Wachstum, Aufgabe bestimmter Kundengruppen, Expansion in neue geographische Regionen) in vielen Fällen leichter möglich als bei einer eigenen Logistik im Haus.

Im Gegensatz zu einem Distributionsnetzwerk eines Handelsunternehmens (oder auch Produktionsunternehmens) nutzen Logistikdienstleister ihre Netzwerke in alle Richtungen und können Transporte auch auf dem Rückweg vom Kunden wieder auslasten. Man spricht in diesem Zusammenhang auch von *Many-to-Many* Architekturen. Handelsunternehmen, die ihre Netzwerke hochfrequent bedienen, weil die Lagermöglichkeiten in den Filialen nur sehr eingeschränkt möglich und zu teuer sind, haben das Problem, dass die Auslastung der Transporte tendenziell schlecht ist. Diese hochfrequente Flächenbedienung kann in vielen Fällen durch Logistikdienstleister wesentlich besser ausgelastet werden. Wir werden uns nun nachfolgend die speziellen Aufgaben der zwischenbetrieblichen Logistik ansehen. Das sind:

- Die optimale Gestaltung der Transport- und Netzwerkstruktur im Hauptlauf der Logistikdienstleiter
- Methoden der Touren- und Transportplanung

4.1.3 Transportnetzwerke

Transportnetzwerke bestehen zwischen den Umschlagspunkten (den Knoten) zwischen einer Vielzahl von Verladern und Empfängern und beziehen sich grundsätzlich nur auf den *Hauptlauf* zwischen diesen Knoten. Man kann zwei verschiedene Arten von Netzwerkstrukturen unterscheiden:

- das Rasternetzwerk und
- das sogenannte *Hub-and-Spoke* („Nabe und Speiche“) Netzwerk. Netzwerke sind die Verbindung von Knoten durch Kanten, wobei Knoten Depots, Lagerstätten, Produktionsstätten oder Kunden entsprechen und Kanten die jeweiligen Transportverbindungen dazwischen sind.

4.1.3.1 Rasternetzwerke

Als Rasternetzwerke versteht man jene Netzwerke, bei denen jeder einzelne Knoten mit allen anderen Knoten verbunden ist. Knoten sind in der Praxis Betriebsstätten von Unternehmen (z.B. Produktionsstätten, Lager, Handelsfilialen). Weil ein Knoten mit sich selbst keinen Verkehr unterhält, gibt es in einem Rastersystem genau $n \cdot (n-1)$ Direktverbindungen zwischen den einzelnen Netzknoten bzw. Depots (so bezeichnet man auch Umschlagspunkte), wobei n die Gesamtzahl der Knoten im Netzwerk ist (siehe Abbildung 107).

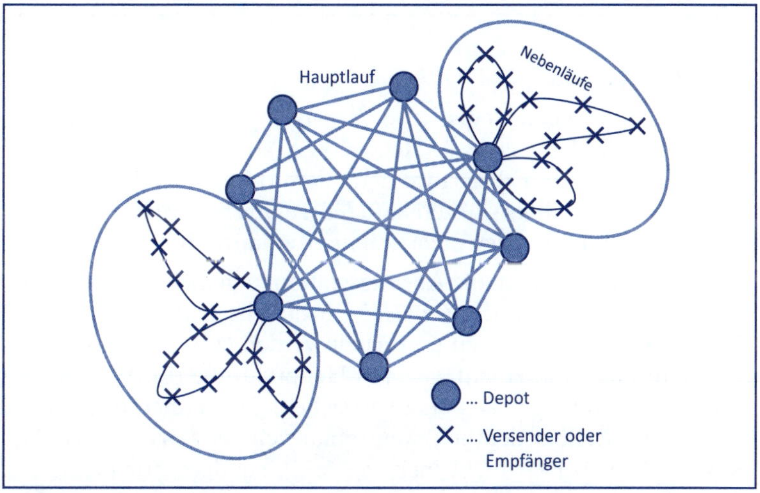

Abbildung 107: Schematische Darstellung eines Rasternetzwerks mit Nebenläufen bei zwei Knoten

In der Realität stellt so ein Rasternetzwerk die typische Situation eines Logistikdienstleisters dar, der im *Hauptlauf* (in Abbildung 107 stark ausgezogene Kanten) die einzelnen Sammelpunkte verbindet und im Nebenlauf dann eine Auslieferung bzw. Einsammlung zu bzw. von Endpunkten darstellt, die die einzelnen Kunden sind (das können Filialen im stationären Handel oder Produktionsstätten von Unternehmen sein). Die österreichische Post etwa betreibt ein solches Rasternetzwerk (Hauptlauf) zwischen ihren Verteilzentren (Sammelpunkte), von denen aus die einzelnen Postfilialen, Postpartnern, Briefkästen oder Abstellboxen im gesamten Bundesgebiet bedient werden.

Wenn die Zahl der Knoten (Depots) im Netzwerk steigt, wächst die Zahl der erforderlichen Verbindungen beinahe quadratisch, was in weiterer Folge die optimale Auslastung der einzelnen Verbindungen schwierig macht.

Beispiel:
Eine Steigerung der Knotenzahl für die bessere Verteilung von Waren von 40 auf 50 Terminals zwingt den Netzbetreiber zusätzlich 890 Strecken zu bedienen. Ganz allgemein lässt sich festhalten, dass aufgrund der $n \cdot (n-1)$ Verbindungen im Netzwerk eine Erhöhung der Knotenzahl um 25% eine Erhöhung der Linienverkehre von ca. 55% nach sich zieht. Wir können uns leicht vorstellen, dass die gesamte Transportmenge jedoch nicht automatisch im gleichen Ausmaß steigt, was in Folge ein durchschnittliches Absinken der Auslastung auf den einzelnen Strecken nach sich zieht!

4.1.3.2 Hub-and-Spoke Netzwerk

Eine flächendeckende logistische Versorgung von einzelnen Regionen kann mit *Hub-and-Spoke* Netzwerken (auf deutsch: Nabe-Speiche-Netzwerk) gut realisiert werden. Sie verbinden nicht die einzelnen Netzknoten direkt untereinander, sondern mittelbar über ein zentrales Drehkreuz (den *Hub*) – siehe Abbildung 108.

Auf diese Weise haben alle Abgangsstationen gemeinsam nur noch eine Zielstation, nämlich den *Hub*, in der die Sendungen auf die eigentlichen Destinationen umverteilt werden (z.B. über Cross-Docking), um dann in einem weiteren Hauptlauf die für die Flächenverteilung zuständigen Depots zu erreichen. Die Verdichtungseffekte werden unmittelbar deutlich, wenn man sich vor Augen führt, dass es bei n Knoten jetzt nicht mehr $n \cdot (n-1)$, sondern nur noch $2 \cdot n$ (wegen erforderlicher Hin- und Retourfahrten) Hauptläufe gibt. Der Hub selbst wird üblicherweise nicht als Knoten mitgezählt. An dieser Stelle wollen wir noch anmerken, dass die *Nebenläufe*, also die Verteilung der Sendungen bzw. das Einsammeln von diesen, in gleicher Weise erfolgt, also unabhängig davon ist, ob ein Raster- oder ein Hub-and-Spoke Netzwerk zur Anwendung kommt.

Setzt man die Anzahl an Verbindungen von Raster- und Hub-and-Spoke-Netzwerken in Beziehung, so ergibt sich eine rechnerische Reduktion der Anzahl an Hauptläufen um $R = n \cdot (n-1) - 2 \cdot n$ Strecken.

Bezieht man diese Reduktion nun auf die ursprünglich erforderliche Anzahl an Verbindungen in einem Rasternetzwerk, so erhält

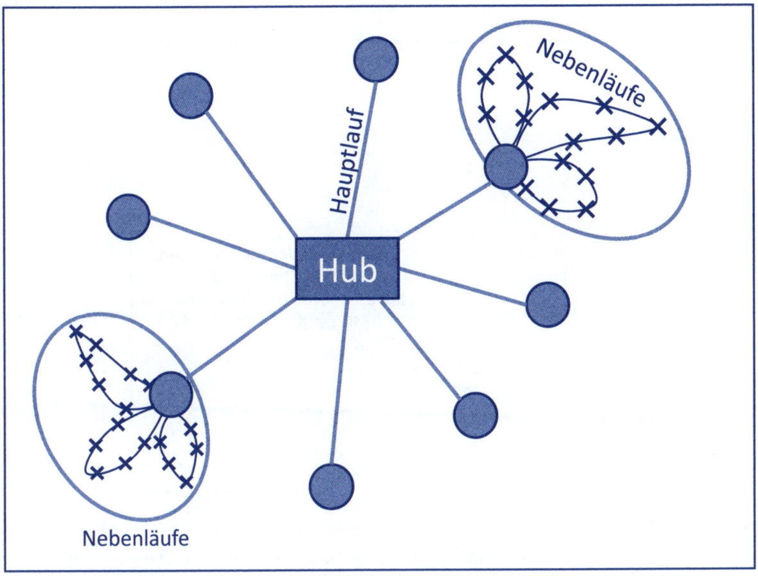

Abbildung 108: Schematische Darstellung eines Hub-and-Spoke Netzwerks mit Nebenläufen bei zwei Knoten

man eine relative Reduktion von Fahrten um den Faktor $r = \frac{R}{n \cdot (n-1)} = 1 - \frac{2}{n-1}$. Bei einer vorhandenen Anzahl von 40 Knoten bedeutet eine Umstellung vom Rasternetzwerk auf ein Hub-and-spoke Netzwerk eine Reduktion von ca. 95 % der erforderlichen Fahrten im Hauptlauf! Diese Zusammenhänge sind auch in der nachstehenden Abbildung 109 zu erkennen.

Das Hub-and-Spoke Konzept verlangt, dass jede einzelne Sendung von einem Knoten jedenfalls den Weg über den Hub nimmt, selbst wenn Abgangs- und Zielknoten räumlich knapp beieinander liegen. Damit legt jede Sendung einen längeren Weg zurück als im Rasternetzwerk, was auf den ersten Blick als wirtschaftliche Fehlentwicklung erscheinen mag. Obwohl für einzelne Verbindungen die zurückgelegte Strecke zwischen Knoten deutlich größer sein wird als bei einem Rasternetzwerk, stellen sich die wesentlichen positiven Effekte dieses Netzwerktyps im Hauptlauf deswegen ein, weil

- die Anzahl der Hauptläufe deutlich reduziert wird und
- das beförderte Gewicht auf den Hauptläufen steigt und dies somit ganz wesentlich zur Effizienz und besseren Auslastung der Fahrzeuge beiträgt.

Das im gesamten Netz erforderliche Transportaufkommen wird von wesentlich weniger, aber besser ausgelasteten Fahrzeugen bewegt,

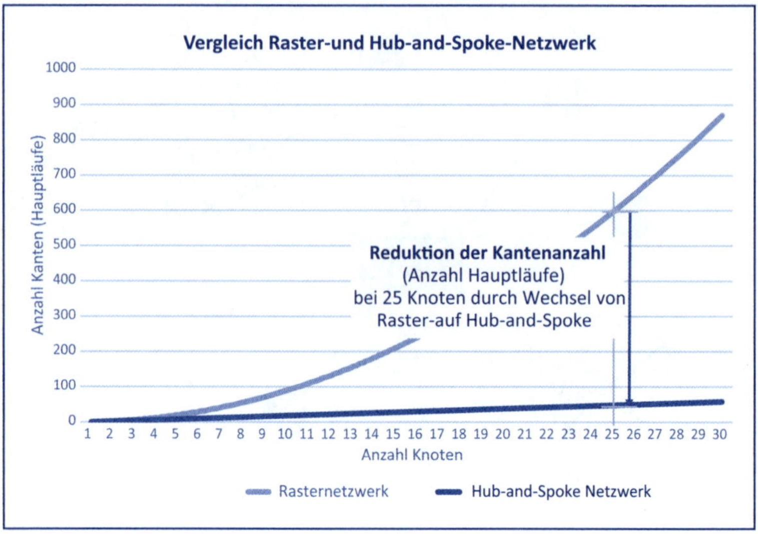

Abbildung 109: Schematische Darstellung eines Hub-and-Spoke Netzwerks (links) mit einem Vergleich der Anzahl von erforderlichen Hauptläufen von Raster- und Hub-and-Spoke Netzwerk

wobei trotz des längeren Weges einer einzelnen Sendung die insgesamt durch den Fuhrpark zurückzulegende Strecke deutlich sinkt.

Die Vorteile eines Hub-and-Spoke Netzwerks gegenüber einem Rasternetzwerk liegen speziell darin, dass eine Verkehrsbündelung stattfindet, was die Zahl der erforderlichen LKW-Transporte reduziert und gleichzeitig die Auslastung der LKWs zwischen Hub und Knoten deutlich verbessert. Als nachteilig erweisen sich besonders der bereits besprochene Umstand, dass selbst für einen Transport zwischen räumlich benachbarten Knoten der Umweg über den Hub genommen werden muss. Schwierig ist der Betrieb eines Hub-and-Spoke Netzwerks dann, wenn auch die Mengen zwischen dem Hub und einem Knoten sehr unterschiedlich sind, die zu diesem gebracht bzw. vom Knoten dann auch wieder mitgenommen werden. Damit sind Leerfahrten unvermeidlich. Abhilfe kann in einer solchen Situation ein Abgehen von der strikten Umsetzung des Hub-and-Spoke Netzwerks schaffen durch Aufbau von zusätzlichem Direktverkehr zwischen den Knoten.

4.1.4 Planungsaufgaben für die Verteilung von Gütern

Logistikdienstleister (LDL) bedienen in der Regel Kunden (das sind Verlader und Empfänger), die in einer bestimmten Netzwerkstruktur angeordnet sind. Die Planungsaufgaben, vor denen diese LDL stehen, lassen sich ganz generell in folgende Kategorien einteilen:

- **Strategische (bzw. mittel- und langfristige) Planungsaufgaben:** diese Planungsaufgaben umfassen vor allem Transportplanungsaufgaben (die man auch Allokationsaufgaben) nennt und beantworten die Frage, welche Mengen an gleichen Produkten von verschiedenen Verladern zu unterschiedlichen Kunden geliefert werden müssen.
- **Operative (bzw. kurzfristige) Planungsaufgaben**, die die eigentlichen Tourenplanungsprobleme darstellen und die Frage beantworten, wie vorhandene Mengen an Waren optimal mit begrenzten Ressourcen (beschränkte Transportkapazitäten) zu den Kunden gelangen.

In einem ersten Schritt werden wir uns nun den operativen Planungsaufgaben der Tourenplanung widmen, bevor wir in Abschnitt 5.1.3 am Beispiel des Handels auf die Transportplanungsaufgaben übergehen.

Tourenplanung ist ein Teilgebiet der Distributionslogistik. Unter Tourenplanung werden eine Reihe unterschiedlicher Problemstellungen bezeichnet, in deren Kern die Bestimmung der geringsten zurückzulegenden Distanz (manchmal auch die Bestimmung der kürzesten Zeit) zur Versorgung einer Reihe von Kunden steht. Ganz grob kann man die Problemstellungen in der Tourenplanung nach den folgenden Kriterien unterscheiden:

- **Statische und dynamische Probleme:** Statische Probleme sind solche, deren Randbedingungen bzw. Einschränkungen, Kapazitäten und Bedarfe zum Zeitpunkt der Planung bekannt und während der Umsetzung unveränderlich sind. Bei dynamischen Problemen treten Veränderungen nach Abschluss der Planung ein, die berücksichtigt werden müssen. Dynamische Probleme kommen in der Praxis natürlich wesentlich häufiger vor, sind aber deutlich schwieriger zu planen. Sie entstehen dann, wenn der Fahrer eines Transports beispielsweise während der Zustellung von Gütern zu den Kunden einen zusätzlichen Auftrag zur Abholung einer Lieferung bei einem anderen Kunden bekommt.
- **Knoten- oder kantenorientierte Probleme:** Ein typisches knotenorientiertes Transportplanungsproblem ist jenes, das als „Travelling-Salesman-Problem (TSP)“ bekannt ist. Die Knoten des Netzwerks stellen Kunden dar, die in vorgegebener Zeit unter geringstmöglichen Kosten genau einmal besucht werden müssen. Bei kantenorientierten Problemen befinden sich die Kunden entlang der Kanten und müssen ebenfalls kosteneffizient besucht werden. Ein Vertreter davon ist das sogenannte „Chinese-Postman“ Problem. Ganz allgemein handelt es sich um Wegoptimierungen, wie sie beispielsweise der Winterdienst in einer Stadt vorfindet, deren Straßen vom Schnee geräumt werden müssen. Im Vordergrund

der Betrachtung steht die Verbindung (also die Straßen) zwischen Knoten (die z.B. Kreuzungen von Straßen sind) und weniger die Knoten selbst.
- **Restriktionen:** Restriktionen betreffen die Beschränkungen von Kapazitäten oder vorgegebene Zeitfenster, zu denen Lieferungen abgeholt oder zugestellt werden müssen.

Das Ziel von Planungsaufgaben der Tourenplanung besteht darin,
- die geringstmögliche Strecke,
- die geringsten Kosten oder
- die geringste Zeit zu erreichen.

Die Tourenplanung setzt sich aus einer **Reihenfolgeplanung** (in welcher Reihenfolge sollen die Kunden „besucht" werden?) und einer **Zuordnungsplanung** (welches Fahrzeug nimmt welche Lieferungen mit?) zusammen. Wenn nur die Reihenfolge geplant werden muss, so spricht man von TSP (travelling salesman problem), wenn Reihenfolge und Zuordnung geplant werden, so spricht man ganz allgemein von VRP (vehicle routing problem).

Generell müssen bei der Tourenplanung eine Reihe von Restriktionen beachtet werden. So sind in vielen Fällen das mögliche Gesamtgewicht eines LKWs (oder anderer Verkehrsträger) oder auch Zeitrestriktionen (z.B. maximal zulässige Fahrzeiten für den Fahrer, bestimmte vom Kunden gewünschte und mit ihm vereinbarte Zustell- bzw. Abholzeiten) zu berücksichtigen, die eingehalten werden müssen. Ein generelles Problem bei der Lösung solcher Tourenplanungsaufgaben stellen die Verbindungen dar, die zur Berechnung herangezogen werden. Hochwertige Softwareprodukte können hier zu einer realistischen Erfassung der Entfernungen beitragen, denn für die Bestimmung einer Tour ist es wichtig, nicht nur die geometrischen Entfernungen zu kennen, sondern auch die Beschaffenheit einer Straße zu erfassen: es macht einen Unterschied, ob 50 km auf einer Autobahn zurückzulegen sind oder auf einer untergeordneten Landesstraße.

Tourenplanungsprobleme lassen sich somit unterteilen in zwei verschiedene Arten der Betrachtungen:

- **Rahmentourenplanung (Tourgebiete):** Unter Rahmentourenplanungen sind jene Planungen zu verstehen, die auf Basis durchschnittlicher Auftragsmengen Touren festlegen. Rahmentourenplanungen kommen dann zur Anwendung, wenn die täglichen Touren nicht allzu sehr voneinander abweichen.
- **Tägliche (oder operative) Tourenplanung:** Auf Basis von vorhandenen Aufträgen erfolgt die Planung in der Früh, bevor die Auslieferung zu den Kunden erfolgt. Die tägliche Tourenplanung kommt dann zur Anwendung, wenn die Aufträge starken Schwankungen von Tag zu Tag unterworfen sind.

Die Lösung solcher Fragestellungen ist komplex, weil der Rechenaufwand exponentiell mit der Zahl der Knoten wächst und damit trotz Einsatz modernster Computer sich diese Fragen nicht exakt beantworten lassen. Daher hat sich die Verwendung von Näherungsverfahren, die auch heuristische Verfahren genannt werden, etabliert, weil diese ausreichend gute Resultate liefern. Vielfach werden in einem ersten Schritt mögliche (also sinnvoll machbare) Touren (Touren-Konstruktionsverfahren) definiert, die anschließend durch Verbesserungsverfahren verfeinert werden.

Grob können die Tourenplanungsaufgaben folgendermaßen zusammengefasst werden:

- **Cluster-first-route-second Verfahren:** ein typischer Vertreter dieses Verfahrens ist der *Sweep Algorithmus*, den wir nachfolgend näher betrachten.
- **Route-first-cluster-second Verfahren:** ein möglicher Vertreter dieses Verfahrens könnte eine Kombination von TSP mit einer Aufteilung auf mehrere Fahrzeuge sein. Diese Verfahren werden wir nicht weiter betrachten.
- **Simultanverfahren** sind solche Verfahren, die gleichzeitig (eben simultan) Routen und die Zuordnung der Waren auf die LKW planen. Ein Vertreter dieses Verfahrens ist der *Savings-Algorithmus*, der ebenfalls nachfolgend näher behandelt wird.

4.1.4.1 Der Sweep Algorithmus

Der Sweep Algorithmus ist ein 1974 von Gillett und Miller veröffentlichter Algorithmus zur Festlegung von Touren. Er startet mit der Erfassung der Koordinaten aller Knoten (das sind also die geographischen Positionen der Kunden) in einem kartesischen Koordinatensystem, wobei sich das Depot im Koordinatenursprung befindet.

Die Anwendung des Sweep Algorithmus erfordert nun, dass man im Koordinatensystem jenen Knoten wählt, den man von der x-Achse ausgehend mit ansteigendem Polarwinkel als ersten erreicht. Das ist der Startpunkt für den Sweep Algorithmus. Von diesem schreitet man so lange gegen den Uhrzeigersinn (in Richtung aufsteigender Polarwinkel im gewählten Koordinatensystem) unter Einbeziehung weiterer Knoten fort, bis die vorgegebene Restriktion der maximalen Ladekapazität des Fahrzeugs erreicht ist.

Damit endet die betreffende Tour mit der Rückkehr zum Depot und die nächste Tour beginnt vom Depot und dem Weg zum nächsten gegen den Uhrzeigersinn befindlichen Knoten. Das Verfahren wird so lange fortgesetzt, bis jeder einzelne Knoten einer Tour zugeordnet ist. In einem nächsten Schritt werden die Knoten jeder einzelnen Tour einer optimalen Reihenfolge zugeordnet (daher auch ein Verfahren von Cluster-first-route-second), also eine Reihenfolgeplanung durchgeführt.

Um die Qualität dieser Tourenpläne in Hinblick auf die mathematisch formulierte Zielfunktion (Zielfunktionen können die Minimierung der zurückzulegenden Strecke oder auch die kürzest mögliche Zeit sein) zu überprüfen, wird der Sweep Algorithmus mit *jedem einzelnen* Knoten als Startknoten wiederholt. Die beste aller Varianten ist diejenige, die die kürzeste Gesamtstrecke ergibt. Gemäß Sweep Algorithmus wird sie dann ausgewählt.

Die Reihenfolge, mit der die Knoten der einzelnen Touren angefahren werden, können anschließend separat mit Verbesserungsverfahren, z.B. dem Nearest Neighbour Verfahren, optimiert werden.

Beispiel:
Das nachfolgende Beispiel soll die Anwendung des Sweep Algorithmus demonstrieren und damit auch den beschriebenen Ablauf verständlich machen, wobei das Beispiel noch keine Reihenfolgeoptimierung (als Lösung des TSP Problems) beinhaltet.

Ein Spediteur mit mehreren Fahrzeugen hat an einem Tag von 14 Kunden (mit K bezeichnet), von denen sich jeder in einem der in der Tabelle 7 verzeichneten Orte befindet, eine bestimmte Anzahl an Paletten mit Ware abzuholen. Dabei ist zu berücksichtigen, dass die Kapazität in einem Fahrzeug nicht mehr als 18 Paletten betragen kann.

In dem Beispiel handelt es sich um Orte in Oberösterreich, deren geographische Lage zueinander in Abbildung 110 schematisch zu erkennen ist. Es handelt sich nicht um die exakten geographischen Positionen dieser Orte, sondern um eine näherungsweise Betrachtung, die allerdings für die Vorstellung des Sweep Algorithmus vollkommen ausreichend ist.

Wir wählen nun jenen Knoten in diesem Netzwerk aus, der uns als erster begegnet, wenn wir uns aus der 3 Uhr Position (entspricht der x-Achse) gegen den Uhrzeigersinn (in der Abbildung durch den Pfeil angegeben) bewegen: in unserem Fall ist dies der Knoten K6. Die Knoten sind in Abbildung 110 aufsteigend von diesem ersten (K6) in ihrer Reihenfolge mit zunehmenden Polarwinkel (Ziffern in Klammern neben den Knoten geben die Reihenfolge an) bezeichnet. Knoten K6 gehört damit zur ersten Tour, die wir nun erweitern, wenn wir in Richtung zunehmender Winkel (gegen den Uhrzeigersinn) fortschreiten. Dabei müssen wir berücksichtigen, dass Touren niemals mehr als 18 Paletten umfassen können aufgrund der Transportbeschränkungen unserer Fahrzeuge. Auf diese Weise erhalten wir die in der nachfolgenden Abbildung 3 zusammengefassten Touren, die alle unsere Restriktion erfüllen.

Kunde			K1	K2	K3	K4	K5	K6	K7	K8	K9	K10	K11	K12	K13	K14	
	PLZ	Ort	Traun	Pucking	Pasching	Thening	St. Marien	Schiedl-berg	Kematen an der Krems	Micheldorf	Molln	Wels	Sipbachzell	Fischlham	Ebers-talzell	Vorchdorf	Paletten
K1	4050	Traun	0	7	6	11	11	17	15	50	46	18	22	34	30	39	6
K2	4055	Pucking	7	0	12	15	13	18	12	44	60	15	15	28	26	33	4
K3	4061	Pasching	6	12	0	5	16	22	24	56	70	19	27	36	36	44	4
K4	4062	Thening	11	15	5	0	20	26	28	60	73	18	25	32	40	45	5
K5	4502	St. Marien	11	13	16	20	0	8	10	45	39	26	20	33	32	36	2
K6	4521	Schiedlberg	17	18	22	26	8	0	7	38	30	24	17	34	32	36	1
K7	4531	Kematen an der Krems	15	12	24	28	10	7	0	32	31	17	9	28	22	33	7
K8	4563	Micheldorf	50	44	56	60	45	38	32	0	15	37	27	34	25	23	1
K9	4591	Molln	46	60	70	73	39	30	31	15	0	52	47	48	44	40	5
K10	4600	Wels	18	15	19	18	26	24	17	37	52	0	11	14	18	25	3
K11	4621	Sipbachzell	22	15	27	25	20	17	9	27	47	11	0	22	14	21	4
K12	4652	Fischlham	34	28	36	32	33	34	28	34	48	14	22	0	7	12	3
K13	4653	Eberstalzell	30	26	36	40	32	32	22	25	44	18	14	7	0	7	2
K14	4655	Vorchdorf	39	33	44	45	36	36	33	23	40	25	21	12	7	0	4
D	4550	Kremsmünster	30	26	35	39	19	14	9	26	37	18	6	15	13	20	

Tabelle 7: Entfernungstabelle zwischen Orten und Anzahl der Paletten, die abzuholen sind

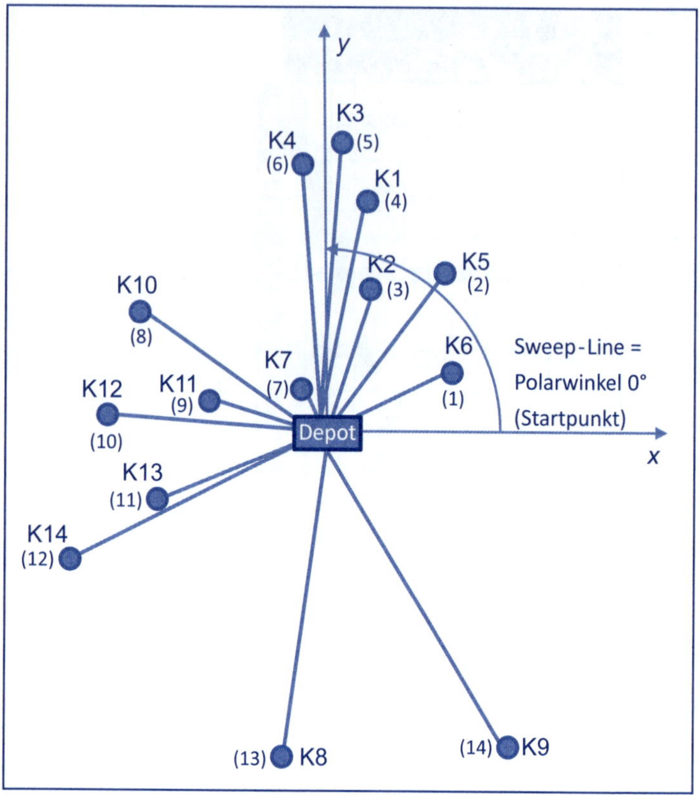

Abbildung 110: Lage der Orte und des Depots (in Klammern sind die Knoten in Richtung aufsteigender Polarwinkel bezeichnet)

Der Sweep Algorithmus erfordert, dass Varianten zu Tourenplänen beginnend mit *jedem einzelnen* der 14 Knoten gebildet werden, was für die *ersten drei* Knoten (in Reihenfolge der zunehmenden Polarwinkeln) in Tabelle 9 gezeigt ist.

Um nun denjenigen Tourenplan zu finden, der die vorgegebene Zielfunktion (z.B. kürzeste Gesamtstrecke unter Einhaltung der Kapazitätsrestriktion) am besten erfüllt, müssten die definierten Touren der einzelnen Tourenpläne noch wegstreckenoptimiert werden. Wie zuvor erwähnt, können hierzu verschiedene Verfahren angewendet werden, die aber nicht weiter behandelt werden.

Wir schreiten in diesem Beispiel einfach gemäß aufsteigender Polarkoordinaten weiter fort und erhalten für die gerade zuvor in Tabelle 9 dargestellten drei Tourenpläne die folgenden Entfernungen.

Orte	erforderliche Palettenanzahl
K1	6
K2	4
K3	4
K4	5
K5	2
K6	1
K7	7
K8	1
K9	5
K10	3
K11	4
K12	3
K13	2
K14	4

Tourenplan 1		
Reihen-folge	Paletten-anzahl	Summe Paletten
D		
K6	1	
K5	2	
K2	4	17
K1	6	
K3	4	
D		
K4	5	
K7	7	15
K10	3	
D		
K11	4	
K12	3	
K13	2	14
K14	4	
K8	1	
D		
K9	5	5
D		

Tabelle 8: Zusammenfassung von Kunden zu machbaren Touren

Tourenplan 1			Tourenplan 2			Tourenplan 3		
Reihen-folge	Paletten-anzahl	Summe Paletten	Reihen-folge	Paletten anzahl	Summe Paletten	Reihen-folge	Paletten-anzahl	Summe Paletten
D			*D*			*D*		
K6	1		K5	2		K2	4	
K5	2		K2	4	16	K1	6	14
K2	4	17	K1	6		K3	4	
K1	6		K3	4		*D*		
K3	4		D			K4	5	
D			K4	5		K7	7	15
K4	5		K7	7	15	K10	3	
K7	7	15	K10	3		D		
K10	3		D			K11	4	
D			K11	4		K12	3	
K11	4		K12	3		K13	2	14
K12	3		K13	2	14	K14	4	
K13	2	14	K14	4		K8	1	
K14	4		K8	1		D		
K8	1		D			K9	5	
D			K9	5	6	K6	1	10
K9	5	5	K6	1		K5	4	
D			D			*D*		

Tabelle 9: Die Tourenpläne für die drei ersten Knoten

Tourenplan 1				Tourenplan 2				Tourenplan 3			
Reihen-folge	**Paletten-anzahl**	**Summe Paletten**	**Distanzen [km]**	**Reihen-folge**	**Paletten-anzahl**	**Summe Paletten**	**Distanzen [km]**	**Reihen-folge**	**Paletten-anzahl**	**Summe Paletten**	**Distanzen [km]**
D			0	*D*			0	*D*			0
K6	1		14	K5	2		19	K2	4		26
K5	2		8	K2	4	16	13	K1	6	14	7
K2	4	17	13	K1	6		7	K3	4		6
K1	6		7	K3	4		6	*D*			35
K3	4		6	D			35	K4	5		39
D			35	K4	5		39	K7	7	15	28
K4	5		39	K7	7	15	28	K10	3		17
K7	7	15	28	K10	3		17	D			18
K10	3		17	D			18	K11	4		6
D			18	K11	4		6	K12	3		22
K11	4		6	K12	3		22	K13	2	14	7
K12	3		22	K13	2	14	7	K14	4		7
K13	2	14	7	K14	4		7	K8	1		23
K14	4		7	K8	1		23	D			26
K8	1		23	D			26	K9	5		37
D			26	K9	5	6	37	K6	1	10	30
K9	5	5	37	K6	1		30	K5	4		8
D			37	D			14	*D*			19
Distanz			**350**	**Distanz**			**354**	**Distanz**			**361**

Tabelle 10: Die Tourenpläne für die drei ersten Knoten mit Entfernungen nach dem Nearest-Neighbour Verfahren

Führt man dieses Verfahren nun für alle 14 Tourenpläne durch, so erhält man für die Gesamtdistanzen der einzelnen Varianten das folgende Bild.

Tour	Gesamtlänge [km]
1	321
2	316
3	388
4	341
5	316
6	329
7	312
8	333
9	317
10	312
11	316
12	350
13	354
14	361

Tabelle 11: Die Entfernungen der einzelnen Touren

Es muss hier nochmals betont werden, dass die Wegstrecken nicht optimiert sind, sondern einfach im Sinne aufsteigender Polarwinkel von Knoten zu Knoten gefahren wird!

Für diesen Fall erkennen wir leicht, dass die Tourenpläne 10 und 13 die kürzesten Distanzen nach dem Sweep Algorithmus aufweisen.

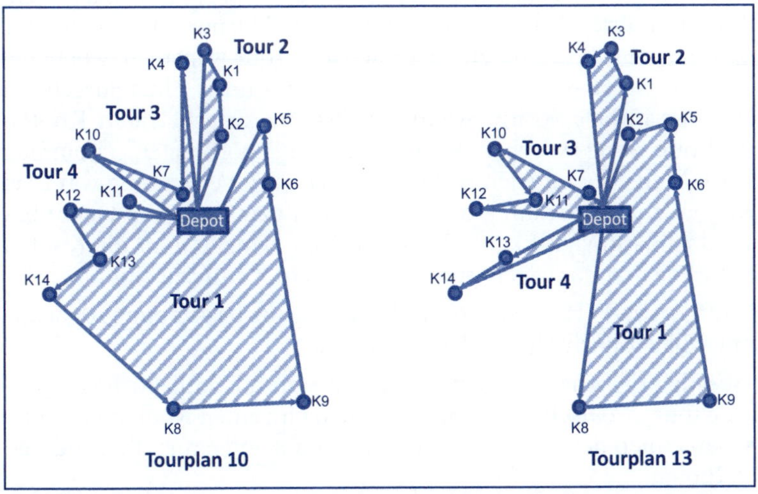

Abbildung 111: Die Tourenpläne 10 (links) und 13 (rechts) für die kürzesten Gesamtentfernungen mit ihren jeweiligen Touren

4.1.4.2 Das Savings Verfahren

Das Savings-Verfahren ist ebenfalls ein heuristisches Lösungsverfahren und wurde von Clarke und Wright (1964) entwickelt. In einem initialen Schritt geht es davon aus, dass jeder einzelne Kunde direkt aus dem Depot bedient wird. Es ist ein sogenanntes *Parallelverfahren* (oder *Simultanverfahren)*, weil gleichzeitig die Entwicklung und Veränderung von Touren und Routen geschieht. Die Anfangslösung besteht aus lauter Pendeltouren und ist demzufolge sehr ungünstig, weil die zurückzulegenden Strecken weit sind – Pendeltouren sind Fahrten vom Depot zum jeweiligen einzelnen Kunden (nachfolgend auch als Knoten bezeichnet) und wieder zurück. Von dieser Ausgangslösung beginnend werden Touren in der Weise zusammengefasst, dass der Kunde einer Tour mit dem Kunden der nächsten Tour verbunden wird. Dieses Vorgehen muss Restriktionen in der Weise berücksichtigen, dass die vorhandenen Ladekapazitäten der Transporte nicht überlastet werden dürfen und Zeitrestriktionen für eine Tour einzuhalten sind. Die gesamte zurückzulegende Strecke verkürzt sich dadurch, dass die Rückfahrt vom Knoten einer Tour und die Zufahrt zum nächsten Knoten entfallen und dafür nur die direkte zusätzliche Verbindung zwischen den Knoten gefahren werden muss.

In allgemeiner Darstellung verkürzt sich die zurückzulegende Strecke um

$$s_{ij} = d_{i0} + d_{0j} - d_{ij}$$

wenn unter s die Reduktion der Wegstreckenlänge zwischen den Knoten i und j verstanden wird. Diese Reduktion ergibt sich dadurch, dass die Teilstrecken zwischen Knoten i und Depot 0 der einen Tour bzw. Depot 0 und Knoten j der nächsten Tour wegfallen, wobei die Verbindungsstrecke zwischen den Knoten i und j hinzuzurechnen ist. s ist immer positiv, wenn als Distanz zwischen den Knoten die Entfernung zwischen den kartesischen Koordinaten genommen wird. Man erkennt auch recht leicht, dass die Verbindung von zwei Knoten zur Vermeidung der Fahrten von bzw. zu einem Depot besonders dann signifikante Einsparungen bringt, wenn die Knoten nahe beieinander liegen und weit vom Depot entfernt sind.

Das Savings-Verfahren läuft nach einem ganz bestimmten Algorithmus ab, der nachfolgend dargestellt ist:

- Festlegung einer initialen Tourenliste, die ausschließlich aus Pendeltouren zwischen Depot und jedem einzelnen Knoten besteht.
- Berechnen der Savings-Werte für jeden Knoten mit allen anderen Knoten.
- Sortieren der Savings-Werte aller betrachteten möglichen Verbindungen absteigend vom größten Wert.

Wir gehen für die Beschreibung des Savings-Verfahrens wieder von den in Tabelle 7 dargestellten Kunden und ihren Entfernungen zueinander aus. So gesehen zeigt Abbildung 112 einen Ausschnitt von Abbildung 110, in dem wir beispielsweise die Pendeltouren zu den Knoten K12 und K13 auflösen und die Knoten untereinander zu einer Tour verbinden.

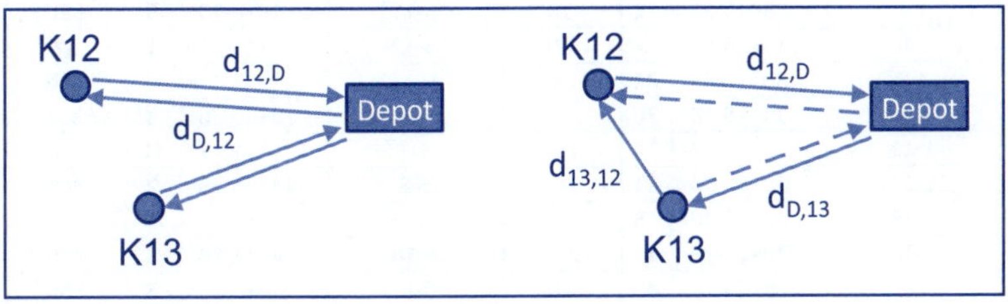

Abbildung 112: Verbindung der Pendeltouren zu K12 und K13

Wir bleiben nun für die weiteren Beschreibungen des Savings-Verfahren bei unserem Beispiel aus Abbildung 110 und der dazugehörigen Entfernungsmatrix aus Tabelle 7. Gemäß dem zuvor definierten ersten Schritt werden nun die Entfernungen der einzelnen Pendeltouren bestimmt.

	Pendeltouren							
	0-1-0	0-2-0	0-3-0	0-4-0	0-5-0	0-6-0	0-7-0	Summe
Entfernungen [km]	60	52	70	78	38	28	18	344
	0-8-0	0-9-0	0-10-0	0-11-0	0-12-0	0-13-0	0-14-0	Summe
Entfernungen [km]	52	74	36	12	30	26	40	270
	Entfernung gesamt [km]							614

Tabelle 12: Zurückgelegte Wegstrecke vom Depot zu den einzelnen Kunden mit Pendeltouren

Anschließend wird jeder Knoten mit jedem anderen Knoten verbunden und dabei überprüft, welche Einsparungen sich durch Verbindung ergeben würden. Weil wir davon ausgehen, dass die Streckenlängen zwischen den Knoten i und j in beiden Richtungen gleich groß sind, reduziert sich die Zahl der möglichen Verbindungen auf $n \cdot (n-1)/2$. Im vorliegenden Beispiel mit 14 Knoten (entspricht: Kunden) ergeben sich auf diese Weise 91 mögliche Verbindungen zwischen den Knoten. In Tabelle 13 sind die Streckenreduktionen dargestellt, die sich ergeben, wenn man zwischen Knoten i und j eine Direktverbindung einführt und damit zwei Pendeltouren zu i und zu j vermeiden kann.

Verbindung von Knoten i mit Knoten j	Ersparnis [km]	Position/ Rang	Verbindung von Knoten i mit Knoten j	Ersparnis [km]	Position/ Rang
1-2	30+26-7= **49**	4a	5-6	19+14-8= **25**	15
1-3	30+35-6= **59**	2	5-7	19+9-10= **18**	22
1-4	30+39-11= **58**	3	5-8	19+26-45= **0**	38a
1-5	30+19-11= **38**	8a	5-9	19+37-39= **17**	23b
1-6	30+14-17= **27**	13a	5-10	19+18-26= **11**	28d
1-7	30+9-15= **24**	16	5-11	19+6-20= **5**	33c
1-8	30+26-50= **6**	32a	5-12	19+15-33= **1**	37
1-9	30+37-46= **21**	19a	5-13	19+13-32= **0**	38b
1-10	30+18-18= **30**	11	5-14	19+20-36= **3**	35c
1-11	30+6-22= **14**	26a	6-7	14+9-7= **16**	24
1-12	30+15-34= **11**	28a	6-8	14+26-38= **2**	36b
1-13	30+13-30= **13**	27a	6-9	14+37-30= **21**	19b
1-14	30+20-39= **11**	28b	6-10	14+18-24= **8**	30b
2-3	26+35-12= **49**	4b	6-11	14+6-17= **3**	35d
2-4	26+39-15= **40**	6	6-12	14+15-34= **-5**	42a
2-5	26+19-13= **32**	10	6-13	14+13-32= **-5**	42b
2-6	26+14-18= **22**	18a	6-14	14+20-36= **-2**	40
2-7	26+9-12= **23**	17a	7-8	9+26-32= **3**	35e
2-8	26+26-44= **8**	30a	7-9	9+37-31= **15**	25
2-9	26+37-60= **3**	35a	7-10	9+18-17= **10**	29
2-10	26+18-15= **29**	12	7-11	9+6-9= **6**	32b
2-11	26+6-15= **17**	23a	7-12	9+15-28= **-4**	41a
2-12	26+15-28= **13**	27b	7-13	9+13-22= **0**	38c
2-13	26+13-26= **13**	27c	7-14	9+20-33= **-4**	41b
2-14	26+20-33= **13**	27d	8-9	26+37-15= **48**	5
3-4	35+39-5= **69**	1	8-10	26+18-37= **7**	31a
3-5	35+19-16= **38**	8b	8-11	26+6-27= **5**	33d
3-6	35+14-22= **27**	13b	8-12	26+15-34= **7**	31b
3-7	35+9-24= **20**	20a	8-13	26+13-25= **14**	26e
3-8	35+26-56= **5**	33a	8-14	26+20-23= **23**	17b
3-9	35+37-70= **2**	36a	9-10	37+18-52= **3**	35f
3-10	35+18-19= **34**	9	9-11	37+6-47= **-4**	41c
3-11	35+6-27= **14**	26b	9-12	37+15-48= **4**	34
3-12	35+15-36= **14**	26c	9-13	37+13-44= **6**	32c
3-13	35+13-36= **12**	28a	9-14	37+20-40= **17**	23c
3-14	35+20-44= **11**	28c	10-11	18+6-11= **13**	27e
4-5	39+19-20= **38**	8c	10-12	18+15-14= **19**	21
4-6	39+14-26= **27**	13c	10-13	18+13-18= **13**	27f
4-7	39+9-28= **20**	20b	10-14	18+20-25= **13**	27g
4-8	39+26-60= **5**	33b	11-12	6+15-22= **-1**	39
4-9	39+37-73= **3**	35b	11-13	6+13-14= **5**	33e
4-10	39+18-18= **39**	7	11-14	6+20-21= **5**	33f
4-11	39+6-25= **20**	20c	12-13	15+13-7= **21**	19c
4-12	39+15-32= **22**	18b	12-14	15+20-12= **23**	17c
4-13	39+13-40= **12**	28b	13-14	13+20-7= **26**	14
4-14	39+20-45= **14**	26d			

Tabelle 13: Einsparungen durch Verbindung von Knoten nach dem Savings-Verfahren

Die Einsparungen wurden gemäß der zuvor genannten Gleichung bestimmt, wobei in dieser Tabelle auch negative Werte für die Ersparnis auftreten. Das bedeutet, dass die Entfernungswerte aus Tabelle 7 realen Entfernungen (Straßenkilometer!) entsprechen und nicht Luftlinien. Bei Luftlinien ergeben sich immer positive Einsparungswerte! Bei Straßenkilometern kann es jedoch durch den topographischen Verlauf der Straße dazu kommen, dass auch auf der Karte nahe beieinander liegende Orte einen großen Umweg erfordern. In diesem Fall muss über das Depot gefahren werden, wenn wir davon ausgehen, dass wir die Touren wie in diesem Beispiel nach Straßenkilometern optimieren wollen und nicht nach Fahrzeit. Steht die Reduktion der Fahrzeit im Vordergrund, so können längere Strecken auch zu kürzeren Fahrzeiten führen! Zusätzlich sind in Tabelle 13 in jeweils einer Spalte die Rankings der Einsparungen dargestellt, beginnend mit „1" für den größten Einsparungswert.

Tabelle 14 schließlich reiht die Knotenverbindungen so um, dass sie absteigend nach den Einsparungen geordnet sind. Knotenverbindungen, die die gleiche Ersparnis erbringen, wurden im Ranking mit zusätzlichen Buchstaben notiert.

In einem nächsten Schritt beginnt nach dem Savings-Algorithmus das Zusammenfassen von Knoten, beginnend mit den Knoten 3-4, weil diese Verbindung den höchsten Rang (1) aufweist (und gleichzeitig die größtmögliche Einsparung). Es ergibt sich damit die Wegstrecke D-3-4-D, die eine Länge von 35 + 5 + 39 = 79 km aufweist und damit gegenüber den beiden Pendelstrecken D-3-D und D-4-D mit jeweils 70 bzw. 78 km (in Summe also 148 km) eine Streckenersparnis von 69 km hat. Zu den Knoten 3 und 4 können nun weitere Knoten hinzugenommen werden, solange die vorgegebenen Kapazitätsrestriktionen eingehalten werden. Im vorliegenden Fall liegen diese bei einer maximal möglichen Beladung von 18 Paletten. Damit ist auch bereits erkenntlich, dass der Savings-Algorithmus gleichzeitig Routen und Cluster optimiert und er somit, wie bereits zuvor schon erwähnt, ein simultanes Verfahren darstellt.

Tour D-3-4-D erfordert die Mitnahme von 9 Paletten (siehe dazu auch Tabelle 7). Somit können zu dieser ersten Tour noch weitere Direktverbindungen hinzugenommen werden, sofern die Kapazitätsgrenze nicht überschritten wird. Nach dem Savings-Verfahren ist die Direktverbindung 1-3 jene, die in der absteigenden Reihenfolge nachfolgt und dabei eine Streckenersparnis von 59 km liefert. Also ergibt sich durch ihre Hinzunahme der Tourverlauf D-1-3-4-D, der eine gesamte Auslastung von 15 Paletten ergibt. Die in der Reihenfolge nächste Direktverbindung (1-4) kann nicht mit der bereits vorhandenen Tour verbunden werden, denn beide Knoten sind bereits Teil der gebildeten Tour und würden eine Abänderung des bisherigen

Position/ Rang	Verbindung von Knoten i mit Knoten j	Ersparnis [km]	Position/ Rang	Verbindung von Knoten i mit Knoten j	Ersparnis [km]
1	3-4	69	27c	2-13	13
2	1-3	59	27d	2-14	13
3	1-4	58	27e	10-11	13
4a	1-2	49	27f	10-13	13
4b	2-3	49	27g	10-14	13
5	8-9	48	28a	1-12	11
6	2-4	40	28a	3-13	12
7	4-10	39	28b	1-14	11
8a	1-5	38	28b	4-13	12
8b	3-5	38	28c	3-14	11
8c	4-5	38	28d	5-10	11
9	3-10	34	29	7-10	10
10	2-5	32	30a	2-8	8
11	1-10	30	30b	6-10	8
12	2-10	29	31a	8-10	7
13a	1-6	27	31b	8-12	7
13b	3-6	27	32a	1-8	6
13c	4-6	27	32b	7-11	6
14	13-14	26	32c	9-13	6
15	5-6	25	33a	3-8	5
16	1-7	24	33b	4-8	5
17a	2-7	23	33c	5-11	5
17b	8-14	23	33d	8-11	5
17c	12-14	23	33e	11-13	5
18a	2-6	22	33f	11-14	5
18b	4-12	22	34	9-12	4
19a	1-9	21	35a	2-9	3
19b	6-9	21	35b	4-9	3
19c	12-13	21	35c	5-14	3
20a	3-7	20	35d	6-11	3
20b	4-7	20	35e	7-8	3
20c	4-11	20	35f	9-10	3
21	10-12	19	36a	3-9	2
22	5-7	18	36b	6-8	2
23a	2-11	17	37	5-12	1
23b	5-9	17	38a	5-8	0
23c	9-14	17	38b	5-13	0
24	6-7	16	38c	7-13	0
25	7-9	15	39	11-12	-1
26a	1-11	14	40	6-14	-2
26b	3-11	14	41a	7-12	-4
26c	3-12	14	41b	7-14	-4
26d	4-14	14	41c	9-11	-4
26e	8-13	14	42a	6-12	-5
27a	1-13	13	42b	6-13	-5
27b	2-12	13			

Tabelle 14: Ersparnisse durch Direktverbindungen, gereiht dargestellt

Position/ Rang	Verbindung von Knoten i mit Knoten j	Ersparnis [km]	Touren	Anmerkungen
1	3-4	69	Tour 1 (D-3-4-D)	Kapa ges.: 9
2	1-3	59	Tour 1 (D-1-3-4-D)	Kapa ges.: 15
3	1-4	58		bereits verknüpft (in Tour 1)
4a	1-2	49		überschreitet Kapa-Grenze von Tour 1
4b	2-3	49		überschreitet Kapa-Grenze von Tour 1
5	8-9	48	Tour 2 (D-8-9-D)	Kapa ges.: 6
6	2-4	40		überschreitet Kapa-Grenze von Tour 1
7	4-10	39	Tour 1 (D-1-3-4-10-D)	Kapa ges.: 18, **Tour 1 (D-1-3-4-10-D) fertig**
8a	1-5	38		gesperrt
8b	3-5	38		gesperrt
8c	4-5	38		gesperrt
9	3-10	34		gesperrt
10	2-5	32	Tour 3 (D-2-5-D)	Kapa ges.: 6
11	1-10	30		bereits verknüpft (in Tour 1)
12	2-10	29		gesperrt
13a	1-6	27		gesperrt
13b	3-6	27		gesperrt
13c	4-6	27		gesperrt
14	13-14	26	~~Tour 4 (D-13-14-D)~~	Kapa ges.: 6
15	5-6	25	Tour 3 (D-2-5-6-D)	Kapa ges.: 7
16	1-7	24		gesperrt
17a	2-7	23	Tour 3 (D-7-2-5-6-D)	Kapa ges.: 14
17b	8-14	23	Tour 2 (D-13-14-8-9-D)	Kapa ges.: 12, **Tour 4 wird Teil von Tour 2**
17c	12-14	23		bereits verknüpft (in Tour 2)
18a	2-6	22		bereits verknüpft (in Tour 3)
18b	4-12	22		gesperrt
19a	1-9	21		gesperrt
19b	6-9	21		überschreitet Kapa-Grenze von Tour 3
19c	12-13	21	Tour 2 (D-12-13-14-8-9-D)	Kapa ges.: 15 **Tour 2 (D-12-13-14-8-9-D) fertig**
20a	3-7	20		gesperrt
20b	4-7	20		gesperrt
20c	4-11	20		gesperrt
21	10-12	19		gesperrt
22	5-7	18		bereits verknüpft (in Tour 3)
23a	2-11	17		gesperrt
23b	5-9	17		überschreitet Kapa-Grenze von Tour 2
23c	9-14	17		überschreitet Kapa-Grenze von Tour 2
24	6-7	16		bereits verknüpft (in Tour 3)
25	7-9	15		überschreitet Kapa-Grenze von Tour 2 und 3
26a	1-11	14		gesperrt
26b	3-11	14		gesperrt
26c	3-12	14		gesperrt
26d	4-14	14		gesperrt
26e	8-13	14		bereits verknüpft (in Tour 2 und in Tour 3)
27a	1-13	13		gesperrt
27b	2-12	13		bereits verknüpft (in Tour 2 und Tour 3)

Tabelle 15: Zusammenfassen von Touren, Teil 1

Tourverlaufs erfordern. Allerdings würde diese abgeänderte Tour weniger Einsparung liefern, als die zuvor gebildeten Zusammenfassungen (darum waren ja die beiden anderen zuvor gebildeten Touren höher gereiht). Die nächstgereihte Direktverbindung 1–2 kann nicht mehr zur Tour ergänzt werden, denn der Knoten 2 erfordert eine Belieferung von 4 Paletten, die zusätzlich zu den bereits 15 Paletten für die Tour die Kapazitätsgrenze überschreiten würde. Damit ist Tour 1 vorläufig geschlossen.

Die Positionen 4a und 4b aus dem Ranking sind somit nicht realisierbar, weil sie Kapazitätsgrenzen verletzen. Mit der Verbindung von D-8-9-D (Position 5) wird eine neue Tour eröffnet, die eine Einsparung von 48 km bringt. Die Auslastung auf dieser Tour liegt bei 6 Paletten. Position 7, und damit der Kunde 10, kann als zusätzliche Verbindung in die Tour 1 eingefügt werden, weil der eine Knoten (4) bereits Teil der Tour 1 ist und mit weiteren 3 Paletten Tour 1 gerade die Vollauslastung erreicht. Damit ist die erste finale Tour festgelegt: D-1-3-4-10-D mit einer gesamten Streckenlänge von 30 + 6 + 5 + 18 + 18 = 77 km und einer Auslastung von 18 Paletten. Damit sind alle involvierten Knoten 1, 3, 4 und 10 geschlossen und für mögliche andere Touren gesperrt.

Position/ Rang	Verbindung von Knoten i mit Knoten j	Ersparnis [km]	Touren	Anmerkungen
27c	2-13	13		bereits verknüpft (in Tour 2 und 3)
27d	2-14	13		bereits verknüpft (in Tour 2 und 3)
27e	10-11	13		gesperrt
27f	10-13	13		gesperrt
27g	10-14	13		gesperrt
28a	1-12	11		gesperrt
28a	3-13	12		gesperrt
28b	1-14	11		gesperrt
28b	4-13	12		gesperrt
28c	3-14	11		gesperrt
28d	5-10	11		gesperrt
29	7-10	10		gesperrt
30a	2-8	8		bereits verknüpft (in Tour 2 und 3)
30b	6-10	8		gesperrt
31a	8-10	7		gesperrt
31b	8-12	7		bereits verknüpft (in Tour 2)
32a	1-8	6		gesperrt
32b	7-11	6	Tour 3 (D-7-2-5-6-D)	Kapa ges.: 18, **Tour 3 (D-11-7-2-5-6-D) fertig**
32c	9-13	6		
33a	3-8	5		
33b	4-8	5		
33c	5-11	5		
33d	8-11	5		
33e	11-13	5		
33f	11-14	5		
34	9-12	4		
35a	2-9	3		
35b	4-9	3		
35c	5-14	3		
35d	6-11	3		
35e	7-8	3		
35f	9-10	3		
36a	3-9	2		
36b	6-8	2		
37	5-12	1		
38a	5-8	0		
38b	5-13	0		
38c	7-13	0		

Tabelle 16: Zusammenfassen von Touren, Teil 2

Tabelle 15 und Tabelle 16 zeigen, wie die Touren durch kontinuierliches Fortschreiten vom höchsten Ranking abwärts erfasst werden, wobei bei Hinzunahme neuer Knoten immer auf die Einhaltung der Kapazitätsrestriktionen geachtet wird. Die gewählten Begriffe zeigen folgendes:

- „bereits verknüpft (in Tour ...)" bedeutet, dass zumindest einer der beiden Knoten *innerhalb* einer bereits gebildeten Tour liegt und damit nicht für eine andere Direktverbindung betrachtet werden kann.
- „Gesperrt" bringt zum Ausdruck, dass die jeweilige Direktverbindung zumindest einen Knoten beinhaltet, der bereits Bestandteil einer anderen Tour ist und diese Tour bereits ihre Kapazitätsgrenze erreicht hat.
- „überschreitet Kapa-Grenze von ..." sagt aus, dass grundsätzlich die jeweilige Verbindung zur Tour dazu genommen werden könnte, dies jedoch zu einer Überschreitung der maximalen Kapazität von 18 Paletten führen würde und daher nicht möglich ist.

Anmerkung: Beim beschriebenen Fortschreiten würde sich auf Position bzw. Rang 14 eine neue Tour 4 ergeben. Man erkennt dann aber sehr rasch, dass auf Position bzw. Rang 17b die Möglichkeit besteht, diese Tour 4 in die bereits ebenfalls bestehende Tour 2 zu integrieren und damit Tour 4 wieder wegfällt. Daher wurde diese in der Tabelle 15 auch wieder gestrichen.

Durch die Anwendung des Savings-Algorithmus erhält man zum Schluss eine Zusammenfassung der Kunden zu drei Touren:

- Tour 1: D-1-3-4-10-D mit einer Gesamtlänge von 77 km und einer Auslastung von 18 Paletten
- Tour 2: D-9-8-14-13-12-D mit einer Gesamtlänge von 37 + 15 + 23 + 7 + 7 + 15 = 104 km und einer Auslastung von 15 Paletten
- Tour 3: D-6-5-2-7-11-D mit einer Gesamtlänge von 14 + 8 + 13 + 12 + 9 + 6 = 62 km und einer Auslastung von 18 Paletten

Damit ergibt sich durch die Anwendung des Savings-Verfahrens eine gesamte zurückgelegte Wegstrecke von 243 km, was einer Einsparung von 371 km gegenüber der Initialvariante mit lauter Pendeltouren entspricht.

In diesem betrachteten Fall ergibt der Savings-Algorithmus zudem eine deutliche Reduktion gegenüber der zuvor gezeigten Lösung des Sweep Verfahrens, das eine kürzeste Wegstrecke von 312 km gezeigt hat. Es muss aber daran erinnert werden, dass beim Sweep Verfahren zuvor noch keine Routenoptimierung vorgenommen wurde! In keinem Fall lässt sich aus diesem spezifischen Beispiel aber verallgemeinern, dass der Savings-Algorithmus immer bessere Lösungen liefert als der Sweep Algorithmus!

Zusammenfassend lässt sich der Savings-Algorithmus nun folgendermaßen in allgemein gültiger Form beschreiben:

- Berechne für jeweils 2 Knoten die Savingswerte, wobei bei angenommener Gleichheit der Wegstrecken von Knoten *i* nach *j* und *j* nach *i* $n \cdot (n-1)/2$ Berechnungen durchzuführen sind und Ergebnisse entstehen.
- Ordne die Wegstrecken absteigend nach ihren Savings-Werten, wobei mit dem größten begonnen wird.
- Überprüfe von der Wegstrecke mit dem größten Savings-Wert ausgehend, ob weitere Knoten zu dieser ersten Tour verknüpft werden können unter Beachtung von Restriktionen.
- Ist dies der Fall bzw. können zwei Touren miteinander verbunden werden, so führe dies aus.
- Schreite auf diese Art zu dem jeweils nächsten kleineren Savings-Wert weiter, solange, bis alle Knoten zu Touren zusammengefasst sind.

4.1.5 Kurier-, Express- und Paketdienstleister

Kurier- und Expressdienste werden meistens abgekürzt als KEP Dienstleister bezeichnet. Unter **Kurierdienst** versteht man einen Dienstleister, dessen Ziel und Aufgabe die unmittelbare Lieferung von Gegenständen vom Auftraggeber zum Empfänger ist, wie dies in Ballungsräumen beispielsweise durch Fahrradbotendienste umgesetzt wird. Sie führen im Auftrag eines Kunden einen Warentransport von einem Versender zu einem ganz bestimmten Empfänger durch. Kurierdienste begleiten die Sendungen bis zur Zustellung persönlich, wobei es somit nicht zu Bündelungseffekten kommt und die Gestaltung von Netzwerken damit nur eine untergeordnete Rolle spielt. Die Sendungsgrößen sind in diesem Segment sehr heterogen. Kurierdienstleister haben im Gegensatz zu **Express**- oder **Paketdienstleister** (zwischen denen beiden in der Praxis wenig Unterschiede bestehen) praktisch keine Möglichkeit ihre Routen und Touren zu optimieren, weil sie eben *einen* ganz bestimmten Transportauftrag übernehmen und ausführen.

Paket- oder Expressdienstleister versprechen ihren Kunden die Einhaltung von zugesagten Lieferfristen bzw. Lieferdaten bei der Beförderung von Paketen, in manchen Fällen sogar *Same Day Delivery*. Pakete sind üblicherweise mit einem Gewicht von 31,5 kg begrenzt und dürfen bestimmte Abmessungen nicht überschreiten. In ganz ähnlicher Weise, wie dies für verladergetriebene Netzwerke (also Distributionsnetzwerke, die vom Versender der Waren – z.B. von Produktionsunternehmen – konzipiert und umgesetzt werden) gilt, sind auch Express- und Paketdienstleister darauf ausgerichtet, Güterströme zusammenzufassen und bestmöglich auszulasten. Auch die Post ist ein Paketdienstleister, der sein Netz über Sammel- und Umschlagspunkte organisiert.

Expressdienstleister, die größere Waren und Güter als Pakete übernehmen, betreiben neben den üblichen Kleintransportern als Fahrzeuge teilweise auch eigene Flugzeugflotten – vornehmlich in den USA (z.B. UPS) – um damit die gesamte Kette von der Übergabe der Waren durch den Versender bis zur Auslieferung bzw. Anlieferung bei den Empfängern in einer Hand zu haben.

Paketdienste unterscheiden sich von Stückgut-Netzen (Sammelgutverkehre) nicht nur durch die (üblicherweise bei 31,5 kg limitierten) Sendungsgrößen, sondern auch dadurch, dass die Handlingskosten durch Einsatz von automatisierten Sortieranlagen bei Paketdienstleistern eine vergleichsweise geringe Rolle spielen, die Zustellkosten auf der „letzten Meile" dagegen infolge kleiner Ausliefermengen je Stopp einen viel höheren Anteil an den gesamten Beförderungskosten ausmachen. Letzteres gilt insbesondere für das Privatkundengeschäft, bei dem es in Ermangelung betriebsüblicher Öffnungszeiten bei den Warenempfängern häufiger zu mehrfachen Zustellversuchen kommt und es oftmals auch die Notwendigkeit des Betriebs von Abholzentren („Paketshops") gibt. Diese Abholzentren werden in vielen Fällen auch gleichzeitig für die Abwicklung von Retoursendungen im Versandhandel verwendet.

Expressdienstleister haben große Ähnlichkeiten zu den Paketdiensten, wobei sie Lieferzeiten typischerweise garantieren. Anders als bei Kurierdiensten werden bei Expressdienstleistern die Waren meist umgeschlagen.

Die Entwicklung der Struktur von Dienstleisternetzen hat in den vergangenen Jahren große Veränderungen erfahren. Wachsende Kundenanforderungen an Termintreue und Flächendeckung gehörten dabei ebenso zu den Treibern wie kurze Transportzeitfenster („24-h-Service") und ein anhaltender Preisdruck. Zu den wichtigsten Anpassungen an diese veränderten Rahmenbedingungen zählt neben der Einführung innovativer Netzstrukturen („Hub"-Systeme) die ausgeprägte und noch immer nicht abgeschlossene Konzentration der Anbieter im Markt. Auch neue Anbieter drängen zusehends in dieses Geschäft.

4.2 Ausgewählte Themen für Logistikdienstleister

Nachfolgend wollen wir ein paar wenige Themen herausgreifen, die in der Distributionslogistik eine wichtige Rolle spielen.

4.2.1 Sendungsverfolgung

Sendungsverfolgung ist vielen von uns aus dem privaten Umfeld bekannt, wenn wir bei der Post oder einem anderen Transportdienstleister ein Paket aufgeben. Mit der Sendungsnummer, die man bei der Aufgabe erhält, kann im Internet der jederzeitige Aufenthaltsort der Waren ermittelt werden.

Sendungsverfolgung oder die auch aus dem angloamerikanischen Bereich bei uns übliche Bezeichnung *tracking-and-tracing* (oder nur *track-and-trace*) bezeichnet technologiegestützte Verfahren, um den physischen Warenfluss vom Versender zum Empfänger verfolgbar zu machen. *Tracking-and-Tracing* geht in seiner grundlegenden Idee noch ein Stück weiter als die reine Sendungsverfolgung und erlaubt beispielsweise auch die Erfassung der aktuellen Positionen von Materialien in einer Produktion. Zusätzlich zur Echtzeit-Verfolgbarkeit einer Sendung (man weiß nicht nur, wo sich diese gerade befindet) erlaubt *Tracking-and-Tracing* die Rückverfolgbarkeit (man weiß damit auch, wann die Ware welche Station passiert hat) von Warenflüssen, die durch diese Technologie transparent werden.

Voraussetzung zur Umsetzung der Sendungsverfolgung ist der Einsatz von maschinenlesbarer Etikettierung (z.B. Barcode oder RFID Chips) auf den Paketen. Dadurch können im Warenfluss vom Versender zum Empfänger automatische Sortierstationen diese Pakete erkennen und gemäß der auf dem Etikett enthaltenen Information an die gewünschte nächste Station weiterleiten.

Der Prozess der Sendungsverfolgung beginnt mit Auftragsdaten des Versenders, die bereits vorab an den Kurier-, Express- und Paketdienst übermittelt werden. Im Wesentlichen geht es hierbei um die Adressdaten des Empfängers und die zeitlichen Vorgaben, die einzuhalten sind. Die Informationen existieren in elektronischer Form und können problemlos übertragen, gespeichert, aufbereitet und abgefragt werden und bieten den Vorteil gegenüber papiergebundenen Verfahren, dass sie schneller und kostengünstiger übermittelt werden.

In jedem Fall ist es erforderlich, dass im Versandprozess ein Barcode oder eine entsprechende alternative Technologie dem Paket mitgegeben werden. Diese Aufgabe übernimmt in vielen Fällen der Versender selbst, beim Versand von Paketen im privaten Umfeld hingegen erfolgt die Erfassung mit einer Identifizierungstechnologie (in aller Regel ein Barcode) in den Post- oder KEP Filialen.

Die entsprechenden Daten werden über GSM (Global System for Mobile Communications, ein Mobilfunk-Standard) an die Zentrale des KEPs übermittelt und der Abholnachweis („Proof of Collection") generiert. Je nach vereinbartem Servicelevel bekommen die Beteiligten (Empfangsspediteur, Empfänger) diese und andere Statusnachrichten in Echtzeit zugestellt bzw. können sich diese Informationen auch selbst auf entsprechenden Web-Plattformen ansehen. Speziell beim Einsatz von Barcodes ist zur Verfolgung des Warenflusses das Scannen an Umschlagspunkten erforderlich. Es ist leicht zu erkennen, dass durch diese Vorgänge die Bestimmung des Standorts nur zu diskreten Zeitpunkten möglich ist. Zusehends ergibt sich allerdings die Forderung, eine lückenlosere Verfolgbarkeit der Waren sicherzustellen. Um dies umzusetzen, sind aktive Transponder (z.B. GSM Chips) erforderlich, die jederzeit kontaktiert werden können. Auch standardisierte und fest verschließbare Boxen, die die Ware umgeben und die mit Transpondertechnologien ausgestattet sind, eignen sich für die Sicherstellung lückenloser Verfolgbarkeit.

Mit dem Einsatz von *Tracking-and-Tracing* Technologien ist es auch möglich, aktiv Warnmeldungen abzusetzen, sofern etwa vorgegebene Zeitfenster für die Lagerung oder auch die Zustellung oder Temperaturfenster für die Kühlung der Ware überschritten werden.

Die Datenerfassung durch Sensorik an den einzelnen Umschlagspunkten ergibt eine Sendungshistorie (*Trace*), die jederzeit eine Aussage über den aktuellen Status der Sendung oder des Packstücks erlaubt (sofern die zuvor genannten Einschränkungen akzeptiert werden).

4.2.2 Zeitfenster

Unter Zeitfenster verstehen wir Vorgaben (meist) des Warenempfängers, wann und in welchem Zeitraum die Anlieferung zu erfolgen hat. Zeitfenster sind in der Industrie üblich, um den Anlieferverkehr an Laderampen besser planen zu können oder um die Produktion rechtzeitig mit Material zu versorgen und die Bestände gleichzeitig unter Kontrolle zu halten (z.B. bei JIT oder JIS Versorgungskonzepten). Allerdings sind Zeitfenster für die Anlieferung auch im Handel häufig. Im Online-Handel kennen wir alle die Selbstverpflichtung der Händler (oder auch der Logistikdienstleister), die Ware innerhalb bestimmter Lieferzeiten oder gar innerhalb eines bestimmten Zeitraums den Kunden zuzustellen.

Zeitfenster sind bei der Tourenplanung eine wesentliche Restriktion, die einzuhalten ist. Die zuvor beschriebenen Tourenplanungsprobleme sind bewusst einfach gehalten und gehen davon aus, dass *keine* Zeitrestriktionen bestehen. Kommen Zeitfenster ins Spiel, die es zu berücksichtigen gilt, so erweitert man die in Abschnitt 4.1.4 genannten Tourenplanungsprobleme um eine Zeitkomponente, was somit zu einem sogenannten CVRPTW Problem (*Capacitated Vehicle Routing Problem with Time Windows*) wird.

Beim CVRPTW wird neben der Kapazitätsrestriktion noch die Anforderung gestellt, jeden Kunden innerhalb eines individuellen Zeitfensters zu beliefern. Außerdem wird eine Servicedauer für jeden Kunden definiert. Das Fahrzeug muss mit der Beladung innerhalb des gegebenen Zeitfensters beginnen und darf die Weiterfahrt erst nach Ablauf der Servicezeit antreten. Wird der Kunde bereits vor Beginn des Zeitfensters erreicht, so muss das Fahrzeug warten.

Eine Tourdauer ergibt sich aus der Tourendzeit abzüglich des spätestmöglichen Tourbeginns. Auch bei diesem Problem wird häufig primär die Minimierung der Anzahl der eingesetzten Fahrzeuge angestrebt, der sich weitere Ziele unterordnen. Dabei können durch eine Gewichtung auch mehrere Kriterien Beachtung finden, wie etwa die Fahrstrecke in der Zeit zwischen zwei Lieferungen.

Tourenplanungsprobleme, die Zeitrestriktionen unterliegen, kommen in der Praxis häufig vor. Man denke hier nur an die immer kürzer werdenden Lieferfristen und genaueren Terminzusagen für Zustellungen im Online-Handel. Der Kunde erwartet, dass die Ware in dem zugesagten Zeitfenster bei ihm an der Haustüre oder im Büro eintrifft. Es geht darum, dass Zeitfenster verlässlich zugesagt und dann auch eingehalten werden. Umgekehrt haben die Dienstleister ihre Kundenaufträge unter Berücksichtigung ihrer Restriktionen so zu planen, dass diese Zusagen auch realisiert werden können.

Ein ähnliches Problem wie jenes der einzuhaltenden Zeitfenster stellt auch jenes mit tageszeitabhängigen Fahrzeiten dar. Gerade in städtischen Bereichen ist bei der Versorgung von Warenempfängern häufig damit zu rechnen, dass die Fahrzeiten deutlich von der Tageszeit abhängen: Staus, Pendlerverkehr, Schulbeginn und Schulende haben allesamt einen großen Einfluss darauf, wie viel Zeit für die Bewältigung einer bestimmten Strecke zu kalkulieren ist. In diesen Fällen wird die Höhe der Kosten nicht nur von der Fahrtstrecke sondern auch von der Fahrzeit abhängen.

4.2.3 City Logistik

Das Ziel der City Logistik liegt in einer Entlastung der Verkehrsinfrastruktur in Ballungsräumen bei gleichbleibender oder gar steigender Versorgungsqualität für die Abnehmer. Historisch gewachsene Innenstadtkerne sowie die umliegenden Stadtgebiete zählen zu besonders verkehrssensiblen Zonen.

Diese Innenstadtbereiche sind zum einen natürlich ideal als repräsentative Standorte für Verkaufslokale geeignet, zum anderen stellen wir auch fest, dass viele Innenstädte immer mehr veröden, weil die Mieten unerschwingliche Höhen erreicht haben und sich kaum ein Händler mehr diese leisten kann bzw. möchte.

Wenn sich nun Verkaufslokale in diesen teuren Objekten befinden, so werden nach Möglichkeit alle verfügbaren Räumlichkeiten für die Ausstellung und Präsentation der Waren genutzt und es bleibt kaum Lagerplatz übrig. So gesehen muss die Belieferung von den umliegenden Regionen aus erfolgen. Dies führt vermehrt zu kleineren Zustellgrößen, höheren Anlieferfrequenzen und in weiterer Folge zu einer höheren Verkehrsbelastung im innerstädtischen Bereich mit negativen Auswirkungen auf die Gesellschaft, Umwelt und Wirtschaft.

Steigende Mieten führen dazu, dass sich einzelne Händler diese nicht mehr leisten können, wodurch Innenstadtlagen mit der Zeit wieder frei werden. Dieser Prozess kann sich mit der Zeit so verstärken, dass immer mehr Geschäftslokale wieder zur Verfügung stehen und damit auch in zentrumsnaher Lage plötzlich zu vertretbaren Mieten wieder Flächen frei werden. Das kann so weit gehen, dass nahe dem Geschäftszentrum der Stadt sogar die eine oder andere freie Fläche als Lagerplatz genutzt werden kann, von der aus dann mit nachhaltigen Verkehrsmitteln die Kunden bedient werden. So können solche Lagerflächen zur Reduktion des LKW-Verkehrs im Innenstadtbereich beitragen, weil nur an einen Punkt – nämlich den Lagerplatz – angeliefert werden muss und von dort beispielsweise mit dem Fahrrad die Ware sehr umweltschonend verteilt wird.

Welche Möglichkeiten sich für den Handel zukünftig ergeben, wird natürlich von Stadt zu Stadt unterschiedlich sein. In jedem Fall wird es aber erforderlich werden, Flächen besser und nachhaltiger zu versorgen als das in der Vergangenheit vielfach der Fall war. All diese Maßnahmen zur Um- bzw. Neugestaltung der Logistik in Ballungsräumen nennen wir City Logistik. City Logistik wird auch immer wieder als „Smart Urban Logistics“ bezeichnet, ein Begriff, der gerade auch auf EU Ebene bzw. in Österreich stark durch Förderschienen zur Forschung auf diesem Gebiet geprägt ist. In jedem Fall bleiben die Möglichkeiten spannend, die sich durch den gesellschaftlichen Wandel und die Forderungen nach mehr Nachhaltigkeit für die Logistik gerade im urbanen Bereich ergeben werden.

4.3 Ausgewählte Literatur zu Kapitel 4

Bretzke, Wolf-Rüdiger (2020): Logistische Netzwerke; 4. Aufl., Springer-Vieweg.

Domschke, Wolfgang; Drexl, Andreas (2007): Logistik: Transport – Grundlagen, lineare Transport- und Umladeprobleme; 5. Aufl., Oldenbourg.

Koether, Reinhard (2018): Distributionslogistik – Effiziente Absicherung der Lieferfähigkeit; 3., aktualisierte und erweiterte Auflage, Springer Gabler.

Kummer, Sebastian (2006): Einführung in die Verkehrswirtschaft; Facultas WUV.

Lasch, Rainer (2020): Strategisches und operatives Logistikmanagement: Distribution. 3., aktuelle und erweiterte Auflage, Springer Gabler.

Mattfeld, Dirk; Vahrenkamp, Richard (2013): Logistiknetzwerke – Modelle für Standortwahl und Tourenplanung. 2., aktualisierte und überarbeitete Auflage.

Rohrhofer, Christian; Graf, Hans-Christian (2013): Weißbuch der Intralogistik und Logistiktechnologie: Systemüberblick – Implementierung – Optimierung; Shaker Verlag.

Rushton, Alan; Croucher, Phil; Baker, Peter (2000): The handbook of Logistics and Distribution Management; 3rd ed., Kogan Page.

5 Logistikmanagement im Handel von Sachgütern

Die Aufgabe des Handels ist die Versorgung von Kunden bzw. Konsumenten mit Waren und Produkten. Der Handel übernimmt dabei die Funktion des Ankaufs von Waren oder Produkten, deren Transport, Lagerung und Zusammenführung zu Sortimenten, die dann entweder an gewerbliche Abnehmer (Großhandel) oder an Konsumenten (Einzelhandel) weiterverkauft werden. Aus der Sicht von Produktionsunternehmen erfüllt der Handel in einer logistischen Wertschöpfungskette also die *downstream* befindlichen Prozesse.

Handel hat aber nicht nur logistische Aufgaben zu erfüllen: neben dieser auch oft als **Distributionslogistik** bezeichneten Aufgabe übernimmt der Handel vielfach Agenden des Marketings zur Präsentation der Produkte. Der Handel sorgt mit seinen Filialen, deren Ausgestaltung, deren Lage und Art wie die Waren platziert werden für die eigentliche Vermarktung der Produkte und in weiterer Folge für Umsatz. Dieses vorliegende Kapitel konzentriert sich jedoch vornehmlich auf die *logistischen* Aufgaben des Handels. Die Distribution der Waren vom produzierenden Unternehmen zu den Kunden ist eine logistische Kernaufgabe. Diese Aufgabe muss aber nicht notwendigerweise von spezialisierten Handelsunternehmen erbracht werden, sondern kann auch vom Erzeuger selbst geleistet werden.

Handelsgeschäfte reichen weit in die Geschichte der Menschheit zurück: man denke hier nur an die Phönizier in der vorchristlichen Zeit, die mit ihren Flotten bereits einen regen Warenaustausch mit anderen Regionen der damals bekannten Welt betrieben haben. Bemerkenswert ist sicherlich die spätere Entwicklung des Handels am Landweg, etwa die Entstehung der Seidenstraße von Europa nach Asien, auf der begehrte Produkte aus dem damals noch sehr fernen, aber bereits handwerklich hoch entwickelten China nach Europa gebracht wurden. Menschen in Europa bekamen erst durch die Aktivitäten des Handels Zugang zu Produkten, die zur damaligen Zeit völlig unbekannt, aber gleichzeitig begehrt waren, weil mit ihnen auch das Besondere verbunden war. So wurde etwa zu Ende des 16. Jahrhunderts und dem nachfolgenden Beginn des 17. Jahrhunderts die Tulpe über Händler aus dem Nahen Osten nach Holland gebracht und erfreute sich so großer Beliebtheit, dass mit Spekulationen auf Tulpenzwiebel eine der ersten Börsenkrisen ausgelöst wurde.

Trotzdem war zu dieser Zeit eher der Tauschhandel als der kommerzielle Handel vorherrschend und dem Handel wurde ein gewisses Misstrauen entgegengebracht, weil er – anders als das Handwerk (die damalige Form der Produktion) – in den Augen der Bevölkerung keinen Beitrag zur Wertschöpfung leistete.

Betrachtet man jüngere Zeiten so stellt man fest, dass in den wirtschaftlichen Aufbaujahren nach dem Zweiten Weltkrieg die produzierende Industrie in Europa häufig ohne kommerziellen Handel ausgekommen ist, wie wir ihn heute kennen: die Produzenten haben einfach ihre Waren in die Filialen bzw. zu den Einzelhändlern direkt in der Nähe der Konsumenten geliefert. Die Aufgabe des Händlers bestand dann darin, die Waren bestmöglich und sehr regional begrenzt an die Kunden zu verkaufen. Der Handel war mehr oder weniger ein Erfüllungsgehilfe des Produzenten und wurde in der überwiegenden Zahl der Fälle in Form eines Push-Systems versorgt (Im folgenden Abschnitt 5.2.1 wird der Unterschied zwischen Push- und Pull-Systemen im Handel erläutert).

Mit der Zeit hat sich dieses versorgungsgetriebene Modell zu verändern begonnen und es entstanden einzelne Händler, die weitere logistische Funktionen übernahmen und dafür etwa ein Zentrallager errichtet haben, um damit verschiedene Handelsniederlassungen (Filialen) zu versorgen. Damit ist die Distributionslogistik zum Teil auch von den Produzenten an die Händler übergegangen. Auf diese Weise sind aus den sehr kleinteiligen Handelsstrukturen in Form von Greißlern größere Händler entstanden, die ihre Waren in neu entstandenen Supermärkten an die Kunden verkaufen. Dieser Wandel im Selbstverständnis des Handels – weg vom Erfüllungsgehilfen der Produktion, hin zu einem vollwertigen Partner in der Lieferkette – hat mit sich gebracht, dass Handelsunternehmen heute von der Abholung beim Lieferanten bis zur Versorgung der Filialen oftmals die gesamte Verantwortung der Distributionskette übernehmen.

Eine Entwicklung, die zu Beginn dieses Jahrtausends als Folge der rasant wachsenden Verbreitung des Internets eingesetzt hat, ist der **Online-Handel** – eine Form des Distanzhandels – der das Gegenteil zu dem uns allen bekannten **stationären Handel** (das sind die typischen Supermärkte und all die anderen Einzel- und Großhändler) darstellt. Im Gegenzug zum stationären Handel ist der Onlinehandel dadurch gekennzeichnet, dass er eben keine teuren Filialen betreibt, sondern die Waren zum Kunden bringt und das Sortiment praktisch keinen mengen- und vielfaltsmäßigen Einschränkungen unterliegt. Als Reaktion mancher stationären Händler auf das immer stärkere Vorrücken der Onlinehändler hat sich eine Mischform entwickelt, die man als *Multi-Channel* (oder auch *Omni-Channel*) bezeichnet. Händler bieten ihr Sortiment dabei sowohl in klassischen Filialen an und betreiben gleichzeitig auch Onlineshops. Dabei kann der Kunde die gewünschte Ware entweder im Internet bestellen und zugestellt bekommen oder auch nur eine Reservierung im Internet vornehmen und sich die Ware dann in einer für ihn günstig gelegenen Filiale abholen. Es zeigt sich, dass sich die typischen Extremformen des Handels, nämlich der stationäre Handel auf der einen Seite und der Onlinehandel auf der anderen Seite, immer mehr vermischen.

Man erkennt, dass der Handel sich über die letzten Jahrzehnte dramatisch verändert hat und dass gerade die logistischen Anforderungen an den Handel deutlich zugenommen haben. Eine wesentliche Aufgabe des Handels besteht heute darin, die Struktur seines Netzwerks zu definieren, also festzulegen, wie viele Lagerstufen es auf dem Weg vom Produzenten zur Filiale geben soll (vertikale Struktur) und wie diese Struktur in ihrer horizontalen Ausprägung (Anzahl von Regionallagern und ihre Größe, der Standorte und ihrer Zuordnung) aussehen soll. Diese Netzwerkplanung wird ausführlicher im nachfolgenden Abschnitt 5.1 behandelt. Eine der nachfolgenden Aufgaben für den Handel besteht dann darin, innerhalb der definierten Netzwerkstruktur zu bestimmen, wie die Versorgung der Filialen im Rahmen des stationären Handels erfolgen soll (Abschnitt 5.2). Abschnitt 5.3 widmet sich der jüngeren Form des Handels, nämlich dem Distanzhandel und behandelt dort vor allem die Herausforderungen, die auf der sogenannten Last Mile auftreten, dem gewöhnlich teuersten Transportabschnitt in der gesamten Handelskette. Spezielle Themen des Handels werden dann – ähnlich wie dies bereits bei der Logistik zwischen Unternehmen der Fall war – in einem abschließenden Abschnitt 5.4 betrachtet.

5.1 Gestaltung der Distributionsstrukturen

Die logistische Kernaufgabe für ein Handelsunternehmen besteht in der Festlegung, wie die Struktur des Distributionsnetzwerks aussehen soll. Damit wird festgelegt, wie die Waren vom Produzenten zu den Konsumenten bzw. zu den einzelnen Filialen gelangen sollen. Übertragen auf ein Modell geht es darum, die verschiedenen Quellen des Distributionsnetzwerks (das sind die unterschiedlichen Produzenten bzw. ihre Fertigwarenlager) bestmöglich über Kanten (das sind die Transportwege) und dazwischen liegende Knoten (das sind die Zwischenlager) mit den Senken (das sind im stationären

Handel die Filialen zur Versorgung der Konsumenten) zu verbinden. Die Logistik zwischen Produzenten und Abnehmern wird als **Distributionslogistik** bezeichnet. Die Distributionslogistik ist gewissermaßen der letzte Schritt im Logistikmanagement, bevor die Ware an die Konsumenten ausgeliefert und übergeben wird. Sie wird deshalb auch als Absatzlogistik, Vertriebslogistik oder als Marketing-Logistik bezeichnet. Die Distributionslogistik ist die „gespiegelte" Aktivität zur Beschaffungslogistik. Sie umfasst alle logistischen Aktivitäten, die im Zusammenhang mit der Verteilung der Ware an die Kunden stehen. In der Distributionslogistik sind von Bedeutung:

- Standorte der Distributionslager
- Planung der Transporte
- Bestandsmanagement in den Lagern
- Kommissionierung
- Verpackung
- Tourenplanung (die wir bereits in Abschnitt 4.1.4 behandelt haben), Transportmitteleinsatzplanung, Anlieferungsterminplanung
- Kundenauftragsabwicklung
- Kooperationen mit Logistikdienstleistern.

Bei der Distributionslogistik im Handel unterscheidet man zwischen Betriebs- bzw. Vertriebstypenstruktur der Handelsunternehmen. Dabei ist insbesondere danach zu differenzieren, ob im Rahmen der Distribution nach dem Bring- oder dem Holprinzip verfahren wird. Beim Versand- oder auch Onlinehandel („Bringkauf") wird die Ware jeweils zum Kunden geliefert. Die Überbrückung der Distanz erfolgt durch das Handelsunternehmen. Im stationären Handel („Holkauf") hingegen wird die Strecke durch den Kunden selbst zurückgelegt. Um die Ware zu erhalten, muss der Kunde in die Filialen des Handelsunternehmens kommen.

5.1.1 Grundbegriffe der Distributionslogistik im Handel

Distributionsstrukturen im Handel werden nach vertikalen und horizontalen Gesichtspunkten unterschieden. Man spricht von vertikaler Distributionsstruktur um festzulegen, wie viele Stufen sich auf der Strecke zwischen dem Lieferanten und dem Empfänger befinden. Diese vertikale Strukturierung wird durch **Lagerstufen** repräsentiert, also durch Zwischenlager in verschiedenen Ausprägungen oder durch Umschlagspunkte für die Waren. In diesem Zusammenhang hat man es im Sinne einer Modellierung des Materialflusses auch mit den Begriffen Quelle und Senke zu tun. In der Quelle beginnt der Warenfluss, es handelt sich also um den Lieferanten, in der Senke endet der Materiafluss, also beim Empfänger oder Kunden. Die Verbindungen zwischen Quelle, Lager und Senke stellen die Kanten, die Transportverbindungen, dar. Abbildung 113 zeigt auch die übliche Benennung der Lager, die man in den verschiedenen Lagerstufen findet.

- Ein **Werkslager** (auch Fertigwarenlager genannt, wie wir das bereits im Kapitel 2 kennengelernt haben) dient zur Pufferung und Entkopplung der Nachfrage von der Produktion. Es ist in aller Regel nahe am jeweiligen Produktionsstandort und enthält Fertigwaren, die am Produktionsstandort erzeugt werden und auf ihre Versendung zu den Kunden warten.
- Das **Zentrallager** zeichnet sich dadurch aus, dass es nur wenige solche Lager in einem Distributionsnetzwerk gibt und per Definition das gesamte Sortiment der Produkte enthält, die an Kunden verkauft werden.
- **Regionallager** dienen zur Versorgung von Verkaufsgebieten und enthalten üblicherweise nur einen Auszug aus dem gesamten Sortiment. Tendenziell befinden sich in einem Regionallager jene Produkte, die einen hohen Umschlag haben.
- **Auslieferungslager** befinden sich in unmittelbarer Nähe zum Kunden und haben nur ein kleines – meist kundenspezifisches – Sortiment an Produkten. Im Handel sind die Auslieferungslager meistens mit Filialen identisch.

Horizontale Distributionsstrukturen beschreiben hingegen, wie viele Lager sich auf einer Ebene der vertikalen Lagerstruktur befinden.

Die Darstellung einer Distributionsstruktur im Handel entspricht einem Netzwerk, wobei die Quellen, Senken und Lager Knoten sind und die Verbindungen Kanten.

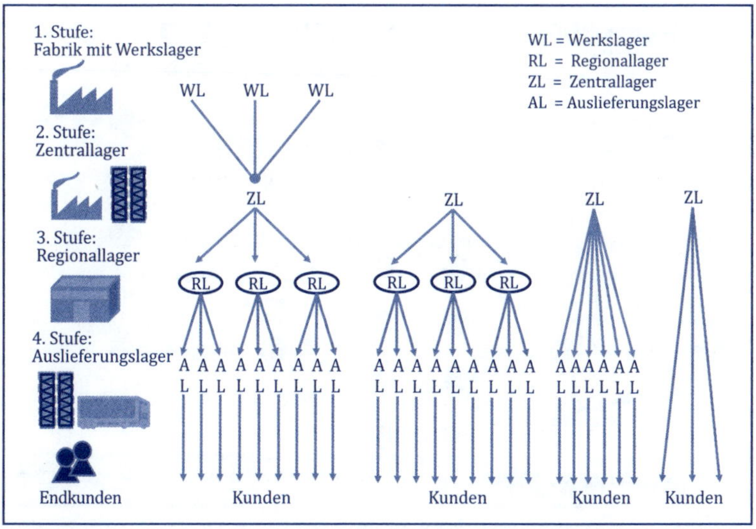

Abbildung 113: Vertikale und horizontale Distributionsstrukturen

Wir wollen zuerst vertikale Distributionsstrukturen betrachten. Man spricht von *einstufigen* Logistiksystemen, wenn der Warenfluss – ganz allgemein gesprochen – zwischen der Quelle und der Senke direkt erfolgt. Im Gegensatz dazu sind *mehrstufige* Logistiksysteme dadurch charakterisiert, dass der Warenfluss zwischen Lieferant und Empfänger an mindestens einer Stelle unterbrochen und die Ware dort umgeschlagen bzw. zwischengelagert wird. Dabei kann an diesen Stellen aus der Sicht des Materialflusses zweierlei passieren:

- **Auflösung:** Trifft an den Unterbrechungspunkten des Warenflusses die Ware in großen Mengen ein bevor sie zwischengelagert, umgepackt und in kleinen Mengen an die verschiedenen Empfangspunkte weitergeleitet wird, so handelt es sich dabei um einen Auflösungspunkt (*break-bulk point*). Am Auflösungspunkt können die ankommenden Mengeneinheiten entweder nur verkleinert und dann weiter versendet werden oder die ankommende Ware wird aussortiert: große Mengen unterschiedlicher Waren werden in kleine homogene Einheiten aufgeteilt.
- **Konsolidierung:** An Konsolidierungspunkten (*consolidation point*) erfolgt die Bündelung von Waren in Form von Sammlung oder Kommissionierung. Finden an den Konzentrationspunkten Sammlungsprozesse statt, so bedeutet dies, dass kleine Mengen an Waren, die von verschiedenen Lieferpunkten ankommen zu größeren (homogenen) Einheiten der gleichen Waren zusammengefasst werden. Bei der Kommissionierung werden hingegen verschiedene Waren von unterschiedlichen Lieferanten zu Sortimen-

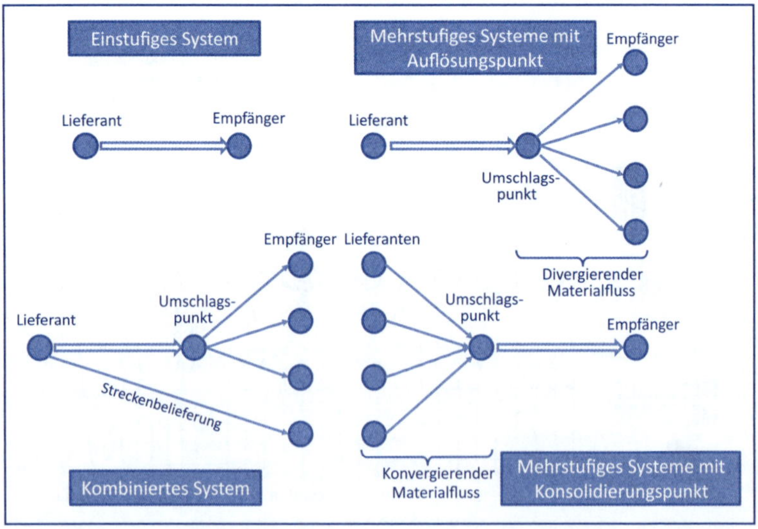

Abbildung 114: Einstufige, mehrstufige und kombinierte Distributionssysteme

ten zusammengefasst. Ein Sortiment ist die Zusammenstellung unterschiedlicher Waren zur Versendung an einen Kunden. Es erfolgt somit die Zusammenstellung heterogener Lieferungen für unterschiedliche Empfangspunkte.

In manchen Fällen findet man eine Kombination aus ein- und mehrstufigen Systemen, die sowohl aus direkten (also ungebrochenen) als auch indirekten (gebrochenen) Warenflüssen zwischen den Liefer- und Empfangspunkten zusammengesetzt sind.

Direktbelieferung findet zwischen dem Erzeuger und der Filiale statt. Direktbelieferung wird bevorzugt dann angewendet, wenn es sich

- um hochpreisige Waren (dabei spielen die Transportkosten eine eher untergeordnete Rolle)
- um großvolumige und schnelldrehende Waren (sodass sich Zwischenlager kostenmäßig nicht rechnen) oder
- um sehr frische Waren handelt, die nicht zwischengelagert werden können.

Eine Belieferung der Filialen über Zentrallager bietet hingegen eine ganze Reihe von Vorteilen, speziell dann, wenn auf die Waren nicht jene Einschränkungen zutreffen, die eine Direktbelieferung sinnvoll erscheinen lassen. Zentrallager reduzieren die Zahl an Transportverbindungen deutlich, wie auf den nächsten Seiten (Abschnitt 5.1.2) dargestellt wird. Anwendung finden Zentrallager bevorzugt dann, wenn

- die Wiederbeschaffungszeiten lange und unsicher sind (und damit das Zentrallager eine Pufferfunktion übernehmen muss)
- es sich um weit entfernte Lieferanten handelt (und damit ebenfalls die Zuverlässigkeit der Belieferung sinkt)
- die Nachfrage schwer prognostizierbar und damit schwankend ist (dann hat das Zentrallager ebenfalls eine Pufferfunktion)
- es sich um Aktionsware handelt (große Mengen an Waren, die zum gleichen Zeitpunkt in den Filialen verfügbar sein muss).

Bei der Beantwortung der Fragestellung, wie das Netzwerk der Handelslogistik aussehen soll, sind im speziellen die Kosten des Transports den Kosten der Lagerung gegenüberzustellen.

Die Gegenüberstellung dieser beiden Kostenarten ist nicht ganz trivial, denn sie werden bei einer vorgegebenen Anzahl von Kunden (bzw. Filialen) maßgeblich davon bestimmt, wie viele Lagerstufen sich zwischen dem Werkslager und den Kunden bzw. Filialen befinden. Die Festlegung dieser vertikalen Distributionsstruktur hat dahingehend besondere Bedeutung, weil der Aufbau jeder Lagerstufe mit zusätzlichen **Lagerhauskosten** (darin sind die Investitionen für das Lager und seinem Betrieb enthalten) verbunden ist. Ein zusätzliches Lager rechnet sich nur dann, wenn die Lagerhauskosten und die **Lagerbestandskosten** für die im Lager enthaltene Ware zusammen weniger hoch sind als die Einsparungen durch eine geringere Anzahl an Transporten – die Gesamtkosten aus Transport und Lagerung also kleiner werden. Außerdem besteht eine zusätzliche vertikale Lagerstufe (z.B. Regionallager) meist eben nicht nur aus einem einzigen Lagerhaus, sondern aus mehreren (die sich alle auf der gleichen Lagerstufe befinden, also die horizontale Struktur von Abbildung 113 reflektieren), die so angeordnet werden, dass von diesen aus die Kunden bzw. Handelsfilialen optimal versorgt werden können.

Die Summe aller Lager, die sich zwischen dem Werkslager des Produzenten und den Filialen bzw. Auslieferungslagern bei Kunden befinden, nennen wir auch die **Netzdichte** des Handelsunternehmens.

Im Allgemeinen zeigt sich, dass eine eher begrenzte Anzahl an Lagern den Vorteil hat, dass die Bedarfe der unterschiedlichen Filialen bzw. Kunden aggregiert werden und die individuellen Nachfrageschwankungen der einzelnen Filialen sich im Lager weniger stark bemerkbar machen. Hat eine Filiale eine unerwartet höhere Nachfrage nach Produkten, so mag sich dies mit einer abnehmenden Nachfrage bei anderen Filialen ausgleichen. Weniger Lagerhäuser bedeuten aber gleichzeitig, dass dadurch Transporte mehr und länger werden und die Transportkosten in Summe damit eher ansteigen.

Nicht die Länge der Transporte alleine ist entscheidend, sondern es kommt auch darauf an, welche Transportfrequenzen (wie häufig Transporte erforderlich sind) zu erfüllen und welche Mengen zu transportieren sind (gelingt es einen Ganz-LKW zu füllen – 33 Palettenstellplätze – so sind die Kosten pro Palette in jedem Fall geringer als bei einem Teilladungsverkehr). Häufig zeigt sich jedoch, dass bei Entfall einer Lagerstufe (z.B. Belieferung von Filialen direkt aus dem Zentrallager statt über Regionallager) die Transportkosten eher zunehmen, weil hochfrequent über weite Strecken geliefert werden muss bei nur geringem Transportvolumen. Zudem haben Filialen gewöhnlich nur wenig Lagermöglichkeiten für Ware, weil gerade die Lagerhauskosten bei den Filialen auch die höchsten in der gesamten Lieferkette sind. Das kommt daher, weil sich Filialen meistens nahe bei den Konsumenten in Ballungsräumen oder gar im urbanen Bereich befinden, wo auch die Grundstückskosten für deren Errichtung hoch sind. Gleichzeitig soll eben möglichst viel Fläche in den Filialen als Verkaufsfläche (und nicht als Lagerfläche) genutzt werden, um den erforderlichen Umsatz für ihren Betrieb zu generieren. Diese daher vergleichsweise sehr eingeschränkten Lagermöglichkeiten in den Filialen selbst führen eben zu der erforderlichen hochfrequenten Anlieferung von Produkten. Diese Form der Anlieferung wird damit ähnlich zu einer JIT Anlieferung in der Produktion, die zugunsten von geringen Lagerkosten beim Abnehmer hohe Kosten für den Transport verursacht.

Eine Reduktion der Lager in der Distributionskette zwischen Werkslager und Auslieferungslager bzw. Filialen bringt im Allgemeinen aber deutliche Einsparungen bei den Beständen. Man erspart sich durch Wegfall der einzelnen Lager die jeweiligen Sicherheitsbestände. Natürlich wird man Sicherheitsbestände dann in der vorgelagerten Lagerstufe haben, wobei diese Sicherheitsbestände eben nicht der Summe der entfallenen Regionallager entsprechen, sondern deutlich weniger ausmachen. Die Ursache dafür liegt darin begründet, dass bei weniger Lagern die Bedarfsunsicherheiten in den einzelnen Filialen nicht alleine durch den Sicherheitsbestand ausgeglichen werden müssen, sondern sich die unterschiedlichen Bedarfe der einzelnen Filialen untereinander glätten, bevor der konsolidierte Sicherheitsbestand diese Aufgabe übernehmen muss.

In Anlehnung an die Bestimmung der optimalen Bestellmenge (siehe Abschnitt 2.1.3) lässt sich auch im Distributionsnetzwerk eine ähnliche Beziehung zwischen Transport- und Lagerkosten darstellen (siehe Abbildung 115).

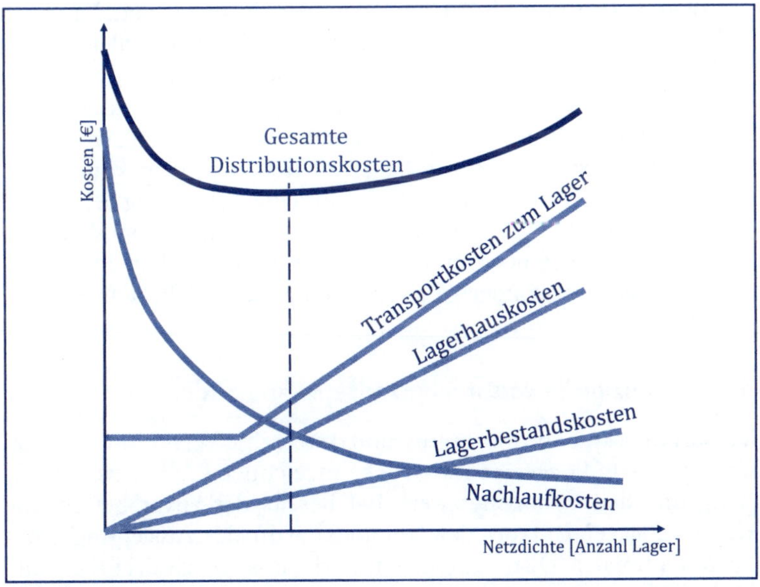

Abbildung 115: Gesamtkosten im Distributionsnetzwerk als Funktion der Anzahl an Lagern

Auf der horizontalen Achse in Abbildung 115 ist die Anzahl der Lager zwischen Werkslager und Auslieferungslager angegeben (bezeichnet als Netzdichte), also etwa die Zahl der Regionallager.

- Die **Lagerbestandskosten** steigen proportional mit der Zahl der Lager, weil entsprechend mehr Bestand im Distributionsnetz zu finden ist, verursacht durch Sicherheitsbestände bei jedem Lager.
- Die **Nachlaufkosten**, das sind die Kosten vom Regionallager bis zum Auslieferungslager (oder der Handelsfiliale), fallen etwa mit dem Kehrwert der Lagerzahl. Dieser Umstand ist auch insofern verständlich, als Regionallager so angeordnet werden, dass die Verkaufsgebiete optimal (im Sinne von Transportkosten) versorgt werden können. Je mehr Regionallager vorhanden sind, desto kürzer werden die Transportwege bis in die Filialen. Die optimale Gestaltung der Versorgung der Filialen aus den Regionallagern ist Aufgabe der Tourenplanung.
- Die **Lagerhauskosten** (jene Kosten, die für die Investition und den Betrieb des Lagers zu kalkulieren sind) steigen ebenfalls mit der Anzahl der Lager, weil manche Kostenarten wie Aufschließungskosten, Maklerkosten für Grundstückssuche, Gebühren, etc. für jeden Lagerstandort separat anfallen. Andernfalls könnte man argumentieren, dass die Errichtungs- und Betriebskosten eines großen Lagers (mit z.B. 50.000 Palettenstellplätzen) gleich sind wie die Kosten von 5 kleineren Lagern (mit jeweils 10.000 Palettenstellplätzen) zusammen, weil der Lagerplatz identisch ist.
- Die **Transportkosten** zum Lager steigen ab einer gewissen Netzdichte mit der Zahl der Lager ebenfalls an, weil eben zusätzliche Transportwege vom Zentrallager zu neuen hinzugekommenen Regionallagern zurückzulegen sind und die Auslastung der Transporte sinkt, ein Umstand, der erst ab einer gewissen Zahl von Lagern zu wirken beginnt. Daher ist der Kostenverlauf auch nicht linear steigend, sondern hat für wenig zusätzliche Lager einen konstanten Verlauf.

5.1.2 Prinzipielle Versorgungskonzepte im Handel

Versorgungssysteme im Handel sind durch eine Verschränkung von Transport- und Lagerprozessen gekennzeichnet. Einen Zusammenhang im Distributionsnetzwerk hat bereits das zuvor befindliche Kapitel 4 gezeigt. Trotz der Komplexität in der Auslegung eines kostenoptimalen Distributionsnetzwerks lassen sich drei Elemente identifizieren, die nachfolgend betrachtet werden und die in den allermeisten Distributionsnetzwerken zu finden sind.

5.1.2.1 Streckenbelieferung

Streckenbelieferung ist die unmittelbare Belieferung einer Handelsfiliale (oder eines Kunden) vom Produzenten aus (die direkte Verbindung zwischen Quelle und Senke). Streckenbelieferung ist auch jene Form der Anbindung, die Laien am ehesten mit Versorgung von Filialen in Verbindung bringen würden. Abgesehen von wenigen Filialen, die für bestimmte Produkte eine hohe Nachfrage haben (z.B. Gartenerde in Baumärkten in der entsprechenden Saison), führt die Streckenbelieferung oft zu schlecht ausgelasteten Transporten oder zu entsprechend hohen Lagerbeständen in den Filialen. Zusätzlich müssen die Filialen das Eintreffen der Transporte von allen Lieferanten koordinieren, um Staus im Entladebereich zu vermeiden.

5.1.2.2 Zentrallager

Ein wesentlicher Schritt in der Entwicklung des Handels war die Entwicklung des Zentrallagerkonzepts. Bevor Zentrallager etabliert wurden, war der Handel und damit die Verteilung der Waren an die Kunden großteils in der Hand der Hersteller. Die Außendienstmitarbeiter im Verkauf hatten die Aufgabe, die kleinteilige Struktur der Filialen zu betreuen und die Bedarfe an die Zentrale des Herstellers zu melden. Es war die Zeit der Verkäufermärkte, jene Zeit, bei der große Produzenten die Märkte dominiert haben und ihre Waren über die Filialen an die Kunden „verteilt“ haben. Erst mit Einführung der Zentrallager konnten Händler zusehends ihre Bedeutung ausbauen als Schnittstelle zwischen den Produzenten und den Konsumenten, weil sie begonnen hatten die Zentrallagerfunktion zu übernehmen und damit einer kostenoptimalen Logistik entsprechende Bedeutung gaben. Verfügbare Zahlen sind unterschiedlich in ihrer Aussage, aber diverse Untersuchungen zeigen, dass die Logistikkosten im Handel etwa 20 % der Kosten der Produkte ausmachen, wovon allerdings ein gutes Drittel Transportkosten sind. Die Höhe dieser Kosten zeigt auch recht eindringlich, welcher Beitrag in der Kostenrechnung eines Handelsunternehmens durch Logistik beeinflusst werden kann. Und selbstverständlich sind die Logistikkosten im Handel sehr abhängig von der Branche des Unternehmens: Logistik im Lebensmittelhandel mit ihren Frischeanforderungen und Mindesthaltbarkeitsdaten (MHD) sieht komplett anders aus als die Logistik einer Baumarktkette, deren Produktportfolio sehr heterogen ist und von Blumentöpfen über Fliesen bis hin zu einer Vielfalt von Schrauben so alles umfasst, was der Heimwerker-Kunde nachfragen könnte.

Generell sind Lager Knoten im logistischen Netz, an denen Ware für eine bestimmte Zeit aufbewahrt wird oder Umschlagsprozesse stattfinden, nach denen die Produkte in unterschiedlicher Zusammenstellung und Menge neue Wege einschlagen.

Lagerbestände entstehen, wenn sich die Materialflüsse, die zu einem Knoten hin- bzw. von ihm wegführen, zeitlich oder mengenmäßig unterscheiden. Wie bereits zuvor ausführlich behandelt, werden Lager deshalb als Puffer zwischen diesen Flüssen verstanden. Lager erfüllen unterschiedliche, bereits in Kapitel 2.1.1 ausführlich behandelte Aufgaben.

Die **Lagerarten** in der Distributionslogistik hingegen werden entsprechend den im Lager ablaufenden Prozessen definiert:

- **Vorratslager:** dient der Bevorratung mit Ware, wobei die Lagerprozesse dominieren.
- **Umschlagslager/Transitlager:** nimmt Waren nur kurzfristig auf (Durchgangslager) und bündelt oder teilt diese auf, wobei die Bewegungsprozesse dominieren.
- **Verteilungslager:** die Zusammensetzung des Materialflusses wird verändert (z.B. Kommissionierung für Filialen), d.h. Lager- und Bewegungsprozesse sind gleichbedeutend.

In großen Zentrallagern können auch Mischformen dieser Lagerarten auftreten. Durch die Konsolidierung von Informations- und Warenflüssen wird in der **Zentrallagerhaltung** eine wesentliche Komplexitätsreduktion erreicht. Im Vergleich zur Direktbelieferung erzeugt die Zentrallagerhaltung zwar gegebenenfalls Umwege, zugleich wird jedoch durch die Bündelung die Anzahl der Lieferrelationen deutlich reduziert, wie aus Abbildung 116 zu erkennen ist.

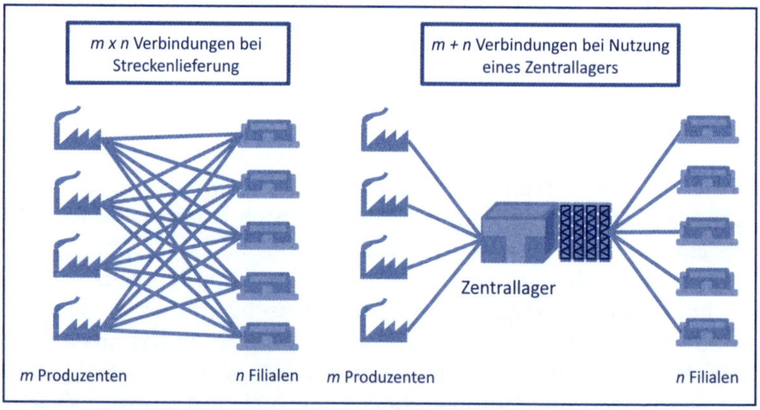

Abbildung 116: Die Reduktion der Lieferbeziehungen durch die Einführung eines Zentrallagers[11]

Man erkennt leicht, dass bei einer direkten Lieferbeziehung zwischen *m* Herstellern und *n* Handelsfilialen $m \times n$ Streckenbeziehungen erforderlich sind. Durch Einführung eines Zentrallagers kann diese Zahl auf $m + n$ reduziert werden – also der Summe aus Produzenten und Filialen. Das Zentrallager wird somit für die Hersteller zum

[11] In Anlehnung an: Bretzke (2020), S. 380.

einzigen Auftraggeber und für die Filialen zum einzigen Lieferanten. Neben der Komplexitätsreduktion tritt auch eine Konsolidierung der Waren- und Informationsströme auf.

Auf den ersten Blick leicht erkennbar, führt die Einführung eines Zentrallagers zu einer signifikanten Reduktion der Strecken, die gefahren werden müssen. Nimmt man das Modell aus Abbildung 116 von einer Handelsorganisation, die bei 580 Lieferanten ihre Ware beschafft und damit 230 eigene Filialen versorgt, so erkennt man leicht, dass man damit eine Reduktion der Strecken um 99,4 % (!) erzielt (statt 133.400 Relationen sind nur mehr 810 Relationen zu bedienen).

Aus logistischer Sicht erscheint dieses Vorgehen sinnvoll zu sein, denn damit erhöht sich die Auslastung der LKWs deutlich, die vom Lieferanten Ware abholen. Geht man davon aus, dass diese Handelsorganisation in allen Filialen annähernd das gleiche Sortiment an Waren anbietet, so ist die Auslastung des LKWs eine deutlich bessere. In durchschnittlichen Handelsorganisationen verbraucht eine Filiale täglich etwa die Menge von 1,5Paletten an Ware pro Lieferant. Setzen wir nun voraus, dass die 230 Filialen über einen gewissen Zeitraum gerechnet vergleichbare Bedarfe haben, so erhöht sich durch die Einführung des Zentrallagers der Verbrauch um den Faktor 230, der nun im Zentrallager verglichen zu jedem einzelnen Lieferanten entsteht. Gemäß der Beziehung zwischen Verbrauch und optimaler Bestellmenge (siehe optimale Losgröße, Abschnitt 2.1.3.3) erhöht sich die Bestellmenge beim Lieferanten damit um den Faktor 15,2 (Wurzel aus 230). Die Auslastung eines Sattelaufliegers (der im Normalfall 33 Euro-Paletten aufnehmen kann) ist nun jedenfalls deutlich besser als zuvor. Man erspart sich auf diese Weise teure Paketdienstleister oder sehr schlecht ausgelastete Transporte.

Die Filialen selbst gewinnen durch die Einführung eines Zentrallagers ebenfalls. Sie brauchen sich nicht mehr länger um die optimalen Bestellmengen bei jedem einzelnen Lieferanten und um die zeitaufwändige Bestellabwicklung zu diesen zu kümmern. Sie erhalten in vielen Fällen nun direkt aus dem Zentrallager Bestellvorschläge, basierend auf vergangenen Verbrauchsdaten der Filialen. Die Aufgabe der Filiale besteht nur mehr in der Prüfung des Bestellvorschlags und einer etwaigen Änderung in begründeten Fällen. Folgende Vorteile ergeben sich in Filialen durch die Einführung von Zentrallagern:

- Kurzfristige, hochfrequente Versorgung der einzelnen Filialen mit den benötigten Waren wird möglich.
- Das Zentrallager stellt gewissermaßen den Kundenauftragsentkopplungspunkt (CODP) dar und entkoppelt die vom Kunden getriebenen Bedarfe in der Filiale mit einer *Push*-getriebenen optimalen Versorgung von den Lieferanten her.

- Deutliche Reduktion der zu fahrenden Wegstrecken und damit auch eine Verbesserung der Nachhaltigkeit und des Schutzes der Umwelt.
- Eine Optimierung der Anlieferintervalle in der einzelnen Filiale und auch im Zentrallager selbst.
- Eine Reduktion der administrativen Tätigkeiten der Handelsangestellten in den Filialen selbst (z.B. Reklamationsbearbeitung, Organisation des Wareneingangs, etc).
- Insgesamt niedrigerer Handlingsaufwand im Zentrallager verglichen mit einer Filialdirektbelieferung, weil im Zentrallager Größeneffekte (*Economies-of-scale*) zu tragen kommen.
- Die Sicherheitsbestände in allen Filialen und dem Zentrallager sinken in Summe.

5.1.2.3 Cross-Docking

Cross-Docking ist eine Warenumschlagsart auf Flächen in Zentrallagern oder Warenverteilzentren, bei der die Ein- und Auslagerprozesse entfallen, weil die Ware eben nicht gelagert, sondern bloß umgeschlagen wird. Cross-Docking stellt damit einen Auflösungspunkt im Warenfluss dar und eignet sich am besten für Waren mit hohem Auftragsvolumen und hohen Bestandskosten. Es gibt ein- und zweistufiges Cross-Docking, wobei diese beiden Konzepte bereits in Abschnitt 2.2.3 erläutert wurden. Im Unterschied zum Zentrallager dient der Cross-Docking Punkt nur einem Warenumschlag, die Ware wird im besten Fall gar nicht und sonst nur für ein paar wenige Stunden gelagert.

Es ist eine bestandslose Form der Belieferung! Cross-Docking ermöglicht die Anwendung von JIT Prinzipien auf die Distribution von Waren, weil die ursprünglichen Aufgaben eines Lagers, nämlich die Mengen- und Zeitausgleichsfunktion, entfallen.

Im Gegensatz zu einem Zentrallager, das den CODP näher zum Kunden bringt, verändert Cross-Docking den CODP nicht, der dort bleibt, wo er auch zuvor war (nämlich bei den Lieferanten bzw. Produzenten). Cross-Docking Konzepte haben aber deswegen nicht automatisch eine schlechtere Ausnutzung von Transporten zur Folge, vor allem dann nicht, wenn Cross-Docking in Kombination mit parallelen Zentrallagern durchgeführt wird – eine Kombination, die man in der Praxis häufig antreffen kann. Cross-Docking wird für die hochpreisigen und hochdrehenden Waren eingesetzt, während die übrigen Artikel über das Zentrallager versendet werden.

Cross-Docking Centers sind im Gegensatz zu Zentrallager tendenziell günstiger in der Errichtung, weil hohe Investitionen für Lagertechnik entfallen. Was sie allerdings benötigen, ist eine ausreichend große Anzahl von Docks und Rampen, wobei die umzuschlagende

Ware mittels einfacher Staplertechnik bedient werden kann. Cross-Docking erfordert aber jedenfalls entsprechende IT-technische Unterstützung, idealerweise mit EDI Anbindung der Lieferanten und einheitliche Barcodes zur weitgehenden Automatisierung von Prozessen.

Zusammengefasst lassen sich die Vorteile von Cross-Docking folgendermaßen festhalten:

- Prozesskostenreduktion: Im Zentrallager und in den Filialen entfallen die Aufwendungen für Einlagerung und für Kommissionierung und damit auch die Kosten.
- Bestandskostenreduktion: Lagerbestände werden reduziert oder fallen überhaupt weg.
- Lagerhauskostenreduktion: Reduzierter Flächenbedarf im Lager.
- Die Anlieferung der Ware zu den einzelnen Filialen erfolgt gebündelt, sodass Filialen, die oft beengte räumliche Verhältnisse zur Anlieferung und zum Empfang der Ware aufweisen, entlastet werden und die Ankunft der Waren besser planen und steuern können.

5.1.3 Transportplanung

Wir haben es mit einem Transportplanungsproblem zu tun, wenn verschiedene Produktions- oder Lagerstandorte die *gleichen* Waren produzieren bzw. lagern und diese Produkte zu unterschiedlichen Kunden (z.B. Handelsfilialen) gelangen sollen. Im Handel könnte es sich beispielsweise um Tiernahrung handeln, die in verschiedenen Regionallagern auf Paletten liegt und in allen Filialen verkauft wird. Diese Situation ist ein **Planungs- und Zuordnungsproblem**, weil die Produktions- bzw. Lagerstandorte Kapazitätsbeschränkungen unterliegen, die Kunden unterschiedliche Bedarfe haben und die Transportkosten zwischen den einzelnen Knoten dieses Netzwerks unterschiedliche sind. Es handelt sich aber um kein Transportnetzwerk, das wir hier nachfolgend betrachten wollen, sondern prinzipiell um eine Fragestellung aus dem Handel, welcher Lieferant welche Mengen zu den jeweiligen Kunden (z.B. Filialen) liefern soll.

In unserem Modell, das diese Sachverhalte abbildet (siehe Abbildung 117), gibt es eine Menge von Anbietern (z.B. A_1, A_2 und A_3) und eine Menge von Bedarfsträgern (auch Nachfrager oder Abnehmer genannt, B_1 bis B_3). Jeder Anbieter bietet eine Menge a_i der gewünschten Waren an und jeder Kunde benötigt eine Menge b_i. Die Transportkosten c_{ij} bezeichnen die Kosten pro transportierter Mengeneinheit zwischen Anbieter A_i und Abnehmer B_j.

Das Ziel der Transportplanung besteht nun darin, für eine derartige Problemstellung eine optimale Lösung (das bedeutet mög-

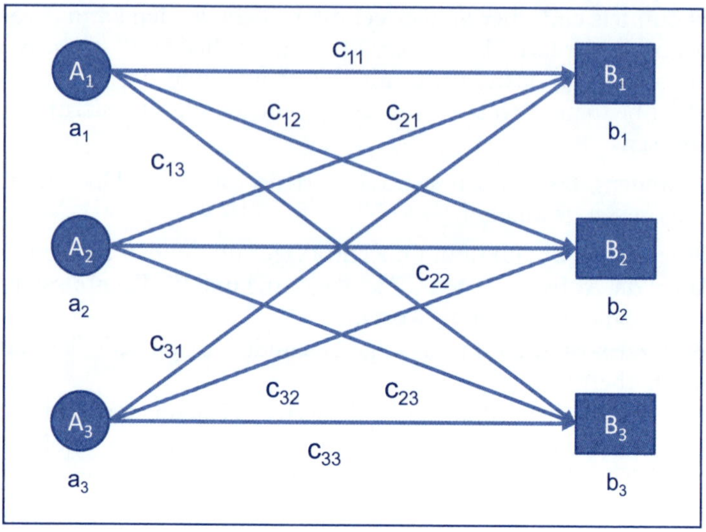

Abbildung 117: Transport- bzw. Allokationsproblem am Beispiel von 3 Anbietern (A) und 3 Nachfragern (B)

lichst geringe gesamte Transportkosten) mit Hilfe von adäquaten Lösungsverfahren zu finden bzw. zu berechnen. Zur Bestimmung des Algorithmus zur Lösung dieser Fragestellung brauchen wir ein mathematisches Modell, das die Basis zu einer weiteren Optimierung darstellt.

Generell bezeichnet man solche Transportprobleme als *Allocation* Probleme (Allokationsprobleme), denn sie behandeln Fragestellungen, welche Lieferanten welchen Teil Ihrer Produktmenge an welche Kunden (oder Filialen) schicken sollten.

Im folgenden Abschnitt wird das klassische Transportproblem allgemein als lineares mathematisches Modell definiert, das den Weg zu einer Lösung aufbereitet.

5.1.3.1 Das klassische Transportproblem

Das Transportproblem kann mathematisch folgendermaßen beschrieben werden:

- Von m Anbietern A_i ($i = 1, 2, 3,\ldots m$) werden jeweils a_i Mengeneinheiten (ME) eines Produkts angeboten.
- Von n Kunden B_j ($j = 1, 2, 3,\ldots n$) werden jeweils b_j Mengeneinheiten (ME) eines Produkts nachgefragt.
- Die gesamte Angebotsmenge ist gleich der gesamten Nachfragemenge (es gilt also: $\sum a_i - \sum b_j$, das System ist somit ausbalanciert.
- Die Transportkosten pro ME können auf allen Strecken (Kanten des Netzwerks) unterschiedlich sein und betragen jeweils c_{ij}.

- Es gibt keine Beschränkungen für die Verbindungen (Kanten), d.h. es kann grundsätzlich jeder Anbieter an jeden Kunden liefern.

Gesucht ist nun ein kostenminimaler Transportplan, sodass alle Bedarfe mit den vorhandenen Angeboten exakt erfüllt werden können.

In mathematischer Darstellung ergibt sich folglich eine Zielfunktion (minimale Kosten K)

$$K = \sum_{i=1}^{m} \sum_{j=1}^{n} c_{ij} \cdot x_{ij} \rightarrow min$$

wobei x_{ij} die Mengen darstellen, die von Anbieter a_i zu Kunden b_j bewegt werden.

Damit das Transportproblem gelöst werden kann, sind folgende Randbedingungen einzuhalten:

$$x_{ij} \geq 0$$

$$\sum_{j=1}^{n} x_{ij} = a_i \qquad \forall i = 1 \ldots m$$

$$\sum_{i=1}^{m} x_{ij} = b_j \qquad \forall j = 1 \ldots n$$

Die beiden Summenformeln zeigen, dass

- zum einen die Mengen, die in Summe bei allen Kunden von einem einzigen Lieferanten ankommen, der Summe der von diesem Lieferanten insgesamt bereitgestellten Menge entsprechen müssen und
- zum anderen die Mengen, die von allen Lieferanten zu einem Kunden gehen, genau der von diesem Abnehmer geforderten Menge entsprechen müssen.

Man erkennt, dass dieses klassische Transportproblem ein spezielles lineares Problem ist, das in Folge auch die Anwendung aller Lösungsmethoden für lineare Problemstellungen erlaubt. Unabhängig von der gewählten Lösungsmethode benötigen diese exakten Methoden allerdings eine zulässige Basislösung (für den Beginn), von der ausgehend die Optimierung durchgeführt werden kann. Diese werden wir hier allerdings nicht behandeln, sondern bloß zwei mögliche Verfahren zur Definition von Basislösungen zeigen.

Basislösungen können mit Hilfe von heuristischen Eröffnungsverfahren bestimmt werden, von denen zwei anschließend behandelt werden:

- das Matrixminimumverfahren und
- die Vogel'sche Approximationsmethode.

Grundsätzlich gehen alle Eröffnungsverfahren von einem Transporttableau aus, einer matrixförmigen Darstellung, in welcher jeder Zeile ein Anbieter (1, ..., m) und jeder Spalte ein Kunde (1, ..., n) entspricht. In der letzten Zeile sind die erforderlichen Mengen b_j eingetragen und in der letzten Spalte sind analog die angebotenen Mengen a_i eingetragen. Jede Zelle der Matrix hat zwei Einträge, die Kosten (c_{ij}) und transportierten Mengen (x_{ij}).

Anfangs sind alle x_{ij} unbelegt und jeder mögliche Algorithmus verfolgt das Ziel, die x_{ij} so zu belegen, dass alle Gleichungen erfüllt sind und die Summe der Transportkosten gering ausfällt. Das nachfolgende Beispiel illustriert das Vorgehen. Es handelt sich um ein Unternehmen mit drei Produktionsstandorten und vier Lagerstandorten zur Versorgung der Kunden.

Drei Produktionsstandorte (Anbieter) versorgen also vier Lagerstandorte (Kunden), die in verschiedenen Regionen verteilt sind mit Produkten. Die Produkte werden auf Paletten verschickt. Folgende Mengen an Paletten können die Produktionsstandorte bereitstellen:

- Produktion 1: 35 Paletten
- Produktion 2: 50 Paletten
- Produktion 3: 40 Paletten

Die Lagerstandorte weisen eine Nachfrage nach Produkten von

- Lager 1: 45 Paletten
- Lager 2: 20 Paletten
- Lager 3: 30 Paletten
- Lager 4: 30 Paletten

auf. Man erkennt, dass es sich um ein ausbalanciertes Problem handelt, weil die Summe der Angebote der Summe aller Bedarfe entspricht – es werden in Summe also gleich viele Produkte erzeugt, wie von den Lagerstandorten benötigt werden. Die Transportkosten der Paletten sind für die Verbindungen zwischen den einzelnen Produktionsstandorten und den Lagerstandorten unterschiedlich und in der nachfolgenden Tabelle 17 dargestellt.

Wir übertragen nun diese Angaben in ein Transporttableau, das wir für die Erläuterung der Verfahren benötigen:

Jedes Feld als Kreuzungspunkt von Spalten (Lager) und Zeilen (Produktionsstandorte) enthält nun rechts oben die Transportkosten pro Palette, während die Mengen noch offen sind und erst in den weiteren Schritten bestimmt werden müssen. Dieser Schritt soll nachfolgend zuerst mit dem Matrixminimumverfahren erfolgen, das damit auch gleichzeitig anhand dieses Beispiels erläutert wird.

		Nach				
		Lager 1	Lager 2	Lager 3	Lager 4	Angebotene Menge [Palette]
Von	Produktion 1	8 €	6 €	10 €	9 €	35
	Produktion 2	9 €	12 €	13 €	7 €	50
	Produktion 3	14 €	9 €	16 €	5 €	40
	Nachfrage [Paletten]	45	20	30	30	

Tabelle 17: Matrix der Transportkosten zwischen den einzelnen Produktionsstandorten (Anbieter) und den Lagerorten (Nachfrager)

	Lager 1	Lager 2	Lager 3	Lager 4	Angebotsmengen a_i
Produktion 1	8	6	10	9	35
Produktion 2	9	12	13	7	50
Produktion 3	14	9	16	5	40
Nachfragemengen b_j	45	20	30	30	125

Tabelle 18: Transportkostentableau für den Transport von Paletten zwischen Produktions- und Lagerstandorten

5.1.3.2 Das Matrixminimumverfahren

Das Matrixminimumverfahren beruht auf dem Prinzip, die jeweils nächstgünstige Lösung zu finden und wird bei Minimierungsproblemen angewendet. In der Transportmatrix wird in einem ersten Schritt das Feld mit den niedrigsten Kosten gesucht (das im vorliegenden Beispiel am Kreuzungspunkt von Produktion 3 mit Lager 4 liegt und Transportkosten von 5 € pro Palette verursacht) und mit der maximal möglichen Menge belegt (siehe Tabelle 19), nämlich dem gesamten Produktbedarf des Lagers 4.

Anschließend sucht man das nächste Feld mit den nun niedrigsten Kosten und ordnet diesem Feld ebenfalls wieder die maximal mögliche Menge zu, wie dies in Tabelle 20dargestellt ist.

Man erkennt, dass nach diesen beiden ersten Schritten die Lager 2 und 4 bereits vollkommen mit Paletten versorgt werden (und daher in der Abbildung gestrichen wurden). Das Feld mit den nächstniedrigen Transportkosten (jenes mit dem Kostenfaktor $c_{24} = 7$) wird übersprungen, weil das Lager 4 bereits vollkommen mit den erforder-

	Lager 1	Lager 2	Lager 3	Lager 4	Angebotsmengen a_i
Produktion 1	8	6	10	9	35
Produktion 2	9	12	13	7	50
Produktion 3	14	9	16	5 30	~~40~~ 10
Nachfragemengen b_j	45	20	30	~~30~~	125

Tabelle 19: Schritt 1 im Matrixminimumverfahren

lichen Paletten versorgt ist. In Folge läuft das Verfahren mit dem Feld $c_{11} = 8$ weiter. Das Verfahren wird nun so lange fortgesetzt, bis die Angebotsmengen mit den Nachfragemengen vollkommen ausgeglichen sind, was im vorliegenden Beispiel in Tabelle 21 erreicht wurde.

Diese Lösung ist eine mögliche Lösung, die aber in den meisten Fällen noch weiter optimiert werden kann. Die Gesamtkosten für den Palettentransport zwischen den Produktions- und Lagerstandorten nach dieser Lösung betragen wie bereits zuvor dargestellt:

$$K = \sum_{i=1}^{m} \sum_{j=1}^{n} c_{ij} \cdot x_{ij} \rightarrow min$$

Damit ergeben sich in diesem konkreten Beispiel Gesamtkosten von $K = 1.080$ €.

Der Nachteil des Matrixminimumverfahrens liegt darin, dass die initiale Zuordnung der größtmöglichen Transportmenge zum Element mit den niedrigsten Transportkosten oftmals nicht die beste

	Lager 1	Lager 2	Lager 3	Lager 4	Angebotsmengen a_i
Produktion 1	8	6 20	10	9	~~35~~ 15
Produktion 2	9	12	13	7	50
Produktion 3	14	9	16	5 30	10
Nachfragemengen b_j	45	~~20~~	30	~~30~~	125

Tabelle 20: Schritt 2 im Matrixminimumverfahren

	Lager 1	Lager 2	Lager 3	Lager 4	Angebotsmengen a_i
Produktion 1	8 / 15	6 / 20	10 / 0	9 / 0	~~15~~
Produktion 2	9 / 30	12 / 0	13 / 20	7 / 0	~~50~~
Produktion 3	14 / 0	9 / 0	16 / 10	5 / 30	~~10~~
Nachfragemengen b_j	~~45~~	~~20~~	~~30~~	~~30~~	~~125~~

Tabelle 21: Der finale Schritt des Matrixminimumverfahrens im vorliegenden Beispiel

Lösung liefert. Es besteht die Gefahr, dass nach diesem ersten Schritt die restliche Transportmenge einem deutlich teureren Element zugeordnet werden muss und damit die im ersten Schritt gewonnen Vorteile sofort wieder zunichte gemacht werden. Abhilfe zu diesem Problem schafft die Vogel'sche Approximationsmethode, die wir nachfolgend vorstellen und die nun die zweite Möglichkeit darstellt, eine Initiallösung für eine nachfolgende Optimierung zu erhalten.

5.1.3.3 Vogel'sche Approximation

Die Vogel'sche Approximationsmethode kann als Weiterentwicklung des Matrixminimumverfahrens verstanden werden, weil es dessen Schwäche kompensiert, nämlich sofort dem günstigsten Transportelement die größte mögliche Transportmenge zuzuordnen.

Anders als bei der Matrixminimummethode wird bei der Vogel'schen Approximation (VAM) nicht nur das günstigste Element, sondern auch das *nächst*günstigste Element berücksichtigt. Dadurch kann man die Verluste im zweiten Schritt reduzieren und insgesamt bessere Lösungen erhalten. Diese Erwartung wird im Allgemeinen nicht enttäuscht und die VAM liefert schon sehr gute, jedoch in den meisten Fällen noch immer nicht optimale Ergebnisse.

Das Vorgehen erfolgt folgendermaßen:

- Differenzbildung: Für jede Zeile und Spalte wird die Kostendifferenz zwischen dem zweitgünstigsten und günstigsten freien Kostenelement gebildet.
- Mengenzuordnung: Danach wird in der Zeile oder Spalte mit der maximalen Differenz dem Feld mit dem günstigsten freien Kostenelement die größtmögliche Menge zugeordnet.
- Danach werden die Kostendifferenzen neu gebildet und Kosten bereits ausgestrichener Spalten und Zeilen werden nicht mehr länger verwendet.

- Dieses Vorgehen wird so lange fortgesetzt, bis alle Mengen zugeordnet sind.

Wir wollen nun das Vogel'sche Approximationsverfahren am zuvor gezeigten Beispiel der Palettenversorgung zwischen Produktions- und Lagerstandorten anwenden. Die nachfolgende Tabelle 22 zeigt die Ausgangssituation von der Aufgabenstellung aus Tabelle 18.

Die Methode beginnt eben damit, dass für jede Zeile und jede Spalte die Differenz zwischen dem zweitgeringsten und geringsten Wert für die Kosten gebildet wird und dann die größte mögliche Transportmenge jener Relation zwischen Produktion (Anbieter) und Lager (Abnehmer) zugeordnet wird, wo sich das kleinste Kostenelement in jener Zeile oder Spalte findet, die die höchste Differenz ausweist. Das ist in Tabelle 22 die dritte Zeile. Damit wird dem Kostenelement

	Lager 1	Lager 2	Lager 3	Lager 4	Angebotsmengen a_i	Differenzen
Produktion 1	8	6	10	9	35	8-6=2
Produktion 2	9	12	13	7	50	9-7=2
Produktion 3	14	9	16	5	40	9-5=4
Nachfragemengen b_j	45	20	30	30	125	
Differenzen	9-8=1	9-6=3	13-10=3	7-5=2		

Tabelle 22: Schritt 1 in der Vogel'schen Approximation

	Lager 1	Lager 2	Lager 3	Lager 4	Angebotsmengen a_i	Differenzen
Produktion 1	8	6	10	9	35	8-6=2
Produktion 2	9	12	13	7	50	12-9=3
Produktion 3	14	9	16	5 30	40 10	14-9=5
Nachfragemengen b_j	45	20	30	30	125	
Differenzen	9-8=1	9-6=3	13-10=3	7-5=2		

Tabelle 23: Schritt 2 in der Vogel'schen Approximation

5 € die größte mögliche Transportmenge, das sind in diesem Fall 30 Paletten, zugeordnet (siehe Tabelle 23).

Damit hat der Abnehmer in Spalte 4 bereits seinen gesamten Bedarf gedeckt und die Spalte wird von weiteren Betrachtungen ausgeschlossen (Tabelle 23), bevor wiederum die Differenzen der verbleibenden Elemente gebildet werden.

Auf diese Weise wird das Verfahren fortgesetzt, bis alle Angebotsmengen den Abnahmemengen zugeordnet sind und man erhält final die folgende Matrix (Tabelle 25).

Berechnet man nun wieder die gesamten Transportkosten, so erhält man Gesamtkosten von

	Lager 1	Lager 2	Lager 3	Lager 4	Angebotsmengen a_i	Differenzen
Produktion 1	8	6	10	9	35	8-6=2
Produktion 2	9	12	13	7	50	12-9=3
Produktion 3	14	9 10	16	5 30	40 10	x
Nachfragemengen b_j	45	20 10	30	30	125	
Differenzen	9-8=1	12-6=6	13-10=3	x		

Tabelle 24: Schritt 3 in der Vogel'schen Approximation

	Lager 1	Lager 2	Lager 3	Lager 4	Angebotsmengen a_i	Differenzen
Produktion 1	8 0	6 10	10 25	9 0	35	
Produktion 2	9 45	12 0	13 5	7 0	50	
Produktion 3	14 0	9 10	16 0	5 30	10	x
Nachfragemengen b_j	45	10	30	30	125	
Differenzen	x	x	x	x		

Tabelle 25: Das Ergebnis der Transportmatrix auf Basis der Vogel'schen Approximation

$$K = 10 \cdot 6 + 25 \cdot 10 + 45 \cdot 9 + 5 \cdot 13 + 10 \cdot 9 + 30 \cdot 5 = 1.020\ €.$$

Somit sind – entweder mit dem Matrixminimumverfahren oder der Vogel'schen Approximationsmethode – Initiallösungen gefunden worden, die mit Optimierungsverfahren weiter verbessert werden können, was hier allerdings nicht gemacht wird.

5.2 Filialversorgung im stationären Handel

Im Handel entscheidet sich der Wettbewerb um die Kunden am Regal. Die besten Marketingstrategien und Supply Chain Konzepte nützen nichts, wenn Kunden ihre Produkte nicht zur gewünschten Zeit, in der gewünschten Menge und am gewünschten Ort kaufen können. Daher kommt der Filiallogistik eine besondere Bedeutung im Handel zu.

5.2.1 Push vs. Pull im Handel

Auch im Handel sind die beiden grundsätzlichen Versorgungsstrategien *Push* und *Pull* bekannt. *Push* bedeutet, dass die Ware auf Basis von Planung nahe zum Kunden gebracht wird, *Pull* wiederum ruft nur jene Produkte und Mengen von vorgelagerten Stufen ab, die der Kunde auch tatsächlich wünscht.

Üblicherweise dienen Regionallager dazu, dass sie Bestand in Kundennähe bilden. Sie werden aus dem Zentrallager über *Push* mit den Produkten und Waren versorgt und stellen in weiterer Folge den Entkopplungspunkt (CODP oder auch im Handel: *Order Penetration Point – OPP* genannt) dar – ganz ähnlich, wie dies bereits in Zusammenhang mit Produktionsprozessen (Abschnitt 3.1.1) behandelt wurde. Die Beantwortung der Frage, welche der beiden Versorgungsstrategien – *Push* oder *Pull* – zur Anwendung kommt, hat ganz wesentlich damit zu tun, welche Servicegrade die Filialen den Kunden ermöglichen wollen. Es sind also – etwas abweichend von den Aussagen im früheren Abschnitt 5.1.2, wo es explizit um Kosten von zusätzlichen Lagern ging – die zugesicherte Versorgung und die versprochene Lieferzeit der entscheidende Faktor für die Überlegung.

Push-Versorgung bedeutet, dass das Zentrallager die Waren auf Basis einer Prognoserechnung an die nachgelagerten Lagerstufen, z.B. die Regionallager verteilt. In Einzelfällen wird die *Push*-Versorgung bis in die Filiale betrieben. Das passiert meist dann, wenn es sich um Saisonware (z.B. Ski für den Verkauf in der Wintersaison oder Fahrräder zu Beginn des Frühjahrs) oder um die Erstbestückung mit neuen Waren oder Produkten handelt: die Filiale erhält eine

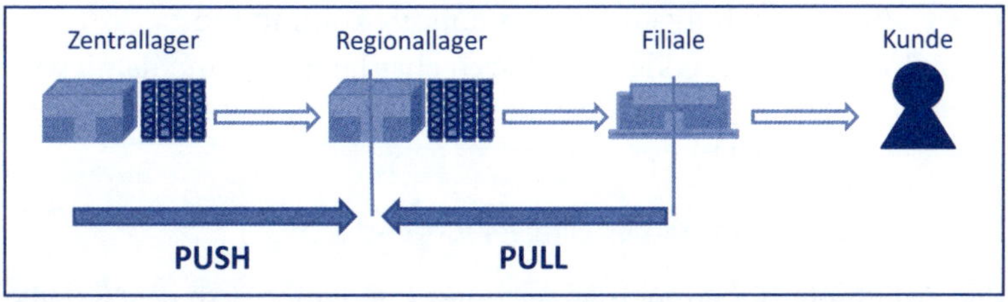

Abbildung 118: Push- und Pull Versorgung in einer Distributionskette

Basisversorgung von diesen neuen Produkten (z.B. Promotionen) zugeteilt. *Push*-Versorgung findet auch dann Anwendung, wenn die Lebenszyklen der Produkte sehr kurz sind. Ein Beispiel dafür sind etwa Mobiltelefone, die üblicherweise Produktlebenszyklen von weniger als einem Jahr haben und die sowohl bei ihrem Erscheinen als auch in der späteren Nachversorgung den Handelsfilialen über *Push* zugeteilt werden.

Typisch für *Pull*-Versorgung sind hingegen die Bestellungen von Filialen bei den vorgelagerten Regionallagern, basierend auf dem tatsächlichen Verbrauch durch Verkäufe an Kunden.

Man unterscheidet bei der *Pull*-Versorgung von Filialen zwischen

- manuellem *Pull* und
- automatisiertem *Pull*.

Unter manueller *Pull*-Versorgung versteht man Versorgungskonzepte, bei denen die Nachbestellungen durch Filialmitarbeiter ausgelöst werden. Filialmitarbeiter haben aufgrund ihrer Erfahrung oft ein gutes Gespür dafür, wann Ware nachbestellt werden muss, um zum einen die Kunden bestmöglich zu versorgen und andererseits die Bestände zu begrenzen. Nachteilig bei diesem Konzept ist jedoch der hohe zeitliche Aufwand für die Mitarbeiter, deren Hauptaufgabe in der Filiale nicht die Logistik, sondern der Verkauf der Produkte sein sollte. An dieser Stelle greift nun das automatisierte *Pull*-Verfahren, das vollkommen IT-gestützt auf historische Daten zugreift, um den Zeitpunkt der Bestellung zu bestimmen. Es sind sogar automatische Prognosen auf Basis historischer Verkaufsdaten möglich. Was hingegen dabei verloren geht ist das Wissen der Mitarbeiter zur Erfassung von Sondereffekten. Technologien wie KI (Künstliche Intelligenz) kommen gerade in diesen Prognosesituationen immer stärker zum Einsatz und liefern auch bereits heute ausgezeichnete Vorhersagemöglichkeiten.

Die *Pull*-Versorgung von Filialen eignet sich besonders dann, wenn:

- die Filiale selbst die Hoheit über ihre Waren haben soll
- es sich um Standardprodukte und -waren handelt

- es zu Nachbestellungen von Promotions kommt und
- die Produktlebenszyklen der Waren eher lang sind und damit wieder die einzelnen Filialen bestimmen, wann sie Ware nachgeliefert bekommen wollen.

5.2.2 Gesamtprozess der Filialversorgung

Die **Filiallogistik** (die auch *Instore Logistik* genannt wird) umfasst alle Prozesse, die in der Filiale vom Wareneingang bis zur Einlagerung in die Warenträger (die Regale) ablaufen. Die Warenprozesse in den Verkaufsstellen sind in der gesamten Logistikkette essenziell und verdienen entsprechende Aufmerksamkeit, weil sie praktisch die einzige Aktivität in der gesamten Logistikkette sind, die von den Kunden unmittelbar erlebt werden. Jeder Fehler in den Logistikprozessen an dieser Stelle könnte von den Kunden bemerkt werden und sich folglich in Imageverlust, Unzufriedenheit oder gar in einer Reklamation zeigen.

Die speziellen Aufgaben der Filiallogistik bestehen in:

- Bereitstellung der nachgefragten Ware zum richtigen Zeitpunkt und in der richtigen Menge im Regal
- Optimierung der Regalpflege
- Reduktion von Warenhandlingsprozessen

Prozesse in der Filiallogistik sind dadurch gekennzeichnet, dass die Logistik einen hohen Einsatz an Personal (30 – 40 % der Arbeitszeit des Filialpersonals fließen in die Logistikprozesse) erfordert und Automatisierungen kaum möglich sind. Zusätzlich müssen Filialen für den Kunden ansprechend gestaltet und geographisch gut erreichbar sein, was zur Folge hat, dass die Lagerhaltungskosten die höchsten in der gesamten Supply Chain sind. Je näher am Kunden sich eine Filiale befindet, desto höher sind tendenziell die Flächenkosten.

Der Distributionsprozess beginnt im Fertigwarenlager des Produzenten und endet im Regal in der Filiale im stationären Handel bzw. bei der Übergabe der Ware an den Kunden im Distanzhandel.

Typische Prozesse, die in Zusammenhang mit Warendistribution anfallen, sind

- Kommissionier- und Lagerprozesse (im Zentral- und / oder Regionallager)
- Transportprozesse (vom Zentral- bzw. Regionallager in die Filiale)
- Verräumprozesse als Teil der Filiallogistik.

Kommissionier- und Lagerprozesse sowie Transportprozesse wurden bereits in Kapitel 2 behandelt. Verräumprozesse sind jene logistischen Prozesse, die in den Filialen selbst stattfinden und dafür sorgen, dass die angelieferten Waren auch von der Palette ins Regal kommen.

Der Umstand, dass die Logistikkosten speziell in der Filiale hoch sind, weil wenig Automatisierung möglich ist, hat zwei weitere, erwähnenswerte Konzepte für die Instore-Logistik hervorgebracht: *Roll-Cage-Sequencing* und *Shelf-Ready-Packaging.*

Beim *Roll-Cage-Sequencing* werden die Artikel bereits filialgerecht in Rollcontainer (siehe Abbildung 119) gepackt. Die Beladung dieser Rollcontainer vor dem Versand an die Filiale richtet sich nach dem Layout der zu beliefernden Filiale, um dort Wege einzusparen.

Abbildung 119: Container beim *Roll-Cage-Sequencing; Quelle: Monkey Business/stock.adobe.com*

Die Vorteile des *Roll-Cage-Sequencing* liegen ganz klar darin, dass...

- die Regalauffüllung wesentlich effizienter erfolgen kann (weil die Filialmitarbeiter die Waren bereits genau in der Reihenfolge und Menge vorfinden, wie sie sie für die Regalbefüllung brauchen),
- die Einräumwege deutlich kürzer sind (diese Wagen fahren vom LKW direkt zum Regal),
- natürlich das Handling der Waren durch diese Rollcontainer erleichtert wird und in Folge auch die Personalkosten sinken bzw. Personal mehr Zeit für Kunden hat.

Diese Vorteile werden allerdings damit erkauft, dass in den vorgelagerten Lagerstufen die Kommissionierzeiten steigen (weil die Befüllung der *Roll-Cages* mit den Waren in der richtigen Reihenfolge und

Menge natürlich aufwändiger ist) und dass Transportkapazitäten bei der Belieferung der Waren möglicherweise schlechter ausgenutzt sind.

Shelf-Ready-Packaging (SRP) bezeichnet regalgerechte Verpackungen bzw. Umverpackungen der Ware, die gleichzeitig für den Transport der Ware verwendet werden. Bereits im Entwicklungsprozess der Verpackung wird ein Hauptaugenmerk auf einen späteren *einfachen* (mit einem oder wenigen Handgriffen) Transport zum *Point-of-Sale* (POS) gedacht.

Abbildung 120: Beispiele für Shelf-Ready-Packaging; Quelle: Janet Worg/ stock.adobe.com

Warum macht man nun SRP? Die wesentlichen Gründe sind die nachfolgenden:

- Einfache Identifikation der Lieferung beim Wareneingang und Nachfüllprozess.
- Schneller Verräumprozess in der Filiale, weil die Ware selbst mit ihrer Umverpackung im Regal deponiert werden kann und die Kunden die gewünschte Ware einfach aus der Umverpackung (oder dem *Tray*, in dem sich diese befindet) entnehmen.
- Geringer Entsorgungsaufwand entweder durch Wiederverwendung der Verpackungen und Ladungsträger oder durch direkte Zuführung der nicht mehr benötigten Umverpackung zum Müll.

SRP erfordert aber in jedem Fall geeignete Regalsysteme, um von den Vorteilen dieser Verpackungsart profitieren zu können. In vielen Fällen haben Verpackungen auch Marketingfunktion (die Waren werden durch die Verpackung erst so richtig ansprechend für die Kunden), deren Realisierung durch die Verwendung von SRP erschwert wird.

Eine besondere Herausforderung in der Filiallogistik stellt die Definition der Belieferungsrhythmen dar. Die Größe der Filiale (und auch der in der Filiale zur Verfügung stehende Lagerplatz) ist ein wesentlicher Parameter dafür. So werden manche Filialen täglich beliefert, während die Lieferung in andere nur alle 2 bis 3 Tage erfolgt. Diese Entscheidung über die Belieferungsfrequenzen hat natürlich Auswirkungen auf die Kosten im Auslieferungslager in Form...

- der Kommissionierung: eine seltenere Belieferung bedeutet größere Mengen, die mit jeder Lieferung in die Filiale gehen. Die Wegzeiten im Lager werden dadurch geringer, weil eben nicht täglich (also 5-mal pro Woche), sondern nur 2–3 mal in der Woche kommissioniert wird
- und des Transports, weil die Menge pro Stopp größer ist und die Filialen nicht so oft beliefert werden müssen.

Auch in der Filiale werden die Kosten durch die Wahl der Belieferungsfrequenz deutlich beeinflusst. Zum einen benötigt die Filiale mehr Lagerfläche, wenn seltener geliefert wird und zum anderen reduzieren sich die Kosten für die Verräumprozesse, wenn diese nicht täglich erfolgen müssen.

Bei längeren Belieferungsintervallen steigt allerdings auch die Gefahr der Nichtverfügbarkeit von Waren im Regal, weil einfach die Zeit bis zur nächsten Lieferung länger ist. Somit wollen wir uns diesen Aspekt im nächsten Abschnitt etwas näher ansehen.

5.2.3 Verfügbarkeit am POS (*Point-of-Sale*)

Kundenzufriedenheit aus logistischer Sicht zeigt sich im Handel in den einzelnen Filialen darin, dass der Kunde seine gewünschten Waren im Regal findet – die Ware damit verfügbar ist. Verfügbarkeit, oder vielmehr ihr Gegenteil, wird meistens als Kennzahl gemessen, die den *Nullbestand* zum Ausdruck bringt. Unter Nullbestand wird verstanden, dass der Lagerbestand des betreffenden Artikels in der Filiale (also sowohl im Regal als auf den Lagerflächen der Filiale) wirklich null ist. Somit drückt die Nullbestandsquote den Anteil jener SKU (Stockkeeping Units) ohne Bestand (Bestand = 0) am gesamten Bestand aller SKU aus. Häufig wird in diesem Zusammenhang auch von *Out-of-Stock* (abgekürzt: OoS) gesprochen, ein Begriff, der den Nullbestand ausdrückt.

Meistens ist aus Kundensicht der Begriff des *Out-of-Shelf*, der die *Nichtverfügbarkeit von Artikeln im Regal* bezeichnet, deutlich zutreffender. Es handelt sich um eine Fehlmenge, weil der Kunde ein Produkt kaufen möchte, dieses aber für ihn nicht verfügbar ist. Die Waren sind möglicherweise in der Filiale vorhanden, jedoch nicht dort, wo sie der Kunde erwartet und sucht. Man verwendet für diese Situation auch die Bezeichnung NOSBOS (*not on shelf but on stock*). Die Gründe für NOSBOS können vielfach sein, unter anderem:

- Zweitplatzierung: die Ware befindet sich an einem anderen als dem erwarteten Platz
- die Ware ist bereits in Einkaufswagen von anderen Kunden und damit für den Kunden, der die Ware sucht, nicht verfügbar
- die Ware ist irgendwo abgelegt
- Diebstahl
- die Ware ist noch im Lager der Filiale.

Trotz der Optimierungsbestrebungen im Rahmen von ECR-Ansätzen (*Efficient Consumer Response* – siehe Abschnitt 5.4.3) und des zunehmend intensiveren Einsatzes IT-technischer Unterstützungs- und Prognosesysteme ist die Nicht-Verfügbarkeit von Artikeln für Handelsunternehmen ein Problem, wie dies auch Abbildung 121 zeigt. Die in dieser Abbildung gezeigten Prozentsätze stammen aus einer Studie aus dem Jahr 2004, einer Studie also, die nicht ganz aktuell ist. Trotzdem wissen wir, dass sich die Verhaltensweisen der Kunden kaum geändert haben und damit die Aussagen der Studie zutreffen.

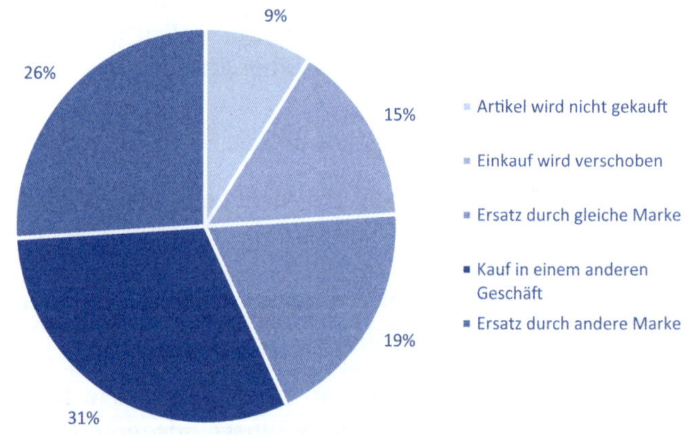

Abbildung 121: Konsequenzen aus Out-of-stock Situationen[12]

Die in Zusammenhang mit der Abbildung zitierte Studie zeigt auch, dass *Out-of-Stock*-Situationen am häufigsten im Bereich der Körperpflegeprodukte auftreten. Die negative betriebswirtschaftliche Konsequenz von *Out-of-stock* ist relativ leicht verständlich, speziell, wenn man sich die in Abbildung 121 dargestellten Folgen ansieht. 31 % der befragten Kunden würden das gewünschte Produkt bei einem anderen Händler kaufen, 15 % zu einem späteren Zeitpunkt und 9 %

[12] Corsten, Grün (2003).

würden gar auf das Produkt verzichten. In Summe ergibt das 55 % aller Kunden, deren Verhalten zu einem unmittelbaren wirtschaftlichen Nachteil für das Handelsunternehmen führt. Nicht nur der Händler, auch das produzierende Unternehmen leidet an der Nicht-Verfügbarkeit der gewünschten Ware im Handel, weil gar 26 % der Kunden eine andere Marke als Ersatz für die nicht verfügbare wählen würden und auch die Aspekte des gänzlichen Verzichts (9 %) und des verschobenen Einkaufs (15 %) treffen den Produzenten. Ob die Substitution des gewünschten Produkts durch ein anderes Produkt derselben Marke wirtschaftlich nachteilig für den Produzenten ist, lässt sich wohl nur im Einzelfall beantworten.

Die Ursachen für *OoS*, *NOSBOS* oder *Out-of-Shelf* sind meistens in der Filiallogistik selbst zu finden, wobei die Nichtverfügbarkeit sowohl direkte als auch indirekte Kosten für die Handelsunternehmen nach sich ziehen. Direkte Kosten sind solche, die unmittelbar mit der Behebung einer Regallücke in Zusammenhang stehen (z.B. kurzfristige Nachbestellung, Zuschläge wegen Mindermengen bei Nachlieferung, Beschleunigungskosten, etc.), indirekte Kosten hingegen sind solche, die schwer zu beziffern sind und dadurch entstehen, dass dem Händler oder auch Produzenten Umsätze in der zuvor bereits beschriebenen Art und Weise entgehen.

Die möglichen Ursachen von nicht verfügbaren Waren im Regal des Handels sind vielfältig und können grob in die nachstehend dargestellten Kategorien eingeteilt werden:

- **Warenbestellung:** Bestellungen für Waren werden zu spät ausgelöst, die prognostizierten Mengen sind falsch oder die Bestellung beinhaltet überhaupt Fehler durch die Mitarbeiter in der Filiale.
- **Verräumung:** Eine der häufigsten Ursachen liegt im Zeitmangel des Personals, das in vielen Handelsfilialen neben der eigentlichen Verkaufstätigkeit die logistischen Tätigkeiten „mitmacht". Weitere Ursachen sind darin begründet, dass *OoS* nicht rechtzeitig erkannt werden oder dass die Produkte im Back-store Bereich der Filiale von den Mitarbeitern einfach nicht gefunden werden können.
- **Bestandsführung:** Entsteht durch Nachlässigkeiten in der Buchung von Warenbewegungen im System, sodass Abweichungen zwischen dem System- und dem realen Bestand an Waren auftreten. Gerade im Bereich von FMCG (Fast Moving Consumer Goods) Artikeln ist auch Diebstahl und die damit verbundene Bestandsabweichung nicht zu unterschätzen!
- **Belieferungsprobleme:** Waren werden von den Herstellern oder vom Zentrallager verspätet oder überhaupt falsch angeliefert. Diese Probleme können selbstverständlich auch von den beauftragten Transportdienstleistern verursacht sein.

Zusammenfassend lässt sich festhalten, dass *OoS* ein existentes und messbares Phänomen im Filialhandel darstellt, es aber schwierig zu definieren ist, welche negativen Auswirkungen damit tatsächlich verbunden sind. Problematisch wird *OoS* wohl eher dann, wenn jene Artikel im Sortiment davon betroffen sind, deren primäre Aufgabe es ist Kunden in die Filiale zu „locken“ (z.B. Aktionswaren) oder es sich überhaupt um Artikel handelt, die bei hohem Umsatz auch hohe Deckungsbeiträge beisteuern. Als Reaktion auf die Ursachen von *OoS* hat sich die Bedeutung von gutem Forecasting (zur Sicherstellung der Versorgung mit den richtigen Artikeln) und einem zuverlässigen Logistikprozess zur Filialversorgung herausgestellt. Ein Konzept, das das Auftreten von *OoS* Situationen und deren Folgen reduzieren soll, nennt sich *Optimal Shelf Availability* (OSA). Dieses Konzept verfolgt das Ziel der höchstmöglichen Regalverfügbarkeit, bleibt aber, weil es schwer zu realisieren ist, eher eine Vision zum Ansporn und zur Motivation. OSA greift genau dort an, wo sehr häufig Probleme mit *OoS* zu finden sind, wie etwa in den nachfolgend angeführten Situationen:

- Die Bereitstellung der Ware in der erforderlichen Menge zum erforderlichen Zeitpunkt zum definierten Regalplatz funktioniert nicht.
- Das Sortiment in Hinblick auf Umfang und Platzierung der Ware ist nicht optimal.
- Die Warenversorgung zwischen Lieferanten, Zentrallager, Backstore und Frontstore der Filiale funktioniert nicht einwandfrei.
- Das vorrangige logistische Ziel in den Filialen liegt in minimierten Beständen wegen des großen Sortiments.

5.3 Versorgung im Distanzhandel (Online-Handel)

Während der Kunde sich beim stationären Handel in die Filiale begeben muss, um dort seine Ware zu erhalten, erfolgt beim Distanzhandel die direkte Lieferung zum Kunden. Im Gegensatz zum stationären Handel sieht der Kunde die Ware zum Zeitpunkt des Einkaufs üblicherweise nicht physisch und kann sie auch nicht begreifen (im wahrsten Sinne des Wortes!), sondern sie wird ihm durch textliche Beschreibungen, Fotos oder Videoclips (bei Bestellungen aus dem Internet oder aus dem Fernsehen) nähergebracht. Besonders innovative Handelsunternehmen nutzen zur Präsentation der Waren teilweise bereits die Möglichkeiten von AR (*Augmented Reality*). Kunden können sich mit dem Smartphone filmen und sehen beispielsweise sofort, wie das ausgewählte Kleidungsstück auf ihnen selbst wirkt und wie es ihnen steht.

Distanzhandel wird oft mit der modernen Form des Online-Handels gleichgesetzt, wobei es ersteren nicht erst seit der umfassenden Verfügbarkeit des Internets gibt. Distanzhandel wurde bereits vor Jahrzehnten durch die Versendung von Print-Katalogen an Kunden betrieben, die auch heute noch – neben dem Internet – in Nischenmärkten oder für spezielle Zwecke verschickt werden. Auch die Such-, Selektions- und Bestellmöglichkeiten durch das Internet entwickeln sich weiter. Viele Konsumenten nutzen den Distanzhandel über *Mobile Devices* (z.B. Smartphones), um von beliebigen Orten bestellen zu können. Man nennt diese Art des Handels auch *m-Commerce* (im Sinne von *Mobile-Commerce*) und die dahinter befindliche Tätigkeit der Kunden *Remote-Ordering*. Ein wesentliches Kennzeichen des Distanzhandels gegenüber dem stationären Handel besteht auch darin, dass der Zeitpunkt der Bestellung (oder Einkaufsentscheidung) von der Lieferung der Ware getrennt ist. Weitere Unterschiede zum stationären Handel sind folgende:

- Der Einkauf ist rund um die Uhr („24/7", eine speziell im angloamerikanischen Bereich häufig verwendete Abkürzung im Online-Handel, die zum Ausdruck bringt, dass der Kunde immer, zu jeder beliebigen Zeit, bestellen kann) möglich.
- Der Einkauf ist ortsungebunden, weil man von jedem Ort der Welt aus (vorausgesetzt, dass es einen Internet-Zugang gibt) die Ware bestellen kann und diese dann an (beinahe) jeden vom Kunden gewünschten Ort geliefert wird.
- Die Kosten für den Händler sind andere als im stationären Handel: Die endkundenspezifische Kommissionierung und der Transport der Ware zum Kunden („Last Mile") müssen in den meisten Fällen vom Handelsunternehmen organisiert und bezahlt werden. Die für den Kunden kostenfreie Zustellung der Ware ist heutzutage, speziell durch den Druck der globalen Online-Händler, für viele Anbieter beinahe eine Notwendigkeit, wobei das deutlich branchenabhängig ist. Dafür fallen im Onlinehandel die Kosten für Handelsfläche und Verkaufspersonal weg.
- Durch den Umstand, dass der Distanzhändler auch keine Ware in Regalen verfügbar halten muss, kann das Sortiment wesentlich breiter ausfallen als beim stationären Handel.

Last Mile ist ein im Handel wohlbekannter Begriff und benennt eben das letzte Transportstück der Waren zum Kunden. Die Relevanz der Last Mile ist deswegen für den Handel so bedeutend, weil es sich dabei um jenes logistische Teilstück handelt, das die mit Abstand höchsten Transportkosten verursacht.

Während im stationären Handel der Kunde die Kommissionierung seiner gewünschten Waren in der Filiale selbst vornimmt (in dem er durch die Gänge der Filiale auf der Suche nach der gewünschten

Ware geht und dann diese aus dem Regal nimmt) und auch die Last-Mile selbst gestaltet (indem er von der Filiale zu seinem Wohn- oder Arbeitsort kommt), so muss beim Distanzhandel die Handelsorganisation diese Aufgaben übernehmen. In vielen Fällen kommt noch hinzu, dass auch eine Retourenlieferung sichergestellt werden muss, die sich in den meisten Fällen als noch aufwändiger als die Auslieferung der Ware darstellt.

Beispiel:
Die Bekleidungsindustrie ist ein Beispiel dafür, wie aufwändig und teuer die Logistik für die Belieferung und vor allem die Retourenlieferung im Online-Handel werden kann. In den vergangenen Jahren wurde Analysen zufolge bis zu drei Viertel der bestellten Ware auch wieder – für den Kunden kostenlos – zurückgesendet.

Generell besteht beim Distanzhandel die besondere Situation darin, dass die Kundenstruktur de facto vollkommen atomisiert ist: jeder Kunde bestellt andere Waren, die geographische Verteilung der Kunden folgt keinem erkennbaren Muster und die Waren an sich weisen auch komplett unterschiedliche Abmessungen und Dimensionen auf. Alleine diese knappe Darstellung zeigt schon, vor welch großen Herausforderungen Distanzhändler stehen!

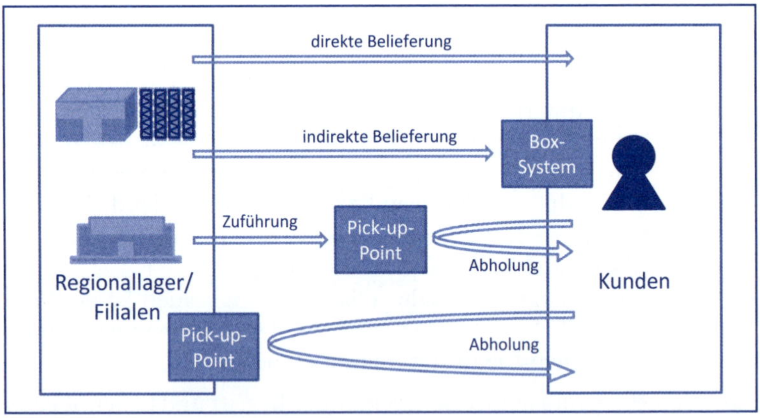

Abbildung 122: Die unterschiedlichen Formen der Belieferung beim Distanzhandel

Die zur Zeit (noch) häufigste Form der Belieferung im Distanzhandel ist die **direkte**, bei der dem Kunden die bestellte Ware zu seiner Wohnung oder zu seinem Arbeitsplatz geliefert wird. Die Zustellung der Ware erfolgt meistens durch Paketdienstleister, die vom Händler beauftragt werden. Das große Problem der direkten Belieferung besteht aus logistischer Sicht darin, dass Kunde und Paket *räumlich* und *zeitlich* zueinander finden müssen. Ob und wie gut es gelingt, die vom Kunden gewünschten Liefertermine zu erreichen, ist entscheidend für das Qualitätsempfinden und damit für die Reputation des Händlers!

Eine weitere Form der Belieferung ist die **indirekte**. Dabei wird vom Paketdienstleister die bestellte Ware beim Kunden in einem verschließbaren Behälter hinterlegt. Alternativ können Kunden auch Abstellgenehmigungen erteilen. Damit ist die Notwendigkeit des zeitlichen Zusammentreffens von Spediteur und Kunde entschärft, weil die Ware beim Kunden eben deponiert werden kann. Box-Systeme beim Kunden haben sich allerdings bisher in der Praxis wenig bewährt, weil die Akzeptanz beim Kunden kaum vorhanden war. Trotzdem beginnen sich diese Systeme jedoch langsam durchzusetzen.

Eine ähnliche Form wie ein Box-System in der Nähe des Kunden stellen neuerdings Ansätze einzelner Handelsunternehmen zur Versorgung von Kunden mit Lebensmitteln dar. Der Kunde bestellt seine gewünschten Waren über *Remote-Ordering*, das Handelsunternehmen kommissioniert die Ware für die Kunden in spezielle Boxen, die gekühlt sind. Diese werden dann zur Wohnungstür oder dem Arbeitsplatz des Kunden geliefert und warten dort im verschlossenen Zustand bis zur Entnahme der Waren.

Beispiel:
Ein Projekt des Logistikums gemeinsam mit der österreichischen Post und einem großen österreichischen Lebensmittel-Handelsunternehmen hat sich vor wenigen Jahren diesem Thema gewidmet. Der Kunde bestellt seine gewünschten Lebensmittel über das Internet und erhält diese – je nach geographischer Lage – entweder noch am gleichen Tag oder spätestens am nächsten Tag. Die österreichische Post wurde als Logistikpartner ausgewählt, weil sie seit Jahrzehnten bereits die Kompetenz der Versorgung auf der Last-Mile hat – nicht mit Lebensmitteln aber dafür mit klassischer Briefpost bzw. Paketen. Es wurden spezielle Behälter im Rahmen dieses Projektes entwickelt, die gekühlt werden können (mit Kühlakkus) und verschließbar sind. Wird der Kunde vom Mitarbeiter der Post nicht angetroffen, so wird die Box vor der Wohnungstüre hinterlassen. Sie wird dann zu einem späteren Zeitpunkt vor der Wohnungstüre wieder abgeholt oder bei der nächsten Postfiliale abgegeben.

Manche Handelsunternehmen bieten ihren Kunden die Möglichkeit einer online Recherche im vorhandenen Sortiment und die Bestellung der gewünschten Ware über das Internet, wobei die Ware nicht zum Kunden versendet wird, sondern an *Pick-up Points*, meistens in

Filialen des Unternehmens, abzuholen ist. Der Kunde hat bei diesem Zustellkonzept den Vorteil, dass er an jedem beliebigen Ort seine gewünschten Waren im Internet suchen, selektieren und bestellen kann und dann gleichzeitig angibt, in welcher Filiale er sie abholen möchte. In der Filiale selbst erspart er sich durch dieses Vorgehen Wartezeiten, kann sicher sein, dass die Ware auch tatsächlich verfügbar ist und kann selbst bestimmen, wann er sich die Ware abholt.

Retourenprozesse stellen einen großen Kostenfaktor im Versandhandel dar. Es ist bekannt, dass die Rücksendequote im Modeversandhandel bis zu 75 % betragen kann, wie bereits zuvor am Beispiel erwähnt wurde. Obwohl die Logistikkosten durch die Rücksendungen sehr hoch werden, bieten viele Modehändler den Kunden eine Gratisrücksendung, die Teil des Geschäftsmodells ist. Diese Praktiken haben dazu geführt, dass natürlich in Folge die Kunden richtiggehend verwöhnt wurden und der Distanzhandel heute kaum Möglichkeiten hat, Logistikkosten – wie zum Beispiel für die Lieferung oder eben die Rücklieferung – dem Kunden in Rechnung zu stellen – zumindest in einigen Branchen nicht. Im Gegenteil: viele Kunden bestellen sich Ware (speziell in der Mode), von der sie bereits zum Zeitpunkt der Bestellung wissen, dass sie diese nicht behalten werden. Kunden holen sich ein ganzes Sortiment von Bekleidung nach Hause, probieren die Ware an und senden sie dann anschließend auf Kosten des Handelsunternehmens wieder zurück.

Der richtige Prozess bei der Rücksendung der Artikel, sowie die hohen Kosten sind die Problematik des Retourenhandlings. Die Rücksendung könnte grundsätzlich in gleicher Form – quasi die SupplyChain rückwärts – erfolgen wie die Sendung zum Konsumenten, was auch eine mögliche Abholung der zurückzusendenden Ware beim Kunden umfasst.

Genauso wäre es im Rahmen der Retourensendung möglich, dass der Kunde die Ware zurück zu einer Pick-up-Station bringt, zu einem Schließfach oder direkt dem Paketdienst zurückgibt. Dabei beziehen sich die Prozesse der Retourenabwicklung vor allem auf die **Redistribution** der Ware (inkl. Überprüfung der Ware auf Art und Menge, eventueller Schäden, der Zahlungsabwicklung eventueller Rückerstattungsbeträge). Ein möglicher Grund für die tendenziell stark steigende Retourenquote ist das Fernabsatzgesetz, das dem Konsumenten einen Widerruf des Kaufvertrags mit dem Versandhändler innerhalb einer Frist von 14 Tagen ohne Angaben von Gründen ermöglicht.

Logistisch muss im Rahmen der Retourenabwicklung zwischen beschädigter Ware (Garantie, Reparatur) und nicht beschädigter Ware (zurück in Auslieferungskreislauf) unterschieden werden, was dann auch unterschiedliche Prozesse im Regional- oder Versandlagers des Händlers nach sich zieht.

5.4 Spezielle Themen aus der Handelslogistik

Nachfolgend sollen ein paar Themen behandelt werden, die in der Handelslogistik relevant sind und in den meisten Distributionsnetzwerken in der einen oder anderen Form eine Rolle spielen.

5.4.1 Multi-Channel-Logistik

Multi-Channel-Logistik beschreibt den parallelen Einsatz mehrerer unterschiedlicher Distributionskanäle bei Handelsunternehmen. Es gibt heutzutage nur mehr wenige Handelsunternehmen, die ausschließlich auf einen Distributionskanal, entweder nur stationär oder nur auf den Distanzhandel setzen. Die Händler müssen deutlich stärker den Wünschen der Kunden folgen und diesen die Waren so anbieten, wie es gewünscht wird. So bieten zahlreiche Einzelhändler die Möglichkeit, Waren im Internet zu bestellen und sich diese entweder zustellen zu lassen oder dann in einer der stationären Filiale abzuholen. Diese Vielfalt der unterschiedlichen Distributionskanäle stellt die Logistik natürlich vor neue Herausforderungen, ist eben aber den veränderten Wünschen der Kunden geschuldet.

Das parallele Betreiben mehrerer Distributionskanäle, so wie dies auch in Abbildung 122 gezeigt ist, bedeutet vor allem höhere Komplexität in der Logistik und demzufolge höhere Kosten, die es zu minimieren gilt. Komplexität lässt sich durch Standardisierung an jenen Stellen reduzieren, wo Prozesse in ähnlicher Art ablaufen. Die Einführung von standardisierten und gleichzeitig effizienten Prozessen (möglichst einfache Logistiklösungen) ermöglicht die Umsetzung der Forderung nach Vereinfachung. Außerdem ist die Gewährleistung des Informationsflusses bei der *Multi-Channel-Logistik* von besonderer Bedeutung, vor allem dann, wenn ein Auftrag durch mehrere Kanäle „hindurchwandert“ (*Cross-Channel*-Logistik – siehe unten).

Speziell im Bereich der Transporte birgt die *Multi-Channel*-Logistik einige Herausforderungen in sich. Einerseits müssen Transportkosten durch Koordination und Konsolidierung von Transporten minimiert werden, andererseits soll eine bedarfsgerechte Bedienung und hohe Lieferfrequenz gewährleistet werden. Ziel wäre die Zusammenlegung und Integration der Transportsysteme, um das Effizienz- und Einsparungspotenzial auszuschöpfen. Jedoch ist das nur bedingt möglich, weil aufgrund der zu transportierenden Mengen die Anforderungen sehr unterschiedlich sind. Bei Zustellungen direkt in die Filialen (Paletten) werden in der Regel LKW eingesetzt, bei Zustellungen durch vorangegangene Onlinebestellung (geringes Volumen) wird in den meisten Fällen ein KEP- (Kurier-Express) Dienstleister engagiert.

Das Kommissionieren der Ware erfolgt üblicherweise auf drei unterschiedliche Arten.

- **Kommissionieren direkt auf der Verkaufsfläche oder in Lagern der Verkaufsstelle:** Bei dieser Form der Kommissionierung werden nur Kunden aus bestimmten Einzugsgebieten bedient, die sich nahe der jeweiligen Filiale befinden. Auf diese Weise genießt der Kunde einerseits die Vorteile des Distanzhandels, andererseits hat der Kunde aber auch Zugang zu lokalen Angeboten. In weiterer Folge sind auch kaum Investitionen in Lagerstrukturen notwendig. Der Nachteil der Kommissionierung auf Verkaufsflächen besteht allerdings darin, dass Verkaufsstellen an sich nicht für die Logistik geeignet sind, weil dort eben Verkauf, die Interaktion mit dem Kunden stattfindet. Zur Erfüllung dieser Anforderungen spielt z.B. die effektive Sortimentsplatzierung eine viel größere Rolle als Kommissionierungseffizienz. Außerdem könnten die Kunden durch die Kommissionierer beim Einkauf gestört werden. Da auch Kunden im Geschäft auf die gleichen Waren zugreifen, die online bestellt werden können, ist die Gefahr von *Out-of-Stock* Situationen natürlich erhöht.
- **Kommissionierung in Zentral- bzw. Regionallagern:** Hier können die Vorteile, die mit der Warenbündelung im Zusammenhang stehen am besten realisiert werden. Es ist aber auch möglich gegebenenfalls eine Sortimentsdifferenzierung der stationären und der Versandhandelswaren durchzuführen, um mehr Transparenz zu erhalten. Ein weiterer Vorteil dieser Kommissionierart liegt darin begründet, dass aus finanzwirtschaftlicher Sicht die Overheadkosten relativ gering ausfallen. Der größte Nachteil hingegen ist das Gestaltungsproblem des Lagers. Aufgrund der Verschiedenheit der Kommissionierungssysteme bei Filial- und Kundenaufträgen, vor allem bezogen auf die Menge der zu kommissionierenden Waren, müssen die jeweiligen Bereiche unterschiedlich ausgestattet sein. In der Praxis bedeutet das, dass auf eines der Kommissionierungssysteme der Schwerpunkt fällt und somit die Gefahr besteht, dass es bei der anderen Alternative zu Ineffizienzen kommt. Eine andere denkbare Möglichkeit wäre, dass Lager für beide Kommissionierungssysteme optimal auszustatten; bei dieser Variante muss jedoch mit hohen Mehrkosten gerechnet werden.
- **Kommissionierung in eigenen Distributionszentren:** Der Vorteil ist hierbei, dass ein sehr hohes Maß an Transparenz und Effizienz geschaffen werden kann. Der Nachteil liegt in den großen Investitionen und zusätzlichem Overhead, mit dem gerechnet werden muss.

Multi-Channel-Logistik und *Cross-Channel-Logistik* sind verwandte Begriffe, die eine hohe Komplexität in den logistischen Prozessen nach sich ziehen. Während bei der Multi-Channel-Logistik unterschiedliche Distributionskanäle eines Handelsunternehmens parallel eingesetzt werden, finden bei der *Cross-Channel-Logistik* Verknüpfungen (Querverbindungen) zwischen den Distributionskanälen statt, es werden also bei einem Bestellvorgang mehrere Kanäle gleichzeitig bedient. So könnten Kunden beispielsweise gewünschte Produkte im Internet recherchieren und beim Händler bestellen und dann in der Filiale abholen (*Click-and-Collect*). *Cross–Channel-Logistik* ist von der Abwicklung her komplex, weil logistische Prozesse miteinander verflochten sind und eine gute, solide und konsistente Datenbasis über die verschiedenen Kanäle hinweg wichtig ist.

Beim Retourenhandling kommt Cross-Channel-Logistik besonders häufig vor. Wenn der Kunde im Onlinehandel mit der bestellten und gelieferten Ware unzufrieden ist, kann er sie in den meisten Fällen innerhalb angemessener Fristen zurückgeben. Dabei hat der Kunde aus logistischer Sicht zwei Möglichkeiten: entweder schickt er die Bestellung retour an den Absender, oder aber er gibt sie direkt in einer Filiale zurück. Somit verlässt die Ware den Distributionskanal des Onlinehandels und wird dem Unternehmen im Distributionskanal des stationären Handels wieder zugeführt. Eine Querverbindung ist geschaffen.

5.4.2 Der Bullwhip-Effekt

Der *Bullwhip*-Effekt beschreibt das Phänomen in Lieferketten, dass kleine Mengenschwankungen auf Kundenseite zu großen und unvorhersehbaren Schwankungen der Nachfragemengen und der Bestände bei den Lieferanten *upstream* führen können (siehe Abbildung 123).

Beispiel:
Jay W. Forrester, ein Systemwissenschaftler vom Massachusetts Institute of Technology (MIT), beschäftigte sich in den Fünfzigerjahren des 20. Jahrhunderts mit Schwankungen in Lieferketten. Es gelang ihm die dabei beobachteten Phänomene, Ereignisse und Abhängigkeiten mathematisch zu beschreiben und damit auch den theoretischen Nachweis des Bullwhip-Effekts zu erbringen, den er 1958 in einer wissenschaftlichen Arbeit publizierte. Forrester stellte unter anderem fest, dass sich aufgrund einer ungeplanten Steigerung der Endkundennachfrage um 10 % diese Bedarfsschwankung bis zum Produzenten auf gut 40 % verstärkt. Seit dieser Zeit beschäftigen sich Wissenschaftler und Wirtschaftsexperten damit, bessere Erklärungen für die Ursachen dieses Phänomens zu finden und Maßnahmen zu seiner Reduktion vorzuschlagen, was bisher in der Praxis nur zum Teil funktioniert. So stellte der amerikanische FMCG (Fast Moving Consumer Goods) Konzern Procter & Gamble (P&G) in

den 80er Jahren des 20. Jahrhunderts einen sehr unregelmäßigen Bedarfsverlauf der von ihm produzierenden Pampers-Windel fest, der nicht erklärt werden konnte. Man kannte die Geburtenrate in den USA, kannte die Kundenpräferenzen und glaubte, daraus ableiten zu können, welche Mengen an Windeln nachgefragt würden – doch die Realität war offenbar eine andere. Je weiter die Untersuchung in Richtung der Lieferanten von P&G verlagert wurde, desto größer wurden auch die beobachtbaren Schwankungen der nachgefragten Mengen. Ein klares Zeichen für den Bullwhip Effekt!

Und ganz ähnliche Vorgänge haben wir alle auch seit dem Frühjahr 2020 erlebt, als in Folge der globalen Covid-19 Pandemie Ausgangsbeschränkungen in Kraft traten, der Handel in weiten Bereichen geschlossen wurde und unser tägliches, gewohntes Leben von einem Tag auf den anderen sich dramatisch verändert hat: WC-Papier war plötzlich das wichtigste Produkt für die Konsumenten und innerhalb kürzester Zeit im Handel vergriffen! Mit der Konsequenz, dass sich nur wenige Wochen später in den Lagern und Verkaufsbereichen der Handelsfilialen WC-Papier stapelte, weil plötzlich die Nachfrage wieder auf ein normales Niveau zurückgegangen war. Ganz Ähnliches ließ sich in jüngster Zeit auch für die Versorgung mit Halbleiter-Chips beobachten: Produkte, die noch vor 1,5 Jahren in der allgemeinen Öffentlichkeit kaum Beachtung fanden, sind nun in aller Munde, weil deren Mangel plötzlich dazu führen, dass viele Produkte nicht verfügbar sind: Autos, Unterhaltungselektronik, Computer, etc.

Das sind alles typische Bullwhip-Effekte!

Diese Beispiele sind nur wenige von sehr vielen, die in allen möglichen Lieferketten auftreten und immer wieder beobachtet werden können. Ist jedem Teilnehmer in der Supply Chain nur der Bedarf des *unmittelbaren* Nachfolgers (*downstream*; also des jeweiligen Kunden) bekannt, besteht mit zunehmendem Abstand vom Letztverbraucher die Gefahr der Falscheinschätzung der tatsächlichen Endkonsumentennachfrage. Fehlentscheidungen innerhalb der Versorgungskette sind damit die Folge.

Ein wesentliches, bereits von Jay Forrester erkanntes Dilemma der Akteure einer Supply Chain besteht darin, dass jeder Partner lediglich diejenigen Bedarfe dezidiert kennt, welche ihm sein Kunde direkt meldet. Forrester nennt bereits in seinen Arbeiten die fehlende Transparenz über die Bedarfe innerhalb der Supply Chain, Informationsverzerrung und die häufige und unabgestimmte Anpassung des Bestandsniveaus als wesentliche Ursachen für die Entwicklung und Ausprägung des Bullwhip-Effekts. Seit der Zeit Forresters wurde der Bullwhip-Effekt weiter untersucht und wir kennen somit die nachfolgend dargestellten Ursachen.

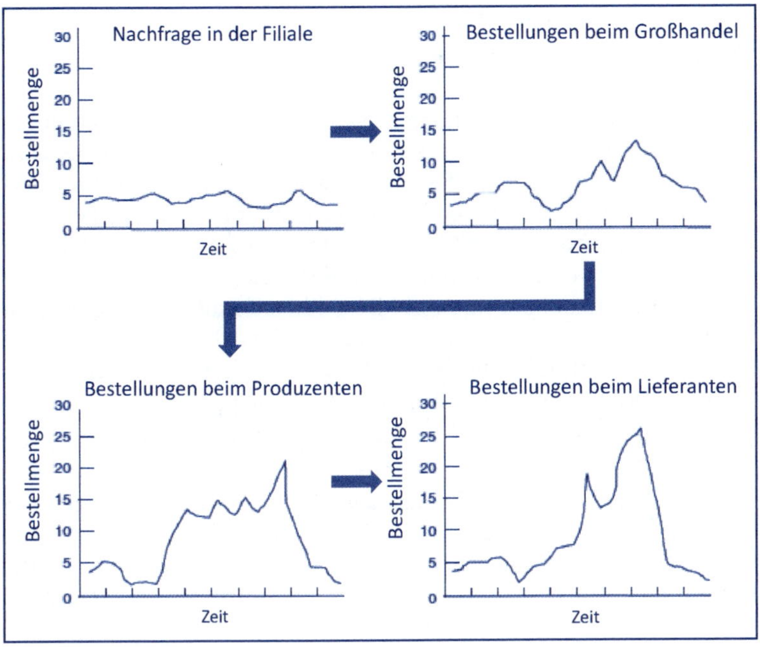

Abbildung 123: Bullwhip Effekt in einer Lieferkette[13]

5.4.2.1 *Kaufverhalten der Konsumenten*

Erwartete oder auch angekündigte Preisänderungen in einer Lieferkette führen zu unerwünschten Reaktionen im Bestellverhalten des Kunden. Stehen Preiserhöhungen bevor, so werden zuvor noch überhöhte Mengen der Ware beim Produzenten geordert und in großer Menge gelagert; werden hingegen Preisreduktionen erwartet, so wird nach Möglichkeit mit weiteren Bestellungen zugewartet. Zusätzlich führen Preisänderungen des Handels – und hier ganz speziell Sonderaktionen (z.B. „Kauf 3, zahl 2") – zu teilweise massiven Disruptionen der Lieferkette, wenn die *upstream* befindlichen Unternehmen nicht rechtzeitig über diese Aktionen informiert werden.

Die Supply Chain wird durch dieses Handeln von den tatsächlichen Bedarfen der Kunden entkoppelt. Speziell zur Entschärfung der aktionsgetriebenen Störungen in der Lieferkette gehen manche Handelsunternehmen dazu über von Aktionen Abstand zu nehmen und Dauertiefpreise anzubieten – sie verfolgen die Strategie *Everyday-Low-Price*.

[13] in Anlehnung an: Ross (2018), S. 440.

5.4.2.2 Bestellverhalten

Das Bestellverhalten hat in erster Linie mit der Bestandspolitik des Unternehmens zu tun. Das führt dazu, dass mitunter auch Bedarfe mehrerer Perioden zusammengefasst werden. Dieses Vorgehen hat aber oft Fehlinterpretationen zukünftiger Bedarfe zur Folge. Es wird von den Lieferanten eine Bedarfszunahme vermutet, wo in Wirklichkeit keine besteht. Bedarfsbündelungen über mehrere Perioden haben das Ausnutzen von Skaleneffekten zum Ziel. Das bestellende Unternehmen versucht durch Bedarfsbündelung Mengenrabatte zu erzielen und nebenbei noch die Bestellkosten möglichst gering zu halten. Der Lieferant sieht jedoch nur die Bestellung (und damit die vom Kunden kumulierten Werte) und produziert nun Mengen, die in keiner Weise dem tatsächlichen Bedarf entsprechen.

Höhere Bestellmengen bieten zudem den Vorteil von geringeren Transportkosten durch bessere Ausnutzung des zur Verfügung stehenden Transportraums. Beides (das Bündeln der Bestellungen aus oben genannten Gründen und der Drang nach besserer Ausnutzung der Transportmittel) führt zu einer diskontinuierlichen Versorgung des Kunden mit benötigten Waren und damit zu einer Verzerrung des tatsächlichen Bedarfs.

5.4.2.3 Die Ermittlung des Bedarfs

Bedarfsänderungen der Endkunden führen meistens nicht zu einer raschen Produktionsanpassung bei den *upstream* befindlichen Unternehmen. Eine Ursache dafür besteht darin, dass die einzelnen Unternehmen einer Supply Chain keine Informationen über die Nachfrage der Konsumenten am Ende der Supply Chain haben, sondern meist nur über Informationen ihrer direkten Kunden verfügen. Eine Ausnahme bilden hier Einzelhändler. Aus diesem Grund prognostizieren die meisten Unternehmen einfach den erwarteten Bedarf der Endkunden und tun so, als ob dieser unabhängig wäre. In Wirklichkeit ist auch der Bedarf jedes einzelnen Produzenten in der Lieferkette im Wesentlichen ein abhängiger! Die Schätzungen – und Prognosen sind nichts anderes – führen dazu, dass auf jeder Stufe der Lieferkette der Bedarf der unmittelbar nachgelagerten (*downstream*) Stufe als Signal für die tatsächliche Endkonsumentennachfrage interpretiert – und damit wohl fehlinterpretiert – wird. Um sicherzugehen, dass Lieferfähigkeit gegeben ist, wird in der Regel ein höherer Bestand (eine Art Sicherheitsbestand) als eigentlich erforderlich festgelegt.

Beispiel:
Ein Bedarf ist dann unabhängig, wenn er ausschließlich von Kunden beeinflusst wird. Abhängige Bedarfe hingegen sind jene, die mit dem Bedarf eines anderen Produkts in direkter Beziehung stehen und nicht separat prognostiziert werden sollten. Der Bedarf (oder die Nachfrage) an PKWs ist für einen Automobilhersteller ein unabhängiger, weil er von den Kunden bestimmt wird. Die Nachfrage nach Rädern mit Sommerreifen hingegen ist ein abhängiger, weil deren Bedarf von der Anzahl der produzierten Fahrzeuge abhängt und über Stücklisten bestimmt werden kann (abgesehen von Ersatzbedarfen aus dem Markt).

Über die gesamte Supply Chain hinweg führen mangelhafte Bedarfsprognosen zu Bestellmengen, deren Schwankungen *upstream* im Verlauf der Lieferkette trotz konstanter Endkonsumentennachfrage zunehmen. Dieses Phänomen verschärft sich, je länger die Supply Chains sind. Handelsunternehmen mit kürzeren Lieferketten sind somit weniger durch den *Bullwhip*-Effekt beeinträchtigt.

Die Aufgabe der Bedarfsplanung ist in allen Unternehmen eine lang-, mittel-, und kurzfristige Prognose zu erstellen, die bestmöglich die erwartete Nachfrage vom nachfolgenden Kunden abbildet. Im B2B (*business-to-business*) Geschäft basiert die Bedarfsprognose auf Kundenabrufen. Werden Bestellmengen eher selten geändert, so funktioniert eine derartige Bedarfsermittlung im Großen und Ganzen reibungslos. Im B2C (*Business to Consumer*) Bereich gelten jedoch andere Gesetze. Kaufentscheidungen der Endverbraucher hängen hier von vielen Einflussfaktoren ab, was die Bedarfsermittlung wesentlich erschwert. Besonders betroffen sind die Branchen im Bekleidungs- und Konsumgüterhandel, die stark saisonalen und modischen Einflüsse ausgesetzt sind. Das führt zu Spannungen zwischen optimaler Kapazitätsplanung, einem hohen Lieferservicegrad und einer möglichst niedrigen Kapitalbindung.

5.4.2.4 Der Faktor Zeit

Der Informations- und der Materialfluss in Lieferketten sind niemals zeitlich perfekt aufeinander abgestimmt. Erhält man die Information über Bedarfsänderungen der nachgelagerten Stufe, so vergeht Zeit, bis sich diese Änderungen auch im Materialbestand realisieren. Innerhalb dieser Zeitspanne zwischen Bedarfsänderung und Reaktion werden Überbestände in der Supply Chain aufgebaut oder es entstehen Fehlbestände. Diese *Lead-Time* (die Zeitverzögerung) trägt wesentlich zur Entstehung des *Bullwhip*-Effekts bei. Zusätzlich tritt oft die Situation auf, dass Vergangenheitswerte als Basis für die Prognose der Zukunft herangezogen werden. Das betreffende

Unternehmen verliert dadurch die Sicht auf die tatsächlichen Markterfordernisse.

Gerade im Textilhandel ist das Managen der zeitlichen Komponente ein entscheidender Wettbewerbsfaktor. Unter dem Schlagwort *Quick Response* wurde schon zu Beginn der 1990er Jahre erfolgreich die Zeitspanne zwischen Design und Vertrieb von Modeartikeln verkürzt. Textilketten wie Zara und H&M haben vorgemacht wie man gefragte Modeartikel rabattfrei verkaufen und gegebenenfalls auch noch nach dem Pull-Prinzip innerhalb kurzer *Lead-Times* nachproduzieren kann. Diese enge zeitliche Anbindung an die Bedarfe des Marktes schließt Skaleneffekte in der Produktion ebenso aus wie das Sourcing in Niedriglohnländern – mit Ausnahme saisonunabhängiger *Basic*-Artikel im Modehandel, die sehr wohl in Niedriglohnländern produziert werden, weil sie kaum Schwankungen in der Nachfrage unterliegen. Trotzdem, oder vielleicht besser: gerade deswegen, sind beide Modehandelsketten mit dieser Strategie sehr erfolgreich.

5.4.2.5 Lieferengpässe

Wird eine Versorgungsknappheit erwartet, ändern Kunden ihr strategisches Bestellverhalten. Die Abnehmer möchten sich bei ihren Lieferanten Kapazitäten sichern und versuchen daher Bestände aufzubauen. Aus diesen strategischen Entscheidungen resultieren Verzerrungen der Bedarfsinformationen. Lieferengpässe entstehen immer dann, wenn Produzenten nicht in der Lage sind, die bei ihnen bestellten Mengen zu liefern. Kommt es zu Lieferengpässen auf der Materialseite, so beschränkt der Produzent für gewöhnlich seine Ware in Richtung der Kunden – man spricht auch von **Allokation**. Unter Allokation werden Liefersituationen verstanden, bei denen die Nachfrage größer als das verfügbare Angebot ist. Der Produzent oder Lieferant der nachgefragten Waren entscheidet dann – meist auf Basis von Deckungsbeitragsüberlegungen oder strategischer Präferenzen – welcher Kunde welche Menge des gewünschten Produkts erhält.

Vermuten die Abnehmer das Bevorstehen einer solchen Versorgungsknappheit, führt das meist zu einem strategischen Verhalten der Teilnehmer. Sie werden mehr bestellen als eigentlich benötigt wird, um dadurch zu höheren Kontingenten (Anteilen an der gesamten Produktionsmenge) zu kommen. Dieses Vortäuschen eines erhöhten Bedarfes wird auch als „Engpasspoker“ bezeichnet.

Natürlich hat der Produzent in der Folge keine Informationen über den tatsächlichen Bedarf. Die erhöhten Bestellungen werden als Anstieg der Nachfrage gedeutet und die Produktion wird weiter erhöht – so gut es eben geht. Lager werden aufgestockt, um den scheinbar erhöhten Bedarf auch in Zukunft decken zu können. Ein

Problem ergibt sich dann, wenn die Verknappung der Produkte zu Ende geht. Die Großhändler werden in diesem Fall ihre Bestellungen beim Produzenten wieder auf den tatsächlichen Bedarf reduzieren. Die erwarteten Bestellmengen bleiben aus und erhöhte Bestände beim Produzenten sind die Folge. Es kommt erschwerend hinzu, dass der Handel in Knappheitssituation oftmals gleichzeitig bei mehreren Produzenten bestellt. Trifft die erste Lieferung ein, werden die restlichen einfach storniert. Dadurch werden die Schwankungen der Bestellmengen zusätzlich verstärkt. Besonders dramatisch wirken sich diese Effekte dann aus, wenn sie durch das strategische Verhalten eines Großhändlers erzeugt werden.

Durch überhöhte Bestellmengen in Folge von Lieferengpässen kommt es also nicht nur auf Grund der anschließenden Stornierungen zu einer Zunahme der Schwankungen, auch die erhöhte Kapazität führt zu Störungen in der Supply Chain. Bei Produkten mit einer sehr kurzen Lebensdauer ist dieser Effekt verstärkt zu beobachten. So ist die Computer- und Chipbranche deshalb besonders betroffen. Eine mittelfristige Kapazitätsplanung wird hier in weiterer Folge nahezu unmöglich gemacht.

5.4.2.6 Maßnahmen zur Reduktion des Bullwhip-Effekts

All die genannten Ursachen haben gemeinsam, dass ein gestörter oder gehemmter Informationsfluss zu vielen Problemen beiträgt. Gelingt es diesen zu verbessern, so wird der *Bullwhip*-Effekt deutlich reduziert. Zusätzlich ist Kooperation zwischen den handelnden Unternehmen der Supply Chain erforderlich.

Ein erster wesentlicher Schritt zur Reduktion des *Bullwhip*-Effekts besteht darin, dass Informationen in einer Lieferkette vollständig und schnell allen Akteuren bekanntgegeben werden. Würden Informationen über die Höhe der Endkonsumentennachfrage bei den betroffenen Partnern vorliegen, wären Bedarfsprognosen in vielen Fällen gar nicht mehr notwendig. Eine Möglichkeit, die Zeit für die Informationsweitergabe in einer Supply Chain zu verkürzen, bietet sich durch den Einsatz IT-gestützter Kommunikationstechniken wie z.B. *Eletronic Data Interchange*, kurz EDI. Für eine effektive Prozessgestaltung ist diese Verknüpfung von sehr hoher Bedeutung, da sich Warenbestellungen und aktuelle Bestände schnell auf elektronischem Wege austauschen lassen. Aufgrund der Reduzierung des zeitlichen Aufwandes auf wenige Minuten hat der schnelle Datentransfer den Vorteil, rasch auf die aktuellen Bestellungen reagieren zu können. Neben der Möglichkeit der unmittelbaren elektronischen Weiterverarbeitung der eintreffenden Information wird auch die Fehleranfälligkeit wesentlich geringer.

Eine enge elektronische Anbindung der Produzenten an die POS (*Point-of-Sale*) Daten der Händler hilft diesen dabei, die gemeldeten Umsatzzahlen interpretieren und feststellen zu können, ob sich tatsächlich die Kundennachfrage deutlich geändert hat oder bloß das Bestellverhalten des Handels. Die elektronische Anbindung der Produzenten wird durch die Nutzung von EDI (Electronic-Data-Interchange) wesentlich unterstützt, einem Standard zum Austausch von Daten zwischen Unternehmen. Im nächsten Abschnitt werden wir uns diesem Standard als Teil der ECR Initiative näher ansehen.

5.4.3 Efficient Consumer Response

*Efficient Consumer Response (*ECR) ist eine gemeinsame Initiative von Industrie und Handel, die sich zu Beginn der 90er Jahre des vergangenen Jahrhunderts gebildet hat als Reaktion auf veränderte Marktgegebenheiten. Die Märkte haben zu dieser Zeit eine zunehmende Sättigung erfahren, was sich dann in weiterer Folge in einem Preiskampf zwischen den Händlern und Produzenten ausgewirkt hat mit dem Ergebnis von teilweise ruinösen finanziellen Ergebnissen für die Unternehmen.

ECR sollte die Antwort auf diese Situation sein und eine Strategie der Kooperation und Integration zwischen Industrie und Handel entwickeln. Interessant erscheint der Umstand, dass dieses Konzept, das seinen Ursprung in den USA hat und erst später nach Europa gekommen ist, vornehmlich von eher kleinen und mittleren Handelsunternehmen vorangetrieben wurde, um der übermächtigen Marktmacht der großen Handelsketten widerstehen zu können.

ECR kann als strategisches Konzept gesehen werden, in dem alle Teilnehmer einer Supply-Chain zusammenarbeiten, um die Geschäftsprozesse zu optimieren. In diesem Konzept sind verschiedene Methoden und Elemente enthalten, die darauf abzielen, die Versorgungketten effizient und an den Bedürfnissen der Verbraucher orientiert zu gestalten. Es hat sich eingebürgert, ECR als Pyramide darzustellen, die aus unterschiedlichen Bausteinen des Konzepts besteht.

ECR kann auch zur Reduktion des *Bullwhip*-Effekts beitragen, weil durch die verstärkte Kooperation zwischen Abnehmer und Anbieter eine Vergleichmäßigung der Bestellmengen eintritt. Gerade die häufig zu findenden Batchbestellungen, die gängige Praxis sind, führen zu überhöhten Mengenschwankungen der Produzenten. Um den *Bullwhip*-Effekt zu reduzieren, ist es nötig diese *Batch-Orders* durch kleinere, dafür aber häufigere Bestellungen zu ersetzen. Die dadurch entstehenden Mehrkosten müssen aber durch andere positive Effekte kompensiert werden, etwa durch die Reduktion von Lagerkosten.

Wie bereits bei den Ursachen für den *Bullwhip*-Effekt erwähnt, sind auch Aktionen der Händler, die nicht ausreichend kommuniziert werden, eine maßgebliche Ursache für diesen. Das Abgehen von Aktionsstrategien an sich – und damit der Übergang zu *Everyday-Low-Prices* kann maßgebliche Verbesserungen nach sich ziehen. Trotzdem sind im Handel Sonderangebote eher die Regel als die Ausnahme. Bei der Planung von Sonderangeboten ist es deshalb wichtig, dass sich Hersteller und Händler abstimmen. Nur so können die negativen Auswirkungen des *Bullwhip*-Effektes vermieden werden. Diese Ansätze werden durch ECR unterstützt.

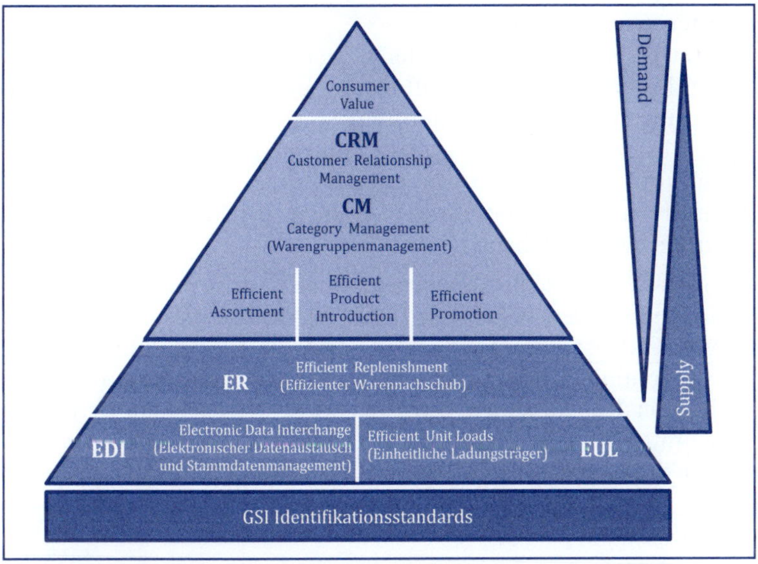

Abbildung 124: Die ECR Pyramide[14]

Man erkennt aus Abbildung 124, dass im ECR Konzept nach *Demand-* und *Supply Side* unterschieden wird. Diese beiderseitige Betrachtung deckt gleichermaßen die Maßnahmen der Logistik (*Supply Side*) und jene des Marketings (*Demand Side*) ab, die beide ineinandergreifen müssen, um die bestmöglichen Effekte zur Geschäftsprozessoptimierung zu erzielen. In Zusammenhang mit diesem Buch stehen die logistikseitigen Maßnahmen und Konzepte im Vordergrund der Betrachtungen. So manche der Konzepte, die sich heute in ECR finden, sind nicht neu und werden ohnehin separat vom eigentlichen ECR Konzept von den Unternehmen betrieben. Die Grundidee hinter ECR, nämlich die Verbesserung der Geschäftsprozesse, die

[14] vgl. Kotzab, Steinbrecher (2009), S. 23.

vereinfachte Datenanbindung und das Vermeiden von Ineffizienzen, findet sich etwa auch in zahlreichen Elementen des Toyota Production Systems (TPS), das zeitlich wesentlich weiter zurückreicht und die Reduktion von Verschwendung zum Ziel hat. TPS ist ein Konzept aus der Produktion, hat aber ganz ähnliche Ziele und Ansätze, die auch im Handel Anwendung finden können.

5.4.3.1 Efficient Replenishment (ER)

Efficient Replenishment wird mit verschiedenen Methoden umgesetzt und setzt in jedem Fall voraus, dass...

- die beteiligten Unternehmen bereit sind sensible, firmeninterne Daten auszutauschen.
- mit der Einführung von ER teilweise hohe Investitionen erforderlich sind (speziell für die Einführung notwendiger IT-Technologien und angepasster Lagerstrukturen).
- die Absatz- und Nachfrageentwicklung weitestgehend stabil verläuft und gut zu prognostizieren ist.
- entsprechend leistungsfähige IT-Systeme (EDI Übertragung etc...) zur Verfügung stehen.

ER selbst findet seine Umsetzung durch das Konzept von *Continuous Replenishment* (CRP) oder auch durch *Computer Aided Ordering* (CAO). CRP ist darauf aufgebaut, dass die Warenversorgung der Filiale kontinuierlich erfolgt und der Nachschub tatsächlich vom Bedarf der Konsumenten getrieben wird, wie das auch bereits im Abschnitt 5.2.1 über Push- bzw. Pullversorgung beschrieben wurde. Damit dieses System funktioniert, ist eben die informationstechnische Vernetzung zwischen den verschiedenen Teilnehmern der Lieferkette sowie ein optimaler Informationsaustausch erforderlich.

CAO erfordert eine artikelgenaue Erfassung aller Warenbewegungen in der Filiale und löst dann automatisch auf Basis der Daten Bestellungen bei den vorgelagerten Versorgungsstufen aus. Zusätzlich werden in den meisten Fällen noch ergänzende Daten berücksichtigt, die zur Verbesserung der Genauigkeit von Bestellungen beitragen sollen. Zu diesen ergänzenden Daten zählen etwa Umfeldfaktoren wie Wetterdaten (denn vom Wetter hängt bei vielen Produkten ab, wie sich die Nachfrage entwickelt), Daten von Social Media Plattformen, aber auch Verkaufsdaten (also Daten, die von der Marketingseite des Handelsunternehmens kommen) oder auch die Berücksichtigung von logistisch effizienten Bestellvolumina.

5.4.3.2 Efficient Unit Load (EUL)

Wesentliche Maßnahmen zur Gestaltung und Verbesserung der Warenströme bestehen in einer Vereinheitlichung und Standardisierung von Verpackungen, Transport- und Lagerräumen. All diese zahlreichen Maßnahmen und Standards werden unter dem Begriff EUL (*Efficient Unit Load*) zusammengefasst.

In vielen Branchen sind die Margen des Handels gering und eine suboptimale Auslastung der Transport- und Lagereinheiten führt dazu, dass...

- Lager- und Ladeflächen schlecht ausgenutzt werden
- die Handlingsaufwendungen für Lade- oder Kommissioniertätigkeiten unnötig hoch sind und
- die Gefahr besteht, dass die Ware beschädigt wird.

Ein wesentliches Element zur Verbesserung der Warenströme besteht in der Verbesserung der Verpackung. Verpackungen sind eine vom Produkt lösbare teilweise oder vollständige Umhüllung von diesem. Verpackungen lassen sich ganz allgemein in die folgenden Arten gliedern:

- **Umverpackung:** das ist die eigentliche Verpackung des Produkts, deren Hauptaufgabe darin besteht, es vor Beschädigung zu beschützen, eine ansprechend gestaltete Werbefläche für Marketingzwecke zu bieten und auch Diebstahl zu erschweren. Sie wird auch als Primärverpackung bezeichnet (z.B. die Flasche Bier).
- **Verkaufsverpackung:** Die Verkaufsverpackung ist die nächstgrößere Verpackungseinheit, die auch als Sekundärverpackung bezeichnet wird und die einzelnen Produkte zu handelsüblichen Mengen (z.B. die Kiste Bier) zusammenfasst.
- **Transportverpackung**, auch als Tertiärverpackung bezeichnet, die eine großvolumige Verpackungseinheit darstellt für die logistische Bewegung der Ware.

Je nach Stufe in der Supply Chain kommen der Verpackung unterschiedliche Funktionen bzw. Aufgaben zu. So dient Verpackung in der Produktion zum Weitertransport von Arbeitsstation zu Arbeitsstation oder zur Erleichterung des Warenumschlags, während im Handel Verpackungen als Werbeträger genutzt werden.

Betrachtet man den Wert einer Verpackung aus der Sicht der Logistik, so kann man dieser die folgenden Aufgaben zuordnen:

- Schutzfunktion (gegen schädliche Klimaeinflüsse, vor Diebstahl, zum Schutz von Personen vor der Ware)
- Lager- und Transportfunktion (Verpackung kann die Lagerung und den Transport durch Standardisierung, Stapelbarkeit erleichtern und in weiterer Folge zu Flächeneinsparung führen)
- Manipulationsfunktion (gut und entsprechend gestaltete Verpackung erleichtert das Handling der Ware)
- Informations- u. Identifikationsfunktion (Verpackung ist der Träger für Barcodes, RFID oder andere Arten von Identifikationssystemen)

- Zusammenfassung von Produkten zu logistischen Einheiten. Die kleinsten Einheiten, die zu größeren logistischen Einheiten zusammengefasst werden, sind SKU (*Stock Keeping Units*). SKUs beschreiben das einzelne verkaufsfähige Produkt, z.B. einen Sportschuh, der eine SKU ist und dessen Bezeichnung identifiziert diesen eben nach Marke, Farbe, Geschlecht und Größe eindeutig.

Einen wesentlichen Wert aus logistischer Sicht haben Verpackungen dann, wenn es gelingt, sie modular zu gestalten, um damit verfügbare Transport- und Lagerräume bestmöglich auszulasten. Modularität ist dann erreicht, wenn Sekundärverpackungen zu Tertiärverpackungen (z.B. EURO Palette) passen. Dazu sind Verpackungen unter dem ISO-Standard 3394 zu Basismaßen mit einer definierten Grundfläche zusammengefasst, wie dies in Abbildung 125 dargestellt ist.

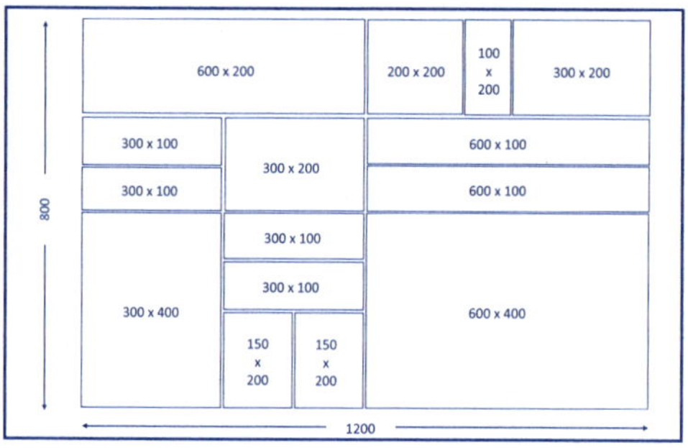

Abbildung 125: Verpackungsabmessungen von Sekundärverpackungen im Grundriss gemäß ISO, ausgelegt auf die Maße einer Euro-Palette als Tertiärverpackung

Durch die Anwendung von Standard-Verpackungsmaßen kann man Produkte leicht zu größeren Einheiten zusammenfassen, ein Vorgang, den man als *Unit-Load*-Konzept bezeichnet. Auf diese Art kann es gelingen, eine Kostensenkung in der Logistik zu erreichen, weil die Güterströme in der Lieferkette deutlich vereinfacht werden. Was ebenfalls dazukommt, sind Vereinfachungen beim Handling der Ware und die Ware kann auch leichter kontrolliert werden. ISO definiert für die Verpackungsgrößen von Sekundärverpackungen ein sogenanntes ISO-Mastermodul mit einer Abmessung der Grundfläche von 600 x 400 mm. Im Sinne einer Standardisierung und Modularisierung befinden sich darunter weitere gewünschte Verpackungsgrößen, die in Abbildung 126 dargestellt sind.

EUL beschränkt sich aber in keiner Weise nur auf die Verpackungen – auch wenn diese ein wesentliches Element in der Gestaltung sind. EUL Maßnahmen gehen auch in die Richtung, die Ladehöhen von Produkten auf Paletten (Tertiärverpackungen) zu vereinheit-

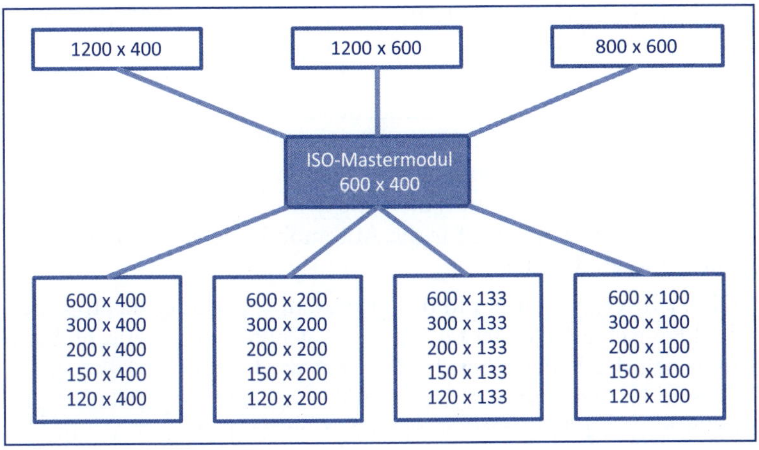

Abbildung 126: ISO Standardgrößen von Verpackungen

lichen, um dadurch eine bessere Raumausnutzung im LKW zu erzielen und gleichzeitig eine Lageroptimierung bei der Aufbewahrung der Ware zu erreichen. In weiterer Folge beschreiben EUL Maßnahmen etwa auch, wie die Rampen bei Lagern gestaltet sein sollten, um auch an diesen Stellen einen effizienten Warenumschlag zu ermöglichen.

5.4.3.3 Electronic Data Interchange (EDI)

EDI ist der standardisierte Austausch von Daten zwischen Händlern und Produzenten bzw. zwischen verschiedenen Partnern in der Lieferkette ganz allgemein. So wie die gerade zuvor beschriebenen EUL Maßnahmen die Vereinfachung, Entflechtung und Effizienz der Warenströme fördern sollen, dient EDI zur Verbesserung des Datenaustauschs zwischen Unternehmen. Jedes Unternehmen verwendet gewöhnlich seine eigenen IT- bzw. ERP Systeme, die über die Unternehmensgrenzen hinweg nicht miteinander kommunizieren können. Der häufig praktizierte Weg der manuellen Versendung von Bestellungen, Lieferavis oder anderer logistischer Informationen hat zur Folge, dass der empfangende Partner diese in sein Format umwandeln muss und damit hoher manueller Aufwand verbunden ist. Zusätzlich steigt die Gefahr von Fehlern, die durch die Manipulation der Daten entstehen könnten.

An dieser Stelle setzt EDI an, das einen standardisierten Datenaustausch zwischen den IT-Systemen der Kunden, Lieferanten und Dienstleister anbietet und gerade im Handel von vielen Unternehmen bereits verlangt und vorausgesetzt wird, damit Produzenten oder auch Dienstleister überhaupt beauftragt werden. EDI Nachrichten basieren auf einheitlichen Standards, die im internationalen

EDI-Nachrichtenstandard EDIFACT geregelt sind. EDIFACT selbst definiert das Datenformat für den Austausch von Daten, nicht jedoch, wie die Daten dann tatsächlich übertragen werden. Weil die Anforderungen in den unterschiedlichen Industrien auch sehr verschieden sind, haben sich innerhalb des EDIFACT Standards sogenannte Subsysteme herausgebildet, die industriespezifisch sind, z.B. EANCOM für die Konsumgüterindustrie, EDITEX für die Textilindustrie oder ODETTE für die Automobilindustrie. Die Basis ist jedoch überall dieselbe.

EDI Nachrichten werden in der Praxis entweder über das Internet, über klassisches EDI oder über Clearing-Centers ausgetauscht. Beim Austausch der Daten über das Internet wird der sogenannte Web-EDI Standard genutzt, klassisches EDI erfordert eine Softwareimplementierung bei den jeweiligen teilnehmenden Partnern. Wenn dies nicht erwünscht ist, bieten auch Drittanbieter als Clearing Centers die Übertragung in Form einer Dienstleistung an. Abbildung 127 zeigt übliche Nachrichtentypen innerhalb des EDI Standards.

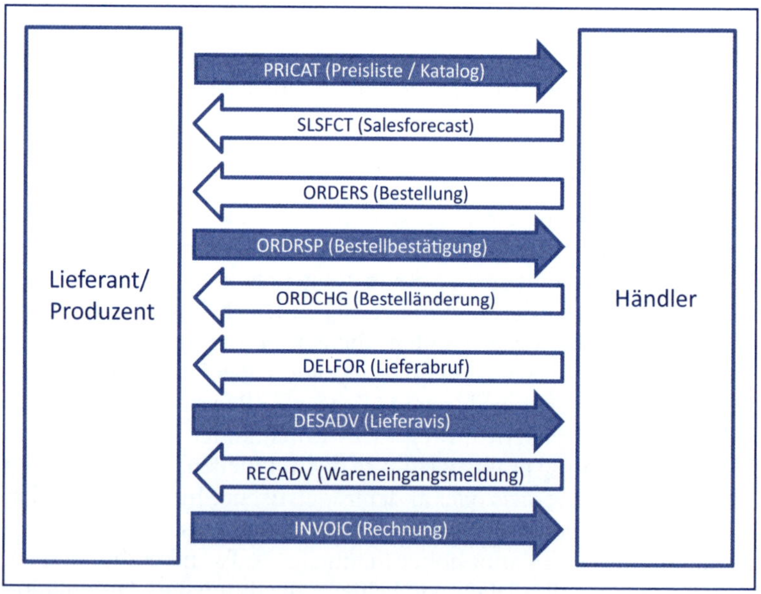

Abbildung 127: Einige Nachrichtentypen im EDI-Standard

Neben der Verbesserung der Effizienz im Datenaustausch ist EDI mittlerweile zu einem entscheidenden Wettbewerbsfaktor geworden: Unternehmen, die nicht EDI Daten austauschen können, kommen als Partner in Lieferketten gar nicht erst in Frage.

Aus Abbildung 127 ist zu erkennen, dass mit EDI sowohl Stammdaten als auch Bewegungsdaten ausgetauscht werden. Der Austausch von Stammdaten bildet das Fundament von einer wirkungsvollen EDI Anwendung, die sich erst dann voll entfalten kann, wenn die übermittelten Daten auch zu entsprechenden Aktionen führen: übermittelt der Händler mit dem Standard DELFOR (*Delivery Forecast*) etwa Forecast Daten an den Produzenten, so hat diese Übermittlung natürlich erst dann einen Wert, wenn der Lieferant diese Daten auch lesen kann und sie vor allem nützt. DELFOR ermöglicht Langfristprognosen des Händlers an den Produzenten (speziell in Hinblick auf geplante Aktionen) und gleichzeitig können auch Rückmeldungen des Lieferanten an seinen Kunden innerhalb dieses Nachrichtentyps gesendet werden.

5.5 Ausgewählte Literatur zu Kapitel 5

Barth, Klaus; Hartmann, Michaela; Schröder, Hendrik (2015): Betriebswirtschaftslehre des Handels; 7. überarbeitete Auflage; Springer-Gabler.

Bretzke, Wolf-Rüdiger (2020): Logistische Netzwerke; 4. Aufl., Springer-Vieweg.

Corsten, Daniel; Grün, Thomas (2003): *Desperately seeking shelf availability: an examination of the extent, the causes, and the efforts to address retail out-of-stocks* in: International Journal of Retail & Distribution Management, vol. 31, no. 12, pp. 605-617.

Göpfert, Ingrid (2019): Logistik der Zukunft – Logistics for the Future; 8. aktualisierte und erweiterte Auflage; Springer-Gabler.

Heinemann, Gerrit (2011): Cross-Channel-Management – Integrationserfordernisse im Multi-Channel-Handel; 3. vollständig überarbeitete Auflage; Gabler.

Hertel, Joachim; Zentes, Joachim; Schramm-Klein, Hanna (2011): Supply-Chain-Management und Warenwirtschaftssysteme im Handel; 2. aktualisierte und erweiterte Auflage; Springer.

Kotzab, Herbert; Steinbrecher, Arnold Christian (2009): ECR – Efficient Consumer Response – Standards, Prozess und Umsetzungen; GS1 Austria / ECR Austria; https://www.ecr.digital/wp_contents/uploads/2016/09/ECR-Buch_2009.pdf.

Lasch, Rainer (2020): Strategisches und operatives Logistikmanagement: Distribution; 3. aktuelle und erweiterte Auflage, Springer-Gabler.

Ross, David Frederick (2018): Distribution Planning and Control – Managing in the Era of Supply Chain Management; 3rd edition, Springer.

Tripp, Christoph (2021): Distributions- und Handelslogistik: Netzwerke und Strategien der Omnichannel-Distribution im Handel; 2. aktualisierte und erweiterte Auflage; Springer-Gabler.

Mattfeld, Dirk; Vahrenkamp, Richard (2014): Logistiknetzwerke – Modelle für Standortwahl und Tourenplanung; 2. Auflage, Springer Gabler.

6 Glossar

Dieses Glossar gibt eine Übersicht über wichtige Begriffe der Logistik und definiert diese auch so, wie sie in diesem Buch zur Anwendung kommen. Zusätzlich sind auch die englischsprachigen Entsprechungen zu finden, wobei es vorkommen kann, dass es auch mehrere englische Begriffe zu einem deutschsprachigen gibt, die nicht alle hier aufgeführt sind. In vielen Fällen kommt es auf den Kontext an, welcher englischsprachige Begriff tatsächlich verwendet wird. Wenn in der Erläuterung eines Begriffes weiteres logistisches Fachvokabular verwendet wird, so ist dieses unterstrichen und zeigt damit an, dass auch dieses Wort im vorliegenden Glossar erklärt ist. Verschiedene Begriffe, die sich um einen Fachbegriff drehen, werden nicht in allen Varianten separat angeführt. In den meisten Fällen wird dann ein häufig gebräuchlicher Fachbegriff herausgenommen, wobei der Leser dann aus dessen Erklärung ableiten kann, was die übrigen verwandten Begriffe bedeuten (z.B. wird nur der Begriff kommissionieren erläutert, nicht aber Kommissionierliste, Kommissionierzone, Kommissionierbereich o.ä.).

Das Buch hat die drei Ströme bzw. Flüsse der Logistik im Fokus: den Materialfluss, den Informationsfluss und den Finanzfluss. Im Rahmen der Beschreibung dieser Flüsse und in Zusammenwirken mit den Branchen, die in diesem Buch behandelt werden, sind die nachfolgenden, miteinander in Beziehung stehenden Begriffe wichtig, deren die nachfolgende Abbildung 128 zum Ausdruck bringt.

- **Produkt:** Bezeichnung kommt aus der Produktionswirtschaft für ein verkaufbares Gut. Produkte können entweder physische, angreifbare Güter sein oder nicht-physische, virtuelle Dienstleistungen. Was für ein Unternehmen sein verkaufbares Produkt ist, stellt für das nächste Unternehmen in der Supply Chain das Material oder einfach eine Ware bzw. ein Gut dar.
- **Waren oder Güter:** Auch dabei handelt es sich um Produkte, die üblicherweise direkt an die Konsumenten verkauft werden. Des-

wegen sind diese beiden Begriffe im Handel gebräuchlicher als in der Produktionswirtschaft.

- **Material:** Produkte werden aus verschiedenen Materialien aufgebaut, sofern es sich um physische Produkte handelt. Materialien sind Sammelbegriffe für Rohstoffe, Teile, Komponenten, Module bzw. Baugruppen oder Systeme.
- **Rohstoffe:** Jene Grundstoffe, aus denen in weiterer Folge Produkte erzeugt werden. Auch Rohstoffe selbst haben in aller Regel bereits Verarbeitungsprozesse erfahren, meistens jedoch im Rahmen der Prozessindustrie (Grundstoffindustrie oder chemische Industrie).
- **Teil:** Materialien, die aus einem Werkstoff erstellt sind (z.B. Schrauben oder Profile) und die in der Regel die Produkte einer diskreten Produktion darstellen. Auch Teile können bereits sehr aufwändig in der Produktion sein (z.B. hochgenau gefertigte Stahlformen).
- **Komponente:** Materialien, die in der Regel aus mehr als einem Teil bestehen. Elektronische Speicherbausteine oder Prozessoren sind Komponenten und haben bereits Fertigungs- bzw. Produktionsprozesse umfangreicheren Ausmaßes hinter sich.
- **Modul bzw. Baugruppe:** Bei Modulen oder Baugruppen handelt es sich um größere Aggregate, die schon umfangreiche Produktionsschritte hinter sich haben. Beispiel: bestückte elektronische Leiterplatten oder Getriebe in Fahrzeugen.
- **Systeme:** Systeme sind hochkomplexe Baugruppen, die an verschiedenen Stellen in einem finalen Produkt zu finden sind. Beispiel: ABS Bremssystem in einem Fahrzeug, das aus Sensoren, Leitungen, Steuergeräten und noch vielen anderen Materialien besteht.

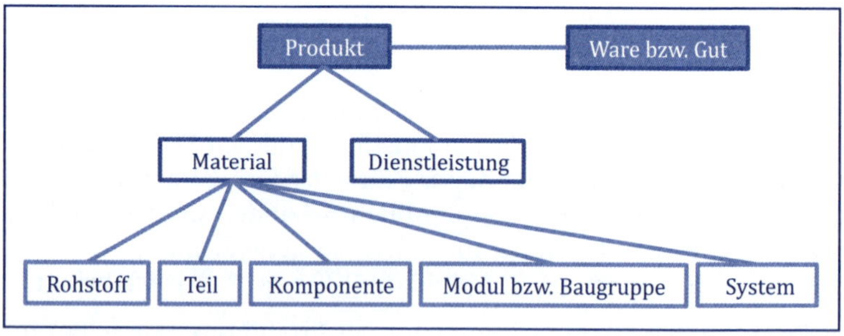

Abbildung 128: Begriffsdefintionen

ABC-Analyse *ABC analysis*	Die ABC Analyse ist ein grundlegendes Analyseverfahren in der Logistik. Alle Individuen einer definierten Population (z.B. alle beschafften Materialien) werden in absteigender Reihenfolge einer bestimmten Merkmalsausprägung (z.B. Umsatz) nacheinander angeordnet und deren Wert kumuliert dargestellt. Die vom italienischen Mathematiker Vilfredo Pareto (1848–1923) erkannten Zusammenhänge besagen, dass ca. 20% der Individuen für etwa 80% des kumulierten Wertes verantwortlich sind. In gleicher Weise gilt, dass 80% der Individuen nur zu 20% zum Gesamtwert beitragen. Die ABC-Analyse geht einen Schritt weiter. A-Individuen sind für ca. 70% des Gesamtwerts verantwortlich, B-Individuen für ca. 20% und C-Individuen für den Rest. Die ABC-Analyse ermöglicht die Fokussierung von Aktivitäten auf relevante Themen.
Ablauforganisation *process organisation*	Die Ablauforganisation zeigt die Prozesse, die in einem Unternehmen zur Erfüllung seiner Aufgaben durchgeführt werden.
Ablaufplanung *process planning*	Die Ablaufplanung wird auch als dynamische Planung bezeichnet und definiert wie Kunden-, Lager- oder Planaufträge in vorhandenen Strukturen (Strukturplanung) bestmöglich abgearbeitet werden, um den vom Kunden geforderten Service zu erbringen (Liefertermin, Durchlaufzeit, Flexibilität).
Absatzplanung *sales planning*	Die Absatzplanung definiert, welche Produkte das Unternehmen auf Basis von konkreten Kundenaufträgen, Prognosen und / oder Erwartungen verkaufen möchte.
Andler-Formel *Economic Order Quantity (EOC) model*	Ein statisches Bestellverfahren, das auf einfache Weise die optimale Bestellmenge ermittelt. Die optimale Bestellmenge liefert die für Rüsten und Lagern geringstmöglichen Kosten.
Arbeitsgang *operation step*	Der Arbeitsgang beschreibt einen technisch in sich abgeschlossenen Vorgang an einer Arbeitsstation (z.B. Schneiden eines Werkstücks, Färben von Textilien). Die Dauer des Arbeitsgangs setzt sich aus der Durchführungszeit und der Übergangszeit zusammen.
Arbeitsstation *work station*	Allgemeiner Begriff einer abgeschlossenen physischen Einheit in der Produktion, an der Arbeit durch Menschen oder Maschinen in definierter Weise vorgenommen wird.

Aufbauorganisation *organisational structure*	Die Aufbauorganisation stellt die hierarchischen Ebenen und Funktionen eines Unternehmens in statischer Form (in Form eines Organigramms) dar.
Auftragsbestätigung *order confirmation*	Die Auftragsbestätigung ist die „Antwort" des Lieferanten an den Kunden auf dessen Bestellung. Erst mit der Auftragsbestätigung – und damit der Bestätigung der bestellten Menge, des Liefertermins und des Preises – kommt ein rechtsgültiger Vertrag zustande.
Auftragsfertiger/ -fertigung *ATO = assemble to order* bzw. *MTO = make to order*	Auftragsfertigung ist jene Form der Produktion, die erst nach Eintreffen des Kundenauftrags mit der finalen Fertigstellung bzw. Montage der Ware beginnt. Auftragsfertiger produzieren Baugruppen auf Lager (kundenanonyme Produktion) um diese nach Eintreffen des Kundenauftrags fertigzustellen: ATO Unternehmen montieren den Kundenauftrag, MTO hingegen haben auch noch einen Anteil Fertigung vor Auslieferung durchzuführen.
Auslastung *utilization*	Die Auslastung eines logistischen Systems stellt das Verhältnis von abgerufener zu möglicher Leistung dar.
Baugruppe oder Modul *assembly* oder *module*	Eine Baugruppe ist eine Zusammenstellung aus mehreren Teilen, Komponenten oder Rohstoffen, die bereits komplexe Aufgaben erfüllt. Trotzdem erfüllt eine Baugruppe noch nicht die Endkundenanforderung, sondern muss noch bearbeitet und / oder mit anderen Baugruppen, Teilen und Rohstoffen zu einem Produkt zusammengefügt werden.
Bearbeitungszeit operation time, processing time	Die Bearbeitungszeit ist jene Zeit, während der an einem Werkstück tatsächlich eine Bearbeitung an einer Arbeitsstation stattfindet. Sie ist ein Teil der Durchführungszeit.
Bedarfsträger *requestor*	Bedarfsträger sind jene Personen bzw. Funktionseinheiten im Unternehmen, die Materialien für ihre Arbeit benötigen und daher an die Logistik bzw. Einkauf den Auftrag erteilen diese zu besorgen. Solche Aufträge können Fertigungs- oder Lageraufträge sein bzw. Bestellanforderungen an den Einkauf.
Benchmarking	Ist eine anerkannte Vorgehensweise im Management um die eigene Leistung (z.B. einer Arbeitsstation, eines Bereichs oder einer Abteilung) mit anderen gleichartigen Bereichen (entweder im eigenen Unternehmen oder mit anderen Unternehmen) zu vergleichen.

Beschaffungslogistik *supply logistics* oder *purchasing*	Beschaffungslogistik ist jener Teil des Beschaffungsmanagements, der die eher operative Abwicklung der Beziehung zwischen Lieferanten und Abnehmer übernimmt und dafür sorgt, dass die Ware wie vereinbart geliefert wird. Häufig wird diese Aufgabe in der Praxis auch operativer Einkauf oder Disposition genannt.
Beschaffungsmanagement *supply management*	Beschaffungsmanagement ist der Überbegriff über Einkauf und Beschaffungslogistik und fasst alle Aktivitäten zusammen, die vom fokalen Unternehmen in Richtung des Lieferantenmarkts gesetzt werden.
Bestand *inventory* oder *stocks*	Material, das an bestimmten Stellen im logistischen Fluss liegt und auf seine weitere Be- bzw. Verarbeitung wartet.
Bestellanforderung (BANF) *order request*	Bestellanforderungen werden durch die Materialbedarfsplanung in ERP-Systemen erzeugt. Eine Bestellanforderung bedeutet, dass das betreffende Material für den Kunden oder die Produktion gebraucht wird. ERP-Systeme prüfen, ob das benötigte Material auf Lager liegt oder lösen alternativ eine Bestellung beim definierten Lieferanten aus.
Bestellmenge *order quantity*	Jene Materialmenge, die mit einer Bestellung georderT wird.
Bestellpunktverfahren *order point method*	Das Bestellpunktverfahren löst den Materialfluss bestandsorientiert aus. Wird ein zuvor definierter Meldebestand unterschritten, so wird eine Bestellung ausgelöst und damit der Materialfluss angestoßen.
Bestellrhythmusverfahren *order rhythm method*	Beim Bestellrhythmusverfahren wird der Materialfluss immer dann angestoßen, wenn zu einem bestimmten, sich regelmäßig wiederholenden, Zeitpunkt der Meldebestand erstmalig unterschritten wird.
Bestellnummer *purchase order number*	Eine definierte und eindeutig zuordenbare Nummer zu jeder Bestellung, anhand derer die eindeutige Identifikation von Rechnung und Ware zur Bestellung möglich wird. Bestellnummern werden in jedem ERP System geführt.
Bestellung *purchase order (PO)*	Die formale Aufforderung des Kunden an den Lieferanten ein definiertes Produkt zu vereinbarten Konditionen zu liefern. Eine Bestellung stellt einen Vertrag dar.

Betriebsmittel *operating material* bzw. häufig auch *MRO material* genannt (*MRO = Maintainance, Repair and Operation*)	Betriebsmittel sind Güter, die im Produktionsprozess benötigt werden, jedoch selbst nicht in das Produkt eingehen (z.B. Fette, Schmieröle)
Cash-to-Cash Cycle (C2C)	Der C2C bezieht sich auf den finanziellen Fluss der Logistik und definiert, wie lange es dauert, bis ein auf der Lieferantenseite ausgegebener Euro wieder von der Kundenseite zurückverdient wird.
Cross-Docking	Ein wichtiges Konzept in der Distributionslogistik zum Umschlag von Waren.
Dispositionsparameter *order parameters*	Dispositionsparameter sind Variablen, die festlegen, wann ein Materialfluss ausgelöst wird. Sie werden gewöhnlich in ERP Systemen eingestellt.
Dispositionsstufe *low-level-code*	Die Dispositionsstufe gibt die tiefste Stufe eines Teils im Gozinto-Graphen an, auf der dieser benötigt wird.
Distanzhandel *distance commerce* oder auch *distance selling, distance trading, distance retailers*	Unter Distanzhandel versteht man eine Form des Handels, bei der der Kunde nicht in eine Filiale kommt, sondern seine gewünschte Ware bestellt (wird häufig in Form des Online-Handels umgesetzt) und diese an einen definierten Ort geliefert wird.
Distributionsplanung *distribution requirement planning (DRP)*	Unter Distributionsplanung versteht man die Zusammenfassung der Bedarfe der einzelnen Filialen im Handel und die Umwandlung von diesen in Bestellungen an vorgelagerte Lagerstufen oder Produktionsunternehmen.
Durchführungszeit *execution time*	Die Durchführungszeit eines Auftrags setzt sich zusammen aus der Rüstzeit und der eigentlichen Bearbeitungszeit. Die Durchführungszeit ist oft gering im Verhältnis zur Übergangszeit. Beide zusammen definieren, wie lange die Durchlaufzeit in einem Arbeitsgang ist.
Durchlaufzeit *lead time*	Die Durchlaufzeit ist eine wichtige Kennzahl in der Logistik und kann grundsätzlich für beliebige Abschnitte im Material- oder Informationsfluss angegeben werden. Es ist die Zeit zwischen dem Auslöser einer betrachteten Aktivität und deren Abschluss. Häufig betrachtet man in der Logistik jene Zeit als Durchlaufzeit, die zwischen dem Eingang des Kundenauftrags und der Auslieferung des Produkts an den Kunden vergeht.

Economies of scale	Unter *Economies of Scale* werden Kostendegressionseffekte verstanden, die entstehen, wenn die Menge an (produzierten, gekauften, gelieferten) Produkten steigt. Je größer die Menge, desto geringer die damit verbundenen Kosten pro Stück.
Eilauftrag *rush order* oder *rush job*	Ein dringender Kundenauftrag, der in geringerer Zeit als der üblichen Durchlaufzeit abgearbeitet werden muss.
Einkauf *procurement*	Der Einkauf ist der eher strategische Teil des Beschaffungsmanagement mit der Aufgabe, wettbewerbsfähige Lieferanten für das eigene Unternehmen zu finden, auszuwählen und kontinuierlich weiterzuentwickeln.
ERP-System *(Enterprise Resource Planning)*	ERP-Systeme sind umfassende betriebs- und finanzwirtschaftliche IT-Systeme, in denen Geschäftsprozesse des Unternehmens abgebildet sind. ERP Systeme erlauben die Ausführung von umfassenden Planungsaufgaben (z.B. Produktionsplanung, Finanzplanung), haben Schnittstellen zu Kunden und Lieferanten und ermöglichen damit auch die systembasierte Kommunikation (durch Bestellungen bzw. Auftragsbestätigungen).
Fahrerloses Transportsystem (FTS) *automatic guided vehicle system (AGV)*	Ein Fahrzeug, das zu den Unstetigförderern gezählt wird, zum (meist innerbetrieblichen) Transport von Waren. Im Gegensatz zu Staplern oder auch Handhubwagen bewegt sich das FTS automatisch ohne Fahrer entlang vorgegebener Wege.
Fertigung *manufacturing*	Jener Teil der Produktion, in dem Teile mechanisch oder auf andere Weise bearbeitet werden.
Fertigungsauftrag *manufacturing order*	Ein Fertigungsauftrag ist ein innerbetrieblicher Auftrag zur Fertigung, Montage oder Produktion von Teilen, der mit Mengen und Terminen versehen ist. Fertigungsaufträge werden aus Kunden- oder Planaufträgen generiert.
FIFO (first in first out)	Ein weitverbreitetes Lagerprinzip, bei dem die zeitlich zuerst eingelagerte Ware auch als erste wieder entnommen wird.
FMCG (fast moving consumer goods)	Unter FMCG werden jene Waren bezeichnet, die von Konsumenten für das tägliche Leben benötigt werden (z.B. Waschmittel, Softdrinks, industriell erzeugte Nahrungsmittel wie etwa Schokolade). Grundnahrungsmittel fallen üblicherweise auch darunter.

Filialbestand *physical stock at branch*	Jener Bestand eines Produkts, der in Handelsunternehmen in den Filialen (Geschäften) zu finden ist.
Fließproduktion *flow production*	Eine besondere Form der Produktion, bei der die einzelnen Arbeitsstationen in einer definierten Weise aufeinander folgen und die Werkstücke die Produktion in genau dieser Reihenfolge und immer gleichbleibend durchlaufen.
flussabwärts *downstream*	Supply Chains (SC) können als aufeinanderfolgende Ketten von Produktions- und Handelsunternehmen betrachtet werden, deren Aufgabe darin besteht, das Rohmaterial so zu bearbeiten und zu verteilen, dass es am Ende als vom Kunden gewünschtes Produkt zur Verfügung steht. Das Material fließt gewissermaßen vom Rohmaterialproduzenten hin zum Händler, der die Schnittstelle zum Kunden darstellt – ganz in Analogie zu einem Gewässer, das im Gebirge (Rohmaterial) entspringt und in das Meer mündet (Kunde). Befindet man sich an einer beliebigen Stelle in der SC so bezeichnet man die in Materialstrom gerichtete Betrachtung als flussabwärts (in Richtung zu den Kunden).
flussaufwärts *upstream*	Supply Chains (SC) können als aufeinanderfolgende Ketten von Produktions- und Handelsunternehmen betrachtet werden, deren Aufgabe darin besteht, das Rohmaterial so zu bearbeiten und zu verteilen, dass es als vom Kunden gewünschtes Produkt zur Verfügung steht. Das Material fließt gewissermaßen vom Rohmaterialproduzenten hin zum Händler, der die Schnittstelle zum Kunden darstellt – ganz in Analogie zu einem Gewässer, das im Gebirge (Rohmaterial) entspringt und in das Meer mündet (Kunde). Befindet man sich an einer beliebigen Stelle in der SC so bezeichnet man die gegen den Materialstrom gerichtete Betrachtung als flussaufwärts (in Richtung zu den Lieferanten).
Frächter *hauliers* oder *freight carriers*	Frächter oder Frachtführer sind jene Gewerbe, die den tatsächlichen Transport der Ware (z.B. mit LKW) durchführen.
frozen-zone	*Frozen-zone* ist ein Begriff aus der Produktion und stellt üblicherweise jene Zeitperiode dar, innerhalb derer sich die Bedarfe nicht verändern dürfen (sie also *eingefroren* sind), damit nicht ständige Umplanung bzw. ständiges Umrüsten erforderlich ist.

Gebietsspediteur *regional freight forwarder*	Darunter versteht man Spediteure, die in einem geographischen Gebiet die Waren unterschiedlicher Lieferanten sammeln, damit sie anschließend zu den Kunden transportiert werden.
Gleichteile *common parts*	Unter Gleichteilen und der dahinter liegenden Strategie versteht man den Versuch von Produktionsunternehmen bei einer großen Anzahl von verkaufsfähigen Produkten diese trotzdem mit vielen gleichen Teilen auszurüsten und die individuelle Funktion bzw. das Design des Produkts mit nur wenigen speziellen Teilen zu erzielen.
Gozinto-Graph	Der Gozinto-Graph ist eine spezielle graphische Darstellung einer Stückliste und zeigt, welche Teile in welcher Stückzahl in welche Baugruppen bzw. Produkte einfließen.
Gruppenfertigung *group technology production*	Die Gruppenfertigung ist eine organisatorische Ausrichtung der Fertigung, bei der unterschiedliche, stets aufeinanderfolgende Arbeitsgänge in räumliche Bereiche zusammengefasst werden.
Halbfertigprodukt (WIP) *work in process* oder *work in progress*	Bestand von Material, das bereits ver- bzw. bearbeitet wurde, aber vor Fertigstellung zu einem Produkt noch weitere Bearbeitungsschritte benötigt.
Handel, stationärer *Stationary trading, stationary retail*	Unter stationärem Handel versteht man Handelsorganisationen mit Filialen, in denen Kunden die gewünschten Waren finden.
Handhubwagen (Ameise) *hand pallet truck*	Ein Fahrzeug, das zu den Unstetigförderern gezählt wird, zum (meist innerbetrieblichen) Transport von Waren.
Herstellkosten *production costs,* manchmal auch: *COGS (cost of goods manufactured)*	Herstellkosten sind jene Kosten, die direkt mit der Produktion von Waren zu tun haben. Sie setzen sich im Allgemeinen aus den Materialkosten und den Fertigungskosten zusammen.
Incoterm	Incoterms sind Handelsvereinbarungen für den internationalen Warenhandel, die vom International Chamber of Commerce mit Sitz in Paris herausgegeben werden. Die Anwendung der Incoterms ist freiwillig, aber durchaus üblich. Incoterms werden von Zeit zu Zeit überarbeitet, wobei es aktuell 11 unterschiedliche Incoterms gibt, die mit drei Buchstaben abgekürzt werden. Sie regeln, wer von den Vertragsparteien für Verladung bzw.

	Entladung zuständig ist, wer das Risiko des möglichen Untergangs der Ware trägt, wer die Versicherung bezahlt und wer für die Transportkosten aufkommt (www.iccwbo.org).
Inventur *(physical) inventory*	(Gesetzlich vorgesehener) Abgleich zwischen dem tatsächlichen Lagerstand (z.B. in Stück pro Produkt) und dem vom ERP System gezeigten. Etwaige Abweichungen nennt man Inventurdifferenzen.
Just-in-time (JIT)	Ein vornehmlich in der produzierenden Industrie existierendes Versorgungskonzept zur rechtzeitigen und zeitgenauen Anlieferung erforderlicher Materialien mit dem Ziel, Bestände weitgehend zu vermeiden.
Kanban	Ein Versorgungskonzept, das seinen Ursprung im Toyota-Production-System (TPS) hat und das Pull-Prinzip realisiert.
Kapazitätsplanung *capacity planning*	Die Kapazitätsplanung ist Teil der Produktionsplanung und –steuerung (PPS) und umfasst alle Planungsaktivitäten, die die vorhandenen Ressourcen (Produktionsanlagen, Lagerflächen, Mitarbeiter) bestmöglich auf die Nachfrage zuteilen.
Kapitalbindungkosten *tied-up costs*	Kosten, die das Lagern von Material verursacht. Es handelt sich dabei um das Produkt des Lagerwerts mit dem kalkulatorischen Zinssatz.
Kernkompetenz *core competency*	Die Kernkompetenzen von einem Unternehmen sind jene Fähigkeiten, die den Wert des Unternehmens am Markt ausmachen (z.B. Schnelligkeit, Innovationsfähigkeit, Marketing, niedrige Produktionskosten, etc.). Im Gegensatz zu anderen Funktionen, die ebenfalls zum Funktionieren des Unternehmens erforderlich sind, sollten Kernkompetenzen niemals *outgesourct* werden.
KMU (Kleine und mittlere Unternehmen) *SME (small and medium-sized enterprises)*	Als KMUs werden in der Europäischen Union (EU) üblicherweise Unternehmen verstanden, die bestimmte Grenzen hinsichtlich Mitarbeiterzahl (< 250), Umsatz (< 50 Millionen €) oder Bilanzsumme (< 43 Millionen €) erfüllen und weitestgehend eigenständig sind.
Kommissionieren *commissioning* oder *picking*	Unter Kommissionieren versteht man das physische Zusammenstellen eines Kundenauftrags aus einer Liste von Materialien oder unterschiedlichen Produkten.

Komponente *component*	Ein Material, das aus verschiedenen Teilen oder Rohstoffen besteht. Eine Komponente erfüllt eine Funktion aus Kundensicht, kann aber nicht alleinstehend an den Kunden des diese Komponente verarbeitenden Unternehmens verkauft werden.
Konsignationslager *consignment-stock*	Eine Form der Lagerung, bei der der Lagerinhalt sich noch im Eigentum des Lieferanten befindet und (üblicherweise) erst bei Entnahme ins Eigentum des Kunden übergeht. Wird häufig mit VMI (*Vendor-Managed-Inventory*) verbunden.
Kosten, fix *fixed costs*	Fixe Kosten sind solche, die von der Ausbringungsmenge unabhängig sind. Typische fixe Kosten sind etwa jene für die Angestellten eines Unternehmens oder Kosten für Anlagen.
Kosten, sprungfix *fixed-step costs*	Sprungfixe Kosten sind solche, deren Höhe innerhalb gewisser Grenzen von der Menge (z.B. Bestellmenge, Produktionsmenge) unabhängig ist und die sich erst bei Überschreiten definierter Grenzen sprunghaft ändern.
Kosten, variabel *variable costs*	Variable Kosten sind solche, deren Höhe sich mit der Menge verändern.
Kunde *customer* oder *client*	Ein Kunde ist ganz allgemein der empfangende Teil im logistischen Materialfluss im Gegensatz zum Lieferanten, der das Material zum Kunden liefert. Externe Kunden sind gewöhnlich andere Unternehmen, interne Kunden sind die nachfolgenden Arbeitsbereiche im Materialfluss.
Kundenauftrag *customer order*	Die inhaltlich geklärte und vereinbarte Bestellung eines Kunden an einen Logistikdienstleister, ein Handels- oder Produktionsunternehmen. Ein Kundenauftrag kann mehrere Produkte enthalten.
Kunden(auftrags) entkopplungs-punkt (KAEP) *customer order decoupling point*	Der Kundenauftragsentkopplungspunkt (häufig auch nur Kundenentkopplungspunkt genannt) legt fest, an welcher Stelle die kundenanonyme Produktion in eine kundenauftragsbezogene Produktion übergeht. Durch die Lage des KAEP ist auch der Produktionstyp definiert.
Lagerauftrag *stock order* oder *warehouse order*	Lageraufträge erzeugen Fertigungsaufträge an die Produktion. Im Gegensatz zu einem Kundenauftrag werden sie nicht direkt durch einen Kunden angestoßen, sondern dienen zur kundenanonymen Befüllung des Lagers.

Lagerbestandskosten *stock costs* oder *inventory costs*	Lagerbestandskosten sind jene Kosten, die mit der Lagerung von Material oder Produkten in Zusammenhang stehen. Sie entstehen durch kalkulatorische Zinsen, die für den Wert des gelagerten Materials anzusetzen sind.
Lagerfertiger *MTS = make to stock*	Eine Form der Produktionstypologie, bei der mit Hilfe eines Produktionsplans auf Lager gefertigt wird. Man spricht hier auch von (kunden-) anonymer Produktion. Der Produktionsplan wird von einer Prognose abgeleitet.
Lagerhauskosten *warehousing costs*	Lagerhauskosten sind jene Kosten, die durch jene Infrastruktur (z.B. Abschreibungen für Lagergebäude, Mieten, Betriebskosten) entstehen, die zur Lagerung von Material oder Produkten erforderlich ist.
lagern *storing*	Darunter ist der Vorgang zu verstehen, bei dem Produkte in den Bestand übernommen werden.
Lagerreichweite *inventory range*	Eine häufig genutzte Kennzahl, die angibt wie lange (meist in Tagen) der Bestand an Material beim durchschnittlichen Verbrauchsverhalten aus der Vergangenheit ausreicht.
Lagerumschlag *inventory turns*	Eine häufig genutzte Kennzahl in der Logistik, die angibt, wie häufig der durchschnittliche Bestandswert in EUR in einem betrachteten Zeitraum (meist ein Jahr) erneuert wird (z.B. Verkaufsumsatz in einem Jahr / durchschnittlicher Lagerwert)
Lagerwert *Inventory value*	Der Wert (entspricht meistens dem Preis) eines gelagerten Materials multipliziert mit seiner Menge.
Lean Production	Ein Produktionskonzept, das an die Ideen des Toyota Production Systems (TPS) angelehnt ist und dessen vorrangiges Ziel die bestmögliche Vermeidung von Verschwendung ist. Unter Verschwendung sind dabei all jene Aktivitäten zu verstehen, die nicht dem Kunden dienen.
Leistungserstellungsprozess *service process* oder *production process*	Ein Prozess, der all jene Elemente beinhaltet, die aus Kundensicht notwendig sind um das gewünschte Produkt oder die Dienstleistung liefern zu können. Die Logistik ist dabei gefordert, die vom Kunden gewünschten Liefertermine (Liefertermintreue), seine Vorstellungen von Flexibilität und kurzer Lieferzeit zu erfüllen.

Lieferabruf *call-off*	Lieferabrufe beziehen sich auf Rahmenverträge und lösen den eigentlichen Materialfluss aus, indem sie die zu liefernde Menge und den gewünschten Lieferzeitpunkt definieren.
Lieferant *supplier* oder *vendor*	Der Lieferant versendet Material oder erbringt Dienstleistungen für den Kunden. Es gibt interne Lieferanten (z.B. vorgelagerte Abteilungen im Materialfluss) und externe Lieferanten, die üblicherweise andere Unternehmen sind.
Lieferantenmanagement supplier management oder *vendor management*	Lieferantenmanagement definiert den Aufbau und die Gestaltung der Lieferanten-Abnehmer-Beziehung um eine kostenoptimale und nachhaltig stabile Versorgung des Unternehmens mit Produkten zu ermöglichen.
Lieferanten-Portfolio *supplier portfolio*	Das Lieferanten-Portfolio ist ein typisches Element aus dem Lieferantenmanagement und dient dazu, Lieferanten entsprechend ihrer Bedeutung für das eigene Unternehmen zu klassifizieren.
Lieferschein *delivery note*	Ein Begleitdokument zur Ware, das die verpackte Menge, die Spezifikation und relevante Lieferdaten enthält und einen Bezug zur Bestellnummer aufweist.
Liefertermintreue *delivery performance*	Unter Liefertermintreue ist zu verstehen, wie viele Lieferungen zu den vereinbarten Zeitpunkten an ihrem Bestimmungsort ankommen. Sie wird gemessen als Verhältnis von pünktlichen Lieferungen zur Anzahl zugesagter, gewünschter bzw. vereinbarter Lieferungen. Die Liefertermintreue ist eine weit verbreitete logistische Kennzahl.
Lieferzeit *delivery time* oder *lead time*	Lieferzeit ist aus Kundensicht jene Zeitspanne, die zwischen dem Zeitpunkt der Bestellung und der Lieferung der Ware vergeht.
Logistikdienstleister *logistics service provider*	Logistikdienstleister sind Dienstleistungsunternehmen, deren Geschäftsmodell die Beförderung von Waren darstellt, wobei auch die erforderlichen administrativen, planerischen und organisatorischen Aufgaben dazu erbracht werden.
Lose, Losgröße *lots, lot size*	Lose mit ihren festgelegten Losgrößen sind Folgen von gleichartigen Produkten oder Materialien, die in Produktionsunternehmen unmittelbar hintereinander abgearbeitet werden.

Make-or-Buy (MOB)	Unter Make-or-Buy versteht man Entscheidungen, die sich darum drehen, ob einzelne Schritte in der Produkterzeugung selbst durchgeführt werden oder besser von einem Lieferanten zugekauft werden. Unternehmen mit einer hohen Produktionstiefe führen viele Schritte in der Produkterzeugung selbst durch, während Unternehmen mit einer niedrigen Produktionstiefe sich nur auf einzelne, wesentliche Fertigungsschritte konzentrieren und die übrigen Materialien zukaufen.
Manufacturing Resource Planning (MRP II)	MRP II stammt aus dem angloamerikanischen Bereich und ist ein Instrument der hierarchischen Produktionsplanung und -steuerung.
Material *material*	Material ist der Überbegriff für alle physischen Dinge, die in einer Logistikkette bewegt oder gelagert werden können und aus denen ein Produkt entsteht. Je nach Zustand und Lage in der logistischen Leistungserstellung spricht man von Rohstoff, Teil, Komponente, Baugruppe bzw. Modul oder einem System. Ein Produkt eines flussaufwärts befindlichen Produktionsunternehmens kann ebenfalls ein Material für ein weiter flussabwärts befindliches Unternehmen darstellen.
Materialbedarfsplanung *material requirement planning (MRP)*	Mit Hilfe der Materialbedarfsplanung werden Primärbedarfe über ihre Stücklisten in ihre Materialien aufgeschlüsselt. Unter Berücksichtigung von etwaigen Lagerveränderungen werden durch die Materialbedarfsplanung Bestellanforderungen (BANF) oder Fertigungsaufträge ausgelöst.
Materialfluss, programmbasiert *order (program) based material flow*	Der logistische Materialfluss wird in diesem Fall direkt von einem Kundenauftrag (oder auch Lagerauftrag) ausgelöst, der im Produktionsprogramm erfasst wird.
Materialfluss, bestandsorientiert *stock based material flow*	Der logistische Materiafluss wird dadurch ausgelöst, dass ein vorhandener Bestand unter ein definiertes Niveau absinkt.
Materialfluss, verbrauchsgebunden *demand based material flow*	Der Materialfluss wird durch die Erwartung zukünftiger Bedarfe ausgelöst, wobei diese Erwartung meistens mit Prognosen (Forecasts) und den daraus abgeleiteten Plänen in Verbindung steht.

Materialgruppen *commodity groups* oder *material groups*	Materialgruppen fassen die zu beschaffenden Materialien und Dienstleistungen in Material- und Leistungsgruppen zusammen, welche sich hinsichtlich ihrer Eigenschaftsausprägung ähneln. Sie werden benötigt, um strategische Einkaufsaktivitäten durchführen zu können.
Meldebestand, Meldemenge *reorder level, reorder quantity*	Der Meldebestand (häufig auch Meldemenge genannt) ist jener Bestand, bei deren Unterschreitung eine bestimmte Aktion ausgelöst wird. Meistens wird durch Unterschreiten der Meldemenge eine Nachbestellung ausgelöst.
Mengenflexibilität *flexibility in volume*	Die Mengenflexibilität zeigt, wie gut ein Lieferant in der Lage ist nach Bestellung von Waren auf geänderte Mengenwünsche des Kunden einzugehen.
Milk-Run Konzept/ System	Es handelt sich um ein Materialversorgungskonzept, bei dem üblicherweise Material mit Fahrzeugen bei verschiedenen Lieferanten eingesammelt wird. Die Strecke wird regelmäßig wiederkehrend befahren zu meist definierten Zeitpunkten.
Mindesthaltbarkeitsdatum (MHD) *best-before date* oder *minimum shelf life*	Das MHD definiert, wie lange verderbliche Waren mindestens gelagert werden können ohne Beeinträchtigung ihrer Produkteigenschaften. MHD kommen häufig in der chemischen Industrie oder in der Lebensmittelindustrie zur Anwendung.
Modul *module*	Bei Modulen oder Baugruppen handelt es sich um geschlossene Aggregate, die schon umfangreiche Produktionsschritte hinter sich haben. Beispiel: bestückte elektronische Leiterplatten oder Getriebe in Fahrzeugen.
Modular sourcing	Modular sourcing ist eine Beschaffungsstrategie mit dem Ziel eher komplette Baugruppen als einzelne Teile von den Lieferanten zu beziehen.
Montage *assembly*	Jener Teil der Produktion, die dem Zusammenbau verschiedener Materialien gewidmet ist.
Nutzwertanalyse *cost-benefit analysis*	Eine in der Wirtschaft bewährte Methode um nicht-quantitative Kriterien (z.B. Bereitschaft von Lieferanten zur Verbesserung der logistischen Abläufe) über Skalierungen einer Vergleichbarkeit zuzuführen.

Obsoletbestände *obsolence stocks*	Obsoletbestände sind jene Bestände, die nicht mehr an Kunden verkauft werden können, weil sich etwa technische Standards verändert haben (z.B. in der Elektronikindustrie), die Produkte ihr Mindesthaltbarkeitsdatum überschritten haben oder neue Generationen eines Produkts auf den Markt gekommen sind (z.B. Nachfolgegenerationen eines Mobiltelefons). Obsoletbestände werden abverkauft oder verschrottet und dann in Folge wertberichtigt.
Out-of-stock (OOS)	Sind im Handel jene Produkte bzw. Waren, die nicht in den Filialen für Kunden verfügbar sind (weil sie z.B. noch nicht geliefert wurden).
Outsourcing	Dieser Begriff hat keine direkte deutschsprachige Entsprechung und bedeutet in aller Regel die Vergabe von unternehmerischen Aktivitäten an externe Anbieter (z.B. Logistikleistungen, Transportleistungen, Bewachung, Reinigungsdienste, Buchhaltung). Es ist ein englischsprachiges Kunstwort, das sich aus den Begriffen *outside* (außerhalb des Unternehmens) und *sourcing* (Beschaffung) zusammensetzt.
Pick-Rate *pick rate*	Die Pick-Rate gibt die Kommissionierleistung eines Lagersystems an. Sie beschreibt, wie viele Positionen eines Kommissionierauftrags innerhalb einer bestimmten Zeit physisch zusammengestellt werden können.
Planperiode *planning period*	Die Planperiode ist jener Zeitraum, der zwischen zwei Planungsaktivitäten bzw. Planungsläufen (z.B. PPS) verstreicht. Die Planung selbst reicht dann jeweils bis zum Planungshorizont.
Plandurchlaufzeit *planned lead-time*	Unter Plandurchlaufzeit (auch Planübergangszeit genannt) versteht man die Zeit, die zwischen Beauftragung der Produktion für die Herstellung eines Teils und dessen Lieferung liegt. Diese Zeitspanne nennt man Plandurchlaufzeit, weil sie der üblichen Durchlaufzeit entspricht. Die tatsächliche Durchlaufzeit kann sowohl kürzer als auch länger sein.
Planung *planning*	Unter Planung ist aus Sicht der Logistik die Gestaltung des Informationsflusses in der Weise zu verstehen, dass Absatzerwartungen und konkrete Kundenaufträge so mit den vorhandenen Ressourcen abgeglichen werden, dass logistische Kennzahlen (Liefertermintreue, Flexibilität, Durchlaufzeit, etc.) bestmöglich erfüllt werden.

Planungshorizont *planning horizon*	Der Planungshorizont ist jener Zeitraum in die Zukunft, den man bei Planungsaufgaben berücksichtigt.
Plattformstrategie *modularisation*	Plattformstrategien sind Produktentwicklungsstrategien mit dem Ziel eine hohe Anzahl von Gleichteilen zu erreichen und mit nur wenigen weiteren Teilen die kundenspezifischen Wünsche zu realisieren. Dadurch sollen Produktionskosten reduziert und logistische Abläufe vereinfacht werden, wobei der Kunde trotzdem seine von ihm gewünschten Produktausführungen erhalten kann. Besonders bekannt ist dieses Vorgehen aus der Automobilindustrie.
Pönale *penalty*	Pönalen sind Vertragsstrafen, die unabhängig vom Verursachungsprinzip von demjenigen zu zahlen sind, der Vereinbarungen gebrochen hat.
Primärbedarf *primary demand*	Der Begriff Primärbedarf kommt aus der Produktionsplanung und –steuerung (PPS) und entspricht dem Ergebnis einer Abstimmung zwischen Nachfrage nach einem verkaufsfähigen Produkt und Produktionskapazitäten. Der Primärbedarf definiert für jedes einzelne Produkt die Menge und den Zeitpunkt, wann dieses fertigzustellen ist. Primärbedarfe finden sich im Produktionsplan.
Produkt *product*	Ein Sammelbegriff für einen verkaufsfähigen Artikel eines Produktions- oder Handelsunternehmens, unabhängig davon ob es sich um einen physischen, also realen Gegenstand oder eine Dienstleistung (Download, Installationsleistung, etc.) handelt.
Produktdatenmanagement (PDM) *product data management*	Produktdatenmanagement hat die Aufgabe, die Verwaltung der produktrelevanten Daten (z.B. Stücklisten, konstruktive Vorgaben, Abmessungen) so zu übernehmen, dass damit eine eindeutige Identifizierung von Produkten und deren Materialien möglich ist und gleichzeitig die Konstruktion oder Entwicklung bestmöglich bei ihrer Arbeit unterstützt wird. PDM wird durch entsprechende IT-Systeme unterstützt. Wenn ein Konstrukteur einen neuen Teil oder einen Kundenwunsch umsetzen muss, so unterstützt ihn das PDM System dabei mögliche ähnliche Varianten zu identifizieren und bevorzugt bestehende Teile und Materialien zu verwenden.

Produktentstehungs-prozess *product creation process*	Der Teil des Produktlebenszyklus, der ein Produkt von den ersten Ideen über die Entwicklung bis hin zum fertigen, verkaufsfähigen Produkt begleitet.
Produktion *production*	Produktion ist gemäß Betriebswirtschaft ein Prozess, bei dem Güter und Dienstleistungen miteinander kombiniert und in andere Güter und Dienstleistungen umgewandelt werden.
Produktion, kunden-auftragsbezogen *customer driven production*	Die kundenauftragsbezogene Produktion wird durch einen konkreten Kunden- oder Lagerauftrag ausgelöst.
Produktion, kunden-anonym *anonymous production*	Die kundenanonyme Produktion wird durch einen Produktionsplan ausgelöst und produziert Halb-fertigprodukte auf Lager. Es steht kein konkreter Kundenauftrag dahinter.
Produktionsfaktor *production factor*	Dieser Begriff stammt aus der Produktionstheorie und bezeichnet die in einem Produktionsprozess (siehe Produktion) eingesetzten Güter: menschliche Arbeitskraft, Materialien und Betriebsmittel
Produktionslogistik *production logistics*	Produktionslogistik ist die innerbetriebliche Gestaltung der Material- und Informationsströme in einem Produktionsunternehmen mit dem Ziel, logistikrelevante Kennzahlen zu verbessern (z.B. Liefertermintreue, Servicegrad zum Kunden, Durchlaufzeit, Bestände)
Produktionsplan *production plan*	Der Produktionsplan enthält die Vorgabe an die Produktion, welche Primärbedarfe wann und in welcher Menge bereitzustellen sind.
Produktionsplanungs- und steuerung (PPS) *production planning and control*	Die PPS ist ein Konzept für Produktionsunternehmen um bestmöglich die Kundenaufträge und Bedarfserwartungen mit den Ressourcen des Unternehmens in Einklang zu bringen. Die PPS wird gewöhnlich mit entsprechenden IT Systemen unterstützt. Sie setzt sich üblicherweise aus einer Produktionsprogrammplanung, einer Materialbedarfsplanung und einer kurzfristigen Reihenfolgeplanung zusammen.
Produktionsprogramm-planung *production program planning*	Die Produktionsprogrammplanung legt auf mittel- bis langfristiger Ebene fest, wie der Produktmix aussieht. Der Produktmix wird gewöhnlich auf Basis einer Absatzplanung und einer Optimierung auf höchstmöglichen Ergebnisbeitrag festgelegt.

Produktionstiefe *production penetration*	Unter Produktionstiefe versteht man, wie viele Schritte in der Produkterzeugung (vom Rohmaterial beginnend bis zum verkaufsfähigen Produkt) von einem Unternehmen selbst durchgeführt werden. Eine hohe Produktionstiefe bedeutet, dass das Unternehmen die meisten Schritte selbst übernimmt, während eine niedrige Produktionstiefe zeigt, dass das Unternehmen sich auf wesentliche Schritte konzentriert und den Rest zukauft.
Produktions-typ(-ologie) *production type*	Der Produktionstyp bzw. die Produktionstypologie definiert die Lage des Kundenauftragsentkopplungspunkts und damit die Art der Bevorratungsstrategie.
Produktmix *production mix*	Der Produktmix definiert, welche Produkte aus dem gesamten angebotenen Produktspektrum in welcher Stückzahl in welchen zeitlichen Perioden produziert bzw. in weiterer Folge verkauft werden sollen.
Prognose *forecast*	Unter Prognosen werden in der Logistik die Vorhersagen für zukünftige Erwartungen verstanden.
Prozess *process*	Ein Prozess ist die zeitliche und logische Abfolge von Aktivitäten, die zur Erfüllung von bestimmten Aufgaben erforderlich sind. Prozesse haben einen klar definierten Input und Output und benötigen zu ihrer Abarbeitung Ressourcen.
Pull-Prinzip (oder Zieh-Prinzip) *pull principle*	Ein Produktions- und Logistikkonzept, das auf dem Toyota Production System (TPS) basiert, in dessen Zentrum die Konzentration auf tatsächliche Kundenbedürfnisse gerichtet ist. Kundenaufträge „ziehen" Material durch die Produktion.
Push-Prinzip (oder Schiebe-Prinzip) *push principle*	Ein Produktions- und Logistikkonzept, das auf dem Toyota Production System (TPS) basiert, und für kundenanonyme Produktion angewendet wird. Material wird auf Lager produziert um für die Finalisierung des Produkts auf tatsächliche Kundenaufträge zu warten. Basis für die Produktion ist ein Plan, dessen Umsetzung das Material durch die Produktion „schiebt".
Rahmenvertrag *oder* Rahmenvereinbarung *frame contract*	Rahmenverträge sind Vereinbarungen zwischen Kunden und Lieferanten, die alle relevanten Inhalte der Geschäftsbeziehung definieren (z.B. Produktspezifikationen, Preis, Lieferzeit, Lieferort, rechtliche Vereinbarungen), nicht aber den eigentlichen Materialfluss auslösen. Dieser wird erst durch einen (Liefer-) Abruf zum Rahmenvertrag gestartet.

Rechnung *invoice*	Ein gesetzlich vorgeschriebenes und für die Buchhaltung relevantes Dokument, das eine Beziehung zur gelieferten Ware herstellt und die Bezahlung der Ware ermöglicht.
Rechnungsprüfung *invoice verification*	Die Rechnungsprüfung ist Teil des Bestellprozesses und wird in der Regel von der Buchhaltung durchgeführt. Dabei wird die inhaltliche Übereinstimmung der Rechnung mit der zugehörigen, im IT-System befindlichen Bestellung des Einkaufs geprüft.
Regalverfügbarkeit *shelf-availability*	Eine Kennzahl aus dem Handel, die angibt, ob die Ware auch in den Regalen für die Kunden verfügbar ist. Wenn eine Ware Out-of-Stock ist, dann ist sie auch nicht im Regal verfügbar. Wenn sie hingegen im Regal nicht verfügbar ist, kann sie sehr wohl On-Stock sein, weil sie sich z.B. im Lager befindet und noch nicht verräumt wurde.
Reihenfolgeplanung *sequencing* oder *sequence planning*	Die Reihenfolgeplanung ist ein Teil der Produktionsplanung und –steuerung (PPS) und legt fest, in welcher Reihenfolge Aufträge abgearbeitet werden.
Rohstoff *raw material*	Rohstoffe sind Materialien, die zur Erzeugung von Produkten benötigt werden und sich in einem frühen Stadium der Wertschöpfung befinden (z.B. chemische Substanzen, Stahlbleche, Naturstoffe wie Baumwolle, Kaffee oder auch Edelmetalle).
Routenzug *tugger train*	Ein in Produktionsunternehmen eingesetztes Fördermittel (Unstetigförderer), das aus einer Zugmaschine und mehreren Anhängern besteht zur Versorgung der Produktion mit Material. Üblicherweise fahren Routenzüge immer die gleiche Strecke, liefern Material während sie gleichzeitig Leerbehälter zur Nachbefüllung wieder ins Lager mitnehmen.
Rüsten *(machine) set-up*	Jene Aktivitäten, die erforderlich sind um eine Arbeitsstation auf die Durchführung einer Tätigkeit vorzubereiten, z.B. Bereitstellen des Werkzeugs, Justieren des Werkzeugs, etc.
Rüstzeit *set-up time*	Die Rüstzeit ist jene Zeit bei der Durchführung eines Arbeitsgangs, während der die Maschine mit dem richtigen Werkzeug bestückt wird und die Vorbereitung und Justierung für die nachfolgende Produktion läuft. Die Rüstzeit beinhaltet alle erforderlichen Schritte um die Arbeitsstation arbeitsfähig zu machen. Die Rüstzeit ist Teil der Durchführungszeit, die wiederum einen Teil der Durchlaufzeit im jeweiligen Arbeitsgang ausmacht.

Sicherheitsbestand *safety stocks*	Der Sicherheitsbestand ist jener Bestand an Material, der niemals angegriffen werden sollte. Die Höhe hängt unter anderem von der Wiederbeschaffungszeit und dem definierten Servicelevel für den Kunden ab. Der Sicherheitsbestand dient zur Überbrückung von Versorgungslücken und dient damit der unterbrechungsfreien Materialversorgung des Kunden.
Skonto *cash discount*	Das Skonto ist eine besonders im deutschsprachigen Raum übliche Zahlungsvereinbarung (siehe: Zahlungskondition), wonach der Kunde bei rascher Bezahlung der Ware einen vereinbarten Rabatt abziehen darf. Eine häufig vorkommende Zahlungsvereinbarung lautet etwa: *10 Tage 2% Skonto, 30 Tage netto.* Diese Zahlungsvereinbarung besagt, dass bei Zahlung der Ware innerhalb von 10 Tagen 2% des Preises als Skonto abgezogen werden dürfen, ansonsten ist die Ware innerhalb von 30 Tagen ohne Abzug zu begleichen.
SKU (Stock-keeping-unit)	Unter SKU versteht man die eindeutige Bezeichnung einer Ware mit ihren Merkmalsausprägungen. Damit kann die Ware beispielsweise im Lager oder im Handel identifiziert werden.
Spediteur *forwarding agent*	Spediteure sind Logistikdienstleister, die im Auftrag der Kunden die Verbringung von Waren übernehmen und organisieren. Häufig bedienen sie sich dazu der Dienste von Frächtern.
Stapler *fork lift*	Ein Fahrzeug, das zu den Unstetigförderern gezählt wird, zum (meist innerbetrieblichen) Transport und Umschlag von Waren.
Stetigförderer *continuous conveyor*	Physische Vorrichtungen, die zum Transport von Waren dienen und einen kontinuierlichen Transportgutstrom erzeugen (z.B. Förderband).
Stückliste *parts list* oder *bill of material (BOM)*	Stücklisten legen fest, aus welchen Teilen, Baugruppen oder Modulen verkaufsfähige Produkte bestehen und werden logistisch für die Produktionsplanung benötigt.
System *system*	Ein System ist eine komplexe Zusammenschaltung von verschiedenen Rohstoffen, Teilen, Komponenten und Baugruppen bzw. Modulen, das alleinstehend bereits gewisse Funktionen ausüben kann (z.B. ABS System in einem Fahrzeug) und auch als Produkt an Kunden verkauft werden kann.

Takt bzw. Taktzeit *cylce* bzw. *cycle time*	Ein Begriff aus dem Bereich der Fließproduktion, der die Vorgänge an einer Arbeitsstation umfasst bzw. die dafür erforderliche Arbeitszeit bezeichnet.
Teil *part*	Ein Teil ist ein Material, das an sich schon Verarbeitungsstufen hinter sich hat. Es erfüllt bereits eine Funktion aus Sicht des Endkunden, besteht üblicherweise aus einem Rohstoff (z.B. eine Schraube, die aus Stahl besteht oder ein Legostein, der aus Kunststoff gespritzt ist) kann aber nicht alleinstehend die Anforderungen des Endkunden erfüllen, sondern nur in Kombination mit anderen Teilen, Rohstoffen, Komponenten, Baugruppen bzw. Modulen oder Systemen und fließt in das Produkt ein.
Teileverwendungs-nachweis *component-usage list*	Teileverwendungsnachweise sind das Gegenteil von Stücklisten. Sie zeigen für jedes einzelne Material, das im ERP System des Unternehmens geführt wird, in welchen Produkte es verwendet wird.
Teilladungsverkehr *less than truckload (LTL)*	Häufig benötigen die zu versendenden Waren nicht den gesamten Frachtraum des Transportmittels. Um diesen jedoch besser auszunutzen werden Waren unterschiedlicher Verlader zusammengefasst, was als Teilladungsverkehr bezeichnet wird.
Terminflexibilität *flexibility in time*	Terminflexibilität zeigt, wie gut ein Lieferant in der Lage ist auf Änderungswünsche des Liefertermins durch den Kunden einzugehen, also Lieferungen bei sich selbst länger zu lagern und erst später auszuliefern, oder – was meist viel schwieriger ist – früher als vereinbart zu liefern.
Total Cost of Ownership (TCO) Gesamtkostenbetrachtung	TCO ist ein speziell in der Beschaffung angewendetes Konzept, das zum Ziel hat die *gesamten* Kosten einer Beschaffung zu betrachten. Der Preis des zugekauften Produkts ist dabei nur ein Element, wesentlich in der Betrachtung sind auch die Folgekosten der Beschaffung, z.B. Transport, Kosten für Aufrechterhaltung einer nachhaltigen Qualität, ev. Kosten für den Betrieb des zugekauften Produkts (wenn es sich etwa um eine Produktionsmaschine handelt).
Transporthilfsmittel *transport equipment/ device*	Transporthilfsmittel werden für das Zusammenfassen von Waren für den Transport benötigt. Typische Transporthilfsmittel sind Behälter, Paletten oder auch Container.

Transportmittel *transport system*	Eine Einrichtung, die zur Beförderung von Waren dient (z.B. ein LKW).
Übergangszeit *transfer time*	Die Übergangszeit ist ein wesentlicher Teil der Durchlaufzeit eines Arbeitsgangs und setzt sich aus den Anteilen für Liegen, Warten und Transportieren des Werkstücks im Arbeitsgang zusammen.
Unstetigförderer *non-continuous conveyor*	Physische Vorrichtungen (Transportmittel) zum Warentransport, die keinen kontinuierlichen Transport ermöglichen und zwischenzeitliches Umschlagen erfordern.
Varianten *variants*	Varianten von Produkten sind unterschiedliche Ausprägungen von diesen, die damit auch für die Kunden unterschiedlichen Nutzen erzeugen (weil Funktion oder Design voneinander abweichen). Trotzdem haben Varianten von der Produktgestaltung her sehr ähnliche Teile (Gleichteile) und unterstützen damit die Forderung nach kosteneffizienter Produktion.
Verfügbarkeitsprüfung *availability check*	Unter Verfügbarkeitsprüfung versteht man die Möglichkeit, IT-gestützt darüber Auskunft zu geben, ob und wann Produkte lieferbar bzw. verfügbar sind.
Verlader *sender*	Der Verlader ist jenes Unternehmen, das Waren dem Spediteur für die Lieferung zum Kunden übergibt.
Verkehrsträger *traffic carrier*	Verkehrsträger ist als Sammelbegriff für jene Fahrzeuge oder Flugzeuge zu verstehen, in denen oder auf denen die Waren transportiert werden (z.B. LKW, Eisenbahn, Schiff).
VMI (Vendor-Managed-Inventory)	Ein Versorgungskonzept, bei dem der Lieferant die Waren physisch vor Ort beim Kunden einlagert. Kunden haben dadurch die Materialien unmittelbar verfügbar, Lieferanten können dadurch ihre eigene Produktion bzw. den Transport zum Kunden besser planen. Häufig wird VMI mit dem Konzepts eines Konsignationslager verbunden.
Ware *good*	Als Ware wird ein *physisches* Produkt verstanden im Gegensatz zu einer Dienstleistung, die ein nicht-physisches Produkt darstellt.

Wareneingang *order reception*	Der Wareneingang ist jene Funktion im Unternehmen, die dafür sorgt, dass Waren vom Spediteur bzw. Frächter übernommen und eingelagert werden können. Der Wareneingang überprüft die Unversehrtheit der Lieferung, die Übereinstimmung zwischen Lieferschein, Bestellnummer und tatsächlich gelieferter Menge mit den Daten aus dem ERP System und verbucht die Lieferung darin. In den allermeisten Unternehmen wird erst durch die Wareneingangsbuchung die Bezahlung der Rechnung ermöglicht.
Warenumschlag *material handling*	Unter Warenumschlag versteht man das Entladen von Materialien aus einem Transportmittel in ein Lager und umgekehrt das Beladen eines Transportmittels, beides Vorgänge, die in der Praxis oft als (Waren-) *Handling* bezeichnet werden. Aus der Sicht des Materialflusses stellt der Warenumschlag den Übergang von bewegter Ware (Transport) zu ruhender Ware (Bestand) und umgekehrt dar.
Werkstattproduktion, Werkstattfertigung *job-shop production*	Eine Form der organisatorischen Ausgestaltung der Produktion, bei der die Werkstücke je nach zu verrichtender Tätigkeit unterschiedliche Wege zurücklegen und an unterschiedlichen Arbeitsstationen bearbeitet werden. Arbeitsstationen fassen üblicherweise jeweils eine Art der Bearbeitung (z.B. Fräsen, Nähen, Drucken, etc.) zusammen.
Werkstück *article*	Werkstück ist der Überbegriff für Materialien, die sich in einem Produktionsprozess befinden und an denen Arbeit verrichtet wird.
Wertschöpfung *value creation*	Unter Wertschöpfung versteht man die Transformation von Gütern und Dienstleistungen mit einem bestimmten Wert in solche mit einem höheren.
Wiederbeschaffungszeit *reorder time*	Wiederbeschaffungszeit entspricht der vereinbarten Lieferzeit bei wiederkehrenden Bestellungen oder Lieferabrufen in Handel und Industrie.
Zahlungskondition *payment condition*	Zahlungskonditionen sind Vereinbarungen zwischen Abnehmer und Lieferant, wie das gelieferte Produkt bezahlt wird. Neben der Vereinbarung, ab welchem Zeitpunkt (z.B. Eigentumsübergang der Ware, formelle Abnahme eines Projektes) das Zahlungsziel zu laufen beginnt, sind im deutschsprachigen Raum etwa auch Skontokonditionen üblich.

Zahlungsziel *payment term*	Das Zahlungsziel definiert, innerhalb welcher Frist nach Beginn der Zahlungsverpflichtung (z.B. Eigentumsübergang der Ware, Abnahme eines Projektes) die Zahlung tatsächlich durchgeführt werden muss. Neben Skontovereinbarungen sind damit auch immer sogenannte Nettozahlungsziele verbunden, die etwa vorschreiben, dass die Ware spätestens nach 30 Tagen ohne Abzug zu zahlen ist.

Stichwortverzeichnis

X

Z